Wärmebrücken

erkennen – optimieren – berechnen – vermeiden

mit 398 Abbildungen und 117 Tabellen

Dipl.-Ing. (FH) Johannes Volland

Dipl.-Ing. (FH) Michael Pils

RM Rudolf Müller

Bibliografische Information Der Deutschen Nationalbibliothek
Die Deutsche Nationalbibliothek verzeichnet diese Publikation in der Deutschen Nationalbibliografie; detaillierte bibliografische Daten sind im Internet über http://dnb.dnb.de abrufbar.

3. Auflage 2023

Maßgebend für das Anwenden von Normen ist deren Fassung mit dem neuesten Ausgabedatum, die bei der Beuth Verlag GmbH, Burggrafenstraße 6, 10787 Berlin, erhältlich ist. Maßgebend für das Anwenden von Regelwerken, Richtlinien, Merkblättern, Hinweisen, Verordnungen usw. ist deren Fassung mit dem neuesten Ausgabedatum, die bei der jeweiligen herausgebenden Institution erhältlich ist. Zitate aus Normen, Merkblättern usw. wurden, unabhängig von ihrem Ausgabedatum, in neuer deutscher Rechtschreibung abgedruckt.

Das vorliegende Werk wurde mit größter Sorgfalt erstellt. Verlag und Autoren können dennoch für die inhaltliche und technische Fehlerfreiheit, Aktualität und Vollständigkeit des Werkes und seiner elektronischen Bestandteile (Internetseiten) keine Haftung übernehmen.

Aus Gründen der besseren Lesbarkeit wird bei Personenbezeichnungen und personenbezogenen Hauptwörtern die männliche Form verwendet. Entsprechende Begriffe gelten im Sinne der Gleichbehandlung grundsätzlich für alle Geschlechter. Die verkürzte Sprachform hat nur redaktionelle Gründe und beinhaltet keine Wertung.

Wir freuen uns, Ihre Meinung über dieses Fachbuch zu erfahren. Bitte teilen Sie uns Ihre Anregungen, Hinweise oder Fragen per E-Mail: fachmedien.architektur@rudolf-mueller.de oder Telefax: 0221 5497-6309 mit.

Lektorat: Jan Stüwe, Köln
Umschlaggestaltung: WMTP Wendt-Media Text-Processing GmbH, Birkenau
Satz und Herstellung: Satz+Layout Werkstatt Kluth GmbH, Erftstadt
Druck und Bindearbeiten: Westermann Druck Zwickau GmbH, Zwickau
Printed in Germany

ISBN 978-3-481-04007-9 (Buch-Ausgabe)
ISBN 978-3-481-04008-6 (E-Book)
ISBN 978-3-481-04009-3 (Buch-Ausgabe + E-Book als PDF)

Vorwort zur dritten Auflage

Das energieeffiziente Bauen und Sanieren von beheizten Gebäuden ist ein wichtiger Baustein für das Erreichen der gesteckten Klimaziele. Nur mit einer starken Reduzierung der Energieverbräuche im Gebäudesektor kann die notwendige Klimaneutralität erreicht werden.

Mit der am 1. Januar 2023 in Kraft getretenen ersten großen Novelle des Gebäudeenergiegesetzes (GEG) wurde der Effizienzhaus-55-Standard der KfW für Neubauten verpflichtend eingeführt. Bei der energetischen Berechnung von beheizten Gebäuden sind die Wärmeverluste über die Wärmebrücken eine entscheidende Kenngröße in der Energiebilanzierung, da die definierten Grenzwerte im GEG nur mit einem wirtschaftlich vertretbaren Aufwand erreicht werden können, wenn der zusätzliche Wärmeverlust über die Wärmebrücken minimiert wird.

Je energieeffizienter Gebäude gebaut oder saniert werden, umso wichtiger wird die energetisch optimierte und schimmelpilzfreie Ausführung aller Wärmebrückendetails. Insbesondere bei der Gebäudesanierung ist es eine große Herausforderung, vorhandene Wärmebrückendetails zu optimieren und schimmelpilzfrei zu planen. Das Beiblatt 2 zu DIN 4108 ist im Juni 2019 neu erschienen und hat die Fassung von 2006 abgelöst. Die in der aktuellen Fassung des Beiblatts abgebildeten 399 Details stellen dar, wie Wärmebrückendetails in zwei unterschiedlichen Energiestandards auszuführen sind, um Schimmelpilzfreiheit zu erreichen.

Das vorliegende Buch geht auf alle wesentlichen Fragen zum Feuchteschutz, zum Gleichwertigkeitsnachweis nach DIN 4108 Beiblatt 2 sowie zur detaillierten Berechnung von Wärmebrücken nach GEG und KfW ein. Es soll einen Beitrag dazu leisten, Wärmebrücken zu erkennen und zu optimieren, und behandelt die wesentlichen Inhalte der Normen, die bei der Berechnung von Wärmebrücken im Rahmen der Energiebilanzierung gemäß GEG zu berücksichtigen sind. Alle Änderungen in den aktuellen Fassungen von DIN 4108 Beiblatt 2 und GEG sind mit aufgenommen worden und werden ausführlich erläutert.

Der grundlegende Inhalt aus der zweiten Auflage des Buches „Wärmebrücken“ wurde für die dritte Auflage praxisorientiert erweitert und an neue Richtlinien wie etwa DIN 4108 Beiblatt 2 angepasst. Ein neuer inhaltlicher Schwerpunkt liegt auf dem Umgang mit Wärmebrücken bei Bestandssanierungen. Des Weiteren wurden alle Wärmebrücken in den drei Beispielkapiteln mit dem Isothermen-Programm ZUB Argos Pro neu berechnet; die Art der Berechnung kann aber auch auf andere Isothermen-Programme übertragen werden.

Für die dritte Auflage gilt mein besonderer Dank dem Verlag, RM Rudolf Müller Medien, sowie Jan Stüwe, der als Lektor einen wesentlichen Beitrag zum Gelingen des Buches erbracht hat. Außerdem bedanke ich mich bei meinem Mitarbeiter Valentin Werner, der alle Wärmebrücken aus den Praxisbeispielen neu berechnet hat.

Regensburg, im Dezember 2023 Johannes Volland

Inhaltsverzeichnis

Vorwort zur dritten Auflage 5

1 Grundlagen 13

1.1 Definition von Wärmebrücken 13

1.2 Kennwerte von Wärmebrücken 16
1.2.1 Oberflächentemperaturen 17
1.2.1.1 Berechnung von Oberflächentemperaturen 17
1.2.1.2 Bestimmung der Schimmelpilzfreiheit 22
1.2.1.3 Temperaturfaktor f, f_{Rsi} 26
1.2.2 Wärmeverluste an Wärmebrücken 30
1.2.2.1 Berechnung von Wärmeverlusten an Wärmebrücken 31
1.2.2.2 Berechnung der zusätzlichen Wärmeverluste an einer Wärmebrücke (ψ-Wert) 32
1.2.2.3 Einfluss der Systemlinie auf den ψ-Wert 33
1.2.2.4 Innen- und außenmaßbezogener ψ-Wert 35

1.3 Mindestwärmeschutz 42
1.3.1 Mindestwärmeschutz nach DIN 4108-2 42
1.3.2 Einfluss des Mindestwärmeschutzes auf die Schimmelpilzfreiheit bei Bestandssanierungen 46

1.4 Berücksichtigung von Wärmebrücken in der Energiebilanz . 48
1.4.1 Berücksichtigung nach Gebäudeenergiegesetz (GEG) 48
1.4.2 Berücksichtigung nach DIN V 18599-2 48
1.4.3 Berücksichtigung nach den Vorgaben der KfW 49
1.4.4 Berücksichtigung bei Passivhäusern 50

2 Randbedingungen für die Berechnungen 53

2.1 Oberflächentemperaturen an Wärmebrücken 53
2.1.1 Einfluss der Wärmeübergangswiderstände auf die Oberflächentemperaturen 55
2.1.2 Wärmebrücken gegen Erdreich 56
2.1.3 Sockeldetail mit unbeheiztem Keller 60
2.1.4 Anschlüsse von Bauelementen 61

2.2 Wärmeverluste an Wärmebrücken nach DIN 4108 Beiblatt 2 63
2.2.1 Wärmebrücken gegen Erdreich 67
2.2.2 Sockeldetail mit unbeheiztem Keller 71
2.2.3 Anschlüsse von Bauelementen 71

2.3 Randbedingungen nach DIN EN ISO 10211 ... 72
2.3.1 Festlegung der Schnittebenen für ein zweidimensionales geometrisches Modell ... 72
2.3.2 Wärmebrücken gegen Erdreich ... 75
2.3.3 Materialeigenschaften und Wärmeübergangswiderstände .. 75
2.3.4 Wärmebrücken bei Fachwerkbauteilen ... 77

3 Einfluss von Wärmebrücken auf die Energiebilanz ... 79

3.1 Einfluss des Wärmebrückenfaktors ΔU_{WB} ... 79

3.2 Einfluss des Wärmebrückenfaktors ΔU_{WB} bei einem Einfamilienhaus ... 81

3.3 Einfluss des Wärmebrückenfaktors ΔU_{WB} bei einer Doppelhaushälfte ... 82

3.4 Einfluss des Wärmebrückenfaktors ΔU_{WB} bei einem Geschosswohnungsbau ... 83

3.5 Einfluss des Wärmebrückenfaktors ΔU_{WB} bei einem Nichtwohngebäude ... 84

4 Beispiele für Optimierungsmöglichkeiten von Wärmebrücken .. 85

4.1 Anschluss Bodenplatte/Kellerwand ... 85

4.2 Sockel Kellerdecke/Außenwand ... 87

4.3 Auskragende Balkonplatte ... 90

4.4 Attika ... 92

4.5 Fensteranschlüsse ... 94

5 Thermografie – typische Wärmebrücken im Bestand ... 99

5.1 Erkennen von Wärmebrücken mittels Thermokamera ... 99
5.1.1 Thermografische Grundlagen ... 99
5.1.2 Strahlungsphysik ... 100
5.1.3 Mögliche Fehlerquellen in der Bauthermografie ... 103

5.2 Erkennen von Wärmebrücken mithilfe der Thermografie und Blower Door ... 105

5.3 Beispiele von Wärmebrücken ... 107
5.3.1 Statische Wärmebrücken (Außenthermografie) ... 107
5.3.2 Statische Wärmebrücken (Innenthermografie) ... 110
5.3.3 Dynamische Wärmebrücken (Innenthermografie) ... 112

5.4 Anforderungen an einen thermografischen Bericht ... 116

6 Gleichwertigkeitsnachweis . . . 119

6.1 DIN 4108 Beiblatt 2 . . . 119

6.2 Wärmebrückenkategorien zum Nachweis der Gleichwertigkeit . . . 119
6.2.1 Kategorie A und B nach DIN 4108 Beiblatt 2 . . . 119
6.2.2 Keine eindeutige Zuordnung zu einer Kategorie . . . 120

6.3 Nachweisverfahren . . . 121
6.3.1 Nachzuweisende Wärmebrücken . . . 121
6.3.2 Bildlicher Gleichwertigkeitsnachweis . . . 122
6.3.3 Rechnerischer Gleichwertigkeitsnachweis . . . 125

6.4 Berücksichtigung von Bauelementen . . . 127
6.4.1 Berücksichtigung von Bauelementen über ein Ersatzmodell . 128
6.4.2 Detaillierte Berücksichtigung von Bauelementen . . . 131

6.5 Formblatt für die Darstellung der Gleichwertigkeit . . . 131

6.6 Sonderregelung nach KfW für Energieeffizienzhäuser . . . 131

6.7 Führung eines Gleichwertigkeitsnachweises am Beispiel von 3 Details . . . 132

7 Detaillierte Berechnung des Wärmebrückenfaktors ΔU_{WB} . . . 137

7.1 Kennzeichnung der Wärmebrückendetails in den Plänen . . . 137

7.2 Darstellung der Wärmebrückendetails . . . 137

7.3 Berechnung der ψ-Werte nach DIN 4108 Beiblatt 2 . . . 138
7.3.1 Anzusetzende Temperaturkorrekturfaktoren F_x . . . 138
7.3.2 Maßbezüge für den eindimensionalen Wärmestrom L_0 . . . 138

7.4 Berechnung der ψ-Werte für Wärmebrückendetails mit Bauelementen . . . 139
7.4.1 Berücksichtigung von Korrekturwerten bei der Verwendung eines Ersatzmodells . . . 139
7.4.2 ψ-Wert-Berechnung für einen Fensterrahmenanschluss . . . 140
7.4.3 ψ-Wert-Berechnung für einen Dachfensterrahmenanschluss 144
7.4.4 ψ-Wert-Berechnung für weitere Bauelemente . . . 148

8 Beispiel 1: Einfamilienhaus als Holztafelbau – detaillierte Berechnung des Wärmebrückenfaktors ΔU_{WB} . . . 149

8.1 Kennzeichnung der Wärmebrückendetails in den Plänen . . . 149

8.2 Bestimmung der U-Werte für die Außenbauteile . . . 153

8.3 Berechnung der ψ-Werte . . . 154
8.3.1 Wärmebrückendetails der Bodenplatte . . . 155
8.3.2 Wärmebrückendetails der Außenwand . . . 160
8.3.3 Wärmebrückendetails der Geschossdecke . . . 171
8.3.4 Wärmebrückendetails der obersten Geschossdecke . . . 180
8.3.5 Wärmebrückendetails Fenster (unterer Anschluss) . . . 185

8.3.6 Wärmebrückendetails Fenster (oberer Anschluss) 189
8.3.7 Wärmebrückendetails Fenster (seitlicher Anschluss) 195

8.4 Berechnung des Wärmebrückenfaktors ΔU_{WB} 199

9 Beispiel 2: Einfamilienhaus als Massivbau – detaillierte Berechnung des Wärmebrückenfaktors ΔU_{WB} 203

9.1 Kennzeichnung der Wärmebrückendetails in den Plänen .. 203

9.2 Bestimmung der U-Werte für die Außenbauteile 207

9.3 Berechnung der ψ-Werte 209
9.3.1 Wärmebrückendetails der Bodenplatte 209
9.3.2 Wärmebrückendetails der Außenwand 214
9.3.3 Wärmebrückendetails der Geschossdecke 225
9.3.4 Wärmebrückendetails der obersten Geschossdecke 234
9.3.5 Wärmebrückendetails Fenster (unterer Anschluss) 238
9.3.6 Wärmebrückendetails Fenster (oberer Anschluss) 243
9.3.7 Wärmebrückendetails Fenster (seitlicher Anschluss) 247

9.4 Berechnung des Wärmebrückenfaktors ΔU_{WB} 250

10 Beispiel 3: Bestandsgebäude mit Wärmedämm-Verbundsystem 253

10.1 Detaillierte Berechnung des Wärmebrückenfaktors ΔU_{WB} .. 253
10.1.1 Kennzeichnung der Wärmebrückendetails in den Plänen .. 253
10.1.2 Bestimmung der U-Werte für die Außenbauteile 257
10.1.3 Berechnung der ψ-Werte 259
10.1.3.1 Wärmebrückendetails der Kellerbodenplatte.............. 259
10.1.3.2 Wärmebrückendetails der Kellerwände 262
10.1.3.3 Wärmebrückendetails der Kellerdecke 267
10.1.3.4 Wärmebrückendetails der Außenwand................... 276
10.1.3.5 Wärmebrückendetails der Geschossdecke 279
10.1.3.6 Wärmebrückendetails der obersten Geschossdecke 280
10.1.3.7 Wärmebrückendetails Fenster (unterer Anschluss)......... 285
10.1.3.8 Wärmebrückendetails Fenster (oberer Anschluss) 290
10.1.3.9 Wärmebrückendetails Fenster (seitlicher Anschluss) 296
10.1.4 Berechnung des Wärmebrückenfaktors ΔU_{WB} 297

10.2 Gleichwertigkeitsnachweis............................. 299
10.2.1 Auflistung der nachzuweisenden Details 299
10.2.2 Kennzeichnung der Wärmebrückendetails in den Plänen... 301
10.2.3 Überprüfung der nachzuweisenden Details 301
10.2.3.1 Wärmebrückendetails der Kellerbodenplatte.............. 301
10.2.3.2 Wärmebrückendetails der Kellerwände 303
10.2.3.3 Wärmebrückendetails der Kellerdecke 306
10.2.3.4 Wärmebrückendetails der Außenwand................... 312
10.2.3.5 Wärmebrückendetails der Geschossdecke 313
10.2.3.6 Wärmebrückendetails der obersten Geschossdecke 314
10.2.3.7 Wärmebrückendetails Fenster (unterer Anschluss)......... 317
10.2.3.8 Wärmebrückendetails Fenster (oberer Anschluss) 320
10.2.3.9 Wärmebrückendetails Fenster (seitlicher Anschluss) 324

10.2.4 Gleichwertigkeitsnachweis nach DIN 4108 Beiblatt 2, Anhang A (Formblatt) ... 325
10.2.5 Berücksichtigung zusätzlicher Wärmeströme $H_{T,WB}$ ... 327
10.2.6 Anzusetzender Wärmebrückenfaktor ΔU_{WB} ... 327

11 Anhang ... 329

11.1 Software zur Wärmebrückenberechnung ... 329
11.2 Kenngrößen und Indizes ... 330
11.3 Normenverzeichnis ... 331
11.4 Literaturverzeichnis ... 332
11.5 Stichwortverzeichnis ... 333

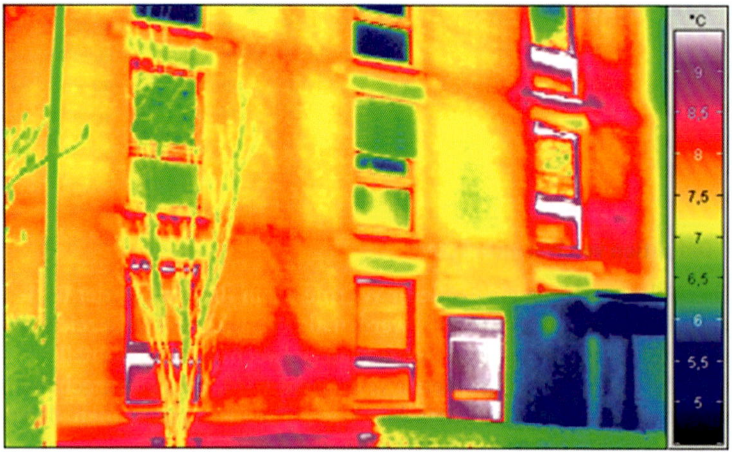

Abb. 1.2: Außenansicht einer Fassade mit einer Infrarotkamera fotografiert (Quelle: Volland/Volland, 2014, S. 260)

Abb. 1.1 zeigt die Innenseite einer gewöhnlichen Außenwand und das darin befindliche Fenster. Im Bereich des Fensters sind Heizkörpernischen, eine Fensterbank, ein Rollladenkasten und ein Sturz vorhanden. In die Außenwand binden die Geschossdecken sowie eine Zwischenwand ein. Die obere Betondecke kragt an einer Seite aus. An den Ecken des Gebäudes verändert sich die Geometrie der Fläche. Zusätzlich stören Wandschlitze und die eingebaute Betonstütze die thermische Homogenität des Wandgefüges.

Die Abb. 1.2 zeigt die Außenansicht einer Fassade mit einer Infrarotkamera fotografiert. Hier werden die Wärmebrücken aufgrund der unterschiedlichen Oberflächentemperaturen an der Außenoberfläche erkenntlich. An Wärmebrücken wird die Wärme schneller nach außen transportiert, sodass die Wand dort an der Außenoberfläche wärmer ist. Mit einer Infrarotkamera können die unterschiedlichen Oberflächentemperaturen farblich sichtbar gemacht werden (vgl. auch Kapitel 5).

Bei einem Bauteil mit unterschiedlichen, nebeneinanderliegenden Baustoffen ergibt sich an den Berührungsstellen eine Änderung des Wärmestroms. Der Wärmestrom ändert sich auch, wenn verschiedene Bauteile in Raumecken oder Kanten aufeinanderstoßen.

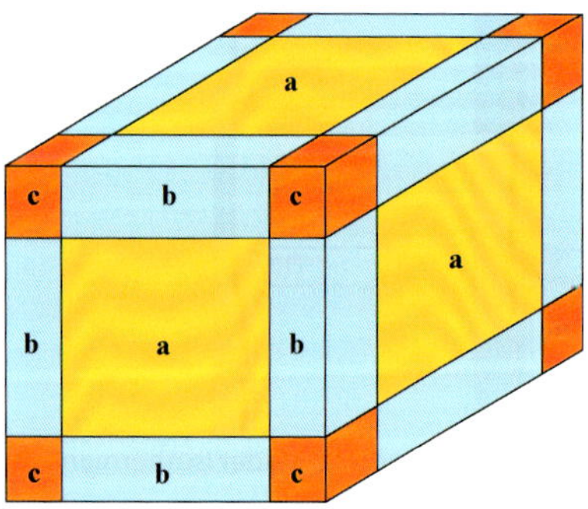

Abb. 1.3: Mögliche Wärmebrücken an der Gebäudehülle nach DIN EN ISO 10211, Abschnitt 8

Die Abschätzung der Größe des Wärmestroms an Wärmebrücken ist sowohl für eine genaue Bilanzierung des Heizwärmebedarfs als auch für die Abschätzung der Taupunkttemperatur erforderlich.

In der DIN EN ISO 10211 sind Algorithmen zur Erfassung von Wärmebrücken beschrieben. Danach sind zur Ermittlung der niedrigsten Temperaturen an geo-

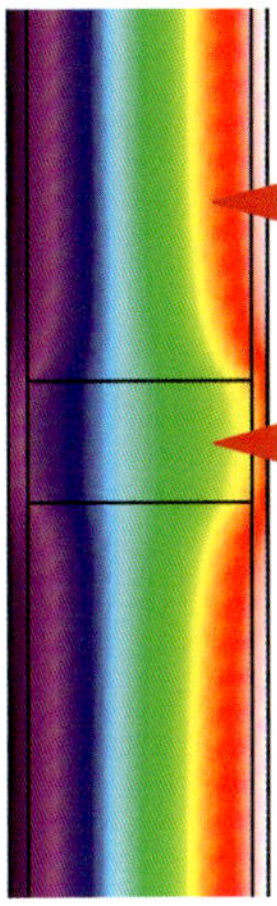

Abb. 1.4: Eindimensionale Wärmebrücke

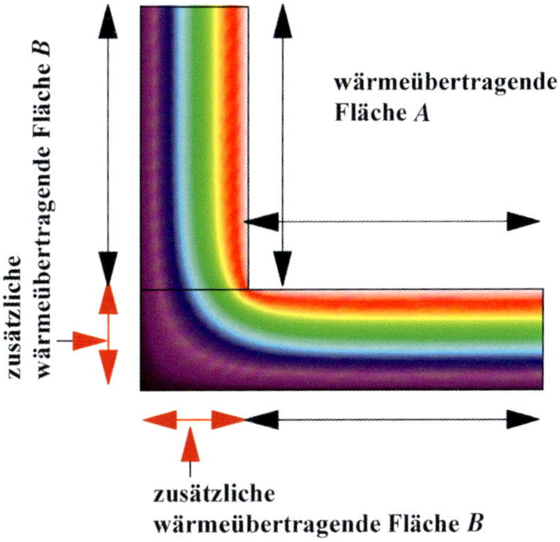

Abb. 1.5: Zweidimensionale Wärmebrücke

metrischen Wärmebrücken in Abhängigkeit des zu betrachtenden Bereiches 3 Modelle zu unterscheiden:

- eindimensionale Wärmeströme (vgl. Abb. 1.3 [dort a]),
- zweidimensionale Wärmeströme (vgl. Abb. 1.3 [dort b]),
- dreidimensionale Wärmeströme (vgl. Abb. 1.3 [dort c]).

Zusätzlich können Wärmebrücken durch Überlagerung von Wärmeströmen entstehen.

Eindimensionale Wärmebrücken

Eindimensionale Wärmebrücken werden durch unterschiedliche Wärmeleitfähigkeiten λ verursacht (vgl. Abb. 1.4), die bei Stoffunterschieden innerhalb eines Bauteils auftreten, z. B.:

- Stahlbetonstütze im Mauerwerk,
- Fachwerkkonstruktionen,
- Ringanker,
- Deckenauflager.

Zweidimensionale Wärmebrücken

Zweidimensionale Wärmebrücken entstehen an den Raumkanten, also dort, wo die innere und die äußere Bauteilfläche unterschiedlich groß sind (vgl. Abb. 1.5). Zweidimensionale Wärmebrücken treten z. B. an folgenden Stellen auf:

- Gebäudeecken,
- Auskragungen wie Balkonplatten,
- Rück- und Vorsprünge in der Gebäudehülle,
- Deckenauflager.

Zweidimensionale Wärmebrücken können nicht vermieden, sondern deren Auswirkung kann nach Möglichkeit nur weitgehend reduziert werden.

Abb. 1.6: Überlagerung von Wärmebrücken (Quelle: Volland/Volland, 2014; S. 262)

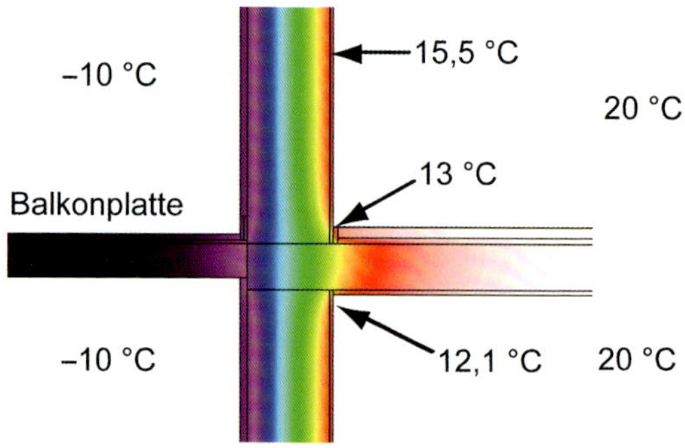

Dreidimensionale Wärmebrücken

Dreidimensionale Wärmebrücken entstehen an Gebäudeecken. Sie entstehen überall dort, wo 3 oder mehr Bauteile aufeinandertreffen oder ein Bauteil punktuell ein anderes berührt oder durchstößt, z. B.:

- Ecken von auskragenden Bauteilen,
- Ecke Anschluss Dach/Außenwände,
- Ecke Anschluss Außenwände/Bodenplatte.

Zu den dreidimensionalen Wärmebrücken gehören auch die punktförmigen Wärmebrücken wie einbindende Stützen in Decken und Verankerungen von Wärmedämm-Verbundsystemen.

Überlagerung von Wärmebrücken

Wärmebrücken können sich überlagern. Dies geschieht, wenn an Gebäudekanten auch unterschiedliche Materialien zusammentreffen.

Ein gutes Beispiel dafür ist die auskragende Balkonplatte (vgl. Abb. 1.6); dort ist sowohl eine Gebäudekante als auch ein Materialwechsel vorhanden. Diese Stellen sind besonders tauwasser- und schimmelgefährdet, da hier starke Temperaturunterschiede entstehen können.

Die meisten Wärmebrücken bestehen aus Überlagerungen von geometrischen und stofflichen Wärmebrücken.

1.2 Kennwerte von Wärmebrücken

Wärmebrücken haben 2 wesentliche Auswirkungen: Sie bewirken zum einen niedrige raumseitige Oberflächentemperaturen und zum anderen zusätzliche Wärmeverluste.

Entsprechend sind zur Kennzeichnung der Wirkung von Wärmebrücken auch 2 unterschiedliche, voneinander unabhängige Kenngrößen notwendig:

- der Temperaturfaktor f_{Rsi} zur Beurteilung der raumseitigen Oberflächentemperatur,
- der Wärmebrückenverlustkoeffizient ψ in W/(m · K) zur Berechnung der zusätzlichen Wärmeverluste über die Wärmebrücken.

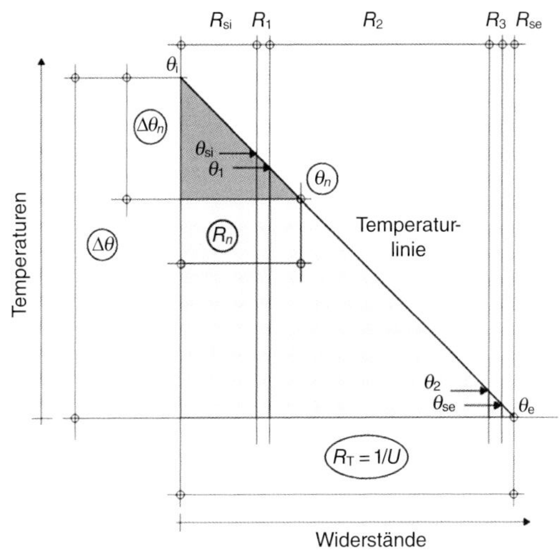

Abb. 1.7: Proportionalität von Wärmedurchlasswiderstand und Temperatur entsprechend Formel 1.1 und Formel 1.2 (Quelle: Volland/Volland, 2014, S. 263)

1.2.1 Oberflächentemperaturen

Im Bereich von Wärmebrücken können bei kalter Witterung die Oberflächentemperaturen auf der Raumseite derart absinken, dass an diesen Stellen Schimmelpilzgefahr besteht. Aber auch eine zu hohe Luftfeuchtigkeit in einem beheizten Raum kann zu Schimmelpilzbildung an kalten Innenwandflächen führen.

Schimmelpilzgefahr besteht nach DIN 4108-2 dann, wenn bei einem Innenraumklima von 20 °C und 50 % relativer Luftfeuchtigkeit im Raum die Oberflächentemperatur der Außenbauteile unter 12,6 °C sinkt.

Aus diesem Grund sollten Wärmebrücken schon bei der Planung erkannt und minimiert werden, um Schimmelpilzbildung zu vermeiden.

1.2.1.1 Berechnung von Oberflächentemperaturen

Um beurteilen zu können, ob an einem Wärmebrückendetail Schimmelpilzgefahr besteht, müssen die inneren Oberflächentemperaturen berechnete werden.

Oberflächentemperaturen an thermisch homogenen Bauteilen

Die Bestimmung der Oberflächentemperaturen an homogenen Bauteilen soll im Folgenden aufgezeigt werden. Hierbei wird angenommen, dass sich die Innen- und Außentemperatur über einen längeren Zeitraum nicht verändern (stationäre Verhältnisse). Nur unter diesen Bedingungen stellt sich innerhalb eines Bauteils in allen Schichten ein gleich großer Wärmestrom ein; bei einem Aufheizvorgang wäre dies erst der Fall, wenn der Energieinhalt aller Moleküle so groß ist, dass in den Molekülen keine weitere Temperaturerhöhung stattfindet.

Bei gleichmäßigem Wärmestrom stellt sich die Temperatur θ an einer Stelle n in Abhängigkeit zu den davorliegenden Wärmedurchlasswiderständen

R ein, wodurch im gesamten Bauteil ein zu den Wärmedurchlasswiderständen R der einzelnen Stoffschichten proportionales Temperaturgefälle $\Delta\theta$ entsteht (vgl. Abb. 1.7).

Berechnung der inneren Oberflächentemperatur

Die transportierte Wärmemenge verringert sich nach jeder Schicht proportional zu deren Wärmedurchlasswiderstand R. Entsprechend verringert sich die Temperatur θ. Daraus ergibt sich die Formel für die Temperatur an der inneren Wandoberfläche θ_{si}:

$$\theta_{si} = \theta_i - R_{si} \cdot U \cdot (\Delta\theta) \qquad \text{in °C} \qquad (1.1)$$

mit

θ_{si} Temperatur an der inneren Wandoberfläche in °C
θ_i Temperatur der Raumluft (Innentemperatur) in °C
θ_e Temperatur der Außenluft in °C
R_{si} innerer Wärmeübergangswiderstand in $m^2 \cdot K/W$
U Wärmedurchgangskoeffizient in $W/(m^2 \cdot K)$
$\Delta\theta$ Temperaturunterschied in K; $\Delta\theta = \theta_i - \theta_e$

Berechnung der Temperaturen innerhalb eines Bauteils

Die Temperatur nach einer Schicht n kann berechnet werden aus der Innentemperatur θ_i abzüglich der Summe aus dem inneren Wärmeübergangswiderstand R_{si} und den Wärmedurchlasswiderständen der einzelnen Schichten multipliziert mit der Wärmestromdichte q:

$$\theta_n = \theta_i - (R_{si} + \Sigma_{i-1}^{n} R_n) \cdot q \qquad \text{in °C} \qquad (1.2)$$

mit

θ_n Temperatur nach einer beliebigen Schicht n in °C
θ_i Temperatur der Raumluft (Innentemperatur) in °C
R_{si} innerer Wärmeübergangswiderstand in $m^2 \cdot K/W$
R_n Wärmedurchlasswiderstand der Schicht n in $m^2 \cdot K/W$
q Wärmestromdichte $q = U \cdot (\theta_i - \theta_e)$ (vgl. Formel 1.1) in W/m^2

Die Randbedingungen für die genormte Berechnung nach DIN 4108-2 werden in Kapitel 2.1 erläutert.

Beispiel – Berechnung der inneren Oberflächentemperatur an der Außenwand

Ausgangswerte:
- innerer Wärmeübergangswiderstand R_{si}: 0,25 $m^2 \cdot K/W$
- äußerer Wärmeübergangswiderstand R_{se}: 0,04 $m^2 \cdot K/W$
- Raumlufttemperatur θ_i: +20 °C (nach DIN 4108-2)
- Außenlufttemperatur θ_e: –5 °C (nach DIN 4108-2)

Bestimmung der Temperatur an der inneren Oberfläche der Außenwand θ_{si} nach Formel 1.1 (vgl. Abb. 1.8):

$$\theta_{si} = \theta_i - R_{si} \cdot U \cdot (\theta_i - \theta_e) \qquad \text{in °C}$$

$$\theta_{si} = 20\text{ °C} - 0{,}25\text{ m}^2 \cdot \text{K/W} \cdot 0{,}23\text{ W/(m}^2 \cdot \text{K)} \cdot 25\text{ °C} = 18{,}6\text{ °C}$$

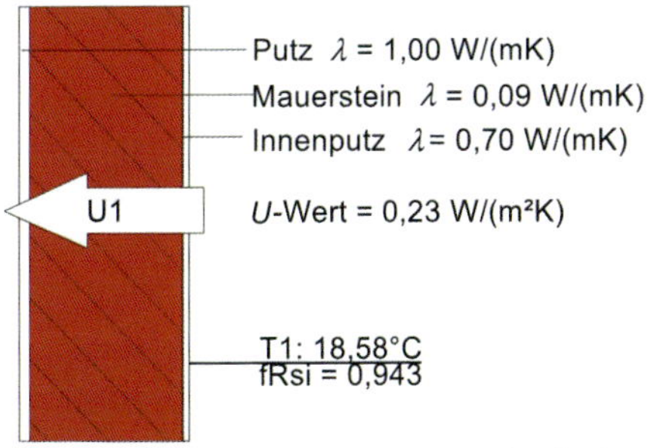

Abb. 1.8: Berechnung der inneren Oberflächentemperatur T_1 für eine Außenwand mit dem Isothermen-Programm ZUB Argos Pro

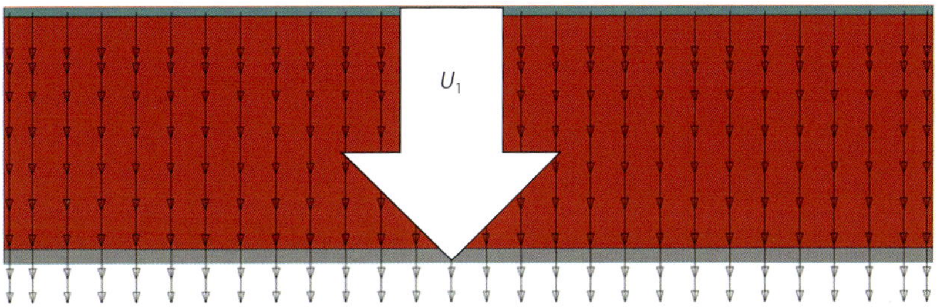

Abb. 1.9: Schematische Darstellung des Wärmestroms in einem thermisch homogenen Bauteil

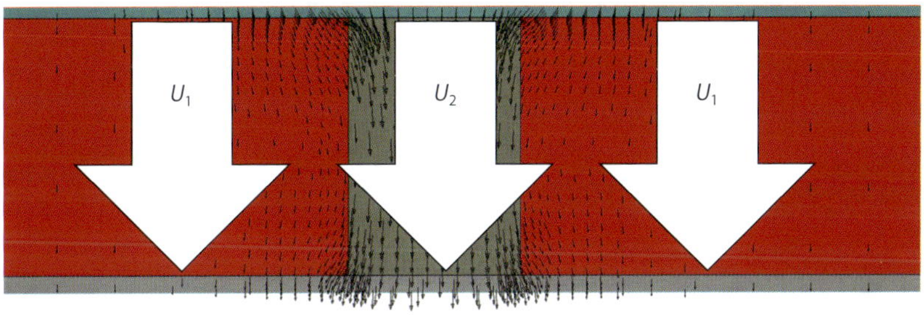

Abb. 1.10: Schematische Darstellung des Wärmestroms in thermisch inhomogenen Bauteilen

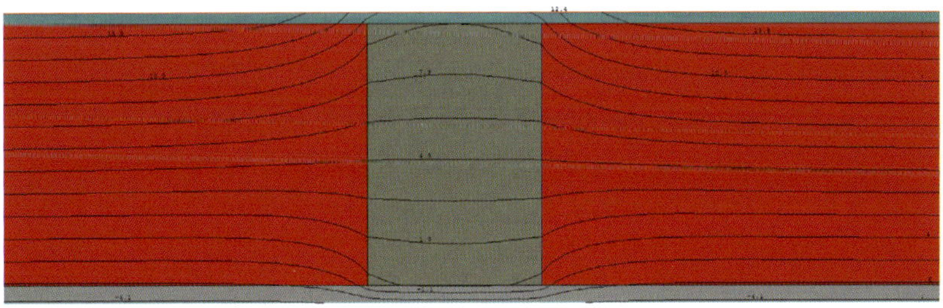

Abb. 1.11: Isothermenlinien mit gleicher Temperatur an der Berührungsstelle von Baustoffen mit unterschiedlicher Wärmeleitfähigkeit

Ergebnis: Die Temperatur an der inneren Oberfläche der Außenwand aus Abb. 1.8 beträgt bei den in DIN 4108-2 für solche Untersuchungen angegebenen Klimadaten 18,6 °C.

Temperaturverteilung in thermisch inhomogenen Bauteilen

In thermisch homogenen Bauteilen fließt der Wärmestrom geradlinig von innen nach außen, weil nur in dieser Richtung ein Temperaturgefälle besteht. Die parallel zur Oberfläche nebeneinanderliegenden Moleküle sind alle gleich temperiert, sodass zwischen diesen kein Energieaustausch erfolgt (vgl. Abb. 1.9).

In thermisch inhomogenen Bauteilen liegen Stoffe mit unterschiedlicher Wärmeleitfähigkeit nebeneinander. Hier werden die parallel zur Oberfläche nebeneinanderliegenden Moleküle unterschiedlich temperiert, sodass es auch zwischen diesen zu einem Energieaustausch kommt. Die Wärme fließt hier nicht nur senkrecht zur Oberfläche, sondern auch parallel zur Oberfläche aus dem Bereich mit der höheren in den mit der niedrigeren Temperatur (vgl. Abb. 1.10).

Bei Bauteilen mit sehr unterschiedlichen Wärmedurchlasswiderständen kann der mittlere Wärmedurchgang nicht einfach durch einfache Addition der flächenanteiligen *U*-Werte berechnet werden, sondern ist nach DIN EN ISO 10211 zu ermitteln.

In Abb. 1.11 ist erkennbar, dass die Isothermen nicht geradlinig bis zur Berührungsstelle der unterschiedlichen Stoffe verlaufen, sondern sich im schlechter leitenden Material bereits vorher aufspreizen und im besser leitenden zusammenziehen. Die in diesem Bereich dargestellten Wärmestromlinien zeigen den im Zusammenhang mit Abb. 1.10 erläuterten Vorgang. Auf der oberen, warmen Seite fließt Wärme in das Bauteil mit großer Wärmeleitfähigkeit, auf der unteren, kalten Seite umgekehrt.

Die Wärmestromlinien verlaufen wie in Abb. 1.10 dargestellt immer senkrecht zu den Isothermenlinien in Abb. 1.11.

Beispiel – ein- und zweidimensionale Berechnung der Oberflächentemperaturen

Im Folgenden wird beispielhaft an einer Außenwand mit Stahlbetonstütze (vgl. Abb. 1.12) aufgezeigt, welche Oberflächentemperaturen sich ergeben, wenn diese zunächst eindimensional und dann zweidimensional (mithilfe eines Isothermen-Programms) berechnet werden.

Wenn die Oberflächentemperaturen an der Ziegelwand und an der Stahlbetonstütze eindimensional berechnet werden, ergeben sich Oberflächentemperaturen von 15,4 °C für die Ziegelwand und 17,1 °C für die Stahlbetonstütze (vgl. Abb. 1.13). Die eindimensionale Berechnung erfolgt über Formel 1.1 (vgl. Ausgangswerte gemäß Abb. 1.12):

- 20 °C – 0,25 m^2 · K/W · 0,736 W/(m^2 · K) · (20 °C – (–5 °C)) = 15,4 °C (Oberflächentemperatur Wand)
- 20 °C – 0,25 m^2 · K/W · 0,470 W/(m^2 · K) · (20 °C – (–5 °C)) = 17,1 °C (Oberflächentemperatur Stütze)

Abb. 1.14 illustriert die Ergebnisse der zweidimensionalen Berechnung der Oberflächentemperaturen und stellt die mithilfe eines Isothermen-Programms berechneten Werte den Ergebnissen der eindimensionalen Berechnung gegenüber. Hierbei wird Folgendes deutlich:

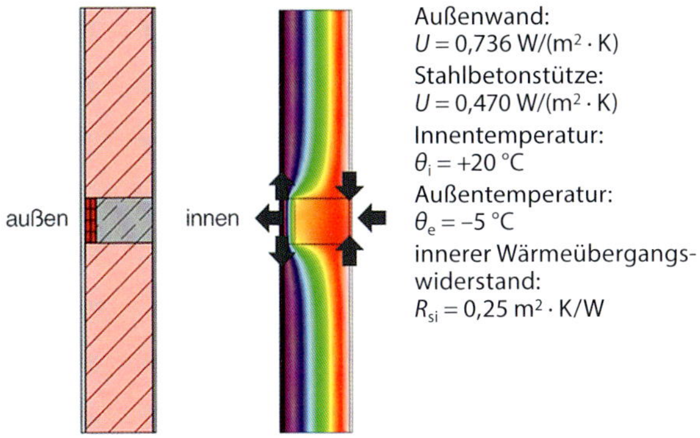

Abb. 1.12: Darstellung der Wärmeströme an einer Stahlbetonstütze. Die dargestellten Pfeile zeigen die Richtung der Wärmeströme.

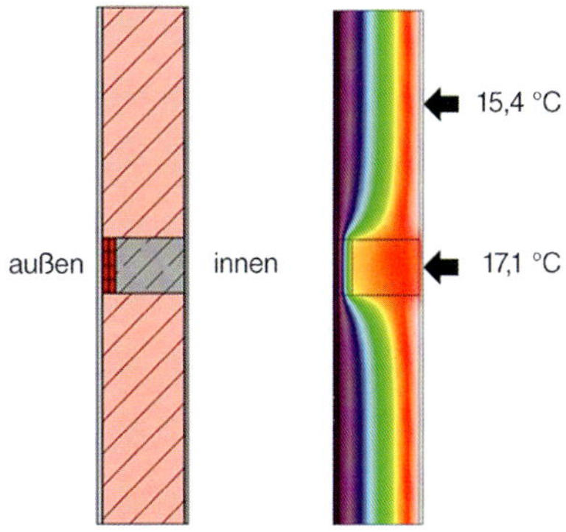

Abb. 1.13: Darstellung der Oberflächentemperaturen an einer Stahlbetonstütze – eindimensionale Berechnung

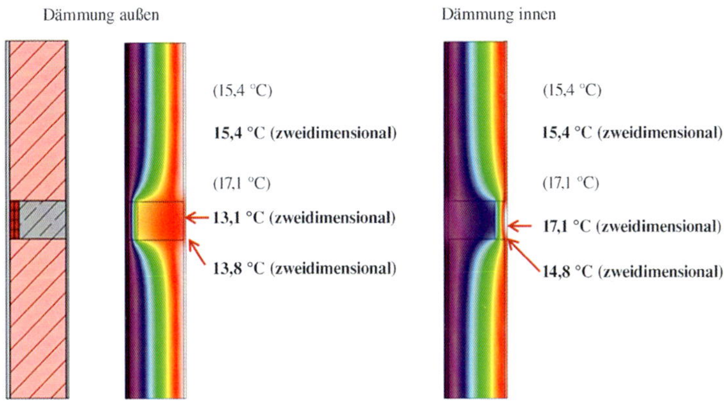

Abb. 1.14: Darstellung der Oberflächentemperaturen an einer Stahlbetonstütze – zweidimensionale Berechnung (in Klammern zum Vergleich die Werte der eindimensionalen Berechnung)

- Wenn die Dämmung außen angebracht wird, ergeben sich bei der zweidimensionalen Berechnung wesentlich niedrigere Oberflächentemperaturen an der Innenoberfläche der Stahlbetonstütze als bei der eindimensionalen Berechnung.
- Bei einer innen angebrachten Dämmung wäre der Unterschied zwischen den Werten der ein- und der zweidimensionalen Berechnung in der Mitte der Stahlbetonstütze nur gering, jedoch würde sich bei der zweidimensionalen Berechnung an den Berührungspunkten zwischen Ziegelwand und Stahlbeton wieder eine wesentlich niedrigere Oberflächentemperatur ergeben.

Als Fazit kann also festgehalten werden, dass Oberflächentemperaturen nur über zweidimensionale Berechnungen mithilfe von Isothermen-Programmen berechnet werden können, wenn die Wärmeströme nicht senkrecht zur Bauteiloberfläche fließen.

Wärmefluss an geometrischen Wärmebrücken

Geometrische Wärmebrücken entstehen dort, wo sich die Geometrie des Bauteils ändert und die wärmeaufnehmende Fläche kleiner als die wärmeabgebende ist (oder umgekehrt), wie z. B. an Außenwandkanten, Raumecken, Fensterlaibungen.

Bei einer Gebäudeecke sind auf der äußeren Oberfläche des Bauteils mehr Moleküle nebeneinander angeordnet als auf der Innenseite. Erwärmt werden jedoch nur die innen liegenden Moleküle, sodass zu den in der Ecke außen liegenden Teilchen ein Temperaturgefälle besteht. Die einfließende Energie wird in der Ecke von mehr Molekülen übertragen als in anderen Bereichen. Der Wärmestrom wird an dieser Stelle größer (vgl. Abb. 1.15).

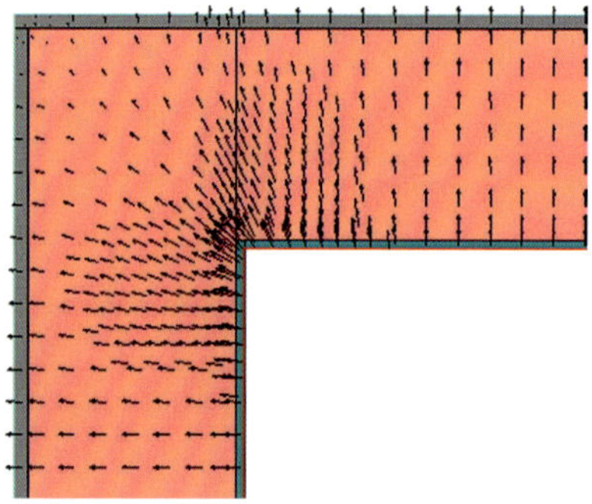

Abb. 1.15: Schematische Darstellung des Wärmestroms in einer Ecke

1.2.1.2 Bestimmung der Schimmelpilzfreiheit

Die größte Gefahr, die von Wärmebrücken ausgeht, ist die Entstehung von Schimmelpilzen an den inneren Rauoberflächen. Diese gefährden die Gesundheit der Bewohner und die Bausubstanz des Gebäudes.

Nachfolgend wird erläutert, wann Schimmelpilze an Innenoberflächen von Bauteilen entstehen können.

Da die mögliche Schimmelpilzbildung in Zusammenhang mit dem Tauwasserausfall an inneren Bauteiloberflächen steht, wird zunächst auf den Ausfall von Tauwasser an inneren Bauteiloberflächen eingegangen.

Entstehung von Tauwasser an Bauteiloberflächen

Tauwasser entsteht, wenn die Luft keine Feuchtigkeit mehr aufnehmen kann. Mithilfe eines Hygrometers kann die relative Luftfeuchtigkeit gemessen werden (vgl. Abb. 1.16). Die relative Luftfeuchtigkeit gibt an, wie viel Feuchtigkeit im Verhältnis zur max. aufnehmbaren Feuchtigkeit in der Luft vorhanden ist.

Die Tauwasserentstehung ist abhängig von:

- der Raumlufttemperatur,
- der relativen Raumluftfeuchte,
- der Bauteiloberflächentemperatur.

Sind 2 dieser Größen vorgegeben, kann über den temperaturabhängigen Wasserdampfsättigungsdruck p_S (sog. Sattdampfdruck) für die fehlende Größe der Wert bestimmt werden, ab dem es zu einem Tau-

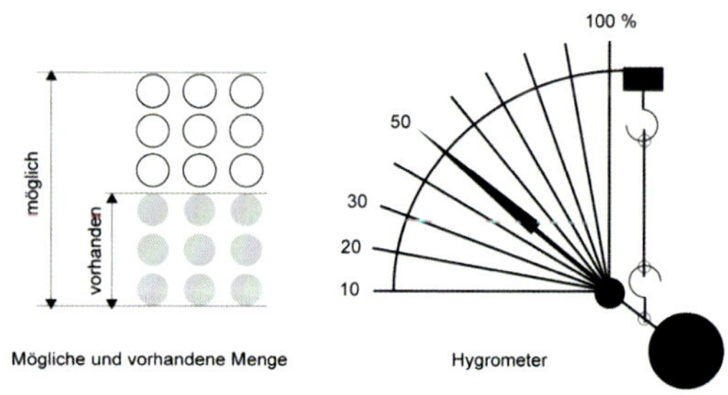

Abb. 1.16: Relative Luftfeuchte als Verhältnis zwischen möglicher und vorhandener Wasserdampfmenge und Darstellung im Hygrometer (Quelle: Volland/Volland, 2014, S. 309)

Tabelle 1.1: Wasserdampfsättigungsdruck p_S im Temperaturbereich von 0 bis 25 °C nach DIN 4108-3:2018-10, Tabelle C.1

Temperatur θ (°C)	Wasserdampfsättigungsdruck p_s (Pa)																										
ganzzählige Werte / Dezimalwerte	0	0	1	2	3	4	5	6	7	8	9	10	11	12	13	14	15	16	17	18	19	20	21	22	23	24	25
0	611	611	656	705	757	813	872	935	1.001	1.072	1.147	1.227	1.312	1.402	1.497	1.598	1.704	1.817	1.937	2.063	2.196	2.337	2.486	2.642	2.808	2.982	3.166
0,1	605	615	661	710	763	819	878	941	1.008	1.080	1.155	1.236	1.321	1.411	1.507	1.608	1.715	1.829	1.949	2.076	2.210	2.351	2.501	2.659	2.825	3.000	3.185
0,2	601	619	666	715	768	824	884	948	1.015	1.087	1.163	1.244	1.330	1.420	1.517	1.619	1.726	1.841	1.961	2.089	2.224	2.366	2.516	2.675	2.842	3.018	3.204
0,3	596	624	671	721	774	830	890	954	1.022	1.094	1.171	1.252	1.338	1.430	1.527	1.629	1.738	1.852	1.974	2.102	2.238	2.381	2.532	2.691	2.859	3.036	3.223
0,4	591	629	676	726	779	836	897	961	1.029	1.102	1.179	1.261	1.347	1.439	1.537	1.640	1.749	1.864	1.986	2.115	2.252	2.395	2.547	2.708	2.876	3.055	3.242
0,5	586	633	680	731	785	842	903	967	1.036	1.109	1.187	1.269	1.356	1.449	1.547	1.650	1.760	1.876	1.999	2.129	2.266	2.410	2.563	2.724	2.894	3.073	3.261
0,6	581	638	685	736	790	848	909	974	1.043	1.117	1.195	1.278	1.365	1.458	1.557	1.661	1.771	1.888	2.012	2.142	2.280	2.425	2.579	2.741	2.911	3.091	3.281
0,7	576	642	690	741	796	854	915	981	1.050	1.124	1.203	1.286	1.374	1.468	1.567	1.672	1.783	1.900	2.024	2.155	2.294	2.440	2.594	2.757	2.929	3.110	3.300
0,8	571	647	695	747	801	860	922	988	1.058	1.132	1.211	1.295	1.383	1.477	1.577	1.683	1.794	1.912	2.037	2.169	2.308	2.455	2.610	2.774	2.947	3.128	3.320
0,9	567	652	700	752	807	866	928	994	1.065	1.140	1.219	1.303	1.393	1.487	1.587	1.693	1.806	1.924	2.050	2.182	2.323	2.470	2.626	2.791	2.964	3.147	3.340

wasserausfall kommt. In Tabelle 1.1 ist der Wasserdampfsättigungsdruck p_S für den Temperaturbereich von 0 bis 25 °C jeweils abzulesen (für Temperaturangaben bis zur ersten Dezimalstelle nach dem Komma).

Beispiel 1 zum Tauwasserausfall

Gesucht wird die Bauteiloberflächentemperatur, bei der Tauwasser an der Bauteiloberfläche ausfällt.

Ausgangswerte:
- relative Raumluftfeuchte Φ: 50 %
- Raumlufttemperatur θ_i: 20 °C

Vorgehensweise:
- Bestimmung des Sattdampfdrucks p_S bei 20 °C aus Tabelle 1.1: 2.337 Pa
- Berechnung des Dampfdrucks p für eine Luftfeuchtigkeit von 50 %: $p = 50\ \% \cdot 2.337\ \text{Pa} = 1.168{,}5\ \text{Pa}$
- Bestimmung der Temperatur, bei der der vorhandene Dampfdruck von 1.168,5 Pa zum Sattdampfdruck (Tauwasserausfall) wird: 9,3 °C gemäß Tabelle 1.1

Ergebnis: Bei einer Raumlufttemperatur von 20 °C und 50 % relativer Luftfeuchte fällt an der Bauteiloberfläche bei einer **Oberflächentemperatur ≤ 9,3 °C** Tauwasser aus.

Beispiel 2 zum Tauwasserausfall

Gesucht wird die max. relative Raumluftfeuchte für tauwasserfreie Oberflächen bei einer inneren Oberflächentemperatur von 16 °C (hier: Innenseite Außenwand).

Ausgangswerte:
- Oberflächentemperatur Außenwand innen θ_{si}: 16 °C
- Raumlufttemperatur θ_i: 20 °C

Vorgehensweise:
- Bestimmung des Sattdampfdrucks p_S für 20 °C aus Tabelle 1.1: 2.337 Pa
- Bestimmung des Sattdampfdrucks p_S für 16 °C aus Tabelle 1.1: 1.817 Pa
- Berechnung der max. relativen Raumluftfeuchte, bei der kein Tauwasser ausfällt: 1.817 Pa : 2.337 Pa = 0,78 (gerundet) = 78 % relative Raumluftfeuchte

Ergebnis: Bei einer **relativen Luftfeuchtigkeit im Raum ≥ 78 %** fällt an der Außenwand Tauwasser aus.

Gefahr von Schimmelpilzbildung

Bei einer Oberflächentemperatur von 9,3 °C oder weniger fällt bei einer Außenwand unter genormten Verhältnissen Tauwasser aus (vgl. Beispiel 1 zum Tauwasserausfall).

Schimmelpilze können sich jedoch schon vor Ausfall von Tauwasser an der Bauteiloberfläche bilden: Für die Schimmelpilzbildung genügt es nach DIN

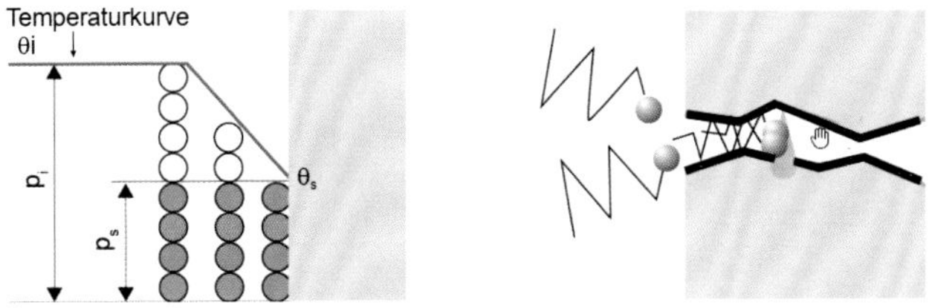

Abb. 1.17: Links – Taupunkttemperatur θ_s in Abhängigkeit des bei θ_i möglichen und des vorhandenen Dampfdrucks p_i/p_s; rechts – Schema der Wasserdampfkondensation in Kapillaren (Quelle: Volland/Volland, 2014, S. 310)

EN ISO 13788, wenn 80 % des Sattdampfdrucks an der Bauteiloberfläche erreicht werden. Bei dieser Konzentration von Wasserdampfmolekülen kommt es in feinen Kapillaren, wie z. B. der Putz sie aufweist, schon früher zu Wasserstoffbrückenbindungen (vgl. Abb. 1.17).

Entsprechend stellt sich also die Frage, bei welcher Oberflächentemperatur an der Bauteiloberfläche Schimmelpilzgefahr besteht.

Beispiel zur Schimmelpilzbildung

Gesucht wird die Bauteiloberflächentemperatur, ab der Schimmelpilzgefahr besteht.

Ausgangswerte:
- relative Raumluftfeuchte Φ: 50 %
- Raumlufttemperatur θ_i: 20 °C

Vorgehensweise:
- Bestimmung des Sattdampfdrucks p_S für 20 °C aus Tabelle 1.1: 2.337 Pa
- Berechnung des Dampfdrucks p für eine Luftfeuchtigkeit von 50 %: $p = 50\ \% \cdot 2.337\ \text{Pa} = 1.168,5\ \text{Pa}$
- Berechnung des Dampfdrucks p für Schimmelpilzgefahr: 1.168,5 Pa : 80 % = 1.460,6 Pa
- Bestimmung der Bauteiloberflächentemperatur, bei der der Dampfdruck von 1.460,6 Pa zu einem Sattdampfdruck wird (aus Tabelle 1.1): 12,6 °C

Ergebnis: Bei einer Oberflächentemperatur ≤ 12,6 °C besteht nach DIN 4108-2 bereits Schimmelpilzgefahr.

Hinweis:
- Nach DIN 4108-2 darf an Fensterscheiben und Fensterrahmen Tauwasser ausfallen. Die anfallende Tauwassermenge darf jedoch nach DIN EN ISO 13788 zu keinen Bauschäden führen.
- Wenn die Nutzerrandbedingungen von den genormten abweichen, ist die mindestens einzuhaltende Innenoberflächentemperatur anhand des vorhandenen Raumklimas festzulegen.
- In der Praxis hat sich gezeigt, dass auch bei Temperaturen von über 12,6 °C bereits Schimmelpilze an Bauteiloberflächen entstehen können. Dies ist auf eine erhöhte Luftfeuchtigkeit oder eine zu niedrige Innentemperatur zurückzuführen.

1.2.1.3 Temperaturfaktor *f*, f_{Rsi}

Mithilfe des Temperaturfaktors *f* oder f_{Rsi} kann die Schimmelpilzfreiheit eines Details bestimmt werden. Ist $f_{Rsi} > 0{,}7$, so kann das Detail bei einer relativen Luftfeuchtigkeit von mindestens 50 % als schimmelpilzfrei bewertet werden – unabhängig von der gewählten Innen- und Außentemperatur. Unter genormten Randbedingungen nach DIN 4108-2 mit 20 °C Innentemperatur und –5 °C Außentemperatur ergibt sich über die Formel 1.4 bei einer Oberflächentemperatur von 12,6 °C ein f_{Rsi}-Wert von 0,7.

Für eine Reihe von Detailpunkten aus unterschiedlichen Materialien wurden in Wärmebrückenkatalogen – sowohl für zwei- als auch für dreidimensionale Wärmebrücken – dimensionslose Temperaturfaktoren f_{Rsi} veröffentlicht. Für die betreffenden Konstruktionen können mit den angegebenen Temperaturfaktoren die Temperaturen an Wärmebrücken berechnet werden. Je nachdem, welche Temperaturen in Beziehung gesetzt werden, ergibt sich entweder der Temperaturkorrekturfaktor *F* oder der Temperaturfaktor f_{Rsi}:

- Der **Temperaturkorrekturfaktor *F*** kennzeichnet das Verhältnis der Differenz zwischen Raumluft- und Bauteiloberflächentemperatur zu der Differenz zwischen Raumluft- und Außenlufttemperatur.
- Der **Temperaturfaktor f_{Rsi}** kennzeichnet das Verhältnis der Differenz zwischen Bauteiloberflächentemperatur und Außenlufttemperatur zu der Differenz zwischen Raumluft- und Außenlufttemperatur.

Die Summe von *F* und f_{Rsi} ergibt immer den Wert 1.

$$F = \frac{\theta_i - \theta_{si}}{\theta_i - \theta_e} \tag{1.3}$$

$$f_{Rsi} = \frac{\theta_{si} - \theta_e}{\theta_i - \theta_e} \tag{1.4}$$

$$F + f_{Rsi} = 1 \tag{1.5}$$

mit

F Temperaturkorrekturfaktor, Berechnung über die Innentemperatur
f_{Rsi} Temperaturfaktor, Berechnung über die innere Oberflächentemperatur
θ_i Temperatur der Raumluft in °C
θ_{si} innere Oberflächentemperatur (Bauteiloberflächentemperatur) in °C
θ_e Temperatur der Außenluft in °C

Beispiel zur Ermittlung von *F* und f_{Rsi}

Ausgangswerte:

- $\theta_i = 20$ °C
- $\theta_{si} = 18{,}5$ °C
- $\theta_e = -5$ °C

Berechnung:

$F = (20 - 18{,}5) : (20 - (-5)) = \mathbf{0{,}06}$

$f_{Rsi} = (18{,}5 - (-5)) : (20 - (-5)) = \mathbf{0{,}94}$

Ergebnis: Bei einer Oberflächentemperatur von 18,5 °C ergibt sich für den Temperaturkorrekturfaktor *F* ein Wert von 0,06 und für den Temperaturfaktor f_{Rsi} ein Wert von 0,94.

Wenn der innere Wärmeübergangswiderstand R_{si} und der Wärmedurchgangskoeffizient *U* bekannt sind, kann die Temperatur an der inneren Wandoberfläche θ_{si} mithilfe der Formel 1.1 berechnet werden.

Durch Umstellung der Formel 1.1 lässt sich der *U*-Wert eines Bauteils bestimmen, wenn der Temperaturkorrekturfaktor *F* und der innere Wärmeübergangswiderstand R_{si} bekannt sind:

$$U = \frac{(\theta_i - \theta_{si})}{(\theta_i - \theta_e)} \cdot \frac{1}{R_{si}} \quad \text{in W/(m}^2 \cdot \text{K)} \qquad (1.6)$$

mit

θ_{si} Temperatur an der inneren Wandoberfläche in °C
θ_i Temperatur der Raumluft in °C
θ_e Temperatur der Außenluft in °C
R_{si} innerer Wärmeübergangswiderstand in $m^2 \cdot K/W$

Mit Formel 1.3 ergibt sich daraus:

$$U = F \cdot \frac{1}{R_{si}} \quad \text{in W/(m}^2 \cdot \text{K)} \qquad (1.7)$$

mit

$\frac{1}{R_{si}}$ innerer Wärmeübergangskoeffizient h_i in $W/(m^2 \cdot K)$

Beispiel für die Berechnung von *U* aus *F*

Ausgangswerte:

- $F = 0{,}06$
- $R_{si} = 0{,}25\ m^2 \cdot K/W$

Berechnung:

$h_i = 1 : 0{,}25\ m^2 \cdot K/W = 4\ W/(m^2 \cdot K)$
$U = 0{,}06 \cdot 4\ W/(m^2 \cdot K) = \mathbf{0{,}24\ W/(m^2 \cdot K)}$

Der Temperaturkorrekturfaktor *F* ermöglicht somit auch die Definition eines *U*-Wertes in Abhängigkeit von der inneren und äußeren Lufttemperatur und dem inneren Wärmeübergangskoeffizienten.

Anforderungen nach DIN 4108-2

Nach DIN 4108-2, Abschnitt 6.2, ist für alle Konstruktionen, die von denen in DIN 4108 Beiblatt 2 abweichen, ein Nachweis zu erbringen, dass der f_{Rsi}-Wert an der ungünstigsten Stelle – insbesondere an linearen Wärmebrücken – nicht unter 0,7 liegt. Dies entspricht einer Oberflächentemperatur von $\theta_i \geq 12{,}6$ °C. Bei Einhaltung dieser Werte ist laut DIN 4108-2 bei einer relativen Luftfeuchtigkeit von 50 % und bei 20 °C Innentemperatur eine schimmelpilzfreie Konstruktion zu erwarten.

Eine gleichmäßige Beheizung und ausreichende Belüftung der Räume sowie eine weitgehend ungehinderte Luftzirkulation an den Außenwandoberflächen werden vorausgesetzt.

Fensterflächen sind von dieser Regelung ausgenommen, für sie gilt die DIN EN ISO 13788.

Für Ecken gilt: Erfüllen die flankierenden Bauteile einer Ecke den Mindestwärmeschutz nach DIN 4108-2, so können diese hinsichtlich der Schimmelbildung als unbedenklich angesehen werden.

Bestimmung des f_{Rsi}-Wertes nach Formel 1.4:

$$f_{Rsi} = \frac{\theta_{si} - \theta_e}{\theta_i - \theta_e}$$

$$f_{Rsi} = \frac{12{,}6\,°C - (-5°C)}{20\,°C - (-5°C)} = 0{,}7$$

Beispiel Sockeldetail

Es soll untersucht werden, ob nach DIN 4108-2 in einer Bauteilecke zwischen Außenwand und Kellerdecke Schimmelpilzgefahr vorhanden ist (vgl. Abb. 1.18; die angesetzten Randbedingungen werden in Kapitel 2 erläutert). Die Berechnung mit einem Isothermen-Programm ergibt, dass sich die Oberflächentemperatur in der Bauteilecke gerade noch im zulässigen Bereich befindet (vgl. Abb. 1.19).

Nachfolgend wird das Sockeldetail mit einem Wärmedämm-Verbundsystem (WDVS) wärmetechnisch saniert; es werden 16 cm Wärmedämmung aufgebracht (vgl. Abb. 1.20). Die Berechnung mit einem Isothermen-Programm ergibt, dass sich die Oberflächentemperatur in der Bauteilecke nun im schimmelpilzfreien Bereich befindet (vgl. Abb. 1.21).

Berechnung von Oberflächentemperaturen mithilfe von Wärmebrückenkatalogen

In Wärmebrückenkatalogen wird der f_{Rsi}-Wert zur Berechnung der niedrigsten Oberflächentemperatur θ_{si} an Wärmebrückendetails angegeben. Die Oberflächentemperatur θ_{si} kann mithilfe von Formel 1.4 berechnet werden, indem diese wie folgt umgestellt wird:

$$\theta_{si} = f_{Rsi} \cdot (\theta_i \quad \theta_e) + \theta_e \qquad \text{in °C} \qquad (1.8)$$

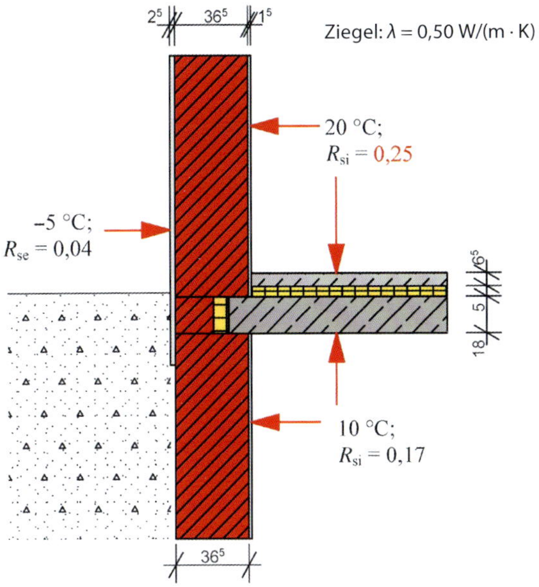

Abb. 1.18: Beispiel Sockeldetail (Keller unbeheizt); Angaben für R_{si} und R_{se} in $m^2 \cdot K/W$

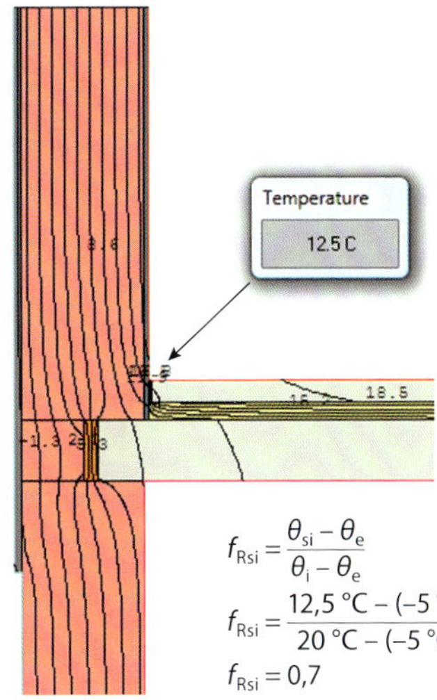

$$f_{Rsi} = \frac{\theta_{si} - \theta_e}{\theta_i - \theta_e}$$

$$f_{Rsi} = \frac{12{,}5\,°C - (-5\,°C)}{20\,°C - (-5\,°C)}$$

$$f_{Rsi} = 0{,}7$$

Abb. 1.19: Beispiel Sockeldetail; Berechnung der Oberflächentemperaturen mit dem Isothermen-Programm Therm

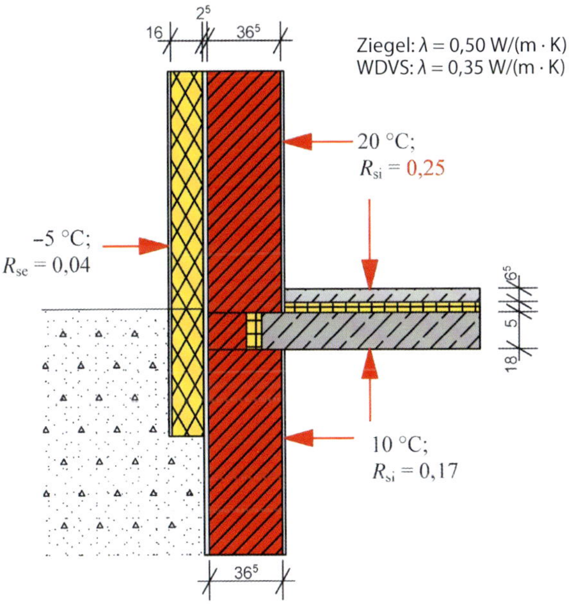

Abb. 1.20: Beispiel Sockeldetail, gedämmt (Keller unbeheizt); Angaben für R_{si} und R_{se} in $m^2 \cdot K/W$

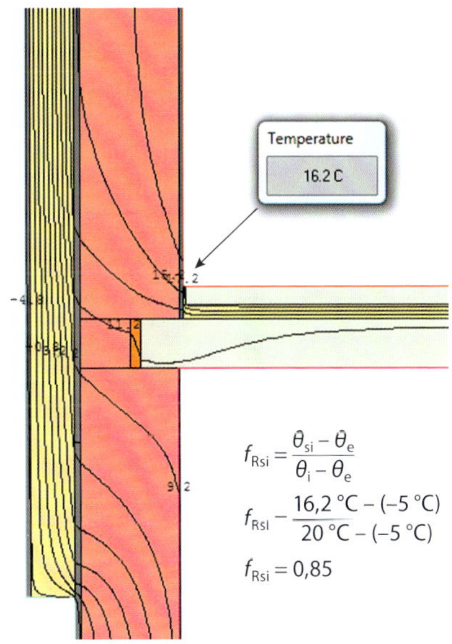

$$f_{Rsi} = \frac{\theta_{si} - \theta_e}{\theta_i - \theta_e}$$

$$f_{Rsi} = \frac{16{,}2\,°C - (-5\,°C)}{20\,°C - (-5\,°C)}$$

$$f_{Rsi} = 0{,}85$$

Abb. 1.21: Beispiel Sockeldetail, gedämmt; Berechnung der Oberflächentemperaturen mit dem Isothermen-Programm Therm

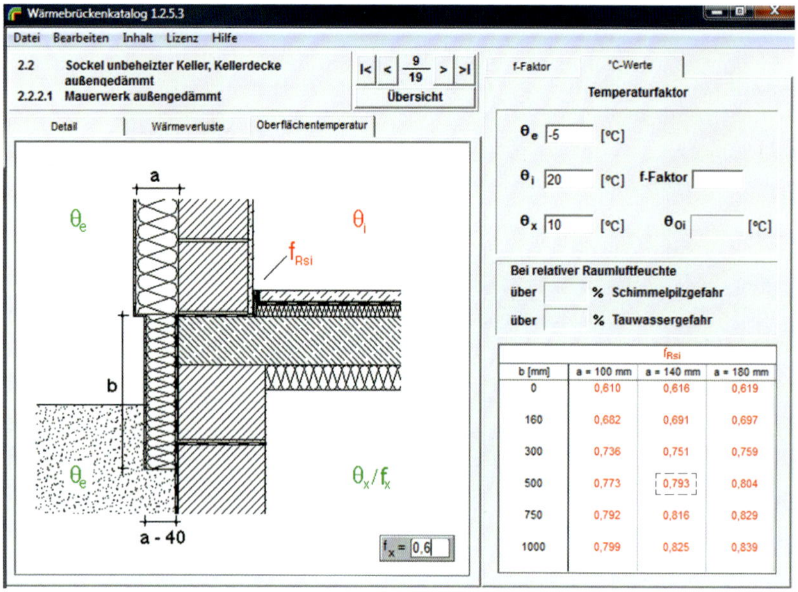

Abb. 1.22: Beispiel Sockeldetail aus Wärmebrückenkatalog; Darstellung der f_{Rsi}-Werte (Quelle: Ingenieurbüro Prof. Dr. Hauser GmbH, Wärmebrückenkatalog auf CD, Version 1.2.5.3, Kassel, Bild 2.2.2.1)

Beispiel für die Ermittlung des f_{Rsi}-Faktors an einem Sockeldetail

Abb. 1.22 zeigt die Darstellung eines Sockeldetails aus dem Wärmebrückenkatalog der Ingenieurbüro Prof. Dr. Hauser GmbH (IBH). Für dieses Detail soll die Temperatur an der Kante Wand/Boden ermittelt werden.

Aus Abb. 1.22 kann der f_{Rsi}-Faktor für unterschiedliche Breiten der Randdämmung abgelesen werden. Für die Breite von 500 mm ergibt sich ein f_{Rsi} von 0,793 (vgl. Markierung in Abb. 1.22).

Die Temperatur θ_{si} an der Kante Wand/Boden wird nach Formel 1.8 berechnet:

$$\theta_{si} = 0{,}793 \cdot (20 - (-5)) + (-5) = 14{,}83\ °C$$

Ergebnis: Bei einem f_{Rsi}-Wert von 0,793 ergibt sich eine Oberflächentemperatur von 14,83 °C an der kältesten Stelle in der Ecke Wand/Boden.

Hinweis: Aus der Tabelle in Abb. 1.22 kann abgelesen werden, dass der f_{Rsi}-Wert bei einer Breite der Sockeldämmung von mehr als 500 mm nur noch gering steigt.

1.2.2 Wärmeverluste an Wärmebrücken

Aufgrund des an Wärmebrücken größeren Wärmestroms kommt es dort zu einem erhöhten Energieverlust und zur Absenkung der inneren Oberflächentemperatur. Der Energieverlust an einer Wärmebrücke wird als zweidimensionaler Wärmeverlust Φ_{2D} bezeichnet. Er kann mithilfe von Wärmebrückenprogrammen nach DIN EN ISO 10211 berechnet werden.

1.2.2.1 Berechnung von Wärmeverlusten an Wärmebrücken

Je nach Art der Wärmebrücke wird ein linearer (zweidimensionaler) oder punktförmiger (dreidimensionaler) Wärmestrom an einer Wärmebrücke berechnet. **Lineare Wärmebrücken** befinden sich z. B. an Decken- und Wandkanten, Fenster- und Türlaibungen sowie an eingebundenen Stützen. **Punktförmige Wärmebrücken** entstehen z. B. an Gebäudeecken und an den die Dämmung durchdringenden Verbindungsmitteln. Verbindungsmittel müssen bei der Ermittlung des *U*-Wertes als Zuschlag nach DIN EN ISO 6946 berücksichtigt werden, was in den Herstellerangaben meist geschieht.

Nach DIN V 18599-2 (Abschnitt 6.2.5) sind für die Berechnung der Transmissionswärmeverluste nur lineare Wärmebrücken zu berücksichtigen, da punktförmige Wärmebrücken in der Regel nur einen geringen Einfluss auf die Energiebilanz haben. Wenn jedoch punktförmige Wärmebrücken an einem Gebäude häufig auftreten, wie z. B. Stützen in Tiefgaragen, sollte deren Einfluss auf die Energiebilanz untersucht werden. Wichtig ist, dass auch punktförmige Wärmebrücken so ausgeführt werden müssen, dass sie nach DIN 4108-2 tauwasserfrei sind.

Der zweidimensionale Wärmestrom Φ_{2D} kennzeichnet den gesamten an einer linearen Wärmebrücke vorhandenen Wärmestrom und wird in W angegeben. Die Größe des Wärmestroms kann über die sich an der Bauteiloberfläche einstellende Temperatur θ_{si} berechnet werden. Nach Formel 1.1 (vgl. dort zu den Formelzeichen) ergibt sich die Oberflächentemperatur θ_{si} folgendermaßen:

$$\theta_{si} = \theta_i - R_{si} \cdot U \cdot (\theta_i - \theta_e) \qquad \text{in °C}$$

An Wärmebrücken entstehen zwei- bzw. dreidimensionale Wärmeströme. Die Temperaturen innerhalb und an der Oberfläche der Bauteile können mit sog. Knotenmodellen berechnet werden: Hierzu wird der Bauteilquerschnitt in quadratische Felder geteilt und die Temperaturen an deren Eckpunkten durch Iteration so lange angeglichen, bis über dem gesamten Querschnitt ein Temperaturgleichgewicht besteht.

Aus der Differenz der so ermittelten Oberflächentemperaturen $\theta_{si,n}$ an der Stelle *n* und der Raumlufttemperatur θ_i kann über den vorgegebenen Wärmeübergangskoeffizienten h_i der für diesen Temperaturunterschied entsprechende *U*-Wert an der Stelle *n* berechnet werden (vgl. auch Formel 1.6):

$$U_n = \frac{\theta_i - \theta_{si,n}}{\theta_i - \theta_e} \cdot h_i \qquad \text{in W/(m}^2 \cdot \text{K)} \qquad (1.9)$$

mit

- U_n *U*-Werte (an der Stelle *n*) innerhalb des Wärmebrückenbereichs in W/(m² · K)
- $\theta_{si,n}$ Oberflächentemperatur innen an der Stelle *n* in °C
- θ_i Temperatur der Raumluft in °C
- θ_e Temperatur der Außenluft in °C
- h_i innerer Wärmeübergangskoeffizient in W/(m² · K)

Mit den einzelnen U_n-Werten kann der zweidimensionale Wärmestrom Φ_{2D} im Bereich der Wärmebrücke berechnet werden.

$$\Phi_{2D} = \int U_n \cdot A_j \cdot (\theta_i - \theta_e) \qquad \text{in W} \tag{1.10}$$

mit

Φ_{2D} zweidimensionaler Wärmestrom in W

U_n U-Werte (an der Stelle n) innerhalb des Wärmebrückenbereichs in $W/(m^2 \cdot K)$

A_j Fläche innerhalb des zweidimensionalen geometrischen Models (Wärmebrücke) in m^2; Berechnung $A_j = b_j \cdot l_j$

b_j Breite des Wärmebrückenbereichs in m

l_j Länge des Bauteils, mit der dessen Fläche A berechnet wird, in m

1.2.2.2 Berechnung der zusätzlichen Wärmeverluste an einer Wärmebrücke (ψ-Wert)

Für die Energiebilanzierung eines Gebäudes wird nicht der gesamte Wärmestrom an einer Wärmebrücke benötigt, sondern nur der zusätzliche Wärmestrom, der aufgrund der Wärmebrückenwirkung verursacht wird. Der zusätzliche Wärmestrom wird als Wärmebrückenverlustkoeffizient (WBV) oder als ψ-Wert bezeichnet. Der ψ-Wert korrigiert eine vorhandene Energiebilanzierung. Entsprechend der Art der Wärmebrücken werden folgende WBV unterschieden:

- linearer Wärmebrückenkoeffizient ψ
- punktförmiger Wärmebrückenkoeffizient χ

Der zusätzliche zweidimensionale Wärmestrom im Bereich der Wärmebrücke $\Delta\Phi_{2D}$ berechnet sich aus der Differenz des gesamten Wärmestroms Φ_{2D} im Bereich der Wärmebrücke und des Wärmestroms Φ_0 im ungestörten Bereich, bezogen auf die wirksame Fläche des Wärmebrückenbereichs A_{WB} und des definierten Temperaturunterschieds $\Delta\theta_i$. Nachfolgend wird die Ermittlung des ψ-Werts gemäß Abb. 1.23 im Einzelnen erläutert.

$$\Delta\Phi_{2D} = (\Phi_{2D} - \Sigma\Phi_0) \qquad \text{in W} \tag{1.11}$$

mit

$\Delta\Phi_{2D}$ zusätzlicher Wärmestrom im Wärmebrückenbereich in W

Φ_0 ungestörter Wärmestrom ohne Wärmebrückeneinfluss der flankierenden Bauteile in W (schon in der Energiebilanzierung berücksichtigt)

Φ_{2D} Wärmestrom innerhalb des Wärmebrückenbereichs in W

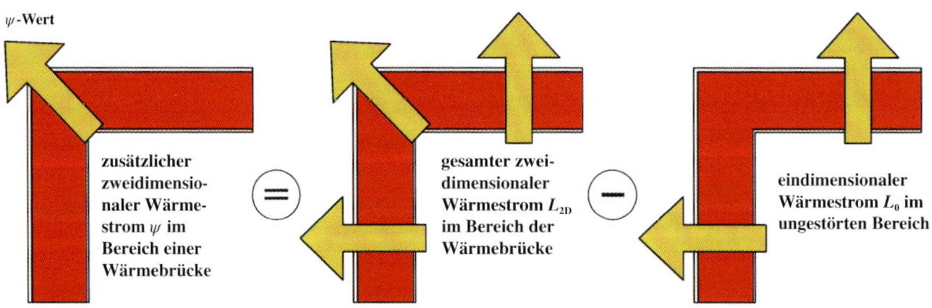

Abb. 1.23: Veranschaulichung der ψ-Wert-Berechnung

Der ungestörte Wärmestrom Φ_0 errechnet sich wie folgt:

$$\Phi_0 = \Sigma(U_j \cdot A_j \cdot (\theta_i - \theta_e)) \qquad \text{in W} \qquad (1.12)$$

mit

U_j Wärmedurchgangskoeffizient der ungestörten Bereiche in W/(m² · K)

A_j Fläche der Bauteile in m²

θ_i Innentemperatur (Raumtemperatur) in °C

θ_e Außentemperatur in °C

Um nun den temperatur- und flächenunabhängigen Wärmedurchgangskoeffizient ψ in W/(m · K) zu ermitteln, sind Φ_{2D} und Φ_0 auf temperaturunabhängige, längenbezogene Wärmeströme L umzurechnen.

Der im **ungestörten Bereich** fließende Wärmestrom L_0, bezogen auf 1 m Länge und auf 1 K Temperaturunterschied, errechnet sich folgendermaßen:

$$L_0 = \frac{\Phi_0}{\theta_i - \theta_e} \cdot l_j \qquad \text{in W/(m} \cdot \text{K)} \qquad (1.13)$$

Mit dem Wärmedurchgangskoeffizienten $U = \Phi_0 : (\theta_i - \theta_e)$ lässt sich L_0 folgendermaßen darstellen:

$$L_0 = \Sigma(U_j \cdot l_j) \qquad \text{in W/(m} \cdot \text{K)} \qquad (1.14)$$

Der im **gestörten Bereich** fließende Wärmestrom L_{2D}, bezogen auf 1 m Länge und auf 1 K Temperaturunterschied, wird wie folgt berechnet:

$$L_{2D} = \frac{\Phi_{2D}}{\theta_i - \theta_e} \cdot b_j \qquad \text{in W/(m} \cdot \text{K)} \qquad (1.15)$$

Der **zusätzliche**, längenbezogene und auf 1 K bezogene Wärmestrom ψ (Wärmeverlustkoeffizient) im Bereich der Wärmebrücke errechnet sich dann so (vgl. auch Abb. 1.23):

$$\psi = L_{2D} - \Sigma L_0 \qquad \text{in W/(m} \cdot \text{K)} \qquad (1.16)$$

1.2.2.3 Einfluss der Systemlinie auf den ψ-Wert

Wie bereits erläutert, handelt es sich bei dem ψ-Wert um einen Korrekturwert, der eine vorhandene energetische Berechnung korrigiert. In der energetischen Berechnung nach Gebäudeenergiegesetz (GEG) werden die Wärmeverluste über die Gebäudehülle nur eindimensional berechnet. Die zusätzlichen, zweidimensionalen Wärmeverluste an den Wärmebrücken werden nicht berücksichtigt. Diese zusätzlichen Wärmeverluste an einer Wärmebrücke sind davon abhängig, wie die Systemlinie als Begrenzung der beheizten Hüllfläche definiert wurde. Für die energetische Berechnung eines Gebäudes nach GEG ist die Lage der Systemlinie zu definieren nach DIN V 18599-1, Abschnitt 8. Die Systemlinie liegt in der Regel immer an der Außenkante der Gebäudehülle; nur beim unteren Gebäudeabschluss liegt sie auf der Oberkante der Rohdecke.

In DIN 4108 Beiblatt 2, Tabelle 8, ist ebenfalls dargestellt, wie die Systemlinie bei den einzelnen Wärmebrückendetails zu definieren ist.

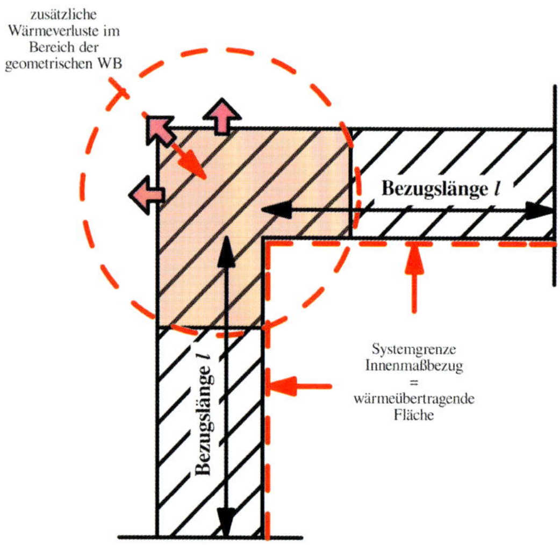

Abb. 1.26: Innenmaßbezogene Wärmebrücke (WB) einer Außenecke

Ermittlung der Transmissionswärmeverluste H_T über den Innenmaßbezug der Bauteilflächen

Werden die Wärmeverluste über die inneren Bauteilflächen der Gebäudehülle ermittelt, wie z. B. bei der Bestimmung des Normwärmebedarfs eines beheizten Wohnraumes, so sind die zusätzlichen Wärmeverluste über die Wärmebrücke auch innenmaßbezogen zu ermitteln.

Die Wärmeverluste über die Wärmebrücken sind dann zusätzliche zweidimensionale Wärmeverluste, die zu den eindimensionalen Wärmeverlusten der Bauteilflächen addiert werden.

Der **innenmaßbezogene ψ-Wert** ist der Wert, der die tatsächlichen zusätzlichen Wärmeverluste an einer Wärmebrücke angibt. Dieser Wert ist **immer positiv.** In Abb. 1.26 wird der beschriebene Sachverhalt an einer Außenecke grafisch dargestellt.

In Abb. 1.27 wird ein beheizter und an kältere Außenluft grenzender Raum dargestellt. Die Wärme des Raumes wird über die inneren Wandflächen des Raumes aufgenommen und nach außen transportiert. Die Gebäudeecken bilden geometrische Wärmebrücken, an denen aufgrund der Geometrie ein größerer Wärmestrom vorhanden ist als an den ungestörten Wandflächen.

Für die genaue Bestimmung der Transmissionswärmeverluste H_T des Raumes sind sowohl die Wärmeverluste über die Innenflächen des Raumes als auch die zusätzlichen Verluste an den Wärmebrücken zu bestimmen. Bei dem in Abb. 1.27 dargestellten Beispiel wird angenommen, dass die Außentemperatur an allen Bauteilflächen gleich ist.

$$H_T = \Sigma U_i \cdot A_i + \Sigma \psi_i \cdot l_{WB,i} \quad \text{in W/K} \tag{1.17}$$

mit

U_i U-Wert einer Bauteilfläche in W/(m² · K)
A_i Fläche der zugehörigen Bauteilfläche in m²
ψ_i zusätzliche Wärmebrückenverluste einer Bauteilfläche in W/(m · K)
$l_{WB,i}$ Länge der Wärmebrücke in m

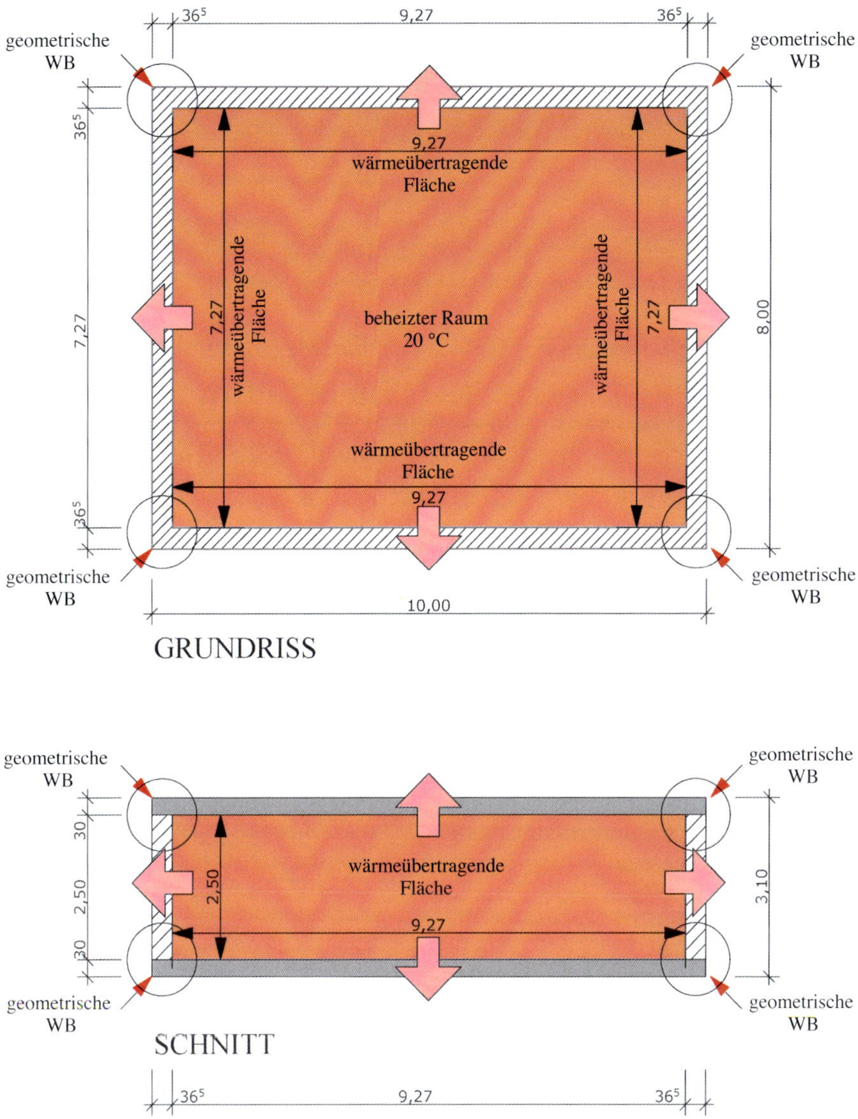

Abb. 1.27: Wärmeverluste in einem beheizten Raum über die Innenflächen

Beispielhafte Ermittlung der Transmissionswärmeverluste H_T über den Innenmaßbezug der Bauteilflächen (Vorgaben aus Abb. 1.27)

Erster Schritt: Berechnung der Transmissionswärmeverluste über die inneren Bauteilflächen

- U-Wert Außenwand $U_{AW} = 0{,}20\ W/(m^2 \cdot K)$
- Fläche Außenwand $A_{AW} = (9{,}27\ m + 7{,}27\ m) \cdot 2 \cdot 2{,}5\ m = \mathbf{82{,}70\ m^2}$

- U-Wert Boden $U_G = 0{,}30\ W/(m^2 \cdot K)$
- Fläche Boden $A_G = 9{,}27\ m \cdot 7{,}27\ m = \mathbf{67{,}39\ m^2}$

- U-Wert Decke $U_D = 0{,}20\ W/(m^2 \cdot K)$
- Fläche Decke $A_D = 9{,}27\ m \cdot 7{,}27\ m = \mathbf{67{,}39\ m^2}$

Für die **innere Hüllfläche A_{gesamt}** ergibt sich in der Summe ein Wert von **217,48 m²**.

Der **eindimensionale** Transmissionswärmeverlust über die inneren Bauteilflächen des Raumes berechnet sich wie folgt:

$$H_T = U_{AW} \cdot A_{AW} + U_G \cdot A_G + U_D \cdot A_D \quad \text{in W/K}$$

$$H_T = 0{,}20\ \text{W/(m}^2 \cdot \text{K)} \cdot 82{,}70\ \text{m}^2 + 0{,}30\ \text{W/(m}^2 \cdot \text{K)} \cdot 67{,}39\ \text{m}^2 + 0{,}20\ \text{W/(m}^2 \cdot \text{K)} \cdot 67{,}39\ \text{m}^2$$

$$H_T = 16{,}54\ \text{W/K} + 20{,}22\ \text{W/K} + 13{,}48\ \text{W/K} = \mathbf{50{,}24\ W/K}$$

Zweiter Schritt: Berechnung der ψ-Werte über die geometrischen Wärmebrücken

Zunächst muss der Wärmeverlustkoeffizient ψ an der Wärmebrücke mithilfe eines Isothermen-Programms berechnet oder mithilfe eines Wärmebrückenkatalogs bestimmt werden (die Ermittlung der ψ-Werte wird im Folgenden nicht dargestellt).

Es handelt sich hier um innenmaßbezogene Wärmebrücken.

- ψ-Wert Außenecke $\psi_{AW} = 0{,}046$ W/(m · K)
- Länge der Wärmebrücke $l_{WB,AW} = 2{,}5$ m · 4 = 10,0 m

- ψ-Wert Bodenplatte $\psi_G = 0{,}07$ W/(m · K)
- Länge der Wärmebrücke $l_{WB,G}$ = (9,27 m + 7,27 m) · 2 = 33,08 m

- ψ-Wert Decke $\psi_D = 0{,}101$ W/(m · K)
- Länge der Wärmebrücke $l_{WB,D}$ = (9,27 m + 7,27 m) · 2 = 33,08 m

Die **zweidimensionalen** Transmissionswärmeverluste $H_{T,WB}$ über die geometrischen Wärmebrücken des Raumes werden folgendermaßen berechnet (Innenmaßbezug):

$$H_{T,WB} = \psi_{AW} \cdot l_{WB,AW} + \psi_G \cdot l_{WB,G} + \psi_D \cdot l_{WB,D} \quad \text{in W/K}$$

$$H_{T,WB} = 0{,}046\ \text{W/(m} \cdot \text{K)} \cdot 10{,}0\ \text{m} + 0{,}070\ \text{W/(m} \cdot \text{K)} \cdot 33{,}08\ \text{m} + 0{,}101\ \text{W/(m} \cdot \text{K)} \cdot 33{,}08\ \text{m} = \mathbf{6{,}117\ W/K}$$

Dritter Schritt: Berechnung der gesamten Transmissionswärmeverluste $H_{T,gesamt}$ über die innere Gebäudehülle

$$H_{T,gesamt} = 50{,}24\ \text{W/K} + 6{,}12\ \text{W/K} = \mathbf{56{,}36\ W/K}$$

Ergebnis: Die Transmissionswärmeverluste über die innere Gebäudehülle betragen 56,36 W/K. Der Anteil der Wärmeverluste über die geometrischen Wärmebrücken liegt bei ca. 11 %.

Ermittlung von H_T über den Außenmaßbezug von Bauteilflächen

Für öffentlich-rechtliche Energieausweise verweist das Gebäudeenergiegesetz (GEG) bei der Ermittlung der Gebäudehüllfläche auf DIN V 18599-1.

In DIN V 18599-1 ist festgelegt, dass die wärmeübertragende Gebäudehülle über die Außenmaße zu ermitteln ist. Eine Ausnahme bildet hier nur der untere Gebäudeabschluss; hier wird die Oberkante (OK) der Bodenplatte als Systemgrenze angesetzt.

Abb. 1.28: Wärmebrücke mit Außenmaßbezug (Außenecke)

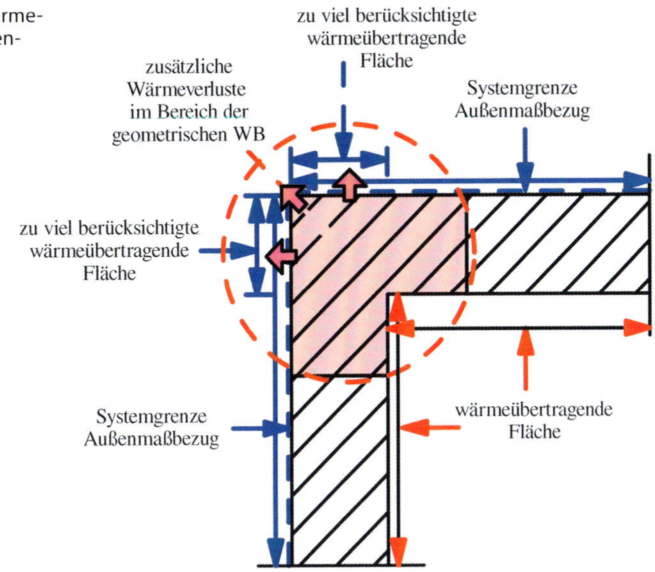

Der Außenmaßbezug ermöglicht eine schnellere und einfachere Flächenermittlung als bei der Ermittlung über die innenmaßbezogenen Flächen.

Die so erfassten wärmeübertragenden Flächen sind dadurch größer als die tatsächlich vorhandenen. Die zusätzlich erfasste Gebäudehülle wurde bis zur ersten Fassung der Energieeinsparverordnung (EnEV 2002) als Kompensation der Wärmeverluste über Wärmebrücken angesehen, die noch nicht berücksichtigt wurden.

Mit der EnEV 2002 wurde die zusätzliche Berücksichtigung von Wärmeverlusten über die Wärmebrücken eingeführt. Durch die höheren Anforderungen an den Dämmstandard der Gebäudehülle fallen Wärmeverluste über Wärmebrücken nun stärker ins Gewicht (vgl. Kapitel 3). Die Wärmebrückenverluste sind nun mit einem pauschalen Faktor von 0,03, 0,05 oder 0,10 $W/(m^2 \cdot K)$ zu berücksichtigen (vgl. Kapitel 1.4). Außerdem können die Wärmebrücken nun auch detailliert berechnet und berücksichtigt werden. Hierbei sind die Wärmebrückenverluste außenmaßbezogen zu bestimmen.

Sind die berechneten Wärmeverluste über die Wärmebrücke kleiner als die bereits zusätzlich berücksichtigten Wärmeverluste aufgrund des Außenmaßbezugs, wird der außenmaßbezogene Wärmeverlustkoeffizient ψ negativ. Dieser Sachverhalt wird in Abb. 1.28 dargestellt.

Für den in Abb. 1.27 dargestellten Raum wird nachfolgend beispielhaft die Berechnung der Wärmeverluste über den Außenmaßbezug dargestellt. Aus Abb. 1.29 ist ersichtlich, wie die Flächen nach GEG zu ermitteln sind.

Bei einem negativen ψ-Wert werden zu viel berücksichtigte Wärmeverluste aufgrund des Außenmaßbezugs wieder gutgeschrieben.

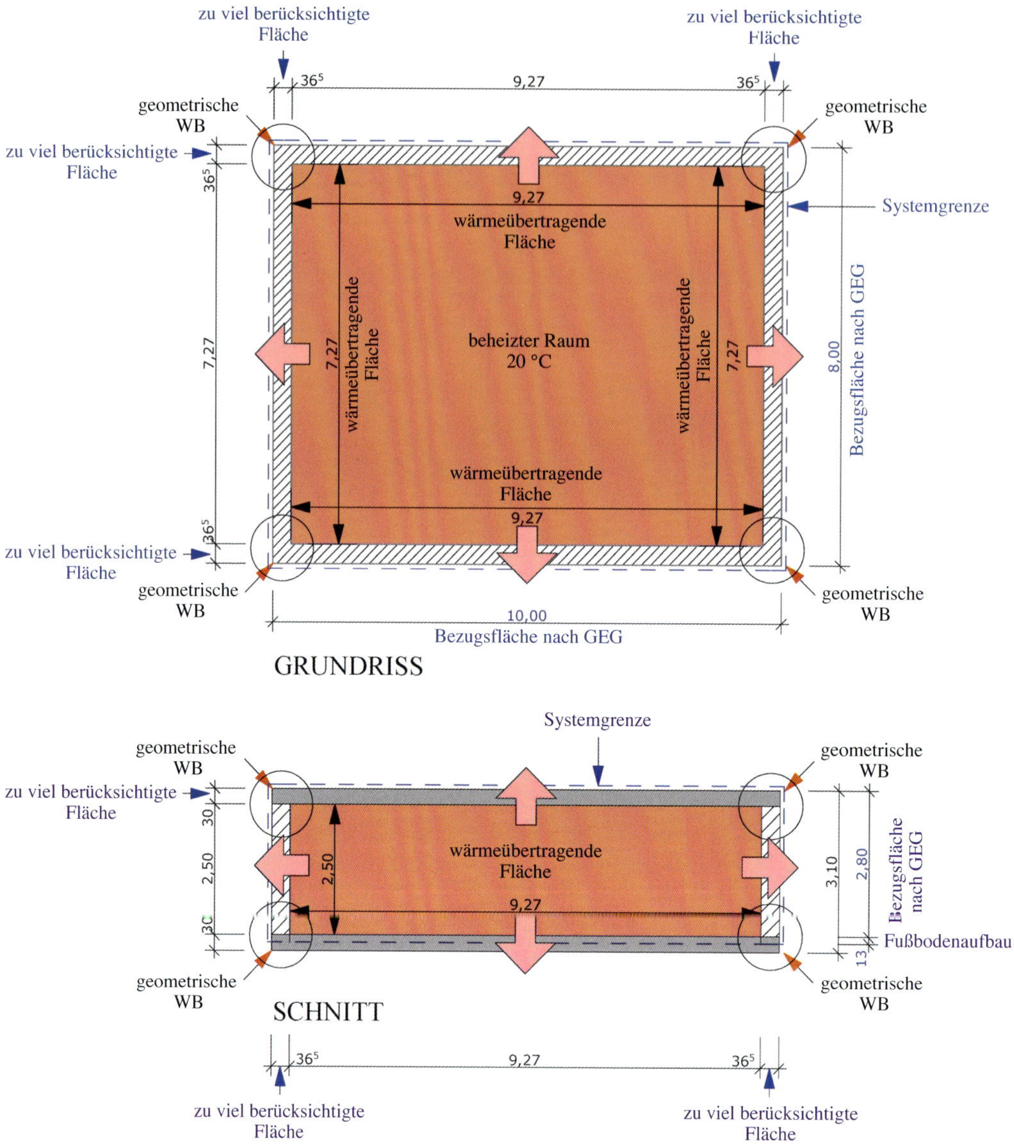

Abb. 1.29: Wärmeverluste in einem beheizten Raum über die Außenflächen

Beispielhafte Ermittlung von H_T über den Außenmaßbezug von Bauteilflächen (Vorgaben aus Abb. 1.27 und Abb. 1.29)

Erster Schritt: Berechnung der Transmissionswärmeverluste über die äußere Bauteilfläche

- U-Wert Außenwand $U_{AW} = 0{,}20$ W/(m² · K)
- Fläche Außenwand $A_{AW} = (10{,}0 \text{ m} + 8{,}0 \text{ m}) \cdot 2 \cdot 2{,}93 \text{ m} = \mathbf{105{,}48\ m^2}$

- U-Wert Boden $U_G = 0{,}30$ W/(m² · K)
- Fläche Boden $A_G = 10{,}0 \text{ m} \cdot 8{,}00 \text{ m} = \mathbf{80{,}0\ m^2}$

- U-Wert Decke $U_D = 0{,}20$ W/(m² · K)
- Fläche Decke $A_D = 10{,}0 \text{ m} \cdot 8{,}00 \text{ m} = \mathbf{80{,}0\ m^2}$

Für die **äußere Hüllfläche A_{gesamt}** ergibt sich in der Summe ein Wert von **265,48 m².**

Die zusätzlich erfasste Hüllfläche ΔA aufgrund des Außenmaßbezugs ergibt sich aus der Differenz von äußerer und innerer Hüllfläche:

$$\Delta A = 265{,}48 \text{ m}^2 - 217{,}48 \text{ m}^2 = 48{,}00 \text{ m}^2$$

$$48{,}00 \text{ m}^2 : 217{,}48 \text{ m}^2 = 22\ \% \text{ (bezogen auf die innere Hüllfläche)}$$

Die zusätzlich erfasste wärmeübertragende Hüllfläche aufgrund des Außenmaßbezugs beträgt bei diesem Beispiel 22 % der tatsächlich wärmeübertragenen inneren Hüllfläche. Das heißt, dass sich über den Außenmaßbezug in diesem Beispiel eine um 22 % größere wärmeübertragende Hüllfläche ergibt, als tatsächlich vorhanden ist.

Der **eindimensionale** Transmissionswärmeverlust über die äußeren Bauteilflächen des Raumes berechnet sich wie folgt:

$$H_T = U_{AW} \cdot A_{AW} + U_G \cdot A_G + U_D \cdot A_D \qquad \text{in W/K}$$

$$H_T = 0{,}20 \text{ W/(m}^2 \cdot \text{K)} \cdot 105{,}48 \text{ m}^2 + 0{,}30 \text{ W/(m}^2 \cdot \text{K)} \cdot 80{,}0 \text{ m}^2 + 0{,}20 \text{ W/(m}^2 \cdot \text{K)} \cdot 80{,}0 \text{ m}^2$$

$$H_T = 21{,}10 \text{ W/K} + 24{,}00 \text{ W/K} + 16{,}00 \text{ W/K} = \mathbf{61{,}10\ W/K}$$

Zweiter Schritt: Berechnung der ψ-Werte über die geometrischen Wärmebrücken (Außenmaßbezug)

Zunächst muss der Wärmeverlustkoeffizient ψ an der Wärmebrücke mithilfe eines Isothermen-Programms berechnet oder mithilfe eines Wärmebrückenkatalogs bestimmt werden.

Es handelt sich hier um außenmaßbezogene Wärmebrücken.

- ψ-Wert Außenecke $\psi_{AW} = -0{,}12$ W/(m · K)
- Länge der Wärmebrücke $l_{WB,AW} = 2{,}93 \text{ m} \cdot 4 = 11{,}72$ m

- ψ-Wert Bodenplatte $\psi_G = -0{,}078$ W/(m · K)
- Länge der Wärmebrücke $l_{WB,G} = (10{,}0 \text{ m} + 8{,}0 \text{ m}) \cdot 2 = 36{,}0$ m

- ψ-Wert Decke $\psi_D = -0{,}052$ W/(m · K)
- Länge der Wärmebrücke $l_{WB,D} = (10{,}0 \text{ m} + 8{,}0 \text{ m}) \cdot 2 = 36{,}0$ m

Die **zweidimensionalen** Transmissionswärmeverluste $H_{T,WB}$ über die geometrischen Wärmebrücken des Raumes werden folgendermaßen berechnet:

$$H_{T,WB} = \psi_{AW} \cdot l_{WB,AW} + \psi_G \cdot l_{WB,G} + \psi_D \cdot l_{WB,D} \quad \text{in W/K}$$

$$H_{T,WB} = -0{,}120\ \text{W/(m} \cdot \text{K)} \cdot 11{,}72\ \text{m} + -0{,}078\ \text{W/(m} \cdot \text{K)} \cdot 36{,}0\ \text{m} + -0{,}052\ \text{W/(m} \cdot \text{K)} \cdot 36{,}0\ \text{m} = \mathbf{-6{,}08\ W/K}$$

Da die ψ-Werte alle negativ sind, zeigt sich, dass über die zusätzlich angesetzten Flächen aufgrund des Außenmaßbezugs mehr Wärmeverluste berechnet werden, als tatsächlich über die Wärmebrücken verloren gehen.

Dritter Schritt: Berechnung der gesamten Transmissionswärmeverluste $H_{T,gesamt}$ über die äußere Gebäudehülle

$$H_{T,gesamt} = 61{,}10\ \text{W/K} - 6{,}08\ \text{W/K} = \mathbf{55{,}02\ W/K}$$

Ergebnis: Die Transmissionswärmeverluste über die äußere Gebäudehülle betragen 55,02 W/K. Die **Gutschrift** an Wärmeverlusten über die geometrischen Wärmebrücken liegt hier bei 10 % bezogen auf den Transmissionswärmeverlust über den Außenmaßbezug.

Zusammenfassung und Fazit

Die berechneten Transmissionswärmeverluste über den Innenmaßbezug oder über den Außenmaßbezug mit detaillierter Wärmebrückenberechnung sind nahezu gleich (Bezug Abb. 1.27 und Abb. 1.29):

- $H_{T,gesamt}$ = 56,36 W/K (innenmaßbezogen)
- $H_{T,gesamt}$ = 55,02 W/K (außenmaßbezogen)

Werden die Transmissionswärmeverluste H_T eines Gebäudes außenmaßbezogen berechnet, so wie es das GEG vorschreibt, können die über die Wärmebrücken zu berücksichtigenden Wärmeverluste sowohl negativ als auch positiv sein:

- Negative ψ-Werte treten in der Regel an geometrischen Wärmebrücken wie Gebäudeecken auf.
- Positive ψ-Werte treten meist bei Wärmebrücken aufgrund von Stoffunterschieden auf und immer dort, wo aufgrund des Außenmaßbezugs keine zusätzlichen Flächen berücksichtigt wurden.

1.3 Mindestwärmeschutz

Die Einhaltung des Mindestwärmeschutzes an wärmeübertragenden Außenbauteilen ist wichtig, damit an den Bauteiloberflächen unter genormten Bedingungen – wie z. B. 50 % relative Luftfeuchtigkeit und 20 °C Innentemperatur bei bis zu –5 °C Außentemperatur – die Gefahr von Schimmelpilzbildung vermieden wird.

1.3.1 Mindestwärmeschutz nach DIN 4108-2

Die Norm DIN 4108-2 enthält in Tabelle 3 (vgl. Tabelle 1.2) Mindestwerte der Wärmedurchlasswiderstände R für Bauteile,

- die für den Energieausweis zu erfassen sind,
- die innerhalb des Gebäudes Bereiche unterschiedlicher Nutzung oder verschiedener Eigentümer trennen.

Mindestwärmeschutz an Wänden

Die in Tabelle 1.2 aufgeführten Wärmedurchlasswiderstände für Wände mit einer Gesamtmasse von mindestens 100 kg/m² müssen an jeder Stelle vorhanden sein, z. B. an Nischen unter Fenstern, Brüstungen von Fensterbauteilen, Fensterstürzen, im Wandbereich auf der Außenseite von Heizkörpern und Rohrkanälen.

Anforderungen an leichte Bauteile

Bei leichten Bauteilen mit einer flächenbezogenen Gesamtmasse von unter 100 kg/m² muss $R \geq 1{,}75$ m² · K/W eingehalten werden.

Anforderungen an inhomogene nicht transparente Bauteile

Bei Skelett-, Rahmen- oder Holzständerbauweisen sowie Pfosten-Riegel-Konstruktionen ist im Bereich der Gefache ein Wärmedurchlasswiderstand von $R_G \geq 1{,}75$ m² · K/W einzuhalten. Im Mittel ist über das gesamte Bauteil $R_m \geq 1{,}0$ m² · K/W einzuhalten.

Anforderungen an transparente und teiltransparente Bauteile

Für opake Ausfachungen von transparenten oder teiltransparenten Bauteilen in Pfosten-Riegel-Konstruktionen, Vorhangfassaden, Glasdächern, Fenstern, Fenstertüren und -wänden einer wärmeübertragenden Umfassungsfläche gilt bei beheizten und niedrig beheizten Räumen ein Wärmedurchlasswiderstand von $R \geq 1{,}2$ m² · K/W bzw. $U_p \leq 0{,}73$ W/(m² · K). Für Rahmen gilt $U_f \leq 2{,}9$ W/(m² · K) nach DIN EN ISO 10077-1. Transparente Bauteile sind mindestens mit Isolierglas oder 2 Glasscheiben auszustatten.

Tabelle 1.2: Mindestwerte für Wärmedurchlasswiderstände *R* von Bauteilen nach DIN 4108-2, Tabelle 3

Zeile	Bauteile	*R* (m² · K/W)[2)]
1	**Wände beheizter Räume**	
	gegen Außenluft, Erdreich, Tiefgarage, nicht beheizte Räume, nicht beheizte Dachräume oder Kellerräume	1,2[3)]
2	**Dachschrägen beheizter Räume gegen Außenluft**	1,2
3	**Decken beheizter Räume nach oben und Flachdächer**	
3.1	gegen Außenluft	1,2
3.2	zu belüfteten Räumen zwischen Dachschrägen und Abseitenwänden bei ausgebauten Dachräumen	0,9
3.3	zu nicht beheizten Räumen, zu bekriechbaren oder noch niedrigeren Räumen	0,9
3.4	zu Räumen zwischen gedämmten Dachschrägen und Abseitenwänden bei ausgebauten Dachräumen	0,35

Fortsetzung Tabelle 1.2: Mindestwerte für Wärmedurchlasswiderstände *R* von Bauteilen nach DIN 4108-2, Tabelle 3

4	**Decken beheizter Räume nach unten**	
4.1[1)]	gegen Außenluft, gegen Tiefgaragen; gegen Garagen (auch beheizte), Durchfahrten (auch verschließbare) und belüftete Kriechkeller	1,75
4.2	gegen nicht beheizten Kellerraum	0,90
4.3	Sohlplatten unter Aufenthaltsräumen, unmittelbar an das Erdreich grenzend bis zu einer Raumtiefe von 5 m	0,90
4.4	über einen nicht belüfteten Hohlraum, z. B. Kriechkeller, an das Erdreich grenzend	0,90
5	**Bauteile an Treppenräumen**	
5.1	Wände zwischen beheizten Räumen und direkt beheiztem Treppenraum, Wände zwischen beheiztem Raum und indirekt beheiztem Treppenraum, sofern die anderen Bauteile des Treppenraums die Anforderungen der Tabelle 1.2 erfüllen	0,25
5.2	Wände zwischen beheiztem Raum und direkt beheiztem Treppenraum, wenn nicht alle anderen Bauteile des Treppenraums die Anforderungen der Tabelle 1.2 erfüllen	0,07
5.3	oberer und unterer Abschluss eines beheizten oder indirekt beheizten Treppenraumes	wie Bauteile beheizter Raum
6	**Bauteile zwischen beheizten Räumen**	
6.1	Wohnungs- und Gebäudetrennwände zwischen beheizten Räumen	0,07
6.2	Wohnungstrenndecken; Decken zwischen Räumen unterschiedlicher Nutzung	0,35

1) Vermeidung von Fußkälte
2) bei erdberührten Bauteilen konstruktiver Wärmedurchlasswiderstand
3) bei niedrig beheizten Räumen 0,55 $m^2 \cdot K/W$

Tabelle 1.3: Zuschlagswerte für Umkehrdächer nach DIN 4108-2, Tabelle 4

Anteil des Wärmedurchlasswiderstandes raumseitig der Abdichtung am Gesamtwärmedurchlasswiderstand in %	**Zuschlagswert ΔU in $W/(m^2 \cdot K)$**
unter 10	0,05
von 10 bis 50	0,03
über 50	0

Hinweis zum Mindestwärmeschutz an Außenwänden

An einer Außenwandecke mit einer Außenwand, die gerade den Mindestwärmeschutz $R = 1{,}2\ m^2 \cdot K/W$ einhält, ergibt sich an der Innenecke eine Oberflächentemperatur von ca. 12,6 °C. Diese Temperatur muss eingehalten werden, damit unter genormten Verhältnissen keine Schimmelpilzgefahr vorhanden ist (vgl. Kapitel 1.2.1.2).

Ein R-Wert von 1,2 $m^2 \cdot K/W$ ergibt bei einer Außenwand einen U-Wert von 0,842 $W/(m^2 \cdot K)$. Dieser U-Wert wird mit einem 36,5 cm dicken Mauerstein mit einem λ-Wert von 0,38 $W/(m \cdot K)$ erreicht.

Rollladenkästen

Rollladenkästen können in der Energiebilanz wie folgt berücksichtigt werden:

- als flächige Bauteile mit ihrem U-Wert und ihrer Fläche,
- in der Wärmebrückenberechnung.

In der Wärmebrückenberechnung kann der Rollladenkasten bei der Ermittlung der Außenwandflächen übermessen werden. Entspricht die Einbausituation einem Referenzbild aus DIN 4108 Beiblatt 2, so kann ΔU_{WB} mit 0,05 $W/(m^2 \cdot K)$ angesetzt werden. Weiterhin können die Wärmeverluste auch über den ψ-Wert des Anschlussdetails bestimmt werden.

Für die Deckel von Rollladenkästen ist ein Wert von $R \geq 0{,}55\ m^2 \cdot K/W$ einzuhalten und für das gesamte Bauteil im Mittel $R_m \geq 1{,}0\ m^2 \cdot K/W$.

Bauteile mit Abdichtungen

Bei Bauteilen mit Abdichtungen sind bei der Berechnung des R-Wertes nur die raumseitigen Schichten bis zur Bauwerks- bzw. Dachabdichtung zu berücksichtigen. Ausgenommen sind folgende Konstruktionen, bei denen die Dämmschichten zu berücksichtigen sind:

- Wärmedämmsysteme als **Umkehrdach** unter Verwendung von Dämmstoffplatten aus extrudergeschäumtem Polystyrolschaumstoff nach DIN EN 13164 in Verbindung mit DIN 4108-10, die mit einer Kiesschicht oder Betonplatten im Kiesbett oder auf Abstandhaltern abgedeckt sind (weitere Ausführungshinweise siehe DIN 4108-2, Abschnitt 5.2.2): Bei der Berechnung ist der errechnete Wärmedurchgangskoeffizient U um einen Betrag ΔU in Abhängigkeit des prozentualen Anteils des Wärmedurchlasswiderstandes unterhalb der Abdichtung am Gesamtwärmedurchlasswiderstand nach Tabelle 1.3 zu erhöhen. Bei leichter Unterkonstruktion mit einer flächenbezogenen Masse unter 250 kg/m^2 muss der Wärmedurchlasswiderstand unterhalb der Abdichtung mindestens 0,15 $m^2 \cdot K/W$ betragen;
- Wärmedämmsysteme als **Perimeterdämmung** (außen liegende Wärmedämmung erdberührender Gebäudeflächen, außer unter Gründungen) unter Verwendung von Dämmstoffplatten aus extrudergeschäumtem Polystyrolschaumstoff nach DIN EN 13164 und Schaumglas nach DIN EN 13167, in Verbindung mit DIN 4108-10, wenn die Perimeterdämmung nicht ständig im Grundwasser liegt (weitere Ausführungshinweise siehe DIN 4108-2, Abschnitt 5.2.2).

Oberste Geschossdecken

Wenn die oberste Geschossdecke die Anforderungen für flächige Bauteile nach DIN 4108-2 (vgl. Tabelle 1.2) einhält, werden bei einem nicht ausgebauten Dach an die darüberliegenden Dachflächen keine Anforderungen bezüglich des Mindestwärmeschutzes gestellt.

Fazit

Werden bestehende Gebäude energetisch saniert, muss geprüft werden, ob die Bauteile nach der Sanierung den Mindestwärmeschutz einhalten. Ist dies nicht der Fall, kann es durch das Verändern des Innenraumklimas zu erheblichen Schimmelproblemen kommen.

Dies ist in der Regel bei Gebäuden der Fall, die vor 1980 errichtet wurden und noch nicht die Anforderungen der Wärmeschutzverordnung von 1984 einhalten.

1.4 Berücksichtigung von Wärmebrücken in der Energiebilanz

Bis zum Inkrafttreten der Energieeinsparverordnung EnEV 2002 mussten die Energieverluste über die Wärmebrücken nicht separat nachgewiesen werden. Bei dem bis dahin geltenden Energiestandard war der Einfluss der Wärmebrücken auf die Energiebilanz untergeordnet, insbesondere weil durch den Außenmaßbezug eine größere wärmeübertragende Hüllfläche angesetzt wurde als tatsächlich vorhanden.

Durch die verschärften Anforderungen der EnEV 2002, 2009, 2016 und über das GEG an die zulässigen Transmissionswärmeverluste der Gebäudehülle ist der Einfluss der Wärmeverluste über die Wärmebrücken auf die Gesamtenergiebilanz gestiegen bzw. wird noch weiter steigen.

Die Berücksichtigung der Wärmeverluste über Wärmebrücken wurde in die Energiebilanz für Gebäude nach EnEV mit aufgenommen, da sich **Schwachstellen an Wärmebrücken bei einer gut gedämmten Gebäudehülle stärker auswirken** als bei einer schlecht gedämmten.

1.4.1 Berücksichtigung nach Gebäudeenergiegesetz (GEG)

„Ein Gebäude ist so zu errichten, dass der Einfluss konstruktiver Wärmebrücken auf den Jahres-Heizwärmebedarf nach den anerkannten Regeln der Technik und nach den im jeweiligen Einzelfall wirtschaftlich vertretbaren Maßnahmen so gering wie möglich gehalten wird.“ (§ 12 GEG)

Nach § 20 Abs. 1 GEG sind Wohngebäude nach DIN V 18599 zu berechnen. Nach § 24 GEG ist der Einfluss der Wärmebrücken nach DIN V 18599-2 zu berücksichtigen.

1.4.2 Berücksichtigung nach DIN V 18599-2

Der Wärmebrückenzuschlag ΔU_{WB} kann nach DIN V 18599-2 als pauschaler spezifischer Wärmebrückenzuschlag angesetzt oder genau berechnet werden. Dieser gibt an, wie viel Wärme **zusätzlich** (bezogen auf die Gebäudehülle) über Wärmebrücken verloren geht.

Die Berücksichtigung des Wärmebrückenzuschlags $H_{T,WB}$ erfolgt jeweils nach der folgenden Formel (vgl. DIN V 18599-2, Abschnitt 6.2.5):

$$H_{T,WB} = \Delta U_{WB} \cdot \Sigma A_j \quad \text{in W/K} \tag{1.18}$$

mit

$H_{T,WB}$ spezifischer Wärmebrückenzuschlag in W/K

ΔU_{WB} Wärmebrückenzuschlag bezogen auf die Gebäudehülle in W/(m² · K)

A_j Fläche eines Bauteils j der Gebäudehülle in m²

Pauschaler Wärmebrückenzuschlag ΔU_{WB} für Neubauten

Nach DIN V 18599-2, Abschnitt 6.2.5, ist der Wärmebrückenzuschlag wie folgt anzusetzen:

$$\Delta U_{WB} = 0{,}10 \text{ W/(m}^2 \cdot \text{K)}$$

Werden alle Wärmebrückendetails so ausgeführt, dass sie mit denen nach DIN 4108 Beiblatt 2 vergleichbar sind, kann der pauschale spezifische Wärmebrückenzuschlag ΔU_{WB} nach DIN V 18599-2, Abschnitt 6.2.5, über die Führung eines Gleichwertigkeitsnachweises abgemindert werden. Wie ein Gleichwertigkeitsnachweis zu führen ist, wird in Kapitel 6 erläutert.

Pauschaler Wärmebrückenzuschlag ΔU_{WB} für bestehende Gebäude

Für bestehende Wohngebäude ist ein Wärmebrückenzuschlag wie bei Neubauten nach DIN V 18599-2, Abschnitt 6.2.5, anzusetzen:

- im Regelfall: $\Delta U_{WB} = 0{,}10$ W/(m² · K),
- wenn mehr als 50 % der Außenwand mit einer innen liegenden Dämmschicht und einbindender Massivdecke versehen sind: $\Delta U_{WB} = 0{,}15$ W/(m² · K),
- wenn die Wärmebrücken so saniert werden, dass sie gleichwertig mit denen aus DIN 4108 Beiblatt 2 sind: $\Delta U_{WB} = 0{,}05$ W/(m² · K) bzw. $\Delta U_{WB} = 0{,}03$ W/(m² · K).

Detaillierter Wärmebrückenzuschlag ΔU_{WB}

Weiterhin können sowohl für Neubauten als auch für Altbauten die Wärmebrückenverluste durch einen genauen Nachweis nach DIN V 18599-2, Anhang H, in Verbindung mit weiteren anerkannten Regeln der Technik erfolgen. Hierzu werden spezielle Wärmebrückenkataloge und Rechenprogramme angeboten. Im Anhang H der DIN V 18599-2 befindet sich auch eine Tabelle, mit der eine detaillierte Berechnung des Wärmebrückenzuschlags durchgeführt werden kann.

Wird bei der Bestimmung der Wärmedurchgangskoeffizienten U eines Außenbauteils bereits der Wärmebrückeneinfluss berücksichtigt, darf die Hüllfläche A bei der Berechnung der Wärmebrückenverluste um diese Fläche verringert werden.

1.4.3 Berücksichtigung nach den Vorgaben der KfW

Je besser die Gebäudehülle gedämmt wird, umso wichtiger ist es, die Wärmeverluste über Wärmebrücken zu minimieren. Der Einfluss der Wärmebrücken wird umso größer, je besser die Außenhülle gedämmt ist. Aus diesem Grund ist es wirtschaftlich gesehen von Vorteil, wenn die Wärmeverluste über Wärmebrücken genau erfasst und berechnet werden, um die Anforderungen der KfW erfüllen zu können (vgl. Kapitel 3).

Kriterien für die Anerkennung der Wärmebrückenfreiheit

Das Vorliegen einer **wärmebrückenarmen Konstruktion** (erstes Kriterium) lässt sich an folgender Ungleichung überprüfen:

$$(\psi \cdot l + \chi) : A \leq 0{,}025\ \text{W/(m}^2 \cdot \text{K)} \tag{1.19}$$

mit
ψ linearer Wärmebrückenverlustkoeffizient in W/(m · K)
l Länge der linearen Wärmebrücke in m
χ punktförmiger Wärmeverlustkoeffizient in W/K
A Bezugsfläche (Fläche der opaken Fassade) in m²

Das zweite Kriterium legt fest, dass die **Oberflächentemperaturen bei allen Anschlüssen** bei einer Außentemperatur θ_e von –10 °C **größer als 17 °C** sein müssen.

Das dritte Kriterium ist die **Luftdichtheit,** die Konstruktion muss dauerhaft luftdicht ausgeführt werden. Die luftdichte Ebene muss im Ausführungsplan eindeutig (z. B. mit rotem Stift gekennzeichnet) erkennbar und die praktische Ausführung eindeutig erklärt sein.

KfW-Regelung zur Berücksichtigung von Wärmebrücken bei Passivhäusern

Bei der Erfassung von Wärmebrücken im PHPP-Nachweis (PHPP: Passivhaus-Projektierungspaket [Berechnungsprogramm für Passivhäuser]) für ein KfW-Effizienzhaus sind folgende Vorgehensweisen zulässig:

- Wird ein detaillierter Wärmebrückennachweis geführt, sind alle Wärmebrücken zu erfassen, positive und negative Wärmeverlustkoeffizienten sind gegeneinander aufzurechnen.
- Alternativ dürfen nur die Wärmebrücken mit $\psi > 0{,}01$ W/(m · K) berechnet und in der Energiebilanz zusätzlich berücksichtigt werden.

Vernachlässigt werden dürfen im PHPP-Nachweis Wärmebrücken von zertifizierten Bausystemen mit $\psi \leq 0{,}01$ W/(m · K), für die nachgewiesen wurde, dass der Anschluss tauwasserfrei ist.

2 Randbedingungen für die Berechnungen

2.1 Oberflächentemperaturen an Wärmebrücken

Die Randbedingungen für die Berechnung von Bauteiloberflächentemperaturen sind in DIN 4108 Beiblatt 2, DIN 4108-2 sowie in DIN EN ISO 13370 geregelt. Für den normgerechten Nachweis sind diese wie folgt anzusetzen.

Randbedingungen nach DIN 4108-2:

- Temperaturen:
  - Innenlufttemperatur: $\theta_i = 20\ °C$
  - Außenlufttemperatur: $\theta_e = -5\ °C$
  - Keller: $\theta_c = 10\ °C$
  - Erdreich: $\theta_g = 10\ °C$
  - unbeheizte Pufferzone: $\theta_P = 10\ °C$
  - unbeheizter Dachraum: $\theta_D = -5\ °C$
  - Tiefgarage: $\theta_D = -5\ °C$
- Wärmeübergangswiderstände innen:
  - beheizt Räume: $R_{si} = 0{,}25\ m^2 \cdot K/W$
  - Fenster: $R_{si} = 0{,}13\ m^2 \cdot K/W$
- Wärmeübergangswiderstände außen:
  nach DIN EN ISO 6946

In der DIN EN ISO 10211 gibt es abweichende Regelungen bezüglich der Randbedingungen bei der Berechnung von Bauteilen im Erdreich. Auf diese wird hier nicht weiter eingegangen, da das GEG für die Berechnung von Wärmebrücken auf das Beiblatt 2 verweist.

Im Gegensatz zur Berechnung der Wärmeverluste über ein Außenbauteil ist bei der Berechnung von Oberflächentemperaturen ein höherer innerer Wärmeübergangswiderstand R_{si} von $0{,}25\ m^2 \cdot K/W$ anzusetzen.

Der Wärmeübergangswiderstand gibt an, wie schnell die Wärme vom Raum an die Außenwand transportiert werden kann. Da in den Gebäudeecken eine geringere Zirkulation stattfindet als an der geraden Außenwand, kann dort die Wärme nicht so schnell an die Wand übertragen werden. Aber auch in der Ecke darf es nicht zur Schimmelpilzbildung kommen. Um dies zu gewährleisten, ist bei der Berechnung der Oberflächentemperaturen ein höherer Wärmeübergangswiderstand anzusetzen.

Wird der Mindestwärmeschutz nach DIN 4108-2 von den flankierenden Bauteilen eingehalten, so ist in der Regel auch der Feuchte- und Schimmelschutz in den Ecken gegeben (vgl. Kapitel 1.3).

Detailliert dargestellt für die einzelnen Wärmebrückendetails sind die Randbedingungen für die Berechnung in DIN 4108 Beiblatt 2, Abschnitt 8, Tabelle 108. In Abb. 2.1 und Abb. 2.2 werden die einzelnen Randbedingungen aus DIN 4108 Beiblatt 2 in Grafiken zusammengefasst.

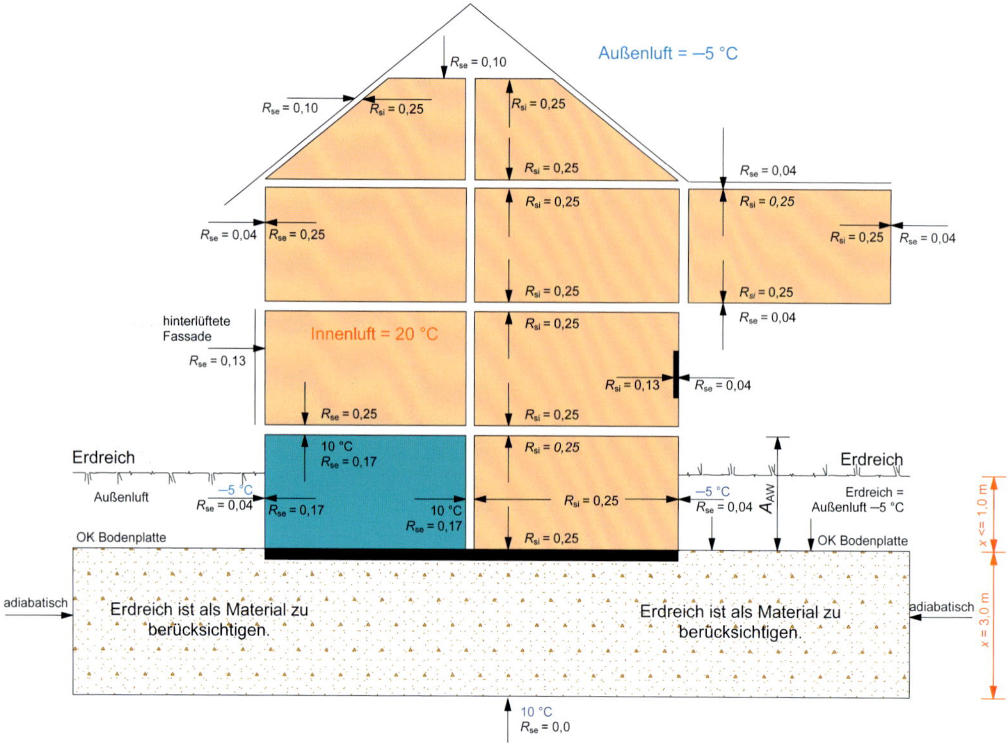

Abb. 2.1: Randbedingungen für Berechnung von Oberflächentemperaturen nach DIN 4108 Beiblatt 2, Abschnitt 8, Tabelle 108; Erdreichanschüttung ≤ 1 m; Angaben für R_{si} und R_{se} in m² · K/W; Länge *x* gemäß DIN 4108 Beiblatt 2; A_{AW} = Fläche Außenwand

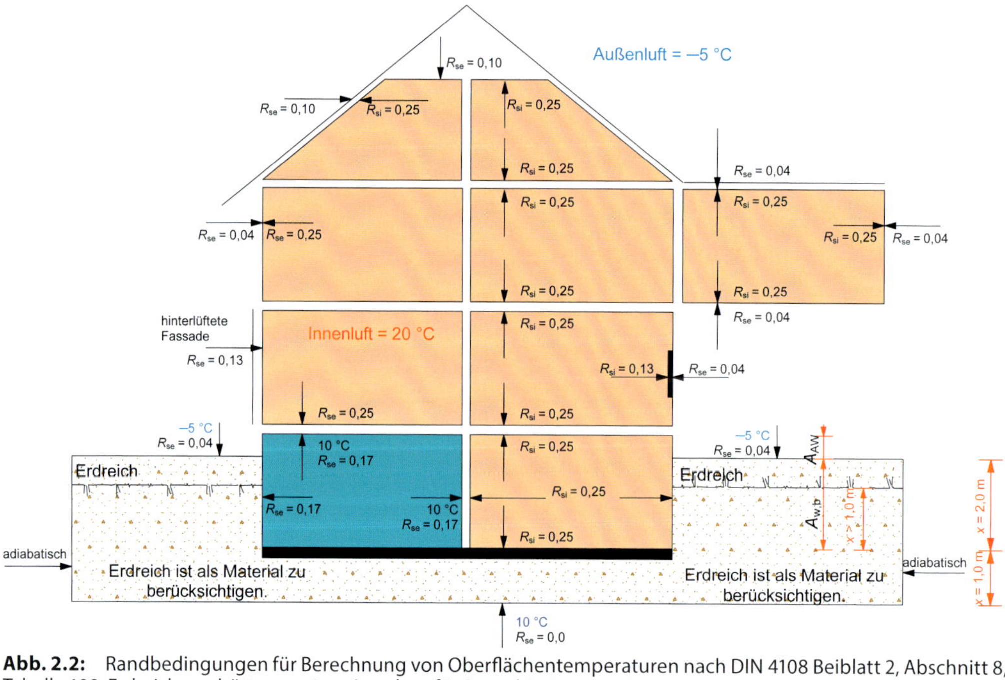

Abb. 2.2: Randbedingungen für Berechnung von Oberflächentemperaturen nach DIN 4108 Beiblatt 2, Abschnitt 8, Tabelle 108; Erdreichanschüttung > 1 m; Angaben für R_{si} und R_{se} in m² · K/W; Länge *x* gemäß DIN 4108 Beiblatt 2; A_{AW} = Fläche Außenwand; $A_{w,b}$ = Fläche Kellerwand zu Erdreich

2.1.1 Einfluss der Wärmeübergangswiderstände auf die Oberflächentemperaturen

Der vorhandene innere Wärmeübergangswiderstand ist ausschlaggebend für die innere Oberflächentemperatur an den Außenbauteilen. Wie schon einleitend zu Kapitel 2.1 erwähnt, ist für den Schimmelpilznachweis nach DIN 4108-2 und DIN 4108 Beiblatt 2 ein erhöhter Wärmeübergangswiderstand von 0,25 m² · K/W anzusetzen. Ist aber erkennbar, dass der Wärmestrom im Bereich von Wärmbrücken an die Bauteiloberfläche stärker behindert wird, (z. B. durch größere Möbel bzw. Einbauschränke), so muss bei der Berechnung der Oberflächentemperaturen ein entsprechender Wärmeübergangswiderstand berücksichtigt werden.

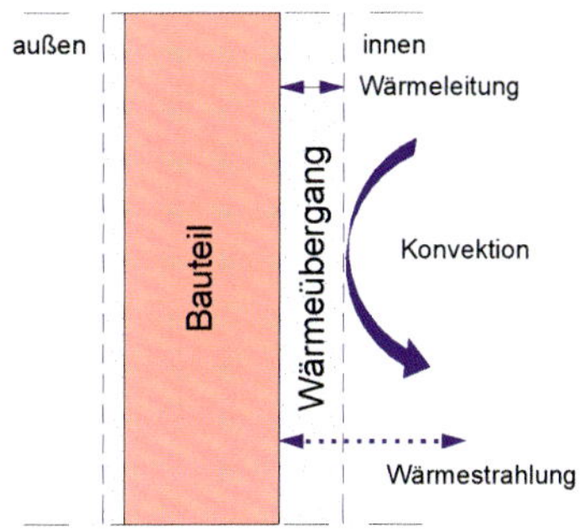

Abb. 2.3: Darstellung der möglichen Wärmeübertragung von Innenräumen an die innere Bauteiloberfläche von Außenbauteilen

In Abb. 2.3 wird die Wärmeübertragung von der Innenraumluft an die Außenwand dargestellt. Die Wärmeübertragung findet über Wärmeleitung, Konvektion und Wärmestrahlung statt. Wird die Wärmeübertragung vom Innenraum an die innere Oberfläche der Außenwand durch Gegenstände behindert, wird der Wärmeübergangswiderstand an die Außenwand größer.

Innere Wärmeübergangswiderstände R_{si} für Außenwände:

- R_{si} = 0,13 m² · K/W – Regelquerschnitt nach DIN 6946
- R_{si} = 0,25 m² · K/W – hinter leichten Vorhängen, für Schimmelpilznachweis nach DIN 4108-2
- R_{si} = 0,50 m² · K/W – hinter frei stehenden Möbeln
- R_{si} = 1,00 m² · K/W – hinter einem Einbauschrank

Bei der Berechnung der inneren Oberflächentemperatur θ_{io} an einer Außenecke mit verschiedenen Wärmeübergangswiderständen R_{si} ergeben sich folgende Ergebnisse:

- bei einer Außenwand mit einem U-Wert von 0,233 W/(m² · K):
  - für R_{si} = 0,13 m² · K/W: θ_{io} = 17,99 °C (vgl. Abb. 2.4)
  - für R_{si} = 0,25 m² · K/W: θ_{io} = 16,85 °C
  - für R_{si} = 0,50 m² · K/W: θ_{io} = 15,01 °C
  - für R_{si} = 1,00 m² · K/W: θ_{io} = 12,35 °C (Schimmelgefahr)
- bei einer Außenwand mit einem U-Wert von 0,64 W/(m² · K):
  - für R_{si} = 0,13 m² · K/W: θ_{io} = 15,10 °C
  - für R_{si} = 0,25 m² · K/W: θ_{io} = 12,75 °C
  - für R_{si} = 0,50 m² · K/W: θ_{io} = 9,5 °C (Schimmelgefahr)
  - für R_{si} = 1,00 m² · K/W: θ_{io} = 5,77 °C (Schimmelgefahr)

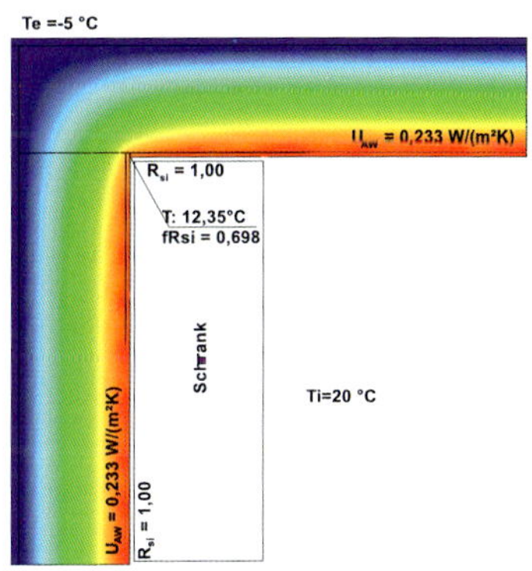

Abb. 2.4: Berechnung der inneren Oberflächentemperatur θ_{io} (in der Abbildung angegeben als T) für eine Außenecke mit dem Isothermen-Programm ZUB Argos Pro

Als Fazit kann festgehalten werden, dass die innere Oberflächentemperatur vom U-Wert des Bauteils und von dem inneren Wärmeüberganswiderstand R_{si} abhängig ist.

2.1.2 Wärmebrücken gegen Erdreich

Für die Berechnung von Bauteiloberflächentemperaturen im Bereich des Erdreichs wird in DIN 4108 Beiblatt 2, Tabelle 108, wie folgt unterschieden:

- geringe oder keine Erdreichanschüttung (Tabelle 108, Zeilen 1 und 2),
- Erdreichanschüttung größer 1 m (Tabelle 108, Zeilen 3 und 4).

Zu beachten ist außerdem, dass bei Bauteilen gegen Erdreich das Erdreich als Material mitzuberücksichtigen ist. Für das **Erdreich** kann nach DIN EN ISO 10211 vereinfacht eine Wärmeleitfähigkeit **λ von 2,0 W/(m · K)** angenommen werden.

Erdreichanschüttung kleiner oder gleich 1 m

Wenn das Erdreich nicht mehr als 1 m über die Oberkante (OK) der Bodenplatte aufgeschüttet wird, wie es in Abb. 2.5 dargestellt ist, ist nach DIN 4108 Beiblatt 2 bei der Berechnung der Oberflächentemperaturen mithilfe von Isothermen-Programmen das Erdreich nur bis OK Bodenplatte zu berücksichtigen.

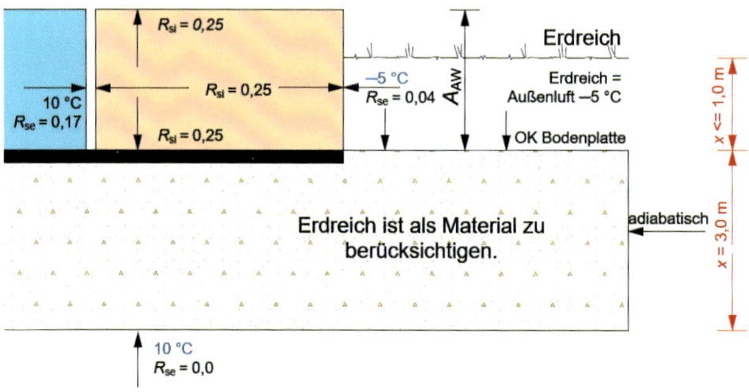

Abb. 2.5: Randbedingungen im Erdreich nach DIN 4108 Beiblatt 2, Abschnitt 8, Tabelle 108; Erdreichanschüttung ≤ 1 m; Angaben für R_{si} und R_{se} in m² · K/W; Länge x gemäß DIN 4108 Beiblatt 2; A_{AW} = Fläche Außenwand

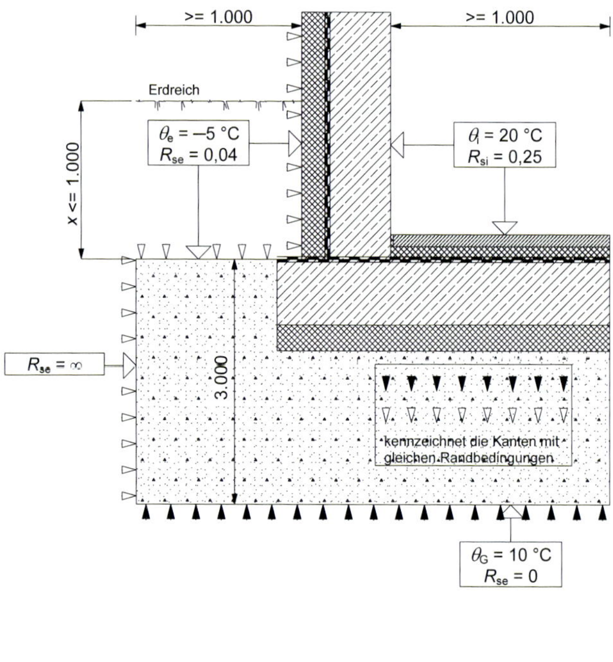

Abb. 2.6: Randbedingungen für eine Bodenplatte mit geringer oder keiner Erdreichaufschüttung nach DIN 4108 Beiblatt 2:2019-06, Abschnitt 8, Tabelle 108, Zeile 2

Abb. 2.6 zeigt die anzusetzenden Randbedingungen nach DIN 4108 Beiblatt 2, Tabelle 108, Zeile 2, für die Berechnung von Oberflächentemperaturen bei einer Erdreichanschüttung von weniger als oder genau 1 m Höhe.

Beispiel – Berechnung der Oberflächentemperatur in einer Innenecke (Erdreichanschüttung ≤ 1 m)

Für den Anschluss Bodenplatte/Außenwand soll die Oberflächentemperatur in der Innenecke berechnet werden. In Abb. 2.7 ist das nachzuweisende Detail dargestellt.

In Abb. 2.8 sind die Randbedingungen eingetragen, wie sie nach DIN 4108 Beiblatt 2 anzusetzen sind (vgl. dazu Abb. 2.6).

Abb. 2.9 zeigt die für das Detail mithilfe eines Isothermen-Programms berechneten Temperaturlinien; für das Sockeldetail ergibt sich in der Ecke Bodenplatte/Außenwand eine Oberflächentemperatur von 17,9 °C.

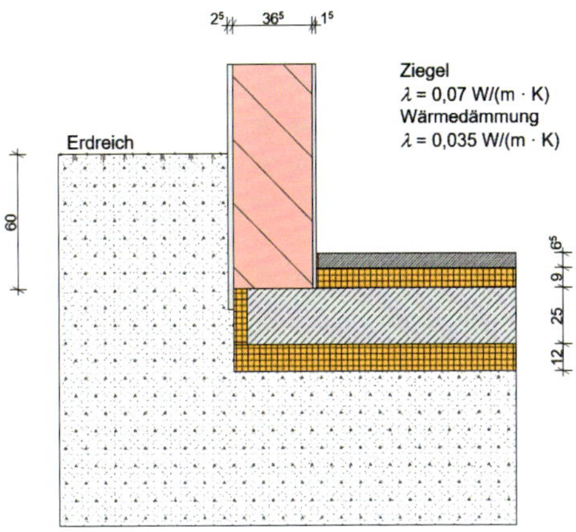

Abb. 2.7: Beispiel Sockeldetail (Anschluss Bodenplatte/Außenwand); Erdreichanschüttung ≤ 1 m

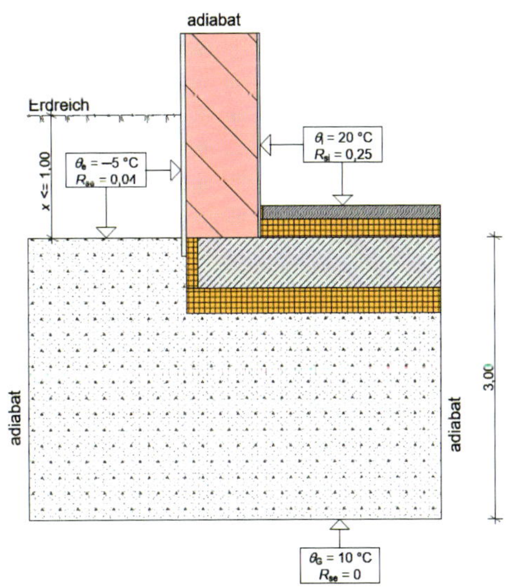

Abb. 2.8: Darstellung der Randbedingungen für die Berechnung des Sockeldetails; Erdreichanschüttung ≤ 1 m; Angaben für R_{si} und R_{se} in m² · K/W

Hinweis: Die Schnittebenen links und rechts des Wärmebrückendetails sind zu knapp gewählt. Die Isothermen verlaufen hier noch nicht parallel zur Schnittebene.

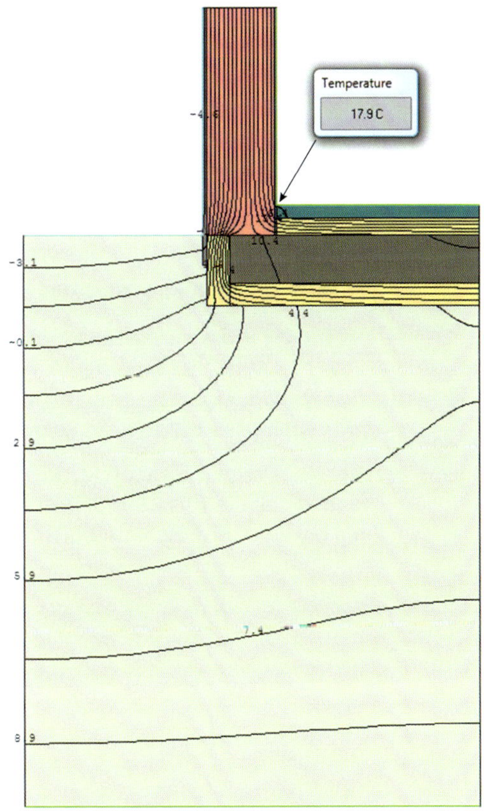

Abb. 2.9: Berechnung der Oberflächentemperaturen mit dem Isothermen-Programm Therm

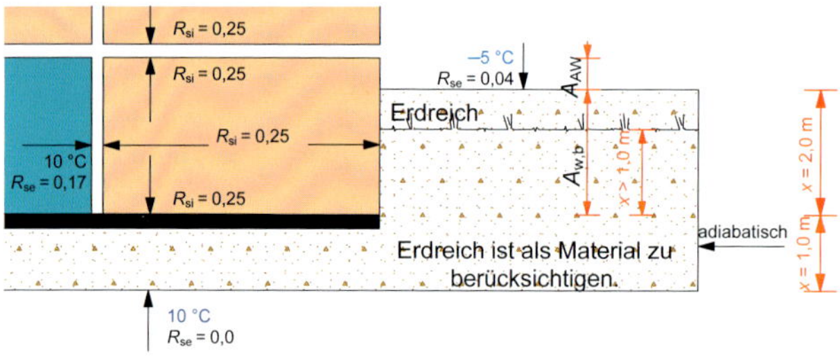

Abb. 2.10: Randbedingungen im Erdreich nach DIN 4108 Beiblatt 2, Abschnitt 8, Tabelle 108; Erdreichanschüttung > 1 m; Angaben für R_{si} und R_{se} in $m^2 \cdot K/W$; Länge x gemäß DIN 4108 Beiblatt 2; A_{AW} = Fläche Außenwand; $A_{w,b}$ = Fläche Kellerwand zu Erdreich

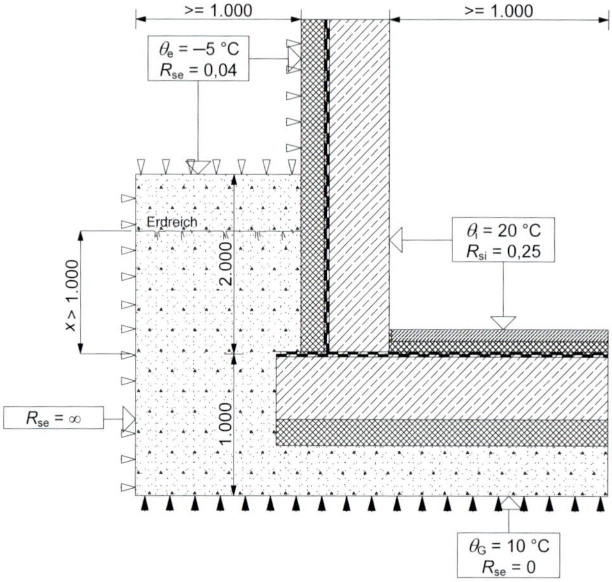

Abb. 2.11: Randbedingungen für eine Bodenplatte mit Erdreichaufschüttung > 1 m nach DIN 4108 Beiblatt 2: 2019-06, Abschnitt 8, Tabelle 108, Zeile 3

Erdreichanschüttung größer als 1 m

Wenn das Erdreich mehr als 1 m über OK Bodenplatte aufgeschüttet wird, wie es in Abb. 2.10 dargestellt ist, ist nach DIN 4108 Beiblatt 2 bei der Berechnung der Oberflächentemperaturen mithilfe von Isothermen-Programmen das Erdreich 2 m über OK Bodenplatte zu berücksichtigen.

Abb. 2.11 zeigt die anzusetzenden Randbedingungen nach DIN 4108 Beiblatt 2, Tabelle 108, Zeile 3, für die Berechnung von Oberflächentemperaturen bei einer Erdreichanschüttung von mehr als 1 m Höhe.

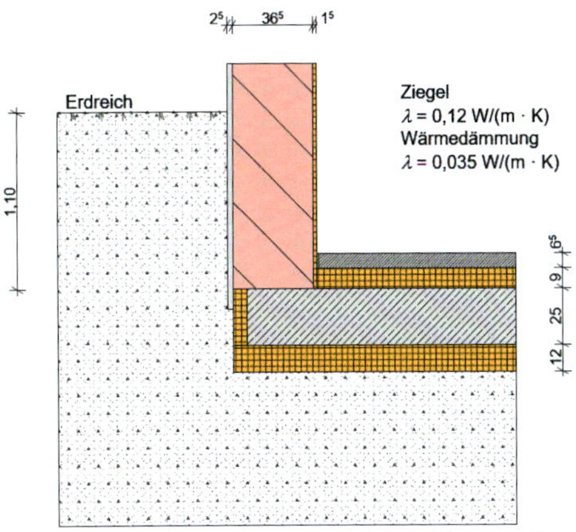

Abb. 2.12: Beispiel Sockeldetail (Anschluss Bodenplatte/Außenwand); Erdreichanschüttung > 1 m

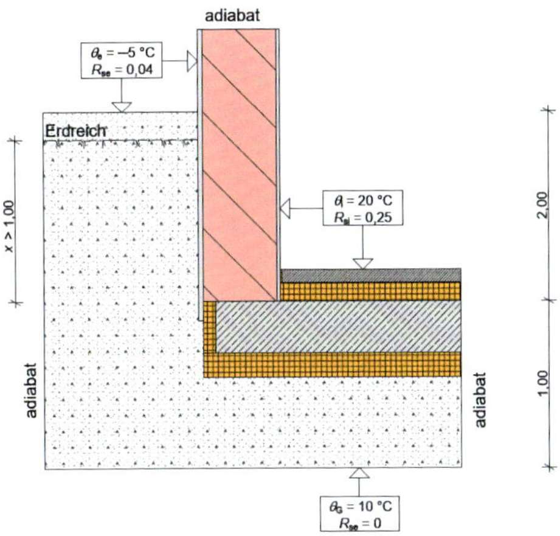

Abb. 2.13: Darstellung der Randbedingungen für die Berechnung des Sockeldetails; Erdreichanschüttung > 1 m; Angaben für R_{si} und R_{se} in m² · K/W

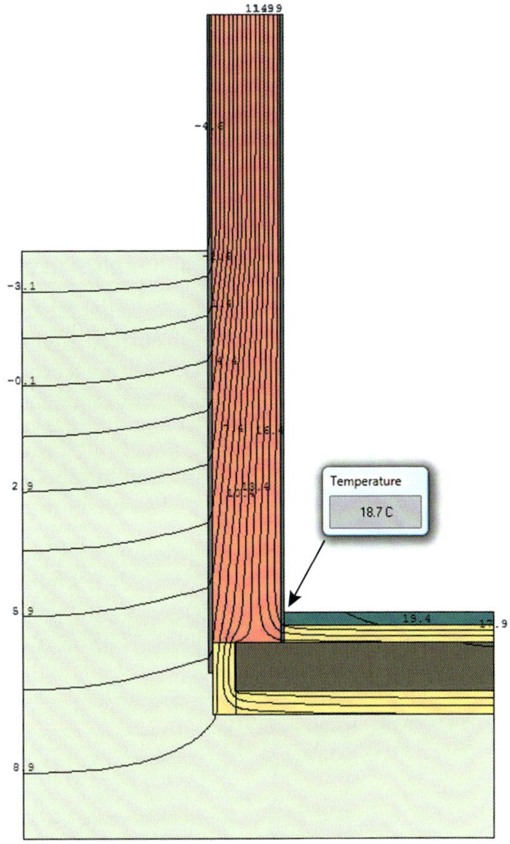

Abb. 2.14: Berechnung der Oberflächentemperaturen mit dem Isothermen-Programm Therm

Beispiel – Berechnung der Oberflächentemperatur in einer Innenecke (Erdreichanschüttung > 1 m)

Für den Anschluss Bodenplatte/Außenwand soll die Oberflächentemperatur in der Innenecke berechnet werden. In Abb. 2.12 ist das nachzuweisende Detail dargestellt.

In Abb. 2.13 sind die Randbedingungen eingetragen, wie sie nach DIN 4108 Beiblatt 2 anzusetzen sind (vgl. dazu Abb. 2.11).

Abb. 2.14 zeigt die für das Detail mithilfe eines Isothermen-Programms berechneten Temperaturlinien; für das Sockeldetail ergibt sich in der Ecke Bodenplatte/Außenwand eine Oberflächentemperatur von 18,7 °C.

Hinweis: Die Schnittebenen links und rechts des Wärmebrückendetails sind zu knapp gewählt. Die Isothermen verlaufen hier noch nicht parallel zur Schnittebene.

2.1.3 Sockeldetail mit unbeheiztem Keller

Abb. 2.15 zeigt die anzusetzenden Randbedingungen nach DIN 4108 Beiblatt 2, Tabelle 108, Zeile 11, für die Berechnung von Oberflächentemperaturen für ein Sockeldetail.

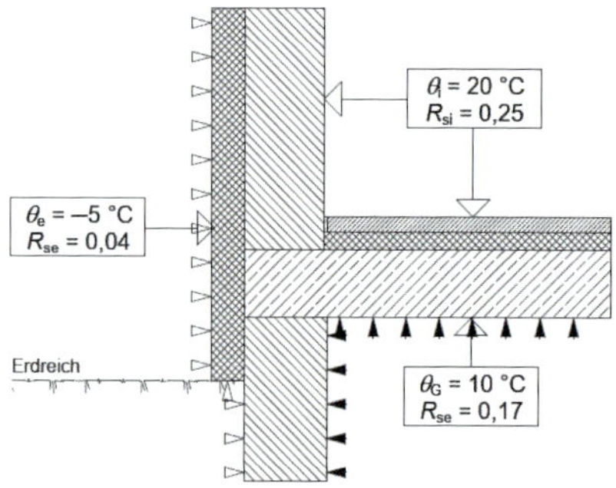

Abb. 2.15: Randbedingungen für ein Sockeldetail mit unbeheiztem Keller nach DIN 4108 Beiblatt 2:2019-06, Abschnitt 8, Tabelle 108, Zeile 11

Beispiel – Berechnung der Oberflächentemperatur in einer Innenecke (Anschluss Kellerdecke/Außenwand, unbeheizter Keller)

Für den Anschluss Kellerdecke/Außenwand soll die Oberflächentemperatur in der Innenecke berechnet werden. In Abb. 2.16 ist das nachzuweisende Detail dargestellt.

In Abb. 2.17 sind die Randbedingungen eingetragen, wie sie nach DIN 4108 Beiblatt 2 anzusetzen sind (vgl. dazu Abb. 2.15).

Abb. 2.18 zeigt die für das Detail mithilfe eines Isothermen-Programms berechneten Temperaturlinien; für das Sockeldetail ergibt sich in der Ecke Kellerdecke/Außenwand eine Oberflächentemperatur von 17,5 °C.

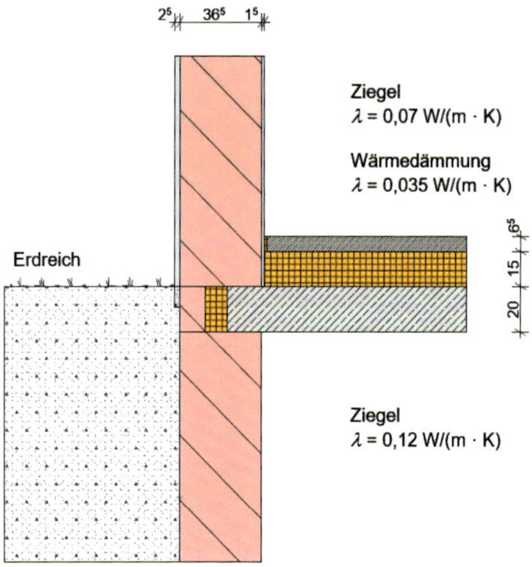

Abb. 2.16: Beispiel Sockeldetail, Keller unbeheizt

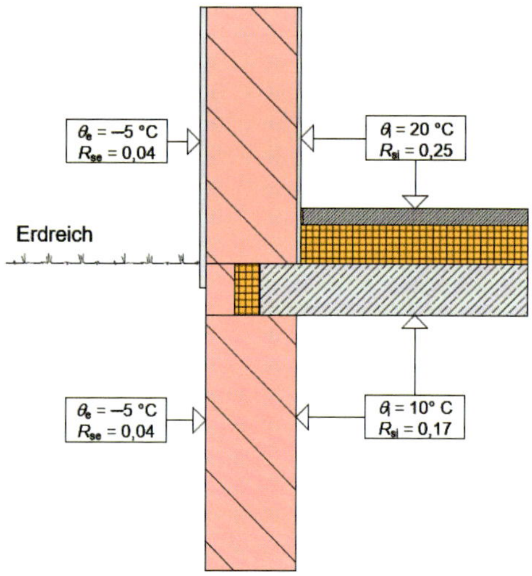

Abb. 2.17: Darstellung der Randbedingungen für die Berechnung des Sockeldetails, Keller unbeheizt; Angaben für R_{si} und R_{se} in m² · K/W. Hier wird im Bereich der Kelleraußenwand kein Erdreich berücksichtigt. Bei der Berechnung grenzt die Kellerwand auch gegen Außenluft.

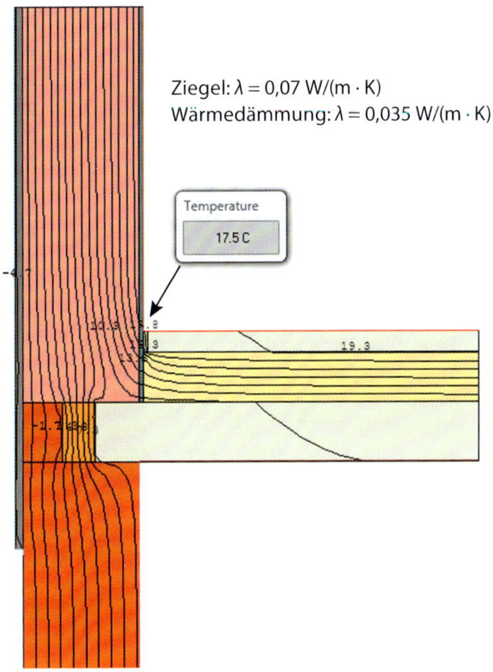

Abb. 2.18: Berechnung der Oberflächentemperaturen mit dem Isothermen-Programm Therm

2.1.4 Anschlüsse von Bauelementen

Bauelemente wie Fenster, Dachflächenfenster, Lichtkuppeln und Vorhangfassaden können nach DIN 4108-2 Beiblatt 2, Abschnitte 6.2.2 bis 6.2.5, vereinfacht als Holzbrett oder detailliert bei der Wärmebrückenberechnung angesetzt werden. Die Randbedingungen für die Berechnung von Oberflächentemperaturen für den Schimmelpilznachweis sind dargestellt in DIN 4108 Beiblatt 2, Abschnitt 8, Tabelle 108. Während an Innenkanten nach DIN 4108-2, Abschnitt 6.2.1, und DIN 4108 Beiblatt 2, Tabelle 108, für den Schimmelpilznachweis ein erhöhter Wärmeübergangswiderstand R_{se} von 0,25 m² · K/W anzusetzen ist, sind Fenster nach DIN 4108-2, Abschnitt 6.2.1, vom Nachweis auf Schimmelpilzfreiheit befreit. Das bedeutet, dass an den Innenkanten der Fensterelemente für den Schimmelpilznachweis ein R_{si} von 0,13 m² · K/W anzusetzen ist (vgl. Abb. 2.19).

Werden Fensterprofile für die Berechnung der Oberflächentemperaturen vereinfacht mit einem Holzbrett gezeichnet (vgl. Abb. 2.19), so ist die berechnete innere Oberflächentemperatur mit einem Korrekturwert nach DIN 4108 Beiblatt 2, Tabelle 1, zu korrigieren (nur bei Fensterprofilen, vgl. Tabelle 2.1).

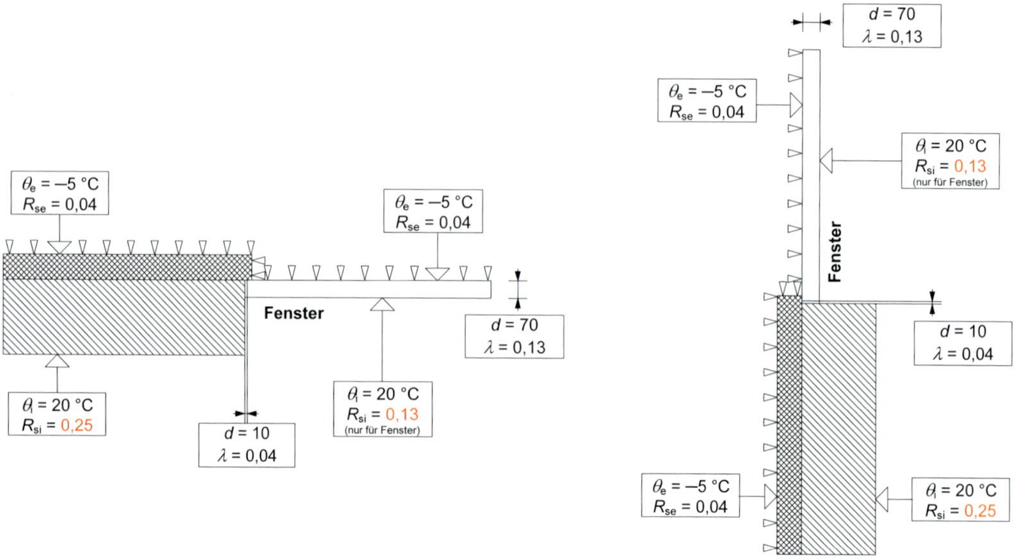

Abb. 2.19: Randbedingungen für eine Fensterlaibung (links) und für eine Fensterbrüstung (rechts) nach DIN 4108 Beiblatt 2:2019-06, Abschnitt 8, Tabelle 108, Zeilen 26 und 27; Angaben für R_{si} und R_{se} in m² · K/W; Angaben für λ in W/(m · K); Angaben für d in mm

Tabelle 2.1: Korrekturwerte der Oberflächentemperatur θ_{si} für Fensterprofile nach DIN 4108 Beiblatt 2, Tabelle 1

Rahmen-material	**Korrekturwerte (K)**		
	Brüstung	**Laibung**	**Sturz**
Holz/Kunststoff	–1,5	–0,5	–0,5
Metall	–0,5	–3	–3

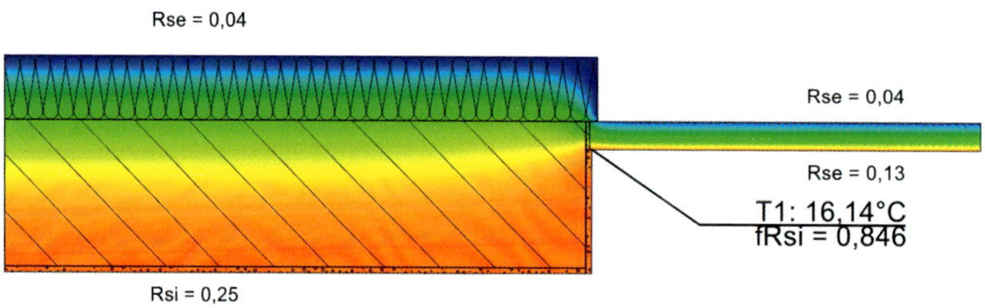

Abb. 2.20: Berechnung der Oberflächentemperatur für den Schimmelpilznachweis an der Schnittstelle Fenster/Mauerlaibung mit dem Isothermen-Programm ZUB Argos Pro

Beispiel – Korrekturwert für die Berechnung der inneren Oberflächentemperatur

Für die in Abb. 2.20 dargestellte Fensterlaibung ergibt sich eine innere Oberflächentemperatur an der Schnittstelle Fenster/Mauerlaibung von 16,14 °C. Der f_{Rsi}-Wert beträgt 0,846, es liegt also Schimmelpilzfreiheit vor, weil der f_{Rsi}-Wert > 0,7 ist (vgl. Kapitel 1.2.1.3). Da hier mit einem Ersatzmodel (Holzbrett) gerechnet wurde, muss die berechnete Oberflächentemperatur nach DIN 4108 Beiblatt 2, Tabelle 1, korrigiert werden. Bei dem Fensterprofil aus Abb. 2.20 handelt es sich um ein Holzprofil.

- Korrekturwert für ein Holzprofil in der Laibung: –0,5 K
- anzusetzende Oberflächentemperatur für den Schimmelpilznachweis: 16,14 °C + (–0,5 K) = **15,64 °C**

Es liegt auch nach Anwendung des Korrekturwertes Schimmelpilzfreiheit vor, weil der f_{Rsi}-Wert > 0,7 ist.

2.2 Wärmeverluste an Wärmebrücken nach DIN 4108 Beiblatt 2

Gemäß DIN V 18599-2 sind für die Berechnung der längenbezogenen Wärmebrückenverluste die Randbedingungen nach DIN 4108 Beiblatt 2 (Abschnitt 8) zu verwenden.

Der längenbezogene Wärmebrückenverlustkoeffizient ψ gibt an, wie viel Wärme pro 1 m Länge und 1 K Temperaturunterschied zusätzlich zu den eindimensionalen Wärmeverlusten verloren geht (vgl. auch Kapitel 1.2.2.2). Er bezieht sich wie der U-Wert auf einen Unterschied von 1 K. Die **Bestimmung des ψ-Werts** erfolgt also **temperaturunabhängig.**

Für die einzelnen Wärmebrückendetails sind die Randbedingungen für die Berechnung in DIN 4108 Beiblatt 2, Tabelle 108, detailliert dargestellt. Abb. 2.21 zeigt die anzusetzenden Randbedingungen nach DIN 4108 Beiblatt 2, Tabelle 108, für die Berechnung der zusätzlich zu berücksichtigen Wärmeverluste an einem Bodenplattendetail.

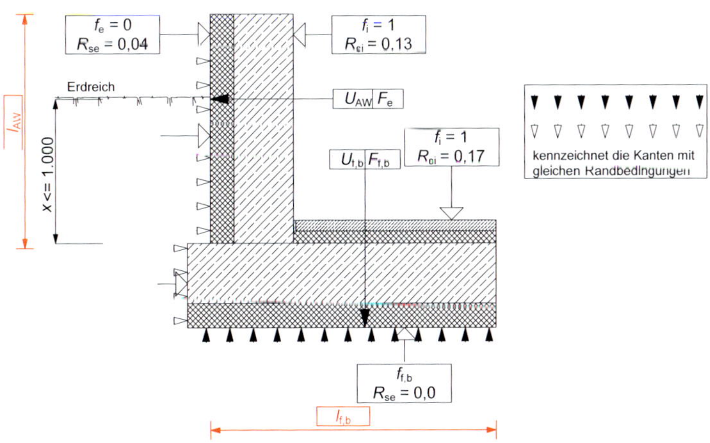

Abb. 2.21: Randbedingungen für eine Bodenplatte mit geringer oder keiner Erdreichaufschüttung nach DIN 4108 Beiblatt 2: 2019-06, Abschnitt 8, Tabelle 108, Zeile 2

Erläuterung zu Abb. 2.21 gemäß DIN 4108 Beiblatt 2:

- U_{AW}: Wärmedurchgangskoeffizient (Außenwand) in W/(m² · K)
- l_{AW}: zu berücksichtigende Länge der Außenwand für L_0
- U_G: Wärmedurchgangskoeffizient (Bauteil zu Erdreich, Kellerdecke) in W/(m² · K)
- $U_{f,b}$: Wärmedurchgangskoeffizient (Bodenplatte) in W/(m² · K)
- $l_{f,b}$: zu berücksichtigende Länge für die Bodenplatte für L_0
- R_{si}: Wärmeübergangswiderstand (innen) in m² · K/W
- R_{se}: Wärmeübergangswiderstand (außen) in m² · K/W
- F_e: Temperaturkorrekturfaktor (außen)
- $F_{f,b}$: Temperaturkorrekturfaktor (Bodenplatte)
- f_i: Temperaturfaktor (innen); $f_i = 1 = 100$ %
- f_e: Temperaturfaktor (außen); $f_e = 0 = 0$ %
- $f_{f,b}$: Temperaturfaktor (Bodenplatte)
- $U_{AW}\ F_e$: angesetzter Wärmestrom aus der Berechnung der Transmissionswärmeverluste (*U*-Wert · Temperaturkorrekturfaktor F_x)

Über die Temperaturkorrekturfaktoren F_x werden die Wärmeströme durch Außenbauteile abgemindert, die nicht an Außenluft grenzen, sondern z. B. an Erdreich, unbeheizte Räume oder unbeheizte Dachböden.

Hinweis: Da es bei der Berechnung des ψ-Werts um die zusätzlichen Wärmeverluste über eine Wärmebrücke geht, sind bei **deren Berechnung auch die gleichen Randbedingungen anzusetzen,** wie sie bei der Berechnung der Transmissionswärmeverluste über die Gebäudehülle angesetzt wurden. Dies bezieht sich insbesondere auf die Wärmeübergangswiderstände R_{si} und R_{se} sowie den Temperaturkorrekturfaktor *F* und den *U*-Wert. Die Systemgrenze in den Details ist wie in der GEG-Berechnung zu wählen.

Wie der Temperaturfaktor *f* zu bestimmen ist, wird in Abschnitt 6.1 von DIN 4108 Beiblatt 2 erläutert. Dort wird die folgende Formel für den Bezug zwischen dem Temperaturkorrekturfaktor *F* und dem Temperaturfaktor *f* angegeben.

$$F = 1 - f$$

Daraus ergibt sich für den Temperaturfaktor *f*:

$$f = 1 - F \qquad (2.1)$$

mit
f Temperaturfaktor
F Temperaturkorrekturfaktor

Der Temperaturfaktor und der Temperaturkorrekturfaktor ergeben in der Summe immer den Wert 1. Grenzt ein Bauteil gegen Außenluft, ist $F = 1$ und $f = 0$. Grenzt ein Bauteil nicht gegen Außenluft, sondern z. B. gegen Erdreich oder einen unbeheizten Raum, so ist $F < 1$ und $f > 0$, in der Summe ergibt sich aber immer 1.

Die Temperaturkorrekturfaktoren F_x sind wie in der Berechnung der Transmissionswärmeverluste nach GEG anzusetzen. Sie können aus DIN V 18599-2 (Tabelle 3) entnommen werden. Nachfolgend wird die Bestimmung des Temperaturfaktors *f* beispielhaft dargestellt.

Beispiel

Die im Folgenden gewählten F_x-Werte stammen aus DIN V 18599-2 (Tabelle 3).

- Temperaturfaktor f_e für Bauteile gegen Außenluft:
  - $f_e = 1 - F_e$
  - für $F_e = 1$ ergibt sich $f_e = 0$
- Temperaturfaktor $f_{f,b}$ für Bodenplatte gegen Erdreich:
  - $f_{f,b} = 1 - F_{f,b}$
  - für $F_{f,b} = 0{,}45$ ergibt sich $f_{f,b} = 0{,}55$
- Temperaturfaktor $f_{w,b}$ für Kellerwände gegen Erdreich:
  - $f_{w,b} = 1 - F_{w,b}$
  - für $F_{w,b} = 0{,}60$ ergibt sich $f_{w,b} = 0{,}40$
- Temperaturfaktor f_G für Bauteile gegen unbeheizten Keller:
  - $f_G = 1 - F_G$
  - für $F_G = 0{,}55$ ergibt sich $f_G = 0{,}45$
- Temperaturfaktor f_D für Bauteile gegen unbeheizten Dachraum:
  - $f_D = 1 - F_D$
  - für $F_D = 0{,}80$ ergibt sich $f_D = 0{,}20$

Über den Temperaturfaktor kann die anzusetzende Außentemperatur θ_x berechnet werden:

$$\theta_x = \theta_e + f \cdot (\theta_i - \theta_e) \quad \text{in °C} \qquad (2.2)$$

Beispiel

Für eine Bodenplatte gegen Erdreich soll die anzusetzende Temperatur $\theta_{f,b}$ im Erdreich bei einer Innentemperatur von 20 °C und einer Außentemperatur von –5 °C berechnet werden.

Ausgangswerte:

- $f_{f,b} = 0{,}55$
- $\theta_i = 20$ °C
- $\theta_e = -5$ °C

$$\boldsymbol{\theta}_{f,b} = (-5) + 0{,}55 \cdot (20 - (-5)) = \mathbf{8{,}75\ °C}$$

Bei einer angesetzten Innentemperatur von 20 °C und einer definierten Außentemperatur von –5 °C ergibt sich bei einem Temperaturfaktor $f_{f,b}$ von 0,55 eine Erdreichtemperatur von 8,75 °C.

Werden für die Innen- und Außenlufttemperatur andere Werte angesetzt, verändert sich auch die anzusetzende Temperatur im Erdreich.

Im Zusammenhang mit der Berechnung des ψ-Werts (vgl. dazu grundlegend Kapitel 1.2.2.2) ist Folgendes zu beachten: Solange eine Wärmebrücke nur an **einen Temperaturbereich** grenzt (z. B. Außenluft), ist es unbedeutend, welche Innen- und Außentemperaturen bei der Berechnung des ψ-Werts angesetzt werden, da sich der ψ-Wert immer auf 1 K Temperaturunterschied bezieht. Der berechnete Wärmestrom Φ (in W) wird immer durch den vorhandenen Temperaturunterschied $\Delta\theta$ geteilt.

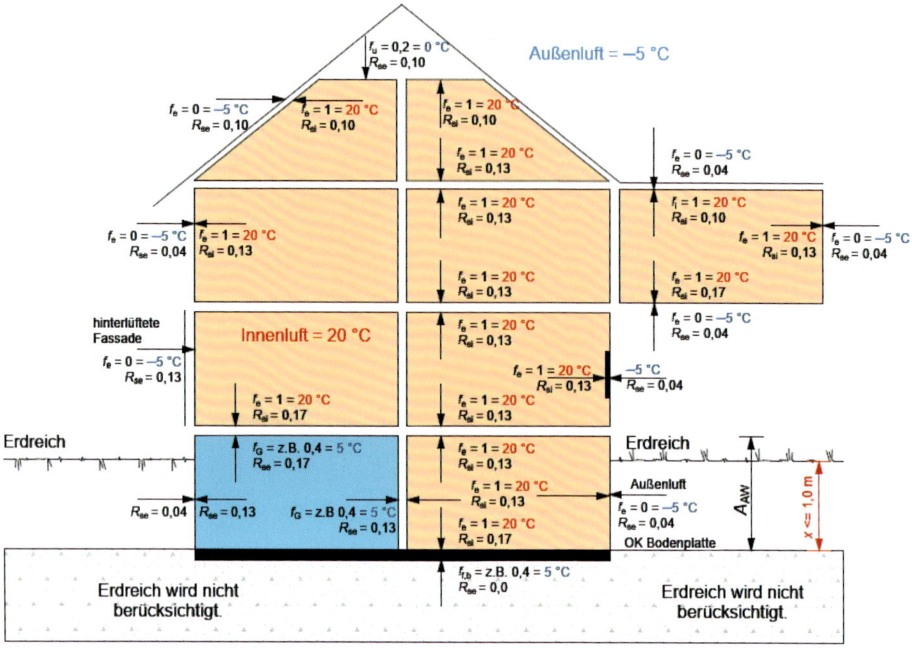

Abb. 2.22: Randbedingungen für die Berechnung des ψ-Werts von Wärmeverlusten nach DIN 4108 Beiblatt 2, Abschnitt 8, Tabelle 108; Erdreichanschüttung ≤ 1 m; Angaben für R_{si} und R_{se} in $m^2 \cdot K/W$; Länge x gemäß DIN 4108 Beiblatt 2; A_{AW} = Fläche Außenwand

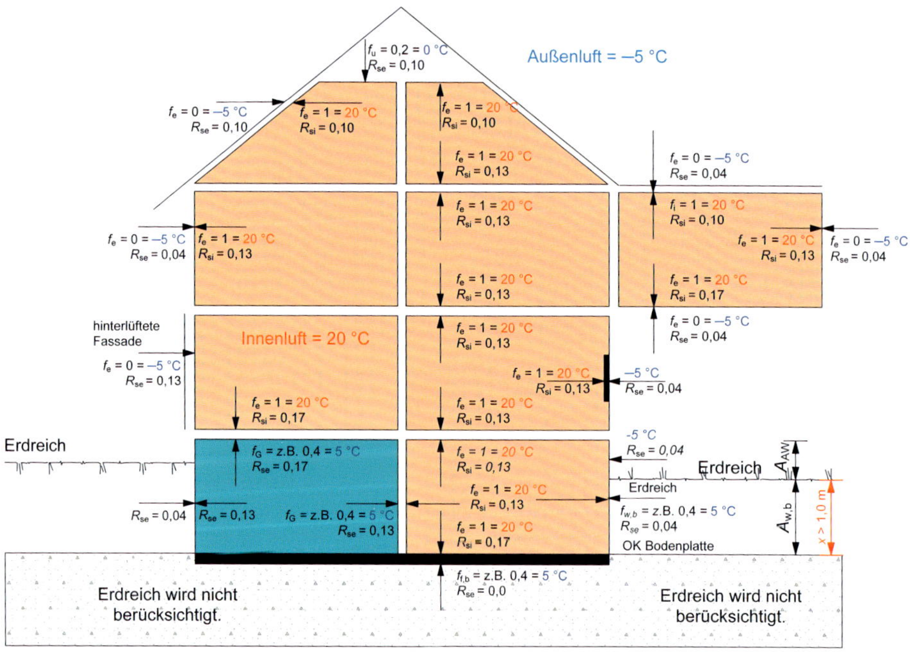

Abb. 2.23: Randbedingungen für die Berechnung des ψ-Werts von Wärmeverlusten nach DIN 4108 Beiblatt 2, Abschnitt 8, Tabelle 108; Erdreichanschüttung > 1 m; Angaben für R_{si} und R_{se} in $m^2 \cdot K/W$; Länge x gemäß DIN 4108 Beiblatt 2; A_{AW} = Fläche Außenwand; $A_{w,b}$ = Fläche Kellerwand zu Erdreich

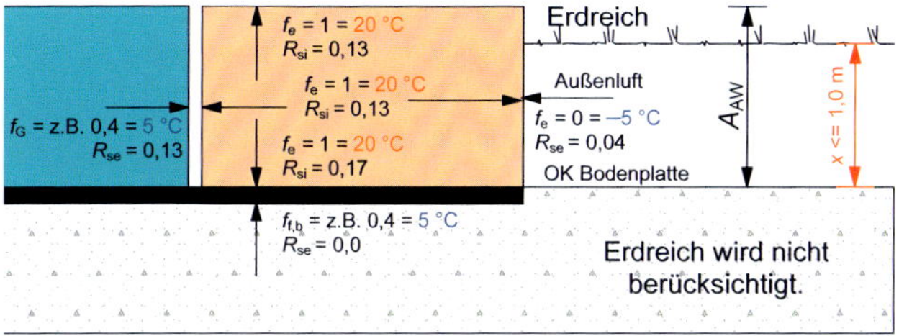

Abb. 2.24: Randbedingungen im Erdreich nach DIN 4108 Beiblatt 2, Abschnitt 8, Tabelle 108; Erdreichanschüttung ≤ 1 m; Angaben für R_{si} und R_{se} in m² · K/W; Länge *x* gemäß DIN 4108 Beiblatt 2; A_{AW} = Fläche Außenwand

In Abb. 2.22 und Abb. 2.23 werden die einzelnen Randbedingungen aus DIN 4108 Beiblatt 2 grafisch zusammengefasst.

Erläuterung zu Abb. 2.22 und Abb. 2.23:

- R_{si}: Wärmeübergangswiderstand (innen) in m² · K/W
- R_{se}: Wärmeübergangswiderstand (außen) in m² · K/W
- f_i: Temperaturfaktor für Innentemperatur = 1
- f_e: Temperaturfaktor für Außentemperatur = 0
- $f_{f,b}$: Temperaturfaktor für Temperatur unter Bodenplatte
- $f_{w,b}$: Temperaturfaktor für Temperatur Kellerwand zum Erdreich
- f_D bzw. f_u: Temperaturfaktor für die Temperatur im unbeheizten Dachgeschoss
- f_G: Temperaturfaktor für Temperatur im Kellergeschoss

Über den Temperaturfaktor kann die anzusetzende Außentemperatur an den einzelnen Bauteilen berechnet werden (vgl. Formel 2.2).

2.2.1 Wärmebrücken gegen Erdreich

Auch bei der Berechnung von Wärmeverlusten über Wärmebrücken wird im Bereich des Erdreichs nach DIN 4108 Beiblatt 2, Tabelle 108, wie folgt unterschieden:

- geringe oder keine Erdreichanschüttung (vgl. Abb. 2.22 und 2.24),
- Erdreichanschüttung größer 1 m (vgl. Abb. 2.23 und 2.27).

Hier wird das Erdreich anders als bei der Berechnung der Oberflächentemperaturen nicht als Material berücksichtigt, sondern mit einer Außentemperatur angesetzt.

Erdreichanschüttung kleiner oder gleich 1 m

Wenn das Erdreich wie in Abb. 2.24 dargestellt weniger als 1 m über Oberkante (OK) Bodenplatte aufgeschüttet wird, ist nach DIN 4108 Beiblatt 2 bei der Berechnung der ψ-Werte mithilfe von Isothermen-Programmen das Erdreich nur bis OK Bodenplatte zu berücksichtigen. Die Kellerwand wird dann wie eine Außenwand behandelt. Der äußere Wärmeübergangswiderstand R_{se} ist mit 0,04 m² · K/W anzusetzen.

Da der ψ-Wert temperaturunabhängig ist, ist es unbedeutend für die Berechnung, welche Innen- und Außentemperaturen angesetzt werden. Der ψ-Wert in W/(m · K) bezieht sich immer auf 1 K Temperaturunterschied.

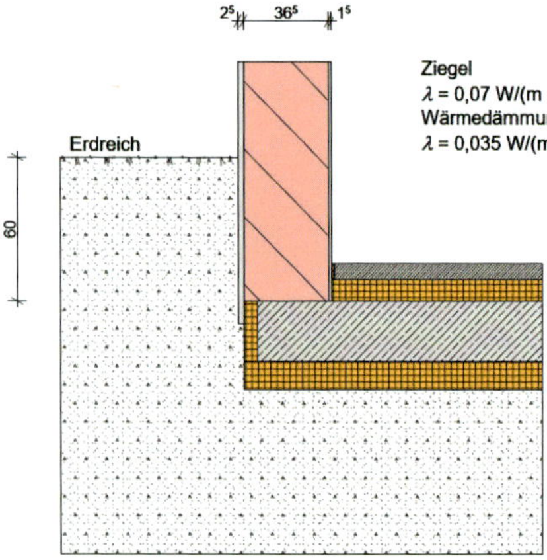

Abb. 2.25: Beispiel Sockeldetail (Anschluss Bodenplatte/Außenwand); Erdreichanschüttung ≤ 1 m

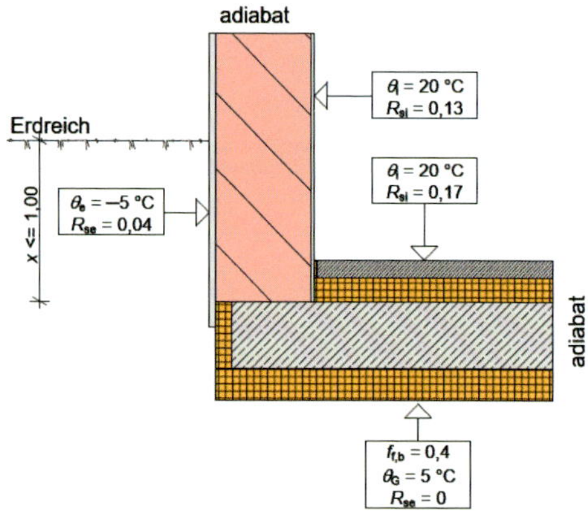

Abb. 2.26: Darstellung der Randbedingungen für die Berechnung des Sockeldetails; Erdreichanschüttung ≤ 1 m; Angaben für R_{si} und R_{se} in $m^2 \cdot K/W$

Da für den Schimmelpilznachweis eine Innentemperatur von 20 °C und eine Außentemperatur von –5 °C anzusetzen sind, werden auch bei der Berechnung der Wärmverluste über die Wärmebrücken die gleichen Temperaturen angesetzt (vgl. Abb. 2.22 und 2.24). Prinzipiell kann aber jede beliebige Temperatur angesetzt werden, solange die Innentemperatur über der Außentemperatur liegt.

Die Temperatur im Erdreich unter der Bodenplatte ist abhängig vom Temperaturkorrekturfaktor F_x, der in der Wärmeschutzberechnung angesetzt wurde. Daraus kann der Temperaturfaktor f und die anzusetzende Bauteilaußentemperatur θ_x berechnet werden (vgl. Formel 2.2).

Nachfolgend werden die Randbedingungen an einem Beispiel dargestellt. Die Berechnung der ψ-Werte wird in Kapitel 1.2.2.2 genau erläutert.

Beispiel – Darstellung der Randbedingungen für die Berechnung des ψ-Werts (Anschluss Bodenplatte/Außenwand; Erdreichanschüttung ≤ 1 m)

Für einen Anschluss Bodenplatte/Außenwand mit einer Erdreichanschüttung von kleiner oder gleich 1 m soll der ψ-Wert berechnet werden. In Abb. 2.25 ist das nachzuweisende Detail dargestellt.

In Abb. 2.26 sind die Randbedingungen eingetragen, wie sie nach DIN 4108 Beiblatt 2 anzusetzen sind (vgl. dazu Abb. 2.21). Hier wurden als Innentemperatur 20 °C und als Außentemperatur –5 °C angesetzt.

Temperaturfaktor $f_{f,b}$ für die Bodenplatte:

- $F_{f,b} = 0{,}60$ (aus DIN V 18599-2, Tabelle 3)
- $f_{f,b} = 1 - F_{f,b}$
- für $F_{f,b} = 0{,}60$ ergibt sich $f_{f,b} = 0{,}40$

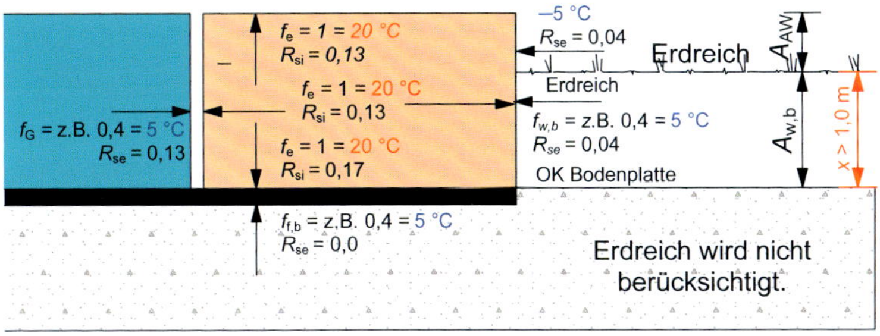

Abb. 2.27: Randbedingungen im Erdreich nach DIN 4108 Beiblatt 2, Abschnitt 8, Tabelle 108; Erdreichanschüttung > 1 m; Angaben für R_{si} und R_{se} in $m^2 \cdot K/W$; Länge x gemäß DIN 4108 Beiblatt 2; A_{AW} = Fläche Außenwand; $A_{w,b}$ = Fläche Kellerwand zu Erdreich

Über den Temperaturfaktor kann die anzusetzende Außentemperatur (Temperatur unter der Bodenplatte) über Formel 2.2 berechnet werden:

Ausgangswerte:

- $f_{f,b} = 0{,}40$
- $\theta_i = 20\ °C$
- $\theta_e = -5\ °C$

$$\theta_x = \theta_e + f \cdot (\theta_i - \theta_e) \qquad \text{in °C}$$

$$\theta_{\text{Erdreich}} = -5\ °C + 0{,}4 \cdot (20\ °C - (-5\ °C)) = 5\ °C$$

Bei einer Innentemperatur von 20 °C und einer Außentemperatur von –5 °C ergibt sich bei einem Temperaturkorrekturfaktor $F_{f,b}$ von 0,60 für das Erdreich unter der Bodenplatte eine Temperatur von 5 °C.

Erdreichanschüttung größer als 1 m

Wenn das Erdreich mehr als 1 m angeschüttet wird, wie es in Abb. 2.27 dargestellt ist, so ist nach DIN 4108 Beiblatt 2 bei der Berechnung der ψ-Werte mithilfe von Isothermen-Programmen an der Kelleraußenwand im Bereich des Erdreichs eine Temperatur nach Formel 2.2 über den Temperaturfaktor f für das Erdreich zu berechnen. Der R_{se}-Wert ist mit 0,00 $m^2 \cdot K/W$ zu definieren. Dies gilt auch für das Erdreich unterhalb der Bodenplatte.

Nachfolgend werden die Randbedingungen an einem Beispiel dargestellt. Die Berechnung der ψ-Werte wird in Kapitel 1.2.2.2 genau erläutert.

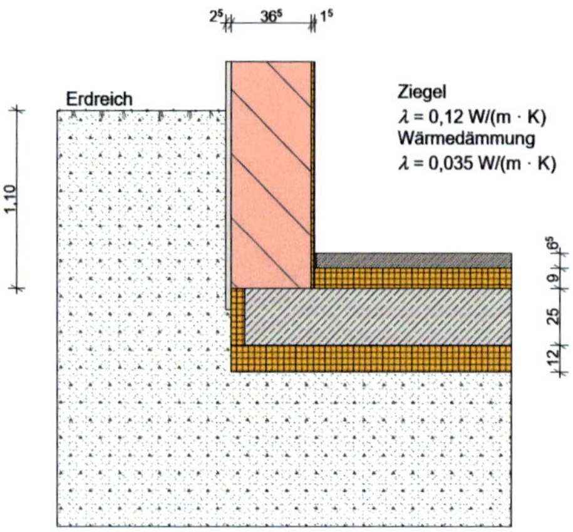

Abb. 2.28: Beispiel Sockeldetail (Anschluss Bodenplatte/Außenwand); Erdreichanschüttung > 1 m

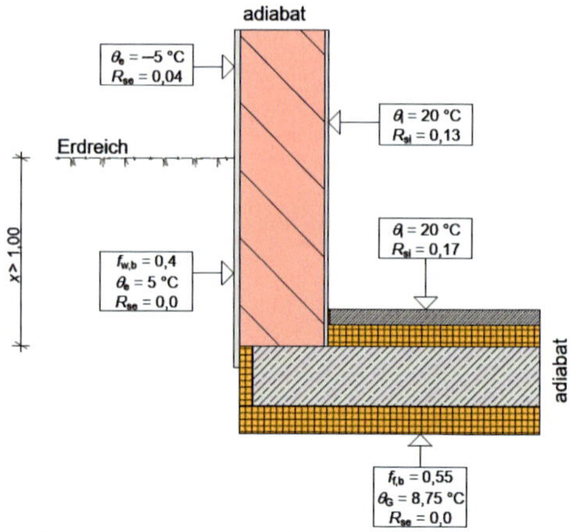

Abb. 2.29: Darstellung der Randbedingungen für die Berechnung des Sockeldetails; Erdreichanschüttung > 1 m; Angaben für R_{si} und R_{se} in m² · K/W

Beispiel – Darstellung der Randbedingungen für die Berechnung des ψ-Werts (Anschluss Bodenplatte/Außenwand; Erdreichanschüttung > 1 m)

Für einen Anschluss Bodenplatte/Außenwand soll der ψ-Wert berechnet werden. In Abb. 2.28 ist das nachzuweisende Detail dargestellt.

In Abb. 2.29 sind die Randbedingungen eingetragen, wie sie nach DIN 4108 Beiblatt 2 anzusetzen sind. Hier sind an der Außenwand die Randbedingungen mit Erdreich anzusetzen.

Temperaturfaktor $f_{f,b}$ für die Bodenplatte:

- $F_{f,b} = 0{,}45$ (aus DIN V 18599-2, Tabelle 3)
- $f_{f,b} = 1 - F_{f,b}$
- für $F_{f,b} = 0{,}45$ ergibt sich $f_{f,b} = 0{,}55$

Über den Temperaturfaktor kann die anzusetzende Außentemperatur (Temperatur unter der Bodenplatte) über Formel 2.2 berechnet werden.

Ausgangswerte:

- $f_{f,b} = 0{,}55$
- $\theta_i = 20\ °C$
- $\theta_e = -5\ °C$

$$\theta_x = \theta_e + f \cdot (\theta_i - \theta_e) \quad \text{in °C}$$

$$\theta_{\text{Erdreich}} = -5\ °C + 0{,}55 \cdot (20\ °C - 5\ °C) = 8{,}75\ °C$$

Bei einer Innentemperatur von 20 °C und einer Außentemperatur von –5 °C ergibt sich für das Erdreich unter der Bodenplatte eine Temperatur von 8,75 °C.

Werden eine andere Innen- und eine andere Außentemperatur angesetzt, ergibt sich auch eine andere anzusetzende Temperatur für das Erdreich unter der Bodenplatte.

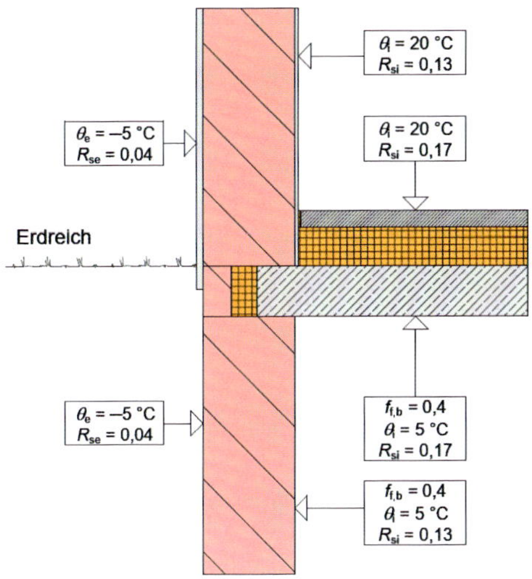

Abb. 2.30: Darstellung der Randbedingungen für die Berechnung des Sockeldetails; , Keller unbeheizt; Angaben für R_{si} und R_{se} in m² · K/W

2.2.2 Sockeldetail mit unbeheiztem Keller

Nachfolgend werden die Randbedingungen für die ψ-Wert-Berechnung beispielhaft an einem Sockeldetail mit unbeheiztem Keller dargestellt (vgl. Abb. 2.30).

Laut DIN 4108 Beiblatt 2 ist das Erdreich im Bereich des Sockelanschlusses nicht zu berücksichtigen. Im Bereich des Erdreichs an der Kelleraußenwand ist auch die Außentemperatur anzusetzen. Der äußere Wärmeübergangswiderstand R_{se} ist an der Außenwand mit 0,04 m² · K/W anzunehmen. Die Temperatur im unbeheizten Keller kann wieder über Formel 2.2 bestimmt werden.

2.2.3 Anschlüsse von Bauelementen

Bei der ψ-Wert-Berechnung für Anschlüsse mit Bauelementen wie Fenster, Dachflächenfenster, Lichtkuppeln und Vorhangfassaden ist die Lage des Rahmens in der Fensterlaibung maßgebend. Aus diesem Grund ist nach DIN 4108 Beiblatt 2 auch nur der Rahmen bei der ψ-Wert-Berechnung zu berücksichtigen. Das detaillierte Zeichnen der Fensterprofile ist hier nicht notwendig, aber zulässig. Sowohl für den Gleichwertigkeitsnachweis als auch für die detaillierte Berechnung der Wärmebrückenverluste nach DIN 4108 Beiblatt 2 darf entweder mit dem Ersatzmodell (Holzbrett; vgl. Abb. 2.31) oder mit einem detaillierten Fensterprofil gerechnet werden (vgl. Kapitel 7). Die anzusetzenden Randbedingungen sind für beide Berechnungen gleich. Der berechnete ψ-Wert ist jedoch bei der Berechnung mit einem Ersatzmodell zu korrigieren (vgl. Kapitel 7).

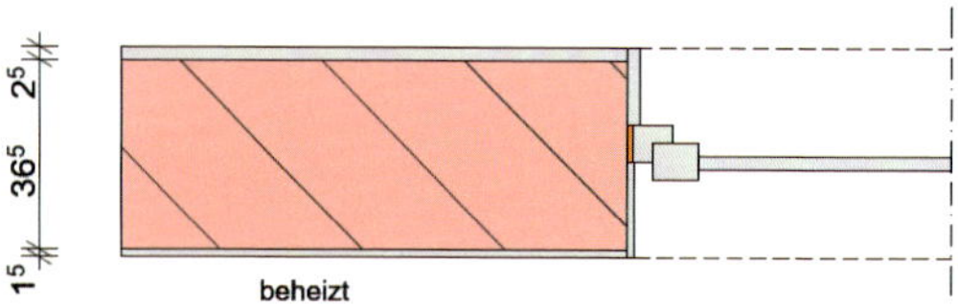

Abb. 2.31: Beispiel seitlicher Fensteranschluss

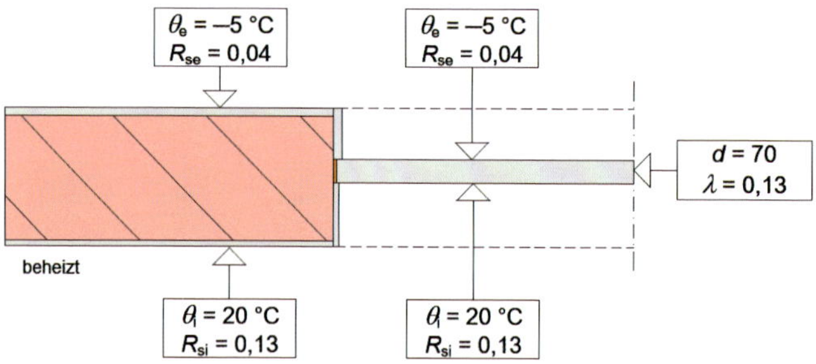

Abb. 2.32: Darstellung der Randbedingungen für die Berechnung von Fensteranschlüssen; Angaben für R_{si} und R_{se} in m² · K/W; Angaben für λ in W/(m · K); Angaben für *d* in mm

Beispiel – Darstellung der Randbedingungen für die Berechnung des ψ-Werts (Anschluss Fensterlaibung mit Ersatzmodell)

Für den Anschluss Fensterlaibung soll der ψ-Wert berechnet werden. In Abb. 2.31 ist das nachzuweisende Detail dargestellt.

In Abb. 2.32 sind die Randbedingungen eingetragen, wie sie nach DIN 4108 Beiblatt 2 anzusetzen sind. Das Fenster wird als Holzbrett mit einer Dicke *d* von 70 mm und einen λ-Wert von 0,13 W/(m · K) angesetzt. Dies entspricht einem üblichen Holzfensterstock.

Ist bei dem zu untersuchenden Detail ein dickerer Fensterrahmen vorhanden, darf auch die vorhandene Fensterdicke angesetzt werden. Für die ψ-Wert-Berechnung sollte prinzipiell das gezeichnete „Brett" den gleichen *U*-Wert aufweisen wie der Fensterrahmen des vorhandenen Fensters. Für den Gleichwertigkeitsnachweis müssen bei Verwendung des Holzbretts die Vorgaben aus Abb. 2.32 verwendet werden.

2.3 Randbedingungen nach DIN EN ISO 10211

Im Folgenden wird auf grundlegende Rechenregeln der DIN EN ISO 10211 eingegangen, die für die detaillierte ψ-Wert-Berechnung für den öffentlich-rechtlichen Energieausweis nach GEG anzuwenden sind.

2.3.1 Festlegung der Schnittebenen für ein zweidimensionales geometrisches Modell

Da in DIN 4108 Beiblatt 2 die Wahl der Schnittebene bei Bauteilen gegen Außenluft nicht definiert ist, sind hier die Regelungen nach DIN EN ISO 10211 anzusetzen. Dort ist definiert, wie die Schnittebenen bei der Berechnung von zweidimensionalen Wärmebrücken zu wählen sind. Es werden die im Folgenden dargestellten Wärmebrückendetails unterschieden.

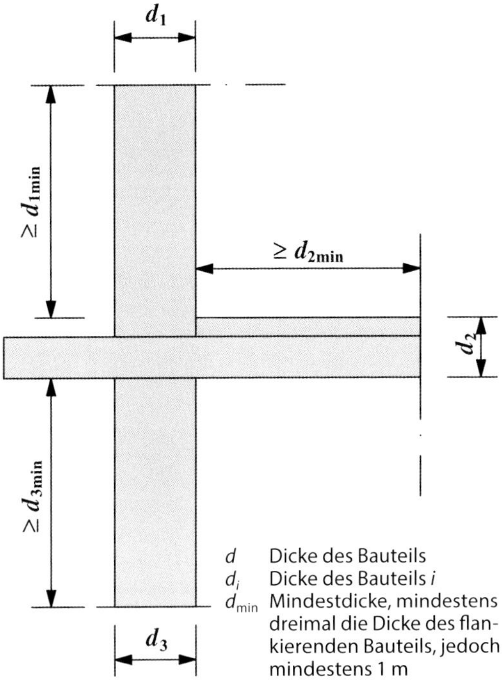

Abb. 2.33: Interpretation der Schnittebenen für eine zweidimensionale geometrische Wärmebrücke nach DIN EN ISO 10211, Bild 7

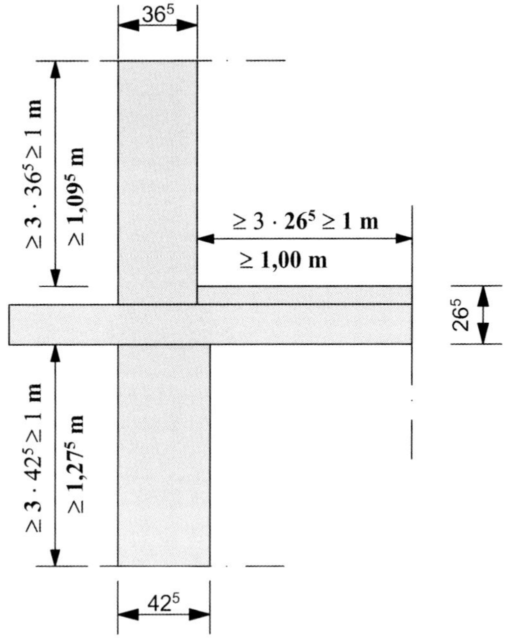

Abb. 2.34: Beispiel für die einzuhaltenden Abmessungen; Schnittebenen nach Abb. 2.33

Schnittebene für ein Wärmebrückendetail

Bei der Berechnung der Isothermen mit einem Wärmebrückenprogramm gibt es folgende Regelungen für die Innenkantenlänge der flankierenden Bauteile eines Wärmebrückendetails (vgl. Abb. 2.33 und 2.34):

- mindestens 1 m,
- d_{min} = mindestens dreimal die Dicke des **Bauteils,**
- parallel zueinander verlaufende Isothermen an der Schnittlinie.

Erst wenn die Isothermen an der Schnittlinie parallel zueinander laufen, wurde der gesamte gestörte Bereich der Wärmebrücke erfasst.

> **Hinweis:** Es handelt sich hier um Mindestlängen. Die flankierenden Bauteile können auch länger gezeichnet werden, was keinen Einfluss auf die ψ-Werte hat.

Falls der Abstand zur nächsten Wärmebrücke kleiner ist als d_{min}, darf diese Wärmebrücke bei der Berechnung nach Beiblatt 2 für den Gleichwertigkeitsnachweis vernachlässigt werden. Es darf also bei der Berechnung so getan werden, als würde im Abstand d_{min} keine weitere Wärmebrücke vorhanden sein. In der DIN EN ISO 10211 ist dies anders geregelt. Für den detaillierten Wärmebrückennachweis muss im Einzelfall entschieden werden, ob eine weitere Wärmebrücke innerhalb des Abstands d_{min} mitzuberücksichtigen ist oder vernachlässigt werden kann.

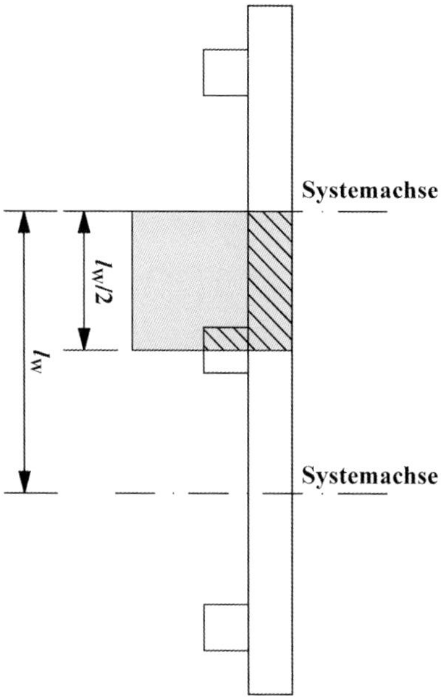

Abb. 2.35: Schnittebenen bei symmetrischen Wärmebrücken nach DIN EN ISO 10211, Bild 8

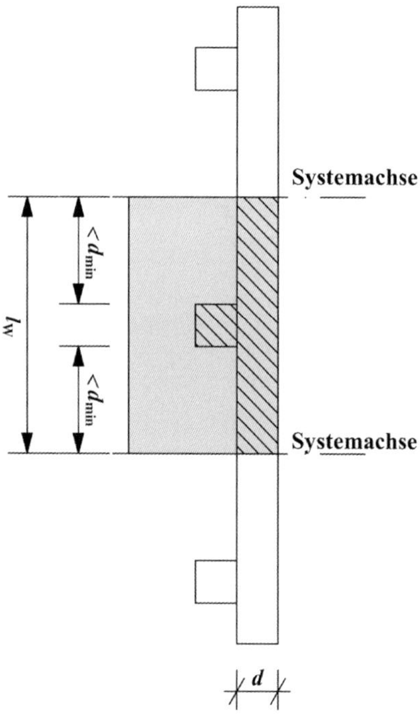

Abb. 2.36: Schnittebenen bei linienförmig angeordneten Wärmebrücken nach DIN EN ISO 10211, Bild 8

Schnittebene für eine symmetrische linienförmige Wärmebrücke mit festgelegten Abständen l_W

Bei symmetrischen Wärmebrücken, die sich linear wiederholen, ist es ausreichend, wenn nur die Hälfte der Wärmebrücke bis zur nächsten Systemachse berechnet wird (vgl. Abb. 2.35; da es in der Norm zu diesem Bild keine genauere Erläuterung gibt, wird hier eine Interpretation der Autoren wiedergegeben).

Schnittebene für eine nicht symmetrische linienförmige Wärmebrücke mit festgelegten Abständen l_W

Bei nicht symmetrischen Wärmebrücken, die sich linear wiederholen und bei denen der Abstand der Wärmebrücke zur Systemachse kleiner als d_{min} ist (also kleiner als 1 m), ist die Wärmebrücke von Systemachse zu Systemachse bei der Berechnung zu berücksichtigen, bis wieder der Abstand d_{min} eingehalten werden kann (vgl. Abb. 2.36; da es in der Norm zu diesem Bild keine genauere Erläuterung gibt, wird hier eine Interpretation der Autoren wiedergegeben). Es sollte aber im Einzelfall geprüft werden, ob diese Regelung auch sinnvoll ist.

2.3.2 Wärmebrücken gegen Erdreich

In Abschnitt 5.2.4 von DIN EN ISO 10211 ist geregelt, wie die Schnittebenen bei Wärmebrücken im Erdreich anzusetzen sind. Da es aber hierzu vereinfachte Angaben in DIN 4108 Beiblatt 2 gibt, die für die Berechnung von Wärmebrücken für den Nachweis nach GEG verwendet werden dürfen, wird an dieser Stelle nicht weiter auf die Regelungen in DIN EN ISO 10211 eingegangen.

Die Randbedingungen für Wärmebrückendetails gegen Erdreich nach DIN 4108 Beiblatt 2 werden in Kapitel 2.1.2 und in Kapitel 2.2.1 erläutert.

2.3.3 Materialeigenschaften und Wärmeübergangswiderstände

Wärmeleitfähigkeit von Baustoffen

Die Wärmeleitfähigkeit λ von Baustoffen kann entweder nach DIN EN ISO 10456 berechnet oder aus entsprechenden Tabellen entnommen werden, wie sie auch in der DIN EN ISO 10456 enthalten sind.

Bei der ψ-Wert-Berechnung für den Energieausweis nach GEG sind die gleichen λ-Werte zu verwenden, wie sie auch für die U-Wert-Berechnung angesetzt wurden.

Bei der Berechnung von Wärmebrücken im **Erdreich** darf für das Erdreich eine Wärmeleitfähigkeit von **2,0 W/(m · K)** angesetzt werden. Wenn genauere Werte vorliegen, sind diese zu verwenden.

Wärmeübergangswiderstände

Für die Berechnung der ψ-Werte sind die Wärmeübergangswiderstände nach DIN EN ISO 6946 in Abhängigkeit der Richtung anzunehmen (vgl. Kapitel 2.2).

Für die Berechnung der Oberflächentemperaturen zur Vermeidung von Schimmelpilzbildung sind die Werte nach DIN EN ISO 13788 oder DIN 4108-2 zu verwenden (vgl. Kapitel 2.1).

Äquivalente Wärmeleitfähigkeit von Hohlräumen

Luftschichten in Hohlräumen dürfen nur angesetzt werden, wenn es sich um ruhende Luftschichten nach DIN EN ISO 6946 handelt und diese nicht höher und breiter sind als 0,5 m.

Die Wärmedurchlasswiderstände R von Luftschichten zwischen lichtundurchlässigen Materialien sind nach DIN EN ISO 6946 zu ermitteln. Die Wärmeleitfähigkeit λ_g von Luftschichten kann aus dem R-Wert wie folgt ermittelt werden.

$$\lambda_g = \frac{d_g}{R_g} \quad \text{in W/(m} \cdot \text{K)} \tag{2.3}$$

mit

d_g Bauteildicke in m

R_g Wärmedurchgangswiderstand in $m^2 \cdot K/W$

Luftschichten zwischen Glasscheiben sind nach DIN EN 673 zu bestimmen.

Tabelle 3.1: Einfluss des Wärmebrückenfaktors ΔU_{WB} auf die Dicke des Mauerwerks zur Einhaltung eines vorgegebenen U-Wertes nach Volland/Volland, 2014, S. 284

Regelmauerwerksdicke U_{AW}-Wert ohne ΔU_{WB} 1)			**erforderliche Dicke für gleichen U-Wert einschließlich ΔU_{WB} 2)**		
1	2	3	4	5	6
Dicke d in m	λ-Wert in W/(m · K)	U-Wert in W/(m² · K)	ΔU_{WB} = 0,02 W/(m² · K)	ΔU_{WB} = 0,05 W/(m² · K)	ΔU_{WB} = 0,10 W/(m² · K)
			Dicke d in m	Dicke d in m	Dicke d in m
0,30	0,21	0,63	0,31	0,33	0,36
0,365	0,21	0,52	0,38	0,41	0,46
0,42	0,21	0,46	0,44	0,48	0,55
0,30	0,09	0,29	0,32	0,37	0,47
0,365	0,09	0,24	0,40	0,47	0,64
0,42	0,09	0,21	0,47	0,56	0,83

1) $U_{AW} = 1 : (0{,}13 + \frac{d}{\lambda} + 0{,}04)$
2) $U_{gesamt} = U_{AW} + \Delta U_{WB}$

rechnet werden. Um diesen Wärmebrückenzuschlag auszugleichen, muss die Wand auf 83 cm verstärkt werden, damit der gleiche U_{AW}-Wert erzielt werden kann.

Wird der Einfluss des Wärmebrückenzuschlags in Abhängigkeit des U-Werts des Mauersteins untersucht, so ergibt sich folgender Einfluss des Wärmebrückenfaktors ΔU_{WB}:

- **Gebäude gemäß Wärmeschutzverordnung 1984** (WärmeschutzV 1984 [gültig bis Ende 1994]):
  - mittlerer U-Wert Hülle: 0,65 W/(m² · K) ohne Wärmebrückenverluste
  - $U_M + \Delta U_{WB}$ 0,10 W/(m² · K) = 0,75 W/(m² · K) Einfluss ΔU_{WB}: 15 %
  - $U_M + \Delta U_{WB}$ 0,05 W/(m² · K) = 0,70 W/(m² · K) Einfluss ΔU_{WB}: 8 %
  - $U_M + \Delta U_{WB}$ 0,03 W/(m² · K) = 0,68 W/(m² · K) Einfluss ΔU_{WB}: 5 %
- **Gebäude gemäß KfW-Effizienzhaus 40:**
  - mittlerer U-Wert Hülle: 0,15 W/(m² · K) ohne Wärmebrückenverluste
  - $U_M + \Delta U_{WB}$ 0,10 W/(m² · K) = 0,25 W/(m² · K) Einfluss ΔU_{WB}: 66 %
  - $U_M + \Delta U_{WB}$ 0,05 W/(m² · K) = 0,20 W/(m² · K) Einfluss ΔU_{WB}: 33 %
  - $U_M + \Delta U_{WB}$ 0,03 W/(m² · K) = 0,18 W/(m² · K) Einfluss ΔU_{WB}: 20 %

Bei einem Gebäude mit einem KfW-Effizienzhaus-40-Standard liegt der Einfluss der rechnerischen Wärmebrückenverluste mit einem pauschal angesetzten ΔU_{WB} von 0,10 W/(m² · K) bei bis zu 66 %. Diese hohen rechnerischen Wärmebrückenverluste ΔU_{WB} können nur durch einen erheblichen Mehraufwand an Wärmedämmung und Anlagentechnik kompensiert werden. Aus diesem Grund sollte zumindest immer ein Gleichwertigkeitsnachweis geführt werden, damit mit dem abgeminderten Wärmebrückenzuschlag von 0,05 bzw. 0,03 W/(m² · K) gerechnet werden darf (vgl. Kapitel 6)

Tabelle 3.2: Vorhandene Transmissionswärmeverluste H_T in Abhängigkeit des Wärmebrückenfaktors ΔU_{WB} für das in Kapitel 8 berechnete Einfamilienhaus

ΔU_{WB} in W/(m² · K)	H_T in W/K	$H_{T,Referenzg}$ in W/K	H_T in % von $H_{T,Referenzg}$	Bemerkung
0,000	0,165	0,355	46 (< 55)	Mit dem detailliert berechneten Wärmebrückenfaktor können die Anforderungen an H_T für das **Effizienzhaus 40** erfüllt werden.
0,050	0,216	0,355	60 (> 55) (< 70)	Wenn ein Gleichwertigkeitsnachweis durchgeführt wird, werden nur die Anforderungen an ein **Effizienzhaus 55** erfüllt.
0,100	0,266	0,355	75 (> 70) (< 100)	Wenn die Wärmebrücken nicht nachgewiesen werden, werden die Anforderungen **nach GEG** gerade noch eingehalten.

und dadurch die rechnerischen Wärmebrückenverluste ΔU_{WB} um 50 bis 70 % verringert werden.

Nachfolgend wird an 3 Beispielen aufgezeigt, welchen Einfluss der Wärmebrückenfaktor ΔU_{WB} auf die Gesamtenergiebilanz besitzt. Als Heizsystem wurde hierbei ein Biomassekessel berücksichtigt.

3.2 Einfluss des Wärmebrückenfaktors ΔU_{WB} bei einem Einfamilienhaus

Für das in Kapitel 8 berechnete Einfamilienhaus wird in Tabelle 3.2 dargestellt, wie sich der Wärmebrückenfaktor auf die Energiebilanz des Gebäudes auswirkt. Dies beeinflusst in starkem Maße die mögliche Förderung über die KfW:

- Für das KfW-Effizienzhaus 40 müssen die Transmissionswärmeverluste $H_T \leq 40$ % bezogen auf die Transmissionswärmeverluste $H_{T,Referenzg}$ des Referenzgebäudes sein.

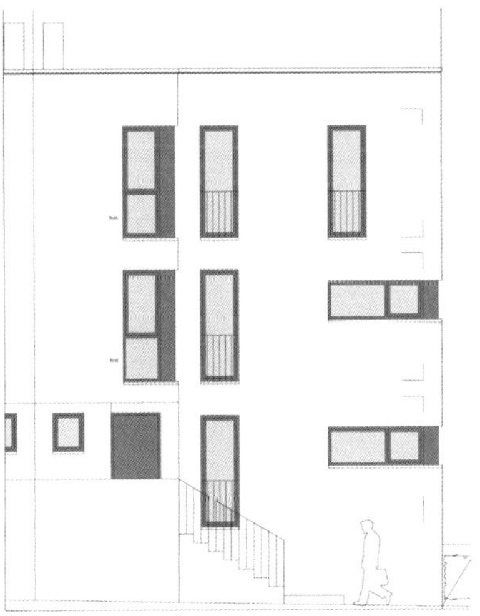

Abb. 3.1: Beispiel Doppelhaushälfte, Ansicht Ost

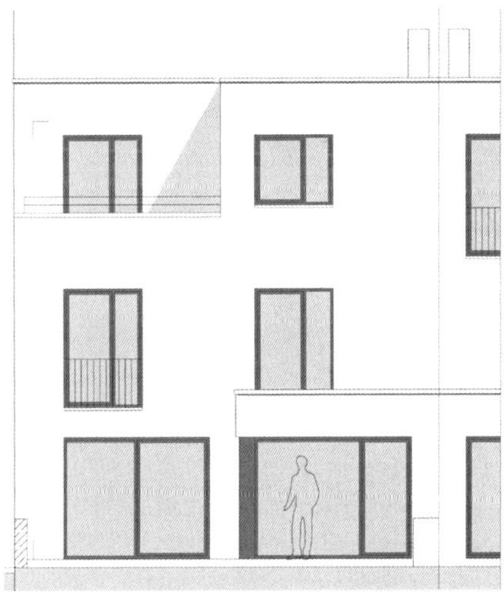

Abb. 3.2: Beispiel Doppelhaushälfte, Ansicht West

Abb. 3.3: Beispiel Doppelhaushälfte, Ansicht Nord

Tabelle 3.3: Vorhandene Transmissionswärmeverluste H_T in Abhängigkeit des Wärmebrückenfaktors ΔU_{WB} für die Doppelhaushälfte

ΔU_{WB} in W/(m²·K)	H_T in W/K	$H_{T,Referenzg}$ in W/K	H_T in % von $H_{T,Referenzg}$	Bemerkung
0,018	0,303	0,434	70 (≤ 70)	Mit einem detailliert berechneten Wärmebrückenfaktor können die Anforderungen an H_T für das **Effizienzhaus 55** erfüllt werden.
0,050	0,335	0,434	77 (> 70) (< 85)	Wenn ein Gleichwertigkeitsnachweis durchgeführt wird, können nur die Anforderungen **nach GEG** erfüllt werden.

- Für das KfW-Effizienzhaus 55 müssen die Transmissionswärmeverluste $H_T \leq 40$ % bezogen auf die Transmissionswärmeverluste $H_{T,Referenzg}$ des Referenzgebäudes sein.
- Für die Anforderungen nach GEG müssen die Transmissionswärmeverluste $H_T \leq 100$ % bezogen auf die Transmissionswärmeverluste $H_{T,Referenzg}$ des Referenzgebäudes sein.

Die Ergebnisse aus Tabelle 3.2 zeigen, dass das Einfamilienhaus in Passivhausbauweise ohne Nachweis der Wärmebrücken max. die notwendigen Werte nach GEG einhalten kann. Durch die detaillierte Wärmebrückenberechnung verringert sich der rechnerisch ermittelte Transmissionswärmeverlust H_T um 38 %, womit nun die strengen Anforderungen an das Effizienzhaus 40 erfüllt werden.

3.3 Einfluss des Wärmebrückenfaktors ΔU_{WB} bei einer Doppelhaushälfte

Für eine Doppelhaushälfte (vgl. Abb. 3.1 bis 3.3) wird in Tabelle 3.3 dargestellt, wie sich der Wärmebrückenfaktor auf die Energiebilanz des Gebäudes auswirkt. Das Gebäude sollte die Anforderungen an ein KfW-Effizienzhaus 55 erfüllen.

Abb. 3.4: Beispiel Geschosswohnungsbau, Ansicht Süd

Abb. 3.5: Beispiel Geschosswohnungsbau, Ansicht Nord

Abb. 3.6: Beispiel Geschosswohnungsbau, Ansicht Ost/West

Aus Tabelle 3.3 wird auch für die Doppelhaushälfte erkennbar, wie stark der Wärmebrückenfaktor die rechnerischen Transmissionswärmeverluste H_T beeinflusst. Mit einem detaillierten Nachweis werden die Anforderungen an ein KfW-Effizienzhaus 55 erreicht.

3.4 Einfluss des Wärmebrückenfaktors ΔU_{WB} bei einem Geschosswohnungsbau

Als letztes Beispiel wird der Einfluss des Wärmebrückenfaktors auf die Energiebilanz bei einem Geschosswohnungsbau dargestellt (vgl. Tabelle 3.4). Das Gebäude (vgl. Abb. 3.4 bis 3.6) soll die Anforderungen an ein KfW-Effizienzhaus 55 erfüllen.

Tabelle 3.4: Vorhandene Transmissionswärmeverluste H_T in Abhängigkeit des Wärmebrückenfaktors ΔU_{WB} für den Geschosswohnungsbau

ΔU_{WB} in W/(m² · K)	H_T in W/K	$H_{T,Referenzg}$ in W/K	H_T in % von $H_{T,Referenzg}$	Bemerkung
0,022	0,316	0,455	69 (≤ 70)	Mit einem detailliert berechneten Wärmebrückenfaktor können die Anforderungen an H_T für das **Effizienzhaus 55** erfüllt werden.
0,050	0,344	0,455	76 (> 70) (< 85)	Wenn ein Gleichwertigkeitsnachweis durchgeführt wird, können nur die Anforderungen **nach GEG** erfüllt werden.

Auch aus den Ergebnissen nach Tabelle 3.4 ergibt sich das gleiche Bild wie bei den beiden anderen Beispielberechnungen. Voraussetzung für einen Wärmebrückenfaktor von ≤ 0,025 W/(m² · K) ist jedoch eine wärmetechnisch optimierte Detailplanung (vgl. auch Kapitel 4).

3.5 Einfluss des Wärmebrückenfaktors ΔU_{WB} bei einem Nichtwohngebäude

Bei einem Nichtwohngebäude ist der Einfluss der zusätzlichen Energieverluste über die Wärmebrücken wesentlicher geringer als bei einem Wohngebäude. Bei Nichtwohngebäuden wird der Primärenergiebedarf als primärer Grenzwert zur Einhaltung des GEG herangezogen. Auf den Primärenergiebedarf hat die Anlagentechnik einen wesentlich höheren Einfluss als die Gebäudehülle. Somit beeinflusst auch der anzusetzende Wärmebrückenzuschlag ΔU_{WB} den einzuhaltenden Primärenergiebedarf nur gering. Der Einfluss von ΔU_{WB} liegt in der Regel unter 10 %.

4 Beispiele für Optimierungsmöglichkeiten von Wärmebrücken

Eine durchgeführte und optimierte Detailplanung sorgt nicht nur für mehr Fördergelder, sondern garantiert auch eine **schadensfreie Bauwerksausführung.**

Nachfolgend werden für wichtige Details Ausführungsbeispiele und Optimierungsmöglichkeiten dargestellt. Hierbei handelt es sich um ausgewählte Beispiele zur Optimierung von Wärmebrücken. Es soll aufgezeigt werden, welche Möglichkeiten in der Detaillierung von Wärmebrücken stecken und wie in der Folge ein Gebäude energetisch optimiert und schadensfrei erstellt werden kann. Bei den Berechnungen wurden die Randbedingungen nach DIN 4108 Beiblatt 2 angesetzt.

4.1 Anschluss Bodenplatte/Kellerwand

Wenn die Kellerwand Wärme gut leitet, ist es sinnvoller, die Wärmedämmung der Bodenplatte unterhalb statt oberhalb dieser anzubringen. Dadurch erhöht sich die Innentemperatur in der Ecke um ca. 2 °C. Der ψ-Wert wird dadurch minimiert (vgl. Abb. 4.1 und 4.2).

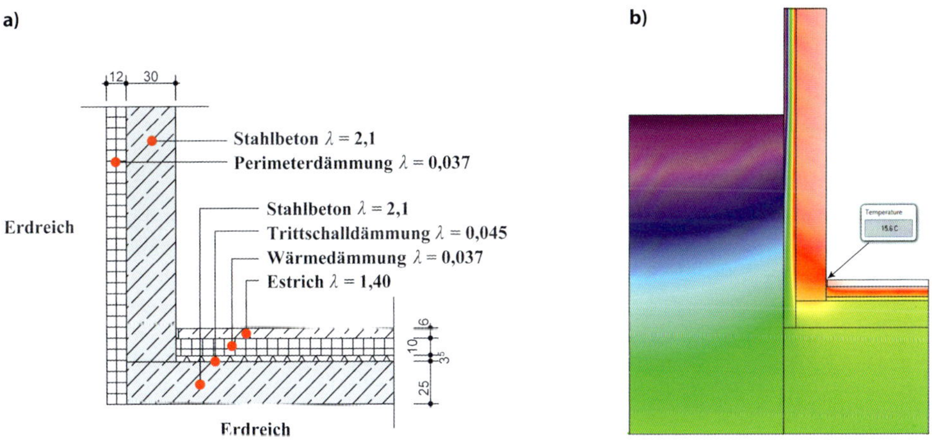

ψ-Wert = 0,407 W/(m · K)

θ_{si} = 15,6 °C
f_{Rsi} = (15,6 – (–5)) : (20 – (–5))
f_{Rsi} = 0,824 (vgl. Formel 1.4)

Abb. 4.1: Wärmedämmung auf der Bodenplatte – Stahlbetonwand; a) Zeichnung, b) Berechnet mit dem Programm ZUB Argos Pro

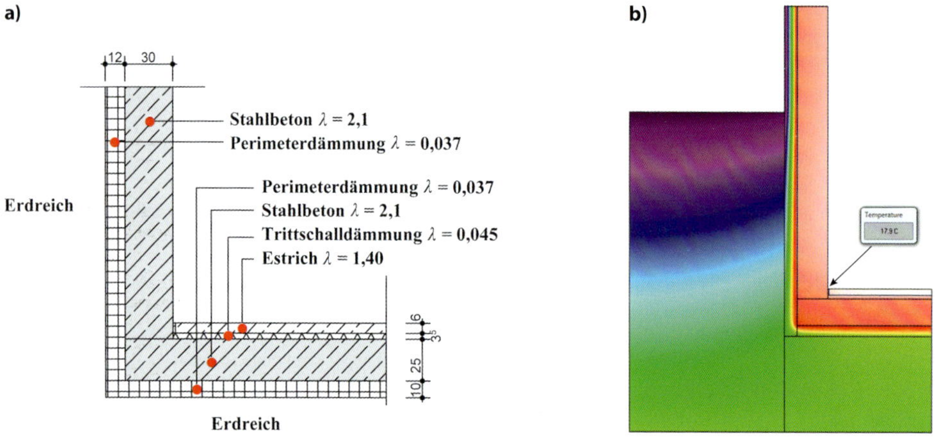

ψ-Wert = 0,023 W/(m · K)

θ_{si} = 17,9 °C
f_{Rsi} = (17,9 – (–5)) : (20 – (–5))
f_{Rsi} = 0,916 (vgl. Formel 1.4)

Abb. 4.2: Wärmedämmung unterhalb der Bodenplatte – Stahlbetonwand; a) Zeichnung, b) Berechnung mit Isothermen-Programm Therm; λ-Werte in W/(m · K)

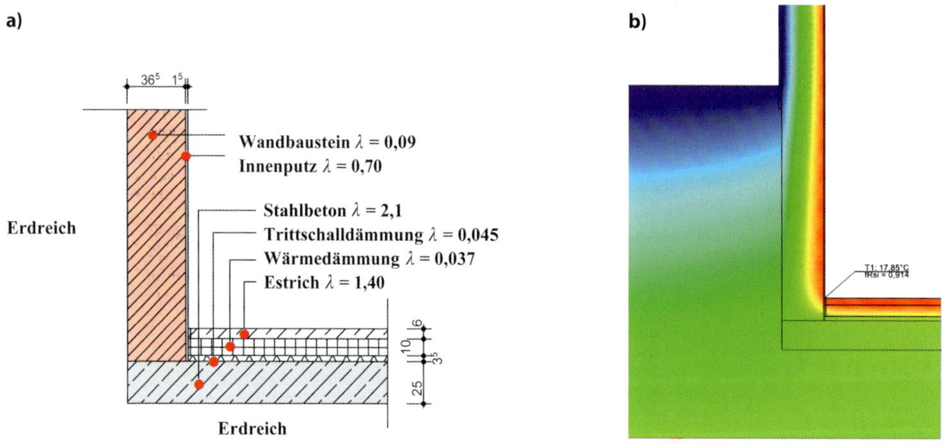

ψ-Wert = 0,034 W/(m · K)

θ_{si} = 17,9 °C
f_{Rsi} = (17,9 – (–5)) : (20 – (–5))
f_{Rsi} = 0,916 (vgl. Formel 1.4)

Abb. 4.3: Wärmedämmung auf der Bodenplatte – Wärmedämmstein; a) Zeichnung, b) Berechnet mit dem Programm ZUB Argos Pro

Wenn die Kellerwand gut wärmedämmend ist, kann die Wärmedämmung der Bodenplatte auch oberhalb dieser angebracht werden. Die Oberflächentemperaturen sind bei der Dämmung auf der Bodenplatte nur geringfügig niedriger als bei der Wärmedämmung unterhalb der Bodenplatte und der ψ-Wert ist etwas kleiner (vgl. Abb. 4.3 und 4.4). Der Wärmebrückeneinfluss hängt aber sehr stark von der Wärmeleitfähigkeit des Wandbausteins ab.

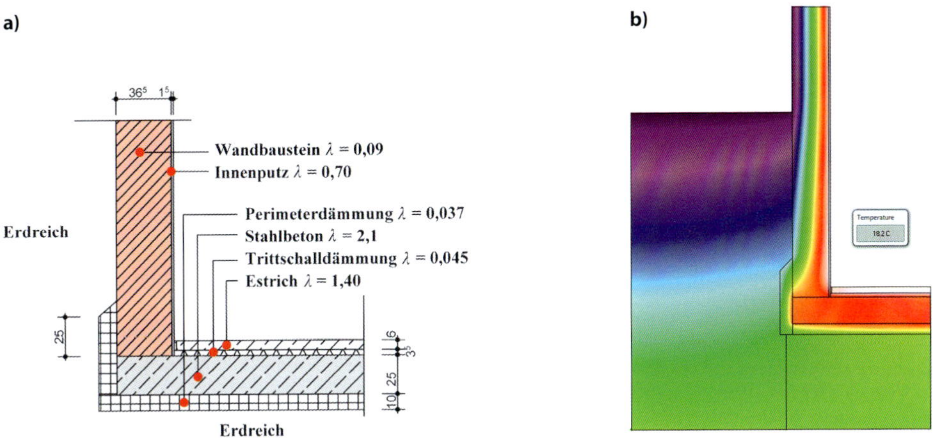

ψ-Wert = –0,011 W/(m · K)

θ_{si} = 18,2 °C
f_{Rsi} = (18,2 – (–5)) : (20 – (–5))
f_{Rsi} = 0,928 (vgl. Formel 1.4)

Abb. 4.4: Wärmedämmung unterhalb der Bodenplatte; a) Zeichnung, b) Berechnung mit Isothermen-Programm Therm; λ-Werte in W/(m · K)

4.2 Sockel Kellerdecke/Außenwand

Wo genau die Wärmedämmung an einem Wärmebrückendetail angebracht werden soll, um die Wärmeströme über die Wärmebrücke zu vermeiden, ist stark von der Wärmeleitfähigkeit der flankierenden Bauteile abhängig.

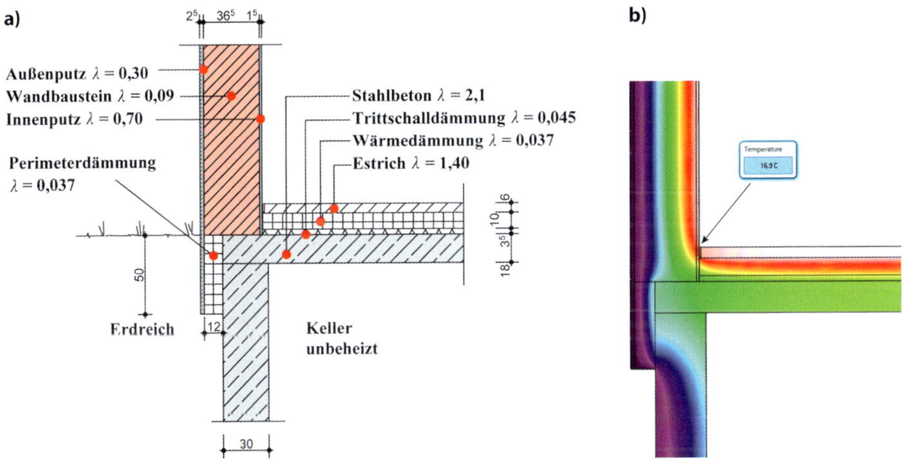

ψ-Wert = –0,032 W/(m · K)

θ_{si} = 16,9 °C
f_{Rsi} = (16,9 – (–5)) : (20 – (–5))
f_{Rsi} = 0,876 (vgl. Formel 1.4)

Abb. 4.5: Wärmedämmung auf der Kellerdecke; a) Zeichnung, b) Berechnung mit Isothermen-Programm Therm; λ-Werte in W/(m · K)

a)

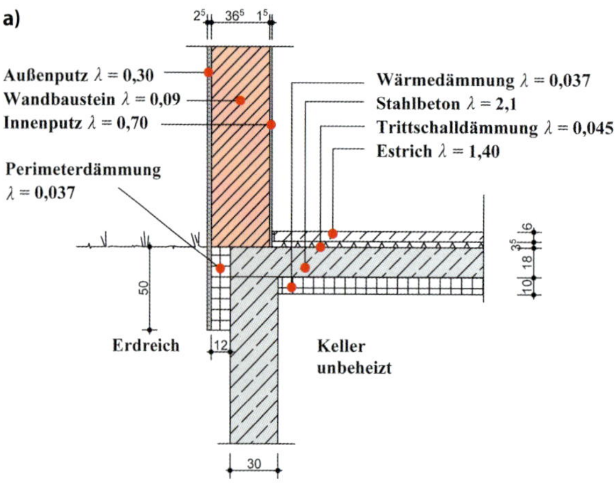

ψ-Wert = 0,161 W/(m · K)

b)

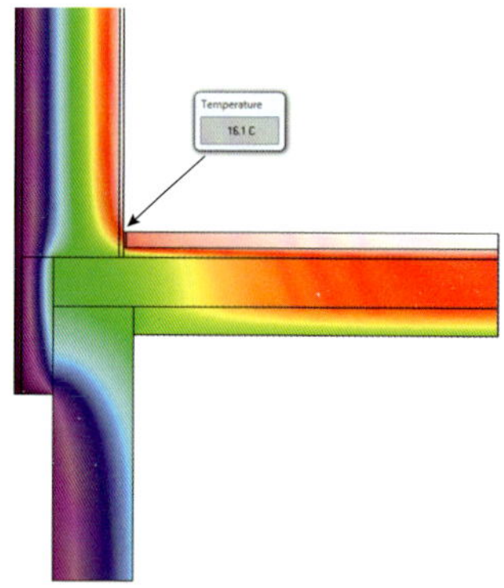

θ_{si} = 16,1 °C
f_{Rsi} = (16,1– (–5)) : (20 – (–5))
f_{Rsi} = 0,844 (vgl. Formel 1.4)

Abb. 4.6: Wärmedämmung unterhalb der Kellerdecke; a) Zeichnung, b) Berechnung mit Isothermen-Programm Therm; λ-Werte in W/(m · K)

Neubau mit monolithischem Mauerwerk

Wird die Außenwand mit einem gut wärmedämmenden Stein erstellt, sollte die Wärmedämmung der Kellerdecke zum unbeheizten Keller oben aufgebracht werden. Dies hat den Vorteil, dass die Wärme erst gar nicht in die Kellerdecke gelangen kann. In Abb. 4.5 wurde die Wärmedämmung oben auf der Kellerdecke aufgebracht und in Abb. 4.6 unterhalb der Kellerdecke. Die Oberflächentemperaturen betragen oben in der Ecke 16,9 °C (Abb. 4.5) und 16,1 °C (Abb. 4.6). Der ψ-Wert ist im Fall von Abb. 4.5 negativ und bei Abb. 4.6 positiv.

Wand mit Wärmedämm-Verbundsystem (Bestand und Neubau)

Wenn die tragende Außenwand eine schlechte Wärmedämmeigenschaft besitzt, kann Wärme in die Konstruktion eindringen und über die Kellerdecke und die Kellerwand in den unbeheizten Keller geleitet werden. Bei diesem Sachverhalt sollte auf jeden Fall auch unter der Kellerdecke und im oberen Bereich der Kelleraußenwand eine Wärmedämmung angebracht werden.

Wird die Kellerdecke von unten gedämmt, steigt die Oberflächentemperatur in der Ecke um ca. 1 °C (vgl. Abb. 4.7 und 4.8). Der ψ-Wert ist aber in Abb. 4.8 wesentlich höher, was daran liegt, dass der zusätzliche Wärmestrom über die Wärmebrücke bei einer ungedämmten Kellerdecke nur gering ist.

a)

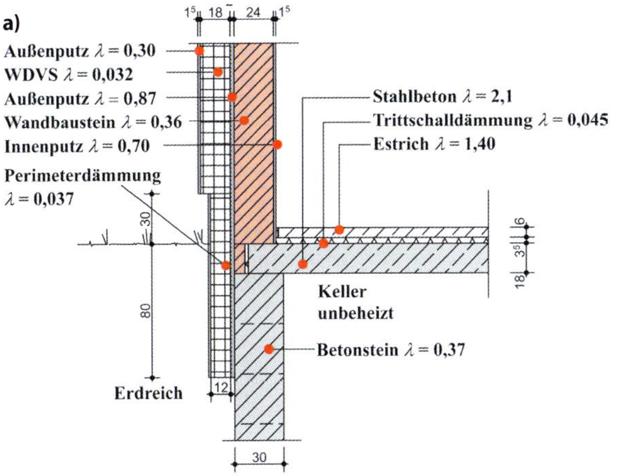

ψ-Wert = –0,049 W/(m · K)

b)

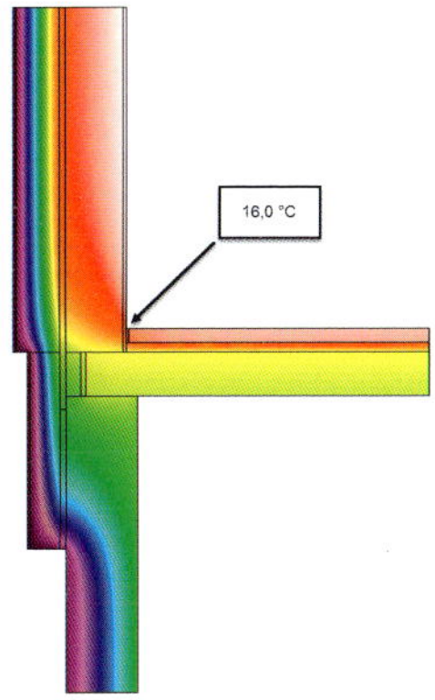

θ_{si} = 16,0 °C
f_{Rsi} = (16,0 – (–5)) : (20 – (–5))
f_{Rsi} = 0,84 (vgl. Formel 1.4)

Abb. 4.7: Mauerwerk mit Wärmedämm-Verbundsystem, Wärmedämmung nur auf der Decke; a) Zeichnung, b) Berechnung mit Isothermen-Programm Therm; λ-Werte in W/(m · K)

a)

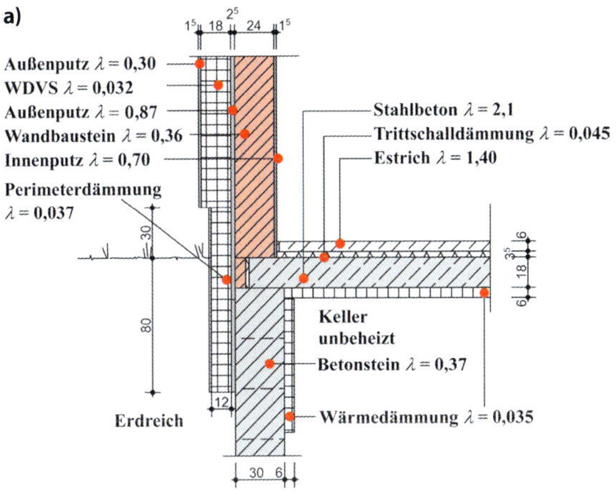

ψ-Wert = 0,087 W/(m · K)

b)

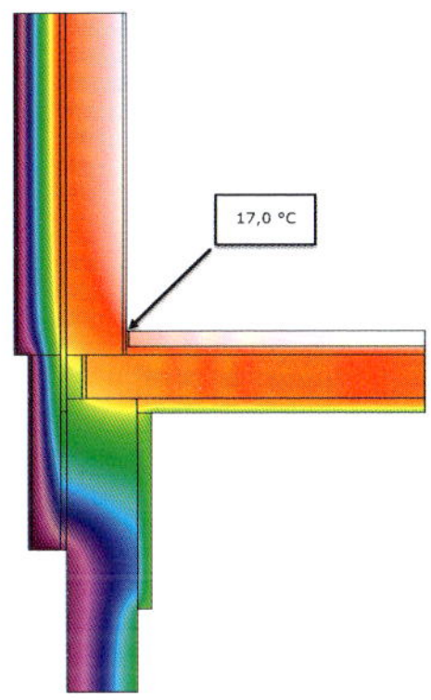

θ_{si} = 17,0 °C
f_{Rsi} = (17,0 – (–5)) : (20 – (–5))
f_{Rsi} = 0,85 (vgl. Formel 1.4)

Abb. 4.8: Mauerwerk mit Wärmedämm-Verbundsystem, Wärmedämmung auf und unter der Decke; a) Zeichnung, b) Berechnung mit Isothermen-Programm Therm; λ-Werte in W/(m · K)

4.3 Auskragende Balkonplatte

a)

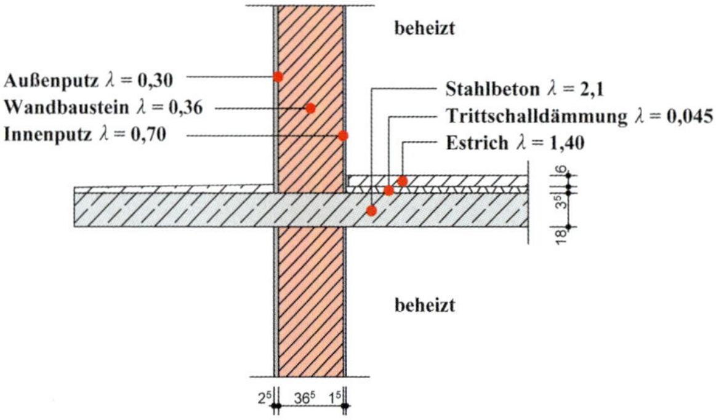

ψ-Wert = 0,367 W/(m · K)

b)

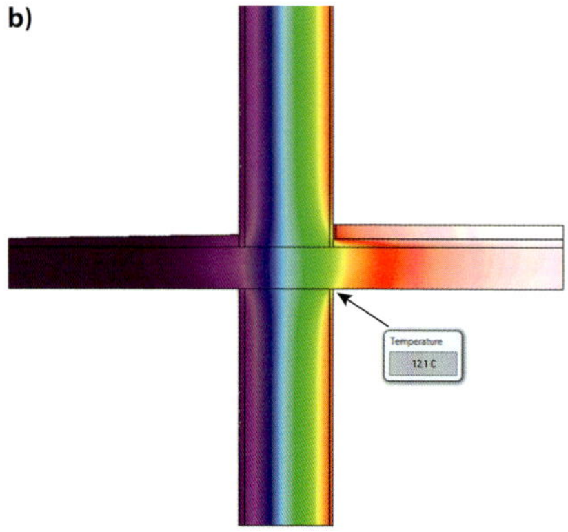

θ_{si} = 12,1 °C
f_{Rsi} = (12,1 – (–5)) : (20 – (–5))
f_{Rsi} = 0,684 (Schimmelpilzgefahr)

Abb. 4.9: Auskragende Balkonplatte, ohne Wärmedämmung; a) Zeichnung, b) Berechnung mit Isothermen-Programm Therm; λ-Werte in W/(m · K)

a)

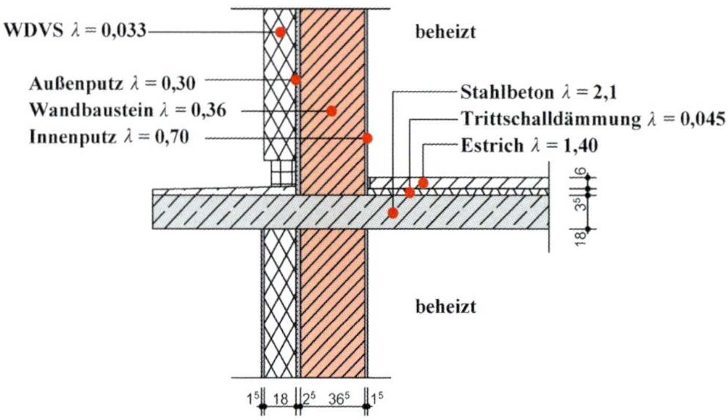

ψ-Wert = 0,663 W/(m · K)

b)

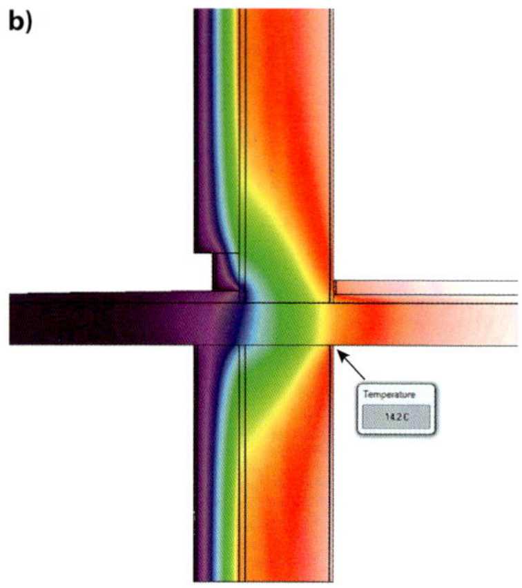

θ_{si} = 14,2 °C
f_{Rsi} = (14,2 – (–5)) : (20 – (–5))
f_{Rsi} = 0,768 (vgl. Formel 1.4)

Abb. 4.10: Auskragende Balkonplatte, Dämmen der Außenwand; a) Zeichnung, b) Berechnung mit Isothermen-Programm Therm; λ-Werte in W/(m · K)

a) b)

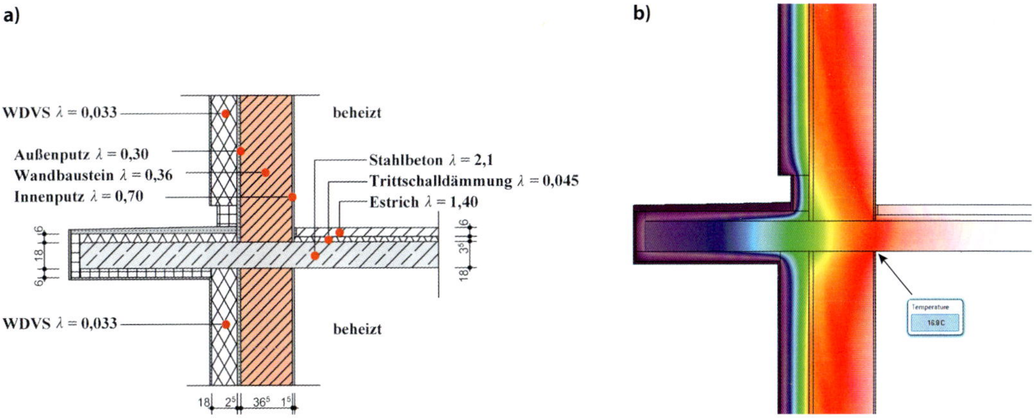

ψ-Wert = 0,288 W/(m · K)

$\theta_{si} = 16{,}8$ °C
$f_{Rsi} = (16{,}8 - (-5)) : (20 - (-5))$
$f_{Rsi} = 0{,}872$ (vgl. Formel 1.4)

Abb. 4.11: Auskragende Balkonplatte, Dämmen der Außenwand und der Balkonplatte; a) Zeichnung, b) Berechnung mit Isothermen-Programm Therm; λ-Werte in W/(m · K)

Auskragende Balkonplatten im Bestand wurden früher meist thermisch nicht getrennt. Eine solche Balkonplatte bildet in der Folge eine große Wärmebrücke. Bei der Berechnung der Oberflächentemperaturen ergibt sich in der unteren Ecke an der Geschossdecke eine Temperatur von unter 12,1 °C, was nach DIN 4108-2 Schimmelpilzgefahr bedeutet (vgl. Abb. 4.9).

Durch das Dämmen der Außenwände (vgl. Abb. 4.10) kann die Oberflächentemperatur an der kritischen Stelle auf 14,2 °C erhöht werden (mit genormten Randbedingungen, vgl. Kapitel 2.1). Die Wärmebrückenwirkung wird aber durch diese Maßnahme verstärkt, weil der zweidimensionale Wärmestrom L_{2D} nahezu unverändert bleibt, aber der eindimensionale Wärmestrom durch die Außenwand L_0 stark verringert worden ist. Der ψ-Wert steigt durch das Dämmen der Außenwand von 0,367 auf 0,663 W/(m · K).

Über die zusätzliche, umschließende Dämmung der Balkonplatte können die Wärmeverluste verringert werden, der ψ-Wert sinkt auf 0,288 W/(m · K) (vgl. Abb. 4.11).

Der Einfluss der Wärmeverluste über die Wärmebrücke auf die Gesamtenergiebilanz ist von der Länge der Balkonplatten abhängig. Bei kurzen Balkonplatten sollte aus diesem Grund die Wirtschaftlichkeit der Dämmungsmaßnahme vor dem „Einpacken“ der Balkonplatte geprüft werden.

4.5 Fensteranschlüsse

Fensterlaibung im monolithischen Mauerwerk

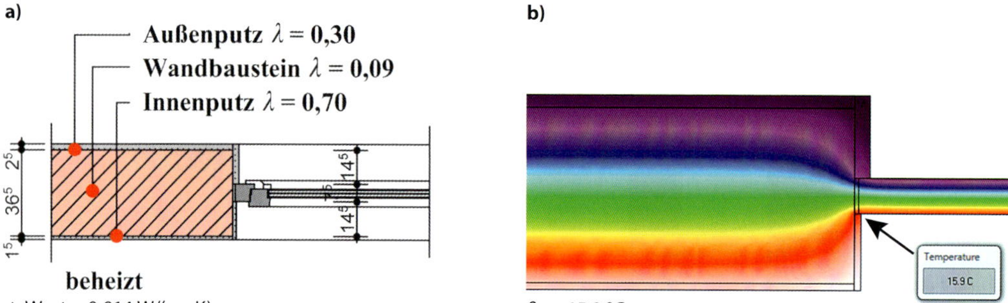

ψ-Wert = 0,014 W/(m · K)

θ_{si} = 15,9 °C
f_{Rsi} = (15,9 – (–5)) : (20 – (–5))
f_{Rsi} = 0,836 (vgl. Formel 1.4)

Abb. 4.15: Detail ohne Dämmung der Fensterlaibung; a) Zeichnung, b) Berechnung mit Isothermen-Programm Therm; λ-Werte in W/(m · K)

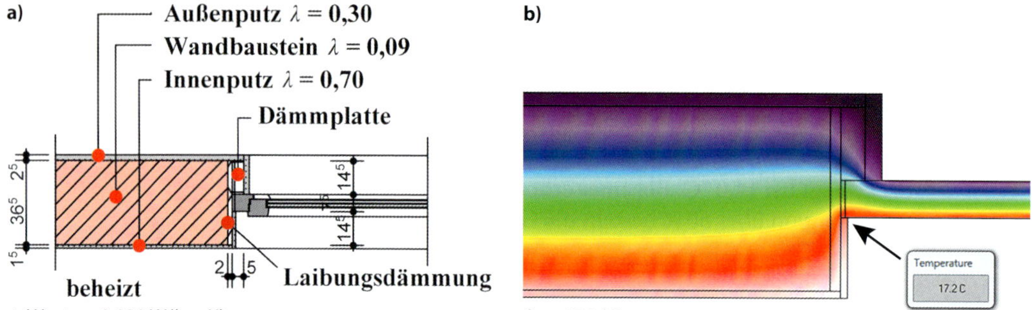

ψ-Wert = –0,029 W/(m · K)

θ_{si} = 17,2 °C
f_{Rsi} = (17,2 – (–5)) : (20 – (–5))
f_{Rsi} = 0,888 (vgl. Formel 1.4)

Abb. 4.16: Detail mit Dämmung der Fensterlaibung; a) Zeichnung, b) Berechnung mit Isothermen-Programm Therm; λ-Werte in W/(m · K)

> **Hinweis:** Die ψ-Werte der Fensteranschlüsse wurden mit einem Holzbrett als Ersatzmodell berechnet. Die dafür notwendige Korrektur der ψ-Werte und der Oberflächentemperatur nach DIN 4108 Beiblatt 2 wurde hier nicht berücksichtigt (vgl. auch Kapitel 6.4.1 und Kapitel 7.4).

Die Fensteranschlüsse bilden die längste Wärmebrücke an einem Wohngebäude. Die Wärmeverluste über diese Anschlüsse haben somit einen großen Einfluss auf die Energiebilanz. Eine sorgfältige Ausbildung der Fensteranschlüsse kann hier unnötige Wärmeverluste vermeiden. Durch das Anbringen einer Wärmedämmung in der Fensterlaibung und das Überdämmen des Fensterstocks kann der ψ-Wert von 0,014 auf –0,029 W/(m · K) gesenkt werden (vgl. Abb. 4.15 und 4.16).

Fensterlaibung im Mauerwerk mit Wärmedämm-Verbundsystem

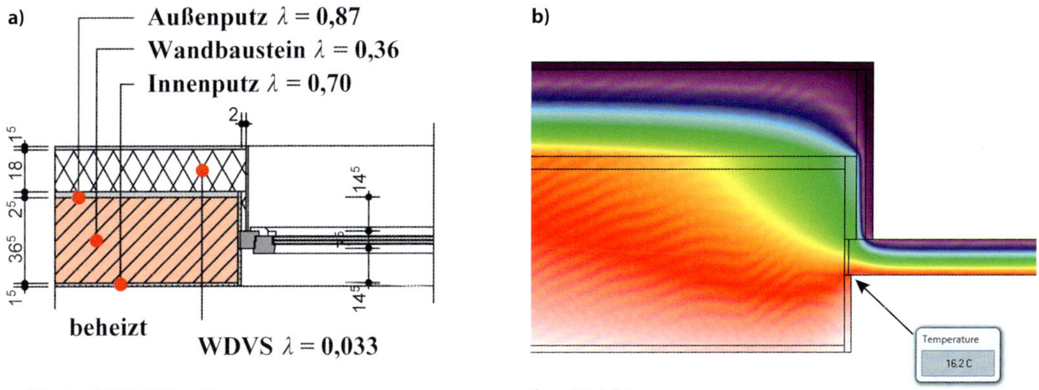

ψ-Wert = 0,093 W/(m · K)

θ_{si} = 16,2 °C
f_{Rsi} = (16,2 – (–5)) : (20 – (–5))
f_{Rsi} = 0,848 (vgl. Formel 1.4)

Abb. 4.17: Fenster in der Laibung; a) Zeichnung, b) Berechnung mit Isothermen-Programm Therm; λ-Werte in W/(m · K)

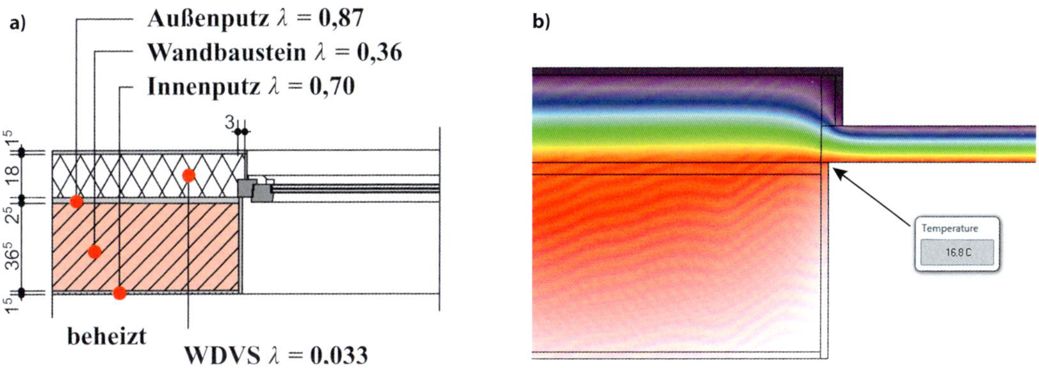

ψ-Wert = 0,000 W/(m · K)

θ_{si} = 16,8 °C
f_{Rsi} = (16,8 – (–5)) : (20 – (–5))
f_{Rsi} = 0,872 (vgl. Formel 1.4)

Abb. 4.18: Fenster in der Dämmebene; a) Zeichnung, b) Berechnung mit Isothermen-Programm Therm; λ-Werte in W/(m · K)

Wenn bei einer nachträglichen Dämmung einer Wand die Fenster ausgetauscht werden, stellt sich die Frage, ob diese an gleicher Stelle wieder eingebaut oder nach außen verschoben werden sollen. Die Entscheidung hängt u. a. auch davon ab, ob ein Rollladenkasten vorhanden ist und ob dieser bleiben soll oder „stillgelegt" werden kann. Wenn möglich sollte das Fenster immer in die Dämmebene verlegt werden, da so die zusätzlichen Wärmeverluste über den Fensteranschluss minimiert werden können (vgl. Abb. 4.17 und 4.18). Bei Neubauten sollte das Fenster nach Möglichkeit immer in die Dämmebene verschoben werden, wenn ein Wärmedämm-Verbundsystem (WDVS) vorhanden ist.

Fensterlaibung im Mauerwerk eines Bestandsgebäudes ohne Wärmedämm-Verbundsystem

a)

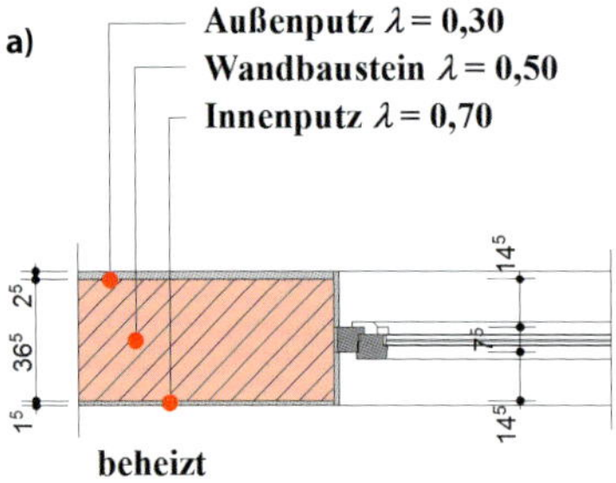

ψ-Wert = 0,071 W/(m · K)

b)

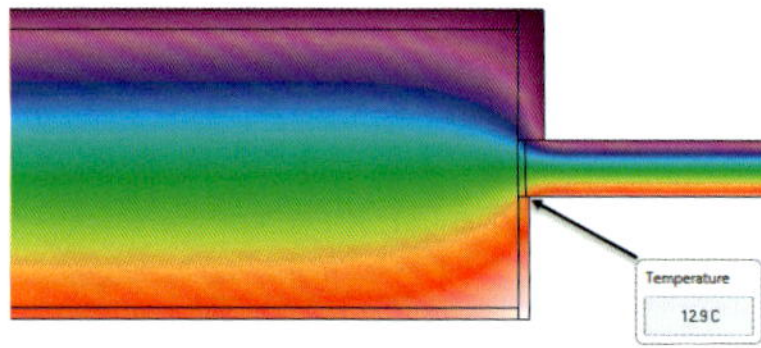

θ_{si} = 12,9 °C
f_{Rsi} = (12,9 – (–5)) : (20 – (–5))
f_{Rsi} = 0,716 (vgl. Formel 1.4)

Abb. 4.19: Fenster in der Laibung ohne Laibungsdämmung; a) Zeichnung, b) Berechnung mit Isothermen-Programm Therm; λ-Werte in W/(m · K)

a)

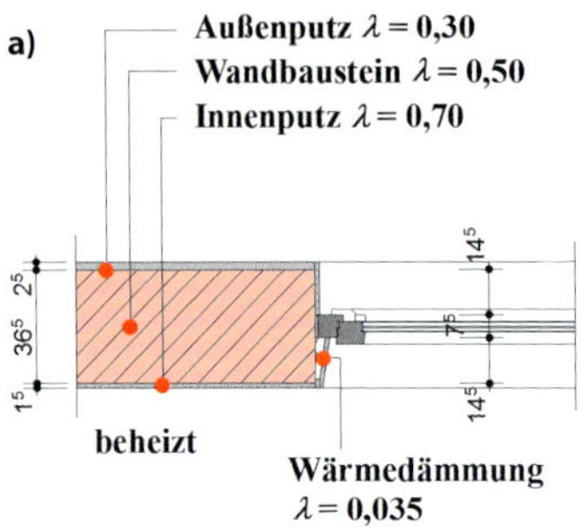

ψ-Wert = 0,020 W/(m · K)

b)

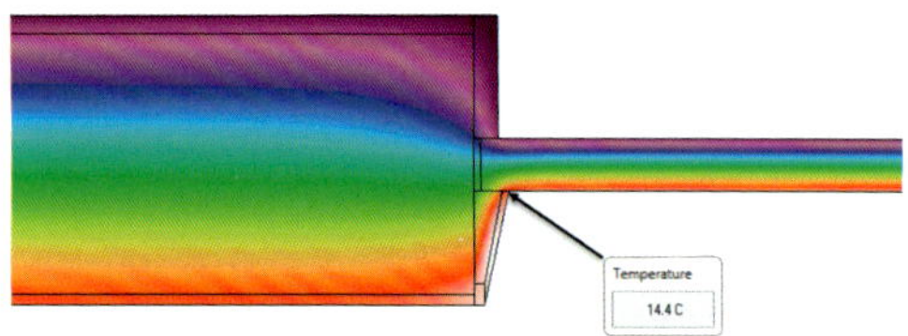

θ_{si} = 14,4 °C
f_{Rsi} = (14,4 – (–5)) : (20 – (–5))
f_{Rsi} = 0,78 (vgl. Formel 1.4)

Abb. 4.20: Fenster in der Laibung mit innen liegendem Dämmkeil an der Laibung; a) Zeichnung, b) Berechnung mit Isothermen-Programm Therm; λ-Werte in W/(m · K)

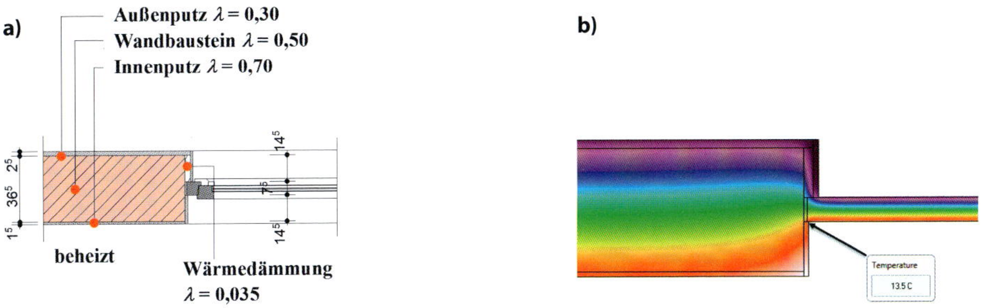

ψ-Wert = 0,033 W/(m · K)

θ_{si} = 13,5 °C
f_{Rsi} = (13,5 – (–5)) : (20 – (–5))
f_{Rsi} = 0,74 (vgl. Formel 1.4)

Abb. 4.21: Fenster in der Laibung mit außen liegender Dämmung an der Laibung; a) Zeichnung, b) Berechnung mit Isothermen-Programm Therm; λ-Werte in W/(m · K)

Wenn bei einem Bestandsgebäude nur die Fenster ausgetauscht werden, kann die Fensterlaibung zum Problempunkt werden. Neue Fenster müssen winddicht eingebaut werden. Die Oberflächentemperaturen an der inneren Fensterlaibung liegen aufgrund der vorhandenen Wärmebrücke oft in Bereichen von unter 12,6 °C. Solange die Fenster noch undicht waren, wurde anfallende Feuchte durch Luftzirkulation abtransportiert; sind nun nach Einbau der neuen Fenster die Anschlüsse dicht, wird anfallende Feuchte nicht mehr abtransportiert, was zur Schimmelpilzbildung führen kann. In Abb. 4.19 ist erkennbar, dass die Oberflächentemperatur im Anschlussbereich bei 12,9 °C liegt, also knapp über dem Bereich der Schimmelgefahr von 12,6 °C (vgl. Kapitel 1.2.2).

Durch das Dämmen der Fensterlaibung innen (Abb. 4.20) oder außen (Abb. 4.21) kann diese Gefahr vermindert werden. Wird an der inneren Fensterlaibung eine Dämmung angebracht, so steigt die Temperatur an der Laibungskante von 12,9 °C (Abb. 4.19) auf 14,4 °C (Abb. 4.20); wird hingegen an der äußeren Fensterlaibung eine Dämmung aufgebracht, steigt die Temperatur nur auf 13,5 °C (Abb. 4.21). Auch der ψ-Wert ist bei der Variante mit der Wärmdämmung an der inneren Laibungskante mit 0,020 W/(m · K) am niedrigsten (vgl. Abb. 4.20).

5 Thermografie – typische Wärmebrücken im Bestand

5.1 Erkennen von Wärmebrücken mittels Thermokamera

5.1.1 Thermografische Grundlagen

Abb. 5.1: Beispiel Fassade

Die Thermografie ist ein bildgebendes Verfahren zur berührungslosen Messung und Darstellung der Verteilung von Oberflächentemperaturen (vgl. beispielhaft Abb. 5.1). Sie basiert auf der physikalischen Tatsache, dass alle Stoffe und Gegenstände elektromagnetische Strahlen aussenden, sobald sie eine Temperatur über dem absoluten Nullpunkt (= –273,15 °C oder 0 K) aufweisen.

Hierbei wird zwischen qualitativer und quantitativer Thermografie unterschieden:

- Als qualitative Thermografie wird die Messung und Darstellung der Temperaturverteilung bezeichnet, d. h. der Temperaturunterschiede auf Oberflächen. Die thermische Auflösung moderner Infrarotkameras (IR-Kameras) liegt heute bei ca. 0,03 °C; es sind also sehr fein aufgelöste und genaue Temperaturabstufungen erkennbar. Für die Erkennung von Wärmebrücken ist dieses Verfahren sehr gut geeignet, wobei noch zu unterscheiden ist zwischen Außen- und Innenthermografie (vgl. dazu Abb. 5.2).
- Als quantitative Thermografie wird die Messung von Absoluttemperaturen bezeichnet. Dieses Verfahren ist in hohem Maße von den Umgebungsparametern, der Güte und Auflösung der eingesetzten Thermokamera sowie dem Ausbildungs- und fachlichen Niveau des Thermografen abhängig; es wird im Allgemeinen für die Wärmebrückenerkennung nicht angewendet.

Für die Erkennung von Wärmebrücken in der thermischen Hülle sind die Absoluttemperaturen von untergeordneter Bedeutung, weswegen hier in der Regel die qualitative Thermografie zum Einsatz kommt. Anhand der die Messung beeinflussenden Umgebungsbedingungen wird deutlich, dass die Randparameter bei der Außenthermografie einen wesentlich größeren Einfluss auf das Messergebnis haben als bei der Innenthermografie. Eine Wärmebrücke ist aus diesen Gründen von innen wesentlich leichter und genauer zu erkennen und zu messen als von außen.

Abb. 5.2: Vergleich der innen- und außenseitigen Temperaturunterschiede von Wärmebrücken

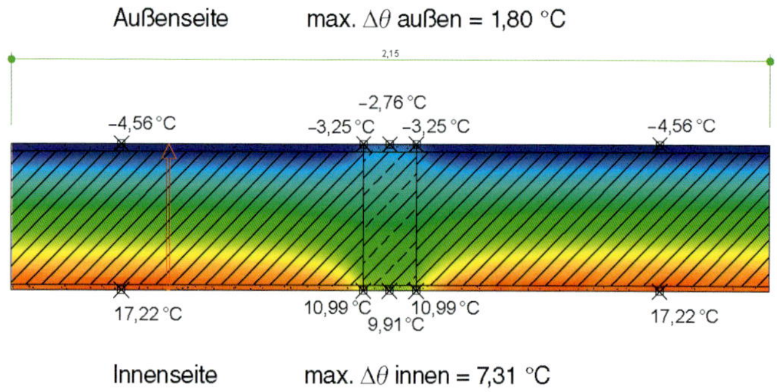

Das in Abb. 5.2 dargestellte Beispiel zeigt eine beidseitig verputzte und 36,5 cm starke Ziegelwand mit λ = 0,19 W/(m · K), die von einer Betonstütze mit λ = 2,30 W/(m · K) unterbrochen wird. Außenseitig ist diese Wärmebrücke durch einen Temperaturunterschied $\Delta\theta$ von 1,80 °C festzustellen. Innenseitig hingegen wird $\Delta\theta$ mit 7,31 °C zwischen ungestörtem und gestörtem Bereich gemessen. Die Temperaturdifferenz ist dabei innenseitig um ein Mehrfaches größer als außenseitig. Dies ist einer der Gründe, warum die Suche nach Wärmebrücken mit der Thermokamera in der Regel innenseitig die besseren und die genaueren Resultate liefert.

Dennoch wird außerhalb der Fachwelt im Allgemeinen unter dem Begriff Bauthermografie die reine Außenthermografie verstanden, was auch auf die eindrücklichen und massenhaft erstellten bunten Bilder von Fassaden zurückzuführen ist. Um hier eine Unterscheidung zwischen solchen Bildern, die von ausgebildeten Thermografen gerne „Thermo-Visionen" genannt werden, und der seriösen Gebäudethermografie nach DIN EN 13187 treffen zu können, werden im folgenden Kapitel die relevanten Grundlagen der Strahlungsphysik sowie der Einfluss der Messungsparameter dargestellt. Deren Kenntnis ist die unabdingbare Grundlage für eine fachgerechte und normkonforme Beurteilung von Thermogrammen.

5.1.2 Strahlungsphysik

Jeder Körper strahlt oberhalb des absoluten Nullpunktes, d. h. bei einer Temperatur über –273,15 °C, elektromagnetische Strahlen aus. Je nach Temperatur haben diese unterschiedliche Wellenlängen. Max Planck konnte nachweisen, dass ein rechnerischer Zusammenhang zwischen dem Strahlungsmaximum und der Wellenlänge bei einer bestimmten Temperatur existiert. Damit wird eine exakte Temperaturbestimmung anhand der gemessenen Strahlungsmenge ermöglicht; auf diese Weise wird auch heute noch in jeder Thermokamera gemessen.

Wenn elektromagnetische Strahlung auf einen Gegenstand trifft, gibt es 3 physikalische Möglichkeiten (vgl. auch Abb. 5.3):

- Reflexion: Die Strahlung kann reflektiert werden (vergleichbar mit einem Spiegel).
- Transmission: Die Strahlung kann hindurchgehen (vergleichbar mit Lichtdurchgang durch Glas).

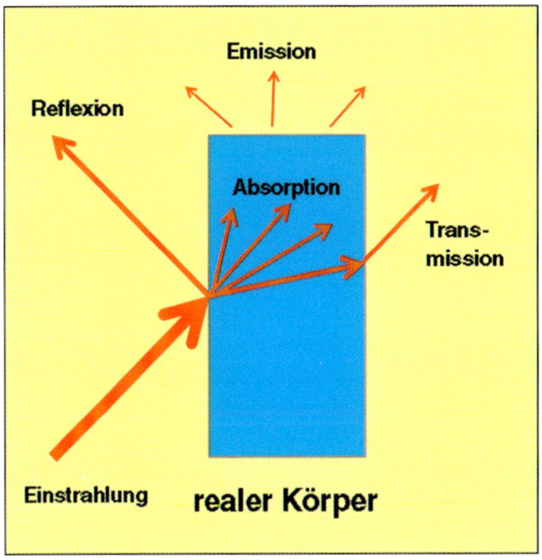

Das Kirchhoffsche Strahlungsgesetz beschreibt den Zusammenhang zwischen Absorption und Emission eines realen Körpers im thermischen Gleichgewicht. Es besagt, dass Strahlungsabsorption und Strahlungsemission einander entsprechen.

Abb. 5.3: Umwandlung von auftreffender Strahlung (Kirchhoffsches Strahlungsgesetz)

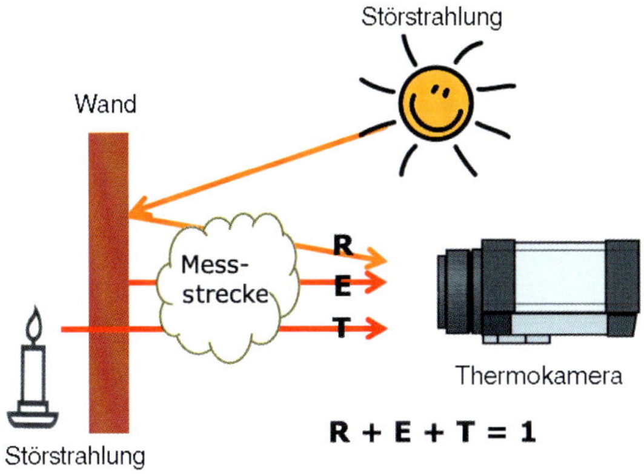

Abb. 5.4: Infrarotmessung (Einstrahlung)

E Emission aus dem Strahlungsanteil, der direkt vom Messobjekt ausgesendet wird (nur dieser Anteil soll eigentlich gemessen werden)

R Reflexion aus dem Strahlungsanteil, der reflektiert wird (kann tagsüber bei Sonnenbestrahlung des Messobjekts die Messung erheblich verfälschen)

T Transmission aus dem Strahlungsanteil, der das Messobjekt von hinten durchdringt (sofern es sich um ein infrarotdurchlässiges Material handelt)

- Absorption: Die Strahlung wird vom Körper ganz oder teilweise in Wärme umgesetzt, der Körper erwärmt sich (wie z. B. das Armaturenbrett eines Autos im Sommer). Da sich der Körper dabei erwärmt, sendet er die gleiche Energiemenge wieder an Strahlung aus, er emittiert sie. Absorption und Emission sind daher gleich groß.

Ein Nachteil der thermografischen Strahlungsmessung ist physikalischer Natur: Der Detektor in der Thermokamera misst die gesamte Strahlungsmenge, die in das Objektiv gelangt; das Gleiche gilt z. B. auch für das Infrarotthermometer, das dieselbe Messmethode verwendet, jedoch im Gegensatz zu den ca. 300.000 Messzellen im Detektor einer hochauflösenden Thermokamera nur mit einer einzigen Messzelle arbeitet. In Abb. 5.4 ist erkennbar, dass sich die gemessene Strahlung aus mehreren Komponenten zusammensetzt.

Zusätzlich hat auch die Messstrecke einen Strahlungseinfluss, und zwar über die Emission von Luft, von Nebel, von Regentropfen, von Schnee, von Staub usw. Diese Einflüsse sind jedoch nur bei größeren Messstreckenlängen relevant und können bei den für die Bauthermografie üblichen Messentfernungen bis ca. 20 m vernachlässigt werden.

Tabelle 5.1: Einfluss falscher ε-Einstellungen am Beispiel der thermografischen Messung eines Leuchtstoffröhrengehäuses (vgl. Abb. 5.5)

Emissions-faktor ε	**angezeigte Temperatur** θ_{mess} **(°C)**	**reflektierte Temperatur** θ_{ref} **(°C)**	**Abweichung (%)**
1,00	33,3	20,0	0,0
0,95	33,9	20,0	1,8
0,90	34,7	20,0	4,2
0,85	35,5	20,0	6,6
0,80	36,4	20,0	9,3
0,50	45,0	20,0	35,1
0,25	65,3	20,0	96,1

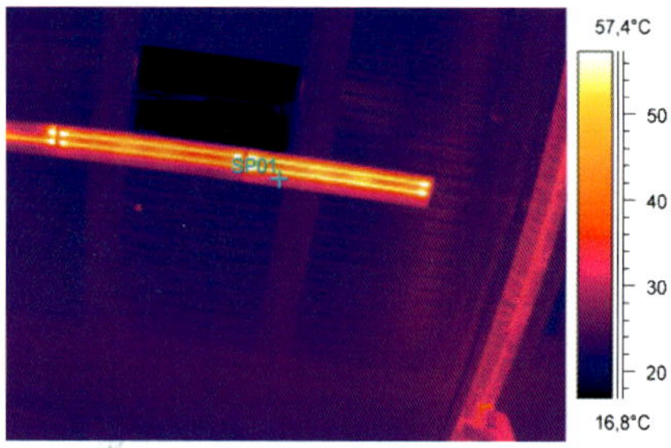

Abb. 5.5: Thermografische Messung eines Leuchtstoffröhrengehäuses

Der Einfluss der Atmosphäre auf der Messstrecke kann im Allgemeinen bei der Bauthermografie vernachlässigt werden, solange die Messstrecke nicht deutlich über 20 m beträgt und weder Nebel noch Schnee oder Regen die Messung beeinflussen. Da der überwiegende Anteil der am Bau verwendeten Materialien nicht infrarottransparent ist, kann der Transmissionsanteil in der Regel ebenfalls vernachlässigt werden.

Von großem Einfluss sind jedoch die reflektierten Strahlungsanteile im Außenbereich (Sonne = +5.800 K; klarer Nachthimmel = –200 K). Hier müssen sowohl der Emissionsgrad der Messoberfläche als auch die reflektierte Strahlungsmenge genauestens festgestellt werden, um Fehlmessungen zu vermeiden.

Tabelle 5.1 zeigt beispielhaft den erheblichen Einfluss des Emissionsfaktors ε auf das Messergebnis; hier wurde das Gehäuse einer Leuchtstoffröhre thermografisch gemessen (vgl. Abb. 5.5). Die Temperatur des Lampengehäuses betrug ca. 33 °C. Wurde der Emissionsfaktor bis auf 25 % verkleinert, erhöhte sich die Abweichung des Messwerts auf bis zu 96,1 % gegenüber dem tatsächlichen Wert.

Die Präzision einer Messung hängt somit direkt von der Genauigkeit der ermittelten Umweltparameter, der Objektparameter und der Kameraparameter ab. Nur wenn sie alle fachgerecht ermittelt und im Messsystem berücksichtigt werden, kann eine korrekte Messung erfolgen.

Da bei der Innenthermografie die meisten Parameter wie vorerwähnt nur einen sehr geringen Einfluss auf das Messergebnis haben, sind die Ergebnisse von Innenthermografien deutlich aussagekräftiger als diejenigen von Außenthermografien.

5.1.3 Mögliche Fehlerquellen in der Bauthermografie

Die im Folgenden beschriebenen Fehlerquellen können ein verwertbares Ergebnis verhindern.

Emissionsfaktor ε

Wie in Kapitel 5.1.2 erwähnt muss bei Außenthermografie der Emissionsfaktor sehr genau bestimmt werden, um Fehlmessungen zu vermeiden. Spiegelnde und polierte Oberflächen weisen im Allgemeinen einen so hohen Reflexionsfaktor auf, dass sie nicht oder nur unter extrem erschwerten Bedingungen thermografiert werden können. Dazu gehören alle glänzenden oder polierten Metallflächen, Glas, Emaille, glasierte Fliesen usw. Hier kann in der Regel kein verwertbares Ergebnis erzielt werden. Metalle sind nur thermografierbar, wenn sie stark angewittert oder beschichtet sind. Diese Bedingungen lassen sich nicht verallgemeinern und müssen vor Ort überprüft werden.

Betrachtungswinkel

Wie Abb. 5.6 zu entnehmen ist, sollte die zu messende Oberfläche möglichst senkrecht gemessen werden, wobei sich Nichtmetalle und Metalle unterschiedlich verhalten: Anders als bei Nichtmetallen erhöht sich bei Metallen mit der Abweichung von 90° Betrachtungswinkel der Emissionsgrad. Es ist also prinzipiell davon abzuraten, 2 Gebäudeseiten „45° übereck" zu messen, da dann für jede der beiden Wände der zulässige Messwinkel unterschritten wird.

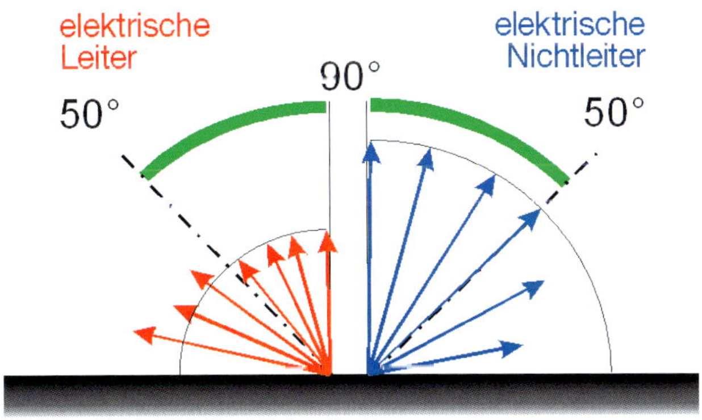

Abb. 5.6: Einfluss des Betrachtungswinkels auf den Emissionsfaktor

Hinterlüftete Bauteile

Diese Konstruktionen weisen in der Regel eine Traglattung o. Ä. auf, zwischen der die Außenluft zirkulieren kann, um Feuchtigkeit abzuführen (z. B. hinterlüftete Fassadenverkleidungen, Dachziegel, zweischaliges Mauerwerk mit Hinterlüftung). Hier haben Vorder- und Rückseite des sichtbaren Außenbauteils meistens die gleiche Temperatur. Wärmebrücken sind hier in der Regel nicht zu erkennen.

Falsche Kameraauflösung

Einfache Thermokameras haben nur eine geometrische Auflösung von 120 mal 80 Pixeln. Wenn hiermit ein ganzes Gebäude auf dem Thermogramm erfasst werden soll und daher ein Objektabstand von 10 m vorliegt, dann beträgt die Breite eines einzelnen Messpixels (= kleinste messbare Größe) 18 cm. Daher kann mit einem solchen Detektor kein Messobjekt in einer Breite von 2 cm (z. B. eine Fensterfuge) thermografisch erfasst werden. Die Messaufgabe kann also mit dieser Ausrüstung nicht erfüllt werden, obwohl im Kameradisplay eine „hübsche“ farbige Linie angezeigt wird. Dies hängt damit zusammen, dass die Kameradisplays immer eine wesentlich höhere Auflösung haben als die eingesetzten Detektoren. Der Signalprozessor in der Auswertungselektronik „erfindet“ diese zarte farbige Linie und interpretiert sie in die Falschfarbendarstellung hinein. Abb. 5.7 zeigt, dass dem sog. IFOV (= kleinste messbare Einheit im Verhältnis zum Objektabstand) eine große Bedeutung bei der Eignungsprüfung einer Thermokamera für eine bestimmte Messaufgabe zukommt.

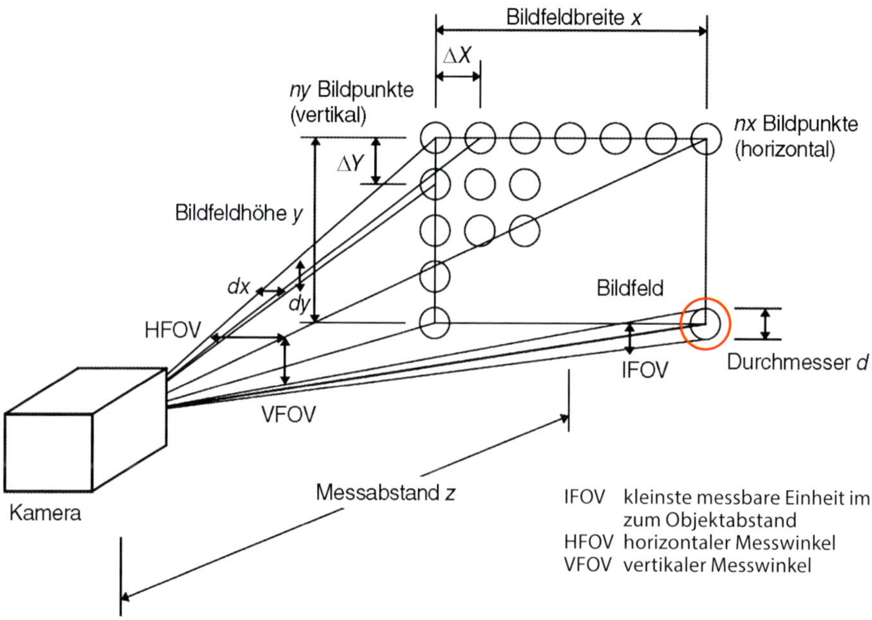

IFOV kleinste messbare Einheit im Verhältnis zum Objektabstand
HFOV horizontaler Messwinkel
VFOV vertikaler Messwinkel

Abb. 5.7: Kleinste messbare Größe in Abhängigkeit von der Messentfernung (Quelle: Mit freundlicher Unterstützung der InfraTec GmbH, www.InfraTec.de)

Formel 5.1 stellt die Berechnungsformel zur Bestimmung der Messfleckgröße dar:

$$X_{real} = z \cdot f_{optik} \cdot \varphi_{IFOV} \quad \text{in mm} \tag{5.1}$$

mit
X_{real} reale Messfleckgröße in mm
z Messabstand in m
f_{optik} Optikfaktor (= 5 bei einfach-/mittelauflösenden Kameras)
φ_{IFOV} Bildfeldwinkel für 1 Pixel in mrad

Beispiel

Für eine niedrigauflösende Thermokamera mit 120 Pixeln horizontal (= 3,5 mrad) errechnet sich bei einem Objektabstand von 10 m die kleinste messbare Messfleckgröße mit 17,5 cm.

Bei hochwertigen Thermosystemen können wesentlich feinere Details thermografiert werden: Für eine hochauflösende Thermokamera mit einer Auflösung von 640 mal 480 Pixeln, einer Brennweite von 37,64 mm und einem Bildwinkel (Messwinkel) von 23,9° errechnet sich bei einem Bildfeldwinkel φ_{IFOV} von 0,66 mrad nach Formel 5.1 die kleinste Messfleckgröße wie folgt (optischer Faktor von hochwertigeren Systemen = 3).

$$X_{real} = 10 \text{ m} \cdot 3 \cdot 0{,}66 \text{ mrad} = 1{,}98 \text{ cm}$$

Im Ergebnis bleibt festzuhalten, dass die hochwertige Kamera bei einem Messabstand von 10 m mit einer kleinsten Messfleckgröße von 1,98 cm ein um den Faktor 8,83 genaueres Ergebnis liefert als die einfache Kamera mit einer kleinsten Messfleckgröße von 17,5 cm.

5.2 Erkennen von Wärmebrücken mithilfe der Thermografie und Blower Door

Wärmebrücken lassen sich in 2 Gruppen unterteilen, die sich auf ihre Entstehung beziehen:

- statische Wärmebrücken,
- dynamische Wärmebrücken.

Eine **statische Wärmebrücke** liegt immer dann vor, wenn allein die vorhandene Bausubstanz, das verwendete Material und/oder die Baukonstruktion einen lokal erhöhten Wärmestrom erzeugen, ohne dass hierbei der Transport von Luft mit im Spiel ist. Statische Wärmebrücken sind weder vom thermischen Auftrieb noch vom Wind abhängig. Sie verursachen einen erhöhten Energiebedarf und/oder Schimmelbildung an der Oberfläche. Diese Schimmelbildung ist in der Regel sichtbar und kann umgehend beseitigt werden.

Sobald jedoch warme Raumluft von innen nach außen transportiert wird – sei es durch Wind oder thermischen Auftrieb – handelt es sich um einen konvektiven Vorgang und somit um eine **dynamische Wärmebrücke,** die nur aufgrund der Erwärmung der Materialflanken entlang des Transportwegs der Luft durch ein Bauteil entsteht. Hierzu müssen größere Luftmengen transportiert werden und es dauert einige Zeit, bis die Flankenerwärmung durch eine Thermokamera sichtbar wird.

Abb. 5.8: Blower Door; im Rohbau zur Prüfung eingebaut

Abb. 5.9: Blower Door; Multifananlage für Gewerbeobjekte

Dynamische Wärmebrücken verursachen ebenfalls erhöhte Energieverluste. Sie sind jedoch noch weitaus gefährlicher, da es durch Kondensation des in der transportierten Luftmenge enthaltenen Wasserdampfes in der Konstruktion selbst (in der Regel in der Dämmebene, daher nicht von außen sichtbar) zu massiven Bauteilschädigungen kommen kann – bis hin zur Substanzzerstörung tragender Konstruktionsteile. Ihre Vermeidung hat daher speziell in hochwärmegedämmten Gebäuden hohe Priorität.

Um dynamische Wärmebrücken zu thermografieren, muss kalte Luft zur Veranlassung der Flankenkühlung bewegt werden. Hierzu wird in der thermischen Hülle – bevorzugt in der Haustür – ein luftdichter Rahmen befestigt, in dem ein drehzahlgeregelter Ventilator montiert ist. Diese Messeinrichtung wird Blower Door genannt, das Messverfahren heißt Blower-Door-Test. Abb. 5.8 zeigt eine im Rohbau eingebaute Blower Door. Mit dem Ventilator wird im zu untersuchenden Gebäude ein Unterdruck von 50 Pa erzeugt, was einer Wassersäule von 5 mm entspricht. Durch alle in der luftdichten Hülle vorhandenen Lecks wie Folienrisse, Löcher, undicht geklebte Anschlüsse oder versehentlich offen gelassene Durchdringungen usw. strömt kalte Luft von außen ins Gebäude nach. Bereits nach wenigen Minuten ist die Flankenkühlung mit der Thermokamera messbar. Bei längerer Einwirkung können meist sogar die kompletten Luftwege verfolgt werden.

Randbedingungen für dieses Verfahren:

- geringe Windgeschwindigkeit (< 6 m/s), da sonst der Prüfdruck vom Winddruck „überblasen“ wird
- Temperaturunterschied zwischen innen und außen (> 5 °C)
- Fertigstellung des gesamten Innenputzes, da dieser die luftdichte Ebene der Ziegelwände darstellt

Für größere Gebäude (speziell Nichtwohngebäude) werden Kombinationen von mehreren Geräten eingesetzt (vgl. Abb. 5.9).

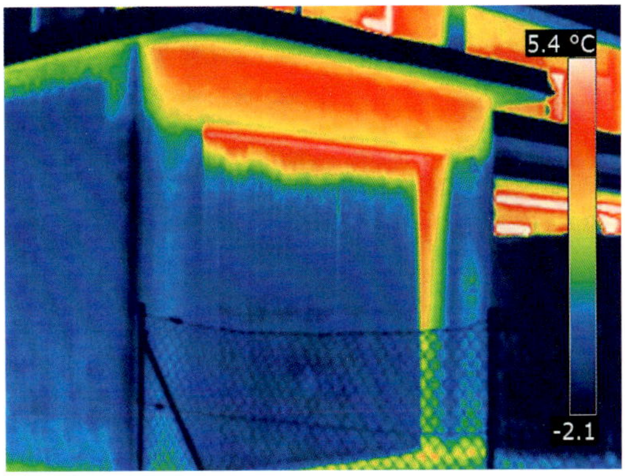

Abb. 5.10: Restwärme im Sturzbereich einer Garage

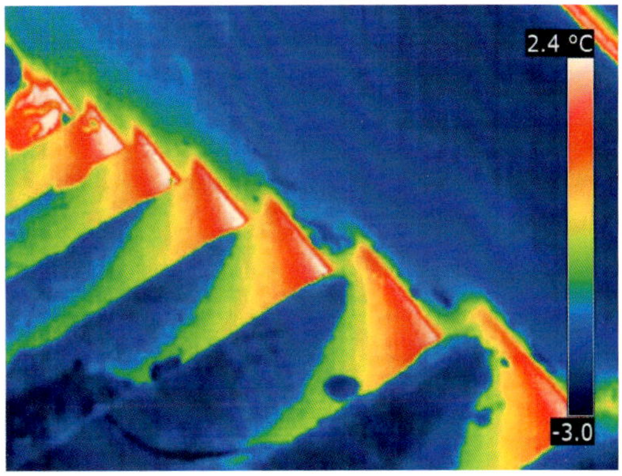

Abb. 5.11: Wärmeübertragung durch anbetonierte Kellertreppe

5.3 Beispiele von Wärmebrücken

5.3.1 Statische Wärmebrücken (Außenthermografie)

Die folgenden Beispiele stehen exemplarisch für den Typ der statischen Wärmebrücke. Die Thermogramme sind jeweils im Detail erläutert.

Garagen

Garagen werden in der Regel nicht beheizt. Daher ist ein thermografisches Ergebnis wie in Abb. 5.10 dokumentiert mit Vorsicht zu betrachten: Eine genauere Prüfung des Messzeitpunktes ergab, dass abends thermografiert wurde. Es handelt sich daher bei der thermischen Anomalie im Sturz- und oberen Torblattbereich nicht um eine Wärmebrücke, sondern um Restwärme aus der Besonnung tagsüber, die im Lauf der Nacht wieder abkühlt.

Wichtig ist deshalb Folgendes: Es sollte nie am Abend, sondern im Verlauf des Morgens unmittelbar vor Sonnenaufgang thermografiert werden.

Kellerabgang

Trotz Wärmedämmung der Fassade sind die Kellerstufen thermisch auffällig (vgl. Abb. 5.11). Hier wurden die Stufen bei der Kellertreppenherstellung direkt an die Kelleraußenwand anbetoniert. Bei der Außenwanddämmung wurden die Stufen nicht thermisch vom Gebäude abgetrennt, sondern die Außendämmung wurde auf die Stufen aufgesetzt. Wird der Keller genutzt und beheizt, kann auf der Innenseite Kondenswasser und damit Schimmelpilz entstehen.

Balkonplatte

Die mit der Stahlbetondecke gemeinsam betonierte Balkonkragplatte stellt eine erhebliche Wärmebrücke dar (vgl. Abb. 5.12 [linker Abbildungsteil]). Als Konsequenz kann neben dem erhöhten Energieverlust auch die Bildung von Schimmelpilz im Schnitt Decke/Außenwand auftreten. Die konsequenteste Sanierung besteht im Abschneiden des Balkons und in der Neuerrichtung eines thermisch vom Haus getrennten Balkonsystems (in der Regel auf Stützen aufgesetzt).

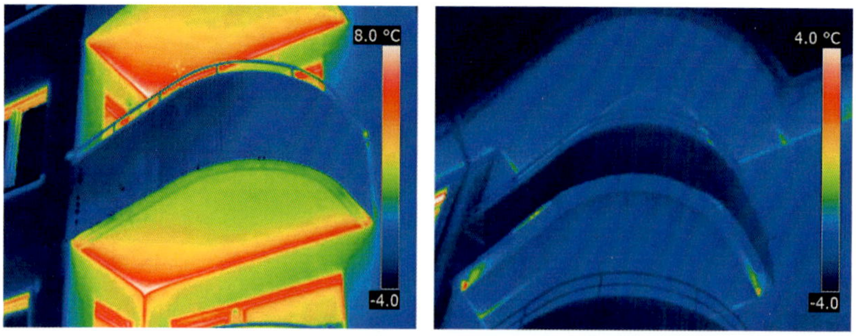

Abb. 5.12: Balkon; links ungedämmt, rechts nachträglich gedämmt

Abb. 5.13: Energieverluste; links der ältere Bau, rechts der neuere Anbau

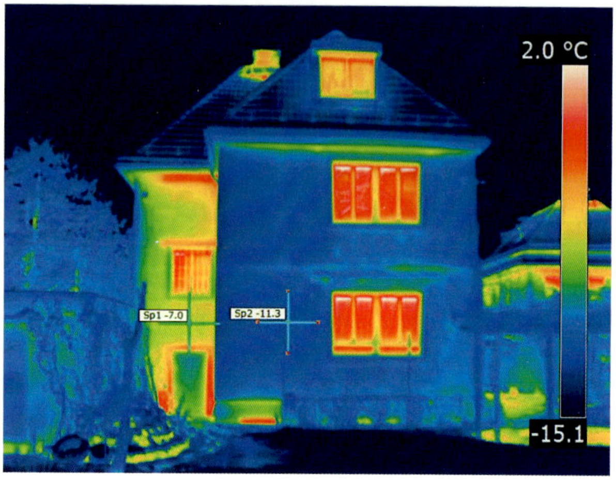

Eine weniger aufwendige Maßnahme ist das „Einpacken" der Balkonplatte, d. h., im Rahmen der Fassadendämmung wird die Balkonplatte mitgedämmt; hier muss auf die Begehbarkeit der oberen Dämmung geachtet werden (vgl. Abb. 5.12 [rechter Abbildungsteil]).

Gebäudealter

Mit der Fortschreibung der energetischen Standards für Neubauten haben sich die Energieverluste kontinuierlich verringert. Das Thermogramm in Abb. 5.13 zeigt 2 Gebäude mit unterschiedlichem Baualter, die stark unterschiedliche Energieverluste aufweisen.

Glasthermografie

Aufgrund der gerichteten Reflexion gelingt die thermografische Messung von Verglasungen nur in den seltensten Fällen. In Abb. 5.14 spiegeln sich in der Gebäudeverglasung die Gebäude, der Himmel und die Bäume hinter dem Thermografen. Eine einheitliche Temperaturangabe für die Glasoberfläche aus dem thermischen Falschfarbenbild kann nicht ermittelt werden.

Metallthermografie

Metalloberflächen, die poliert, walzblank oder einfach nur unbeschichtet sind, weisen eine ähnliche Problematik wie Glasflächen auf. Die Bestim-

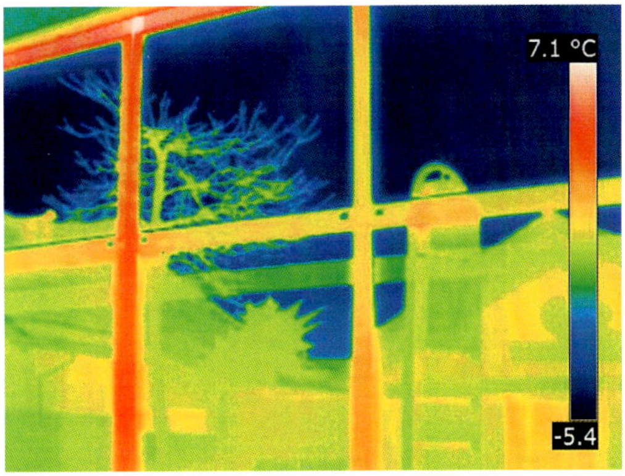

Abb. 5.14: Glas kann wegen der gerichteten Reflexion in der Regel nicht thermografiert werden.

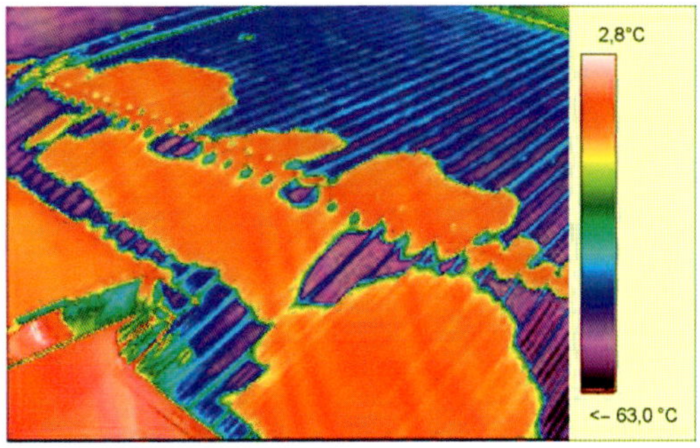

Abb. 5.15: Metalldach mit Teilflächen, die Temperaturen unter –63 °C aufweisen. Hier spiegelt sich die kalte Atmosphäre im Dach. (Quelle: Sönke Krüll Tabarz)

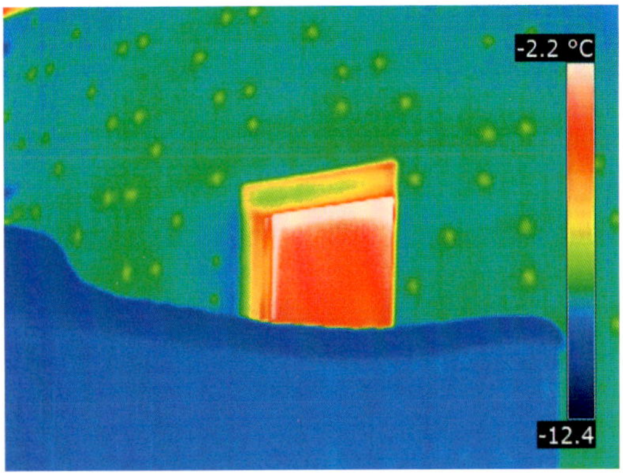

Abb. 5.16: Thermografisches Dübelbild eines Wärmedämm-Verbundsystems (WDVS)

mung des korrekten Emissionsfaktors ist zeitaufwendig und nicht immer möglich (z. B. bei sehr heißen Metalloberflächen oder bei sich drehenden Metallteilen). Die Abb. 5.15 zeigt ein Metalldach, das in Teilbereichen Oberflächentemperaturen von unter –63 °C aufweist. Hierbei kann es sich nur um Reflexionen des kalten Weltalls handeln. Daraus ist zu folgern, dass in sehr kalten Nächten, wenn der Himmel völlig sternenklar ist, nur mit großer Vorsicht gemessen werden kann.

WDVS-Dübelbild

Obwohl heute reine Kunststoffdübel zum Einsatz kommen, kann das Dübelbild mit einer guten Thermokamera unter bestimmten Umständen kontrolliert werden. Natürlich werden dabei auch alle nicht fachgerecht (mit Mörtel/Putz ausgefüllten) Fugen im Dämmsystem sichtbar (vgl. Abb. 5.16).

Dachthermografie

Aufgrund des spitzen Winkels vom Boden aus (vgl. Abb. 5.6) und wegen der Hinterlüftung von Dächern ist eine thermografische Messung von ziegelgedeckten Steildächern in der Regel nicht möglich.

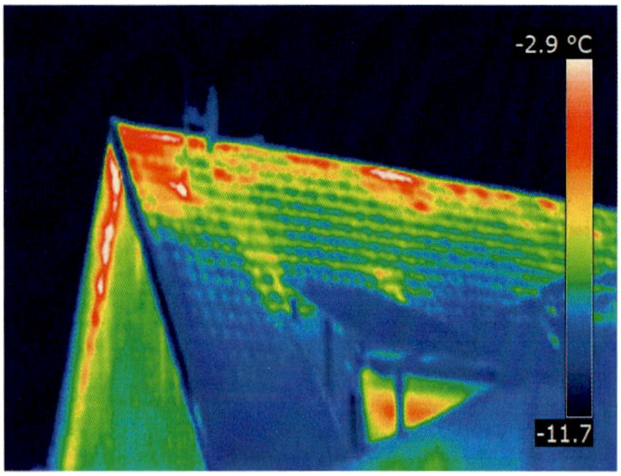

Abb. 5.17: Dachthermografie ist unter bestimmten Umständen partiell möglich. Hier ist ebenfalls am Ortgang eine Energieleckage erkennbar.

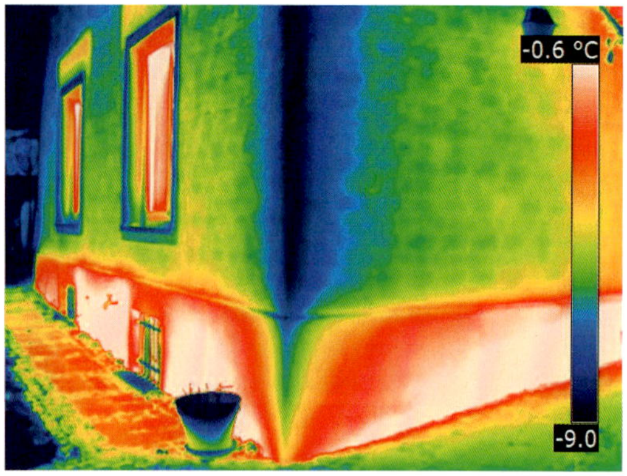

Abb. 5.18: Die geometrische Wärmebrücke Außenecke erscheint außen kälter als die Umgebung. Der betonierte Sockel strahlt erheblich Wärme ab.

Es gibt allerdings Fälle, in denen der Wärmedurchtritt durch die luftdichte Folie, die Dämmung und durch die Gesamtkonstruktion so groß ist, dass im Dachbereich eine deutliche thermische Anomalie entsteht. In diesen Ausnahmefällen (vgl. Abb. 5.17) kann dann im Innenbereich weitergesucht werden.

Außenecke

Jede Außenecke stellt eine geometrische Wärmebrücke dar – auch bei einem gut wärmegedämmten Gebäude. Da die Außenfläche größer als die Innenfläche ist, erscheint die Wärmebrücke auf der Außenseite thermografisch kälter als die Umgebung. Abb. 5.18 zeigt zwar sehr gut eine solche geometrische Wärmebrücke, soll allerdings als Beispiel dafür dienen, wie nicht gearbeitet werden sollte, da sich durch den 45°-Blickwinkel auf die Ecke ein sehr spitzer Messwinkel auf die Außenwände ergibt (vgl. dazu auch Abb. 5.6). Der Messwinkel auf beide Wände ist äußerst ungünstig und sollte vermieden werden, da die gemessenen Wandtemperaturen erheblich von den tatsächlichen Temperaturen abweichen können.

5.3.2 Statische Wärmebrücken (Innenthermografie)

Die folgenden Beispiele stehen exemplarisch für den Typ der statischen Wärmebrücke. Die Thermogramme sind jeweils im Detail erläutert.

Außenecke von innen

Die Abb. 5.19 zeigt die geometrische Wärmebrücke Außenecke von innen thermografiert. Der Temperaturunterschied zum ungestörten Bereich beträgt ca. 8 °C. Aufgrund der niedrigen Oberflächentemperatur in der Ecke könnten Tauwasseranfall und Schimmelpilzbildung möglich sein. Da die Raumtemperatur allerdings deutlich unter 20 °C liegt, müssen die Messdaten auf das Normniveau umgerechnet werden.

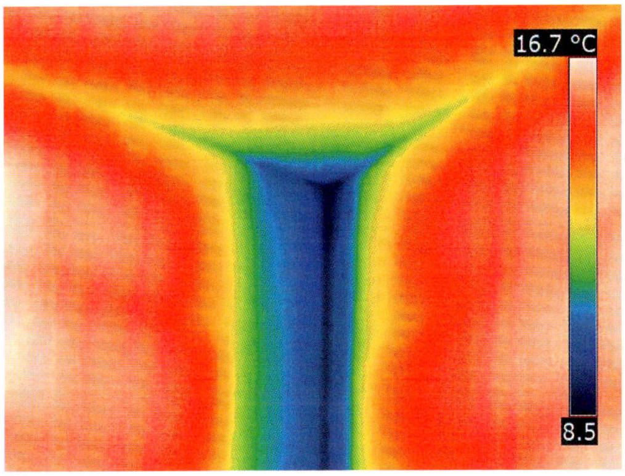

Abb. 5.19: Geometrische Wärmebrücke Außenecke von innen gesehen und gemessen

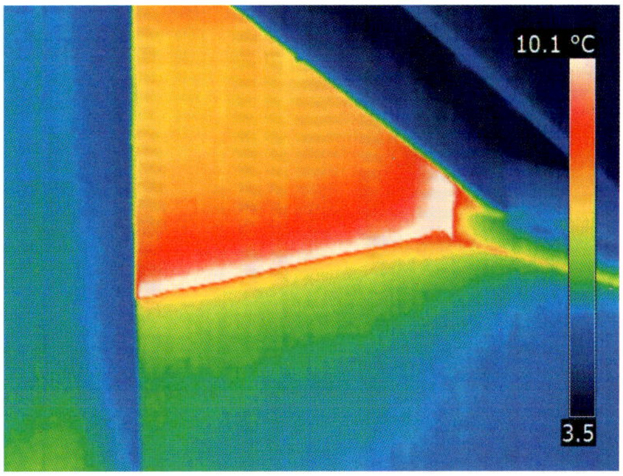

Abb. 5.20: Die ungedämmte Giebelwand auf der gedämmten Geschossdecke wirkt wie eine Kühlrippe.

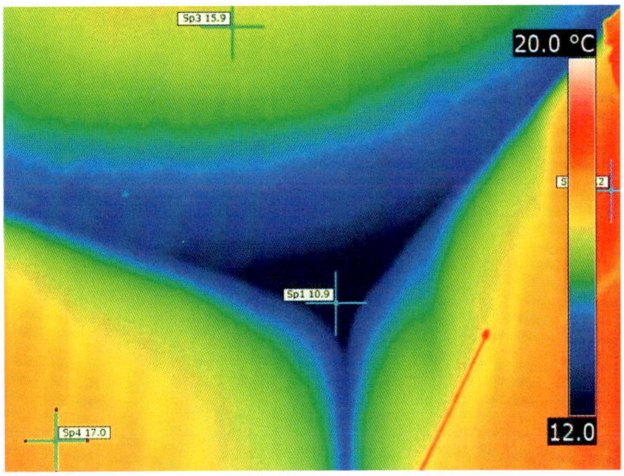

Abb. 5.21: Dreidimensionale Wärmebrücke im Schnitt Außenwand/Außenwand/Decke

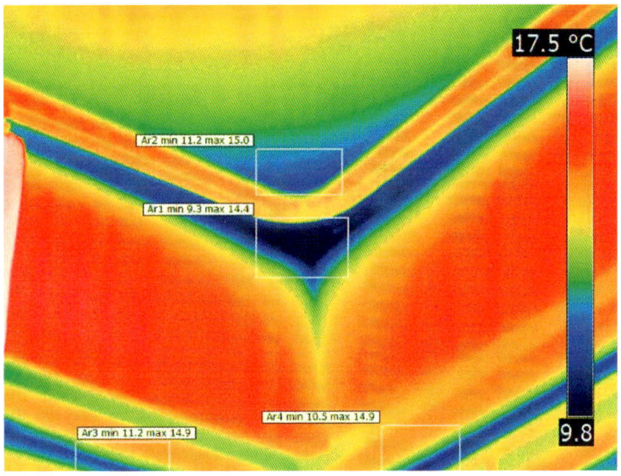

Abb. 5.22: Dreidimensionale Wärmebrücke unter Erkerdach

Giebelwand im nicht ausgebauten Dachgeschoss

Wenn das Dachgeschoss nicht ausgebaut, sondern nur die oberste Geschossdecke wärmegedämmt wird, dann müssen alle auf der Rohdecke stehenden aufsteigenden Bauteile ebenfalls mitgedämmt werden, da diese sonst für die gedämmte Decke wie Kühlrippen wirken, die zu erheblichen Wärmeverlusten führen können (vgl. Abb. 5.20).

Außenecke im Deckenschnitt (dreidimensionale Wärmebrücke)

Trifft die geometrische Wärmebrücke Außenecke auf eine nach außen fast ungedämmt durchlaufende Geschossdecke, so sinken die Oberflächentemperaturen an dieser dreidimensionalen Wärmebrücke ganz erheblich (vgl. Abb. 5.21). Das ist in der Regel der Grund dafür, dass Schimmelpilz zuerst an dieser Stelle entsteht.

Außenecke im Deckenschnitt – Erkerbereich

Abb. 5.22 zeigt ebenfalls eine dreidimensionale Wärmebrücke im Deckenschnitt, jedoch hier unter einem Erkerdach, das nur mäßig gedämmt ist. Zu sehen ist der Schnitt zwischen dem Attikabereich oberhalb der Fenster und dem Flachdach des Erkers.

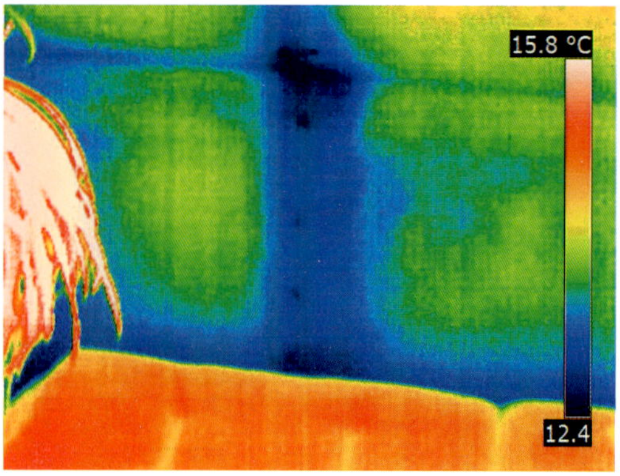

Abb. 5.23: Kniestock mit thermischer Anomalie

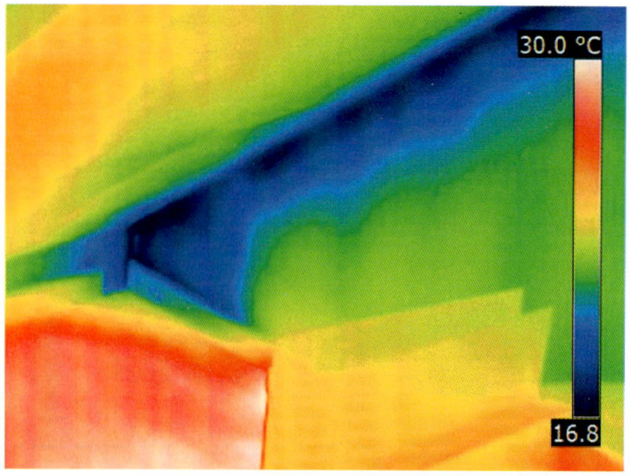

Abb. 5.24: Thermisch auffälliger Ringanker im Giebelbereich

Kniestockdämmung

Die in Abb. 5.23 dargestellte thermische Anomalie kann auf eine schlecht oder gar nicht gedämmte Stahlbetonsäule zurückzuführen sein. Eine bereits durchnässte Wärmedämmung ist ein weiterer Erklärungsansatz. Hier sollte das Bauteil auf jeden Fall geöffnet werden.

Ortgang mit thermischer Anomalie

Ursache der in Abb. 5.24 dargestellten thermischen Anomalie könnte z. B. ein schlecht oder gar nicht gedämmter Ringanker sein.

5.3.3 Dynamische Wärmebrücken (Innenthermografie)

Alle im Folgenden dargestellten dynamischen Wärmebrücken wurden mittels Blower-Door-Verfahren bei 50 Pa Unterdruck gemessen gemäß den Vorgaben der DIN EN ISO 9972 und der Richtlinie „Bauthermografie" (Ausgabe April 2023) des Bundesverbandes für Angewandte Thermografie e. V. (VATH).

Downlight in Gipskartondecke im Dachgeschoss

Der „Klassiker" für dynamische Wärmebrücken im Dachausbau ist das Downlight. Diese Einbauleuchte wird häufig nachträglich in die Gipskartondeckenschräge eingebaut. Hierbei wird oft – sofern keine eigene Installationsebene unterhalb der luftdichten Folie geschaffen wurde – die Folie mit dem Kreisschneider aufgeschnitten. Selbst wenn dies nicht der Fall ist, kann die hohe Temperatur, auf die die Abwärme des Halogenleuchtmittels die Umgebung bringt, die luftdichte Folie einfach wegschmelzen. Passiert dies in einem Bad oder einer Dusche, so sind Schäden kaum zu vermeiden (vgl. Abb. 5.25).

Vermieden werden können solche dynamischen Wärmebrücken vor allem über eine konsequente Planung der luftdichten Ebene mit Schaffung einer eigenen Installationsebene, wie sie in einer Publikation des Fachverbandes Luftdichtheit im Bauwesen e. V. (FLiB) zum Luftdichtheitskonzept dargestellt wird (vgl. FLiB – Luftdichtheitskonzept, 2019, sowie Abb. 5.26).

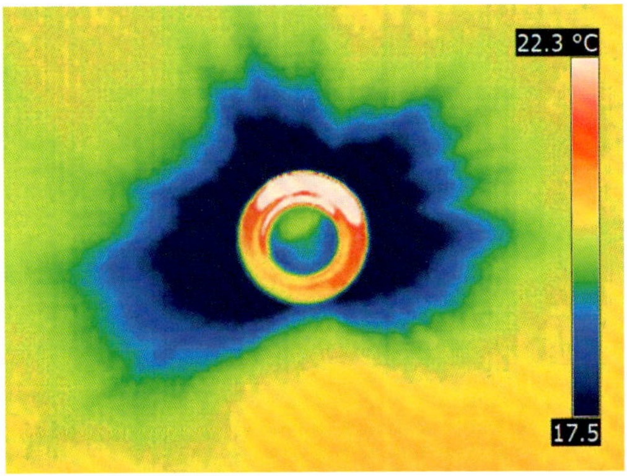

Abb. 5.25: Der Anschluss der luftdichten Ebene an das Downlight fehlt.

Abb. 5.26: Luftdichtheitsplanung; Schaffung einer Installationsebene, Prinzipskizzen für das Grobkonzept (Quelle: FLiB e. V.; www.luftdicht.info)

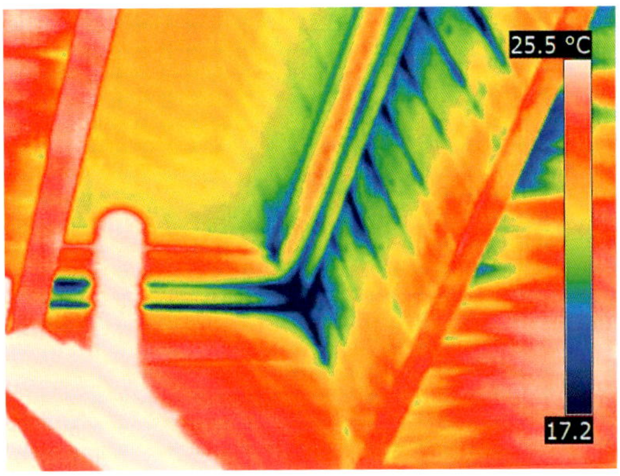

Abb. 5.27: Fehlender oder defekter luftdichter Anschluss der Folie an das Dachflächenfenster

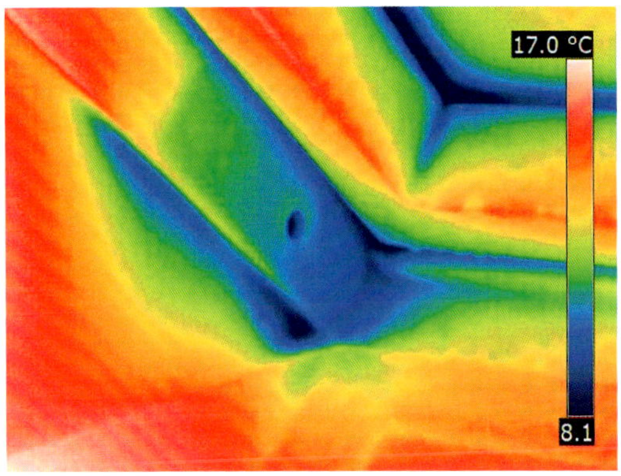

Abb. 5.28: Fehlender oder defekter luftdichter Anschluss der Folie an das Dachflächenfenster; hier auch Leckage aus der Funktionsfuge des Dachflächenfensters sichtbar

Anschluss Dachflächenfenster (DFF)

Die zweithäufigste Ursache für dynamische Wärmebrücken beim Dachgeschossausbau stellen die Anschlüsse der luftdichten Folie an ein Dachflächenfenster (DFF) dar. Bei einer Nut- und Federverkleidung ist dann die Leckage aus allen Nut-Feder-Verbindungen messbar (vgl. Abb. 5.27).

Aber auch DFF-Anschlüsse an Gipskartondeckenverkleidungen weisen oft hohe Undichtheiten bzw. dynamische Wärmebrücken auf (vgl. Abb. 5.28).

Kombination von statischen und dynamischen Wärmebrücken

In dem Veranstaltungssaal sind die dynamischen Wärmebrücken gut zu erkennen (vgl. Abb. 5.29). Das Thermogramm wurde mit 50 Pa Unterdruck erstellt. Im Bereich der Giebelwand ist der treppenartige Verlauf des aufbetonierten Ringankers zu erkennen; hier zeigt sich eine statische Wärmebrücke (Materialwechsel). Zwischen den Deckenverkleidungen zeigen sich

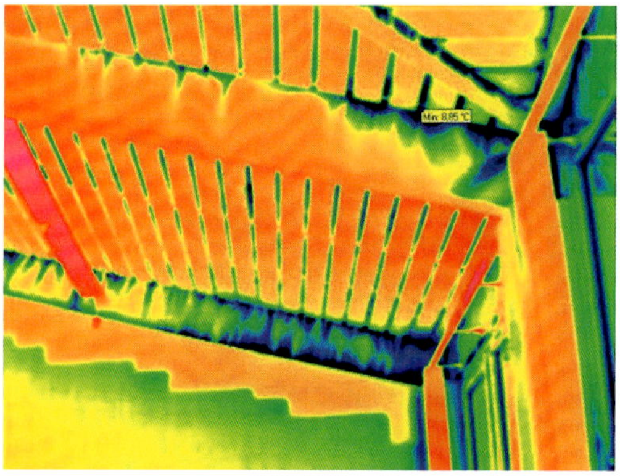

Abb. 5.29: Kombination von statischen und dynamischen Wärmebrücken; bei 50 Pa Unterdruck gemessen

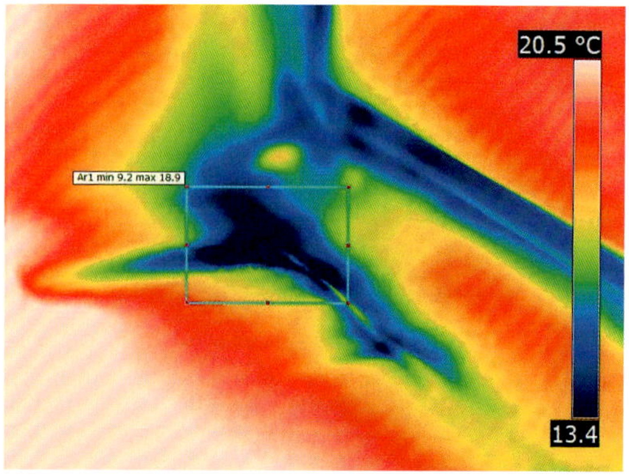

Abb. 5.30: Fehlender oder defekter luftdichter Anschluss der Fensterklebebänder an das Brüstungsmauerwerk. Die Fensterbank kann diese Fuge in der Regel nicht abdichten.

die typischen Merkmale der dynamischen Wärmebrücken: die in den Raum hineinwachsenden Kältezungen, die aussehen, als würde Flüssigkeit herabtropfen.

Anschluss Innenfensterbank an das Fenster

Die Anschlüsse der unteren Fensterprofile an das Brüstungsmauerwerk müssen luftdicht erfolgen, z. B. mit Klebebändern. Dies geschieht oft nicht, da die Mauerköpfe des Brüstungsmauerwerks nicht luftdicht geschlossen wurden. Wird dann später die Innenfensterbank gegen das Fenster verlegt, ist die Anschlussfuge Fensterbank/Fenster oftmals Ursache von messbaren Leckagen (vgl. Abb. 5.30).

Anschluss Kniestock/Dachschräge

Der luftdichte Anschluss der Kniestockebene an die Dachschräge führt ebenfalls oft zu dynamischen Wärmebrücken, da die Fuge konstruktiv falsch gelöst wurde in Ermangelung einer detaillierten luftdichten Planung, wie sie die DIN 4108-7 vorschreibt. Meist wird die Fuge in solchen Fällen dann mit Montageschaum „abgedichtet"; derartiges Material darf aber in der luftdichten Ebene nicht verwendet werden:

„[...] Fugenfüllmaterialien, z. B. Montageschäume, sind aufgrund ihrer Eigenschaften nicht oder nur in begrenztem Maße in der Lage, Schwind- und Quellbewegungen sowie andere Bauteilverformungen aufzunehmen, und sind deshalb nicht zur Herstellung der erforderlichen Luftdichtheit geeignet."
(DIN 4108-7, Abschnitt 6.2)

Wird die Fuge nicht fachgerecht luftdicht ausgebildet, sondern mit Silikon „abgedichtet", reißt sie meist innerhalb kurzer Zeit infolge von thermisch unterschiedlicher Beanspruchung von Kniestock und Dachschräge oder infolge von Windbewegung des Dachstuhls wieder auf. Auch ein Quellen oder Schwinden der Holzkonstruktion führt zu solchen Undichtigkeiten. In Bädern und Duschen kann dies schnell zu erheblichen Schäden führen. Auch die Wärmedämmung des in Abb. 5.31 dargestellten Kniestockbereichs scheint schon erheblich gelitten zu haben, wobei die genaue Ursache noch zu klären wäre.

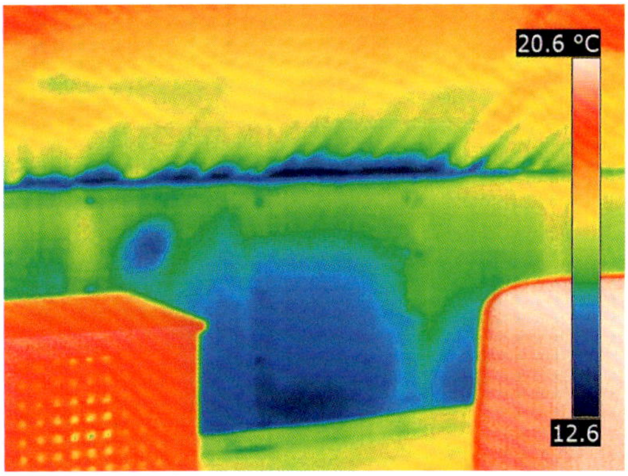

Abb. 5.31: Nicht dauerhaft luftundurchlässig abgedichtete Anschlussfuge

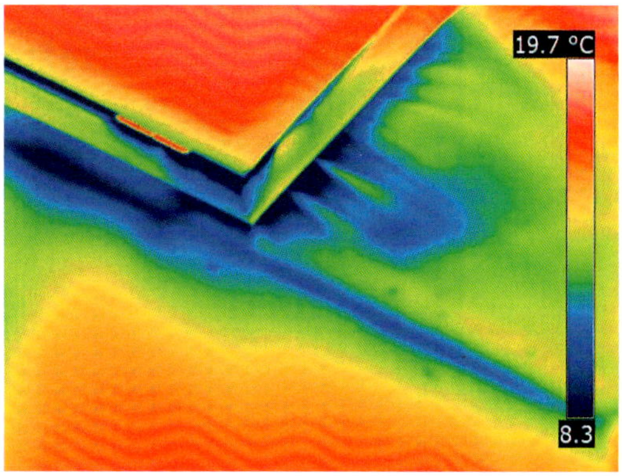

Abb. 5.32: Fehlender luftdichter Anschluss der Speicher-Einschubtreppe

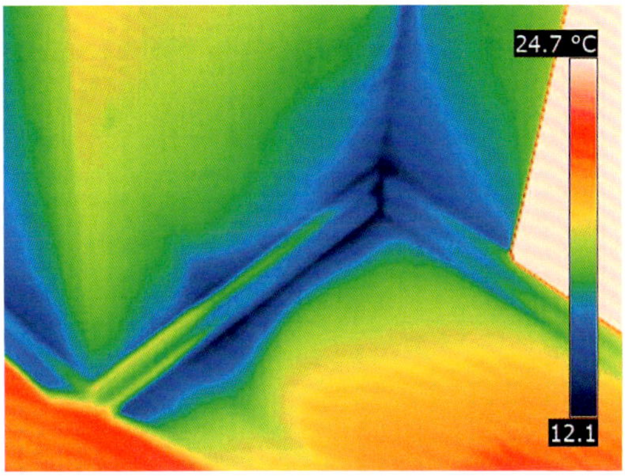

Abb. 5.33: Luftzug aus Sockelleiste

Anschluss Dachbodenluke

Der luftdichte Anschluss der Dachbodenluke fehlt ganz oder ist fehlerhaft ausgeführt. Sowohl aus der Funktionsfuge der Einschubtreppe wie auch aus den Anschlussfugen sind deutliche Leckagen feststellbar (vgl. Abb. 5.32).

Sockelleisten-Phänomen

Ein starker Luftzug aus den Randfugen des schwimmenden Estrichs ist häufig anzutreffen; dieser verstärkt sich nach Entfernung der Sockelleisten. Ursache ist in der Regel der fehlende oder mangelhafte luftdichte Anschluss des unteren Fensterprofils an die Rohdecke. Die Luft kann in der Trittschalldämmung des Estrichs im ganzen Raum verteilt werden und entweicht in den Ecken, da hier der Abstandshalter der Trittschalldämmung geknickt bzw. gefaltet ist (vgl. Abb. 5.33).

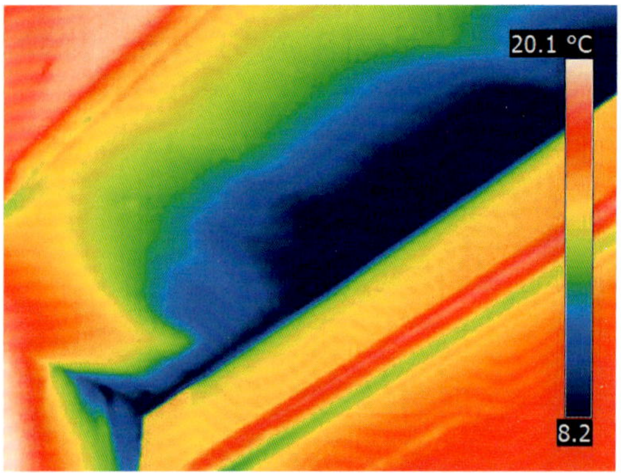

Abb. 5.34: Undichter Deckel eines Rollladenkastens

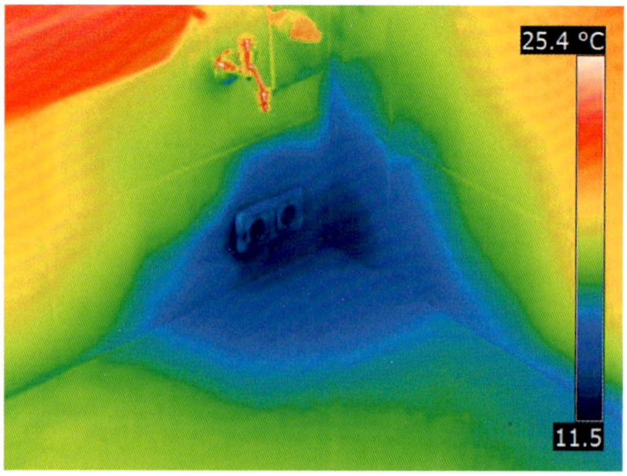

Abb. 5.35: Undichte Steckdose mit Leerrohrsystem

Anschluss Deckel Rollladenkasten

Der fehlende luftdichte Anschluss des Kastendeckels an die hierfür vorgesehene Fensternut ist einer der häufigsten Ursachen für teilweise heftige Zugerscheinungen am Fenster. Hierbei können je nach Windrichtung abhängig davon, ob die Gebäudeseite windzugewandt oder windabgewandt ist, der gesamte Kastendeckel und die innere Rollladenschürze erheblich abkühlen. Die Gefahr von Tauwasseranfall und Schimmelpilzbildung ist hier gegeben (vgl. Abb. 5.34).

Undichte Steckdosen

Die luftdichte Ausführung von Steckdosen sollte eigentlich Stand der Technik sein. Undichte Steckdosen und/oder das dazugehörige Leerrohrsystem können aber auch in Neubauten die unmittelbare Umgebung erheblich abkühlen. Geschieht dies wie in Abb. 5.35 in einem Bad, so kann es schnell zu Schäden durch Tauwasser und Schimmelpilzbefall kommen.

5.4 Anforderungen an einen thermografischen Bericht

Die Anforderungen an einen thermografischen Bericht sind klar geregelt in der DIN EN 13187 sowie in der VATH-Richtlinie „Bauthermografie“ (Ausgabe April 2023). Der geforderte Mindestinhalt für den Bericht über die Prüfung mit einer IR-Kamera ist in Abschnitt 7.1 von DIN EN 13187 wie folgt definiert:

„Der Bericht muss enthalten:

a) eine Beschreibung der Prüfung unter Verweis auf diese Norm mit Angabe, dass ‚Prüfung mit einer IR-Kamera‘ durchgeführt wurde, den Namen des Auftraggebers, des Prüfgegenstandes und dessen vollständige Adresse;

b) eine kurze Beschreibung der Konstruktion des Gebäudes (diese Information muss durch Zeichnungen oder andere Unterlagen belegt sein);

c) Art(en) des (der) am Bauwerk verwendeten Oberflächen (Werkstoffe) und geschätzte Werte des Emissionsgrades dieses (dieser) Werkstoffe(s);

d) Orientierung des Gebäudes, bezogen auf die Himmelsrichtungen, dargestellt in einem Plan, und eine Beschreibung der Umgebung (Gebäude, Vegetation, Landschaftsmerkmale usw.);

e) *Spezifikation der verwendeten Geräte, Fabrikat, Modell und Seriennummer;*
f) *Datum und Uhrzeit der Prüfung;*
g) *Außenlufttemperatur. Es sind mindestens die beobachteten Mindest- und Höchstwerte I) während der 24 h vor und II) während der Untersuchung anzugeben;*
h) *allgemeine Angaben zur Sonneneinstrahlung, beobachtet während der 12 h vor Beginn und während der Untersuchung;*
j) *Niederschlag, Windrichtung und Windgeschwindigkeit während der Untersuchung;*
k) *Innenlufttemperatur und Lufttemperaturdifferenz zwischen Innen- und Außenseite der Umschließungsfläche während der Untersuchung;*
l) *Luftdruckgefälle zwischen der windab- und windzugewandten Seite, gegebenenfalls für jedes Geschoss;*
m) *weitere die Untersuchung beeinflussende wesentliche Faktoren, zum Beispiel schnelle Änderungen der Witterungsbedingungen;*
n) *Angabe aller Abweichungen von den vorgegebenen Prüfungsanforderungen;*
o) *Skizzen und/oder Fotografien des Gebäudes mit den Positionen der Thermogramme;*
p) *Thermogramme mit Angabe der aus der Prüfung erhaltenen Temperaturpegel, die Teile des Gebäudes zeigen, bei denen Fehlstellen nachgewiesen wurden, mit Angaben ihrer jeweiligen Positionen und der Position der IR-Kamera, bezogen auf das Messziel, und mit Bemerkungen über das Aussehen der Wärmebilder; falls möglich mit Verweisung auf Teile der Gebäudehülle mit akzeptablen Eigenschaften;*
q) *Identifikation der untersuchten Gebäudeteile;*
r) *Analyseergebnisse, die sich mit Art und Umfang jedes beobachteten Konstruktionsmangels befassen. Relativer Umfang der Fehlstelle durch einen Vergleich des fehlerhaften Teils der Gebäudehülle mit gleichartigen Teilen des Gebäudes;*
s) *Ergebnisse von ergänzenden Messungen und Untersuchungen;*
t) *Prüfdatum und Unterschrift.*“

Alle diese Angaben müssen in einem thermografischen Bericht enthalten sein, wenn er vor Gericht Bestand haben soll.

6 Gleichwertigkeitsnachweis

Wärmeverluste über Wärmebrücken können in der Energiebilanz unterschiedlich berücksichtigt werden (vgl. Kapitel 1.4). Um nicht mit dem in der Regel zu hohen Wärmebrückenfaktor ΔU_{WB} von 0,10 W/(m² · K) rechnen zu müssen und den um 50 % bzw. 70 % reduzierten ΔU_{WB} von 0,05 bzw. 0,03 W/(m² · K) verwenden zu können, ist ein Gleichwertigkeitsnachweis zu führen. In DIN 4108 Beiblatt 2 ist geregelt, wie ein solcher Nachweis erbracht werden kann.

Damit mit dem reduzierten ΔU_{WB}-Wert von 0,05 bzw. 0,03 W/(m² · K) gerechnet werden darf, müssen die vorhandenen Details mit denen in DIN 4108 Beiblatt 2 gleichwertig sein.

6.1 DIN 4108 Beiblatt 2

In DIN 4108 Beiblatt 2 ist eine Vielzahl von Details abgebildet, bei denen unter genormten Verhältnissen (vgl. Kapitel 2.1) eine Tauwasser- und Schimmelpilzfreiheit gewährleistet ist. Für Details, die nicht genau den dort abgebildeten entsprechen, muss die Gleichwertigkeit geprüft werden. Wie diese Gleichwertigkeit zu prüfen ist, wird in DIN 4108 Beiblatt 2 genau beschrieben.

Für alle Details, für die eine Gleichwertigkeit nach DIN 4108 Beiblatt 2 nicht nachgewiesen werden kann, muss der Nachweis mithilfe von Wärmebrückenkatalogen oder detaillierten Berechnungen (mithilfe von Isothermen-Programmen) erfolgen. Die Randbedingungen für die Berechnung von Oberflächentemperaturen und für die Bestimmung der ψ-Werte sind in DIN 4108 Beiblatt 2 (Abschnitt 8, Tabelle 108) beschrieben und dargestellt (vgl. auch Kapitel 2).

Hinweis:
- DIN 4108 Beiblatt 2 gilt nur für zweidimensionale Wärmebrückendetails.
- Die in DIN 4108 Beiblatt 2 dargestellten Detailpunkte dienen nur als Konstruktionsempfehlung und legen ein Referenzniveau für die energetische Qualität einer Anschlussausbildung fest.
- Dort nicht abgebildete Details müssen mit geeigneten Isothermen-Programmen auf Schimmelpilzfreiheit untersucht werden.

6.2 Wärmebrückenkategorien zum Nachweis der Gleichwertigkeit

6.2.1 Kategorie A und B nach DIN 4108 Beiblatt 2

Mit der Überarbeitung von DIN 4108 Beiblatt 2 im Jahr 2019 wurden für den Nachweis der Gleichwertigkeit 2 Kategorien eingeführt: Kategorie A und Kategorie B.

In die Kategorie A fallen Gebäude, bei denen die energetischen Anforderungen im Bereich der EnEV von 2016 liegen oder darunter. Bei Gebäuden, die so geplant sind, dass sie die Anforderungen nach GEG 2023 bzw. gemäß KfW-Effizienzhaus 40 erfüllen oder die Passivhaustandards, sollten die Wärmebrückendetails nach Kategorie B ausgeführt werden.

Kategorie A

Werden alle nachzuweisenden Details eines beheizten oder gekühlten Gebäudes nach Kategorie A ausgeführt, darf nach DIN V 18599-2 mit einem ΔU_{WB}-Wert von 0,05 W/(m² · K) gerechnet werden.

Kategorie B

Werden alle nachzuweisenden Details eines beheizten oder gekühlten Gebäudes nach Kategorie B ausgeführt, darf nach DIN V 18599-2 mit einem ΔU_{WB}-Wert von 0,03 W/(m² · K) gerechnet werden.

6.2.2 Keine eindeutige Zuordnung zu einer Kategorie

In Anhang C von DIN 4108 Beiblatt 2 ist mit Verweis auf DIN V 18599-2 geregelt, wie mit dem Fall umzugehen ist, wenn nicht alle Details eines beheizten und gekühlten Gebäudes den Kategorien A oder B zugeordnet werden können oder wenn eine Wärmebrücke in DIN 4108 Beiblatt 2 nicht abgebildet ist.

In diesem Zusammenhang sind folgende Fälle zu unterscheiden:

- keine eindeutige Konformität zu Kategorie A oder Kategorie B,
- nicht in DIN 4108 Beiblatt 2 enthaltene Wärmebrückendetails.

Keine eindeutige Konformität zu Kategorie A oder Kategorie B

Liegt keine eindeutige Konformität zu Kategorie A oder Kategorie B nach DIN 4108 Beiblatt 2 vor, so ist der Korrekturwert ΔU_{WB} wie im Folgenden beschrieben zu bestimmen.

Fall 1: Wärmebrückendetails entsprechen überwiegend der Kategorie B

Wenn die meisten Details – ca. 2/3 – der Kategorie B entsprechen, ist für die Details, die nicht der Kategorie B entsprechen, ein Korrekturwert zu berechnen.

Der Korrekturwert ΔU_{WB} ist wie folgt zu bestimmen:

$$\Delta U_{WB} = \Sigma(\Delta\psi_i \cdot l_i) : A + 0{,}03 \qquad \text{in W/(m}^2 \cdot \text{K)} \tag{6.1}$$

mit

$\Delta\psi_i$ Differenz des projektbezogenen ψ-Werts zum jeweiligen in DIN 4108 Beiblatt 2 dargestellten ψ-Wert in W/(m · K)
Dieser Wert ist für alle nachzuweisenden Wärmebrückendetails zu berechnen, die nicht der Kategorie B entsprechen.

l_i Länge der betroffenen Wärmebrücke in m

A wärmeübertragende Umfassungsfläche des Gebäudes in m²

Fall 2: Wärmebrückendetails entsprechen nicht überwiegend der Kategorie B

Wenn nicht ca. 2/3 der Wärmebrückendetails der Kategorie B entsprechen, sollte mit einem ΔU_{WB} von 0,05 W/(m² · K) gerechnet werden.

Nicht in DIN 4108 Beiblatt 2 enthaltene Wärmebrückendetails

Wenn ein beheiztes oder gekühltes Gebäude nachzuweisende Wärmebrücken besitzt, die in DIN 4108 Beiblatt 2 nicht dargestellt sind, sind diese wie folgt zu berücksichtigen:

$$\Delta U_{WB} = \Sigma(\psi_i \cdot l_i) : A + 0{,}03 \text{ bzw.}$$

$$\Delta U_{WB} = \Sigma(\psi_i \cdot l_i) : A + 0{,}05 \quad \text{in W/(m}^2 \cdot \text{K)} \tag{6.2}$$

Wenn eine nachzuweisende Wärmebrücke in DIN 4108 Beiblatt 2 nicht enthalten ist, dann muss deren zusätzlich zu berücksichtigender Wärmeverlust $(\psi_i \cdot l_i)$ auf den ΔU_{WB} mit 0,03 bzw. 0,05 W/(m² · K) aufaddiert werden.

Dies gilt nur für Wärmebrücken, deren ψ-Wert > 0 ist.

Zusätzlich ist zu beachten, dass für eine Wärmebrücke, die nicht in DIN 4108 Beiblatt 2 abgebildet ist oder die nicht die Anforderungen an die Kategorie A erfüllt, immer ein Schimmelpilznachweis geführt werden muss.

Wärmebrücken in Bauteilen, die Zonen mit unterschiedlichen Innentemperaturen abgrenzen, brauchen nicht berücksichtigt zu werden.

6.3 Nachweisverfahren

Ein Gleichwertigkeitsnachweis muss erbracht werden um festzustellen, ob eine gewählte Konstruktion dem in DIN 4108 Beiblatt 2 abgebildeten Referenzbild entspricht und somit der Wärmebrückenzuschlag von ΔU_{WB} = 0,05 W/(m² · K) nach Kategorie A oder ΔU_{WB} = 0,03 W/(m² · K) nach Kategorie B angesetzt werden kann.

6.3.1 Nachzuweisende Wärmebrücken

Prinzipiell sind alle linienförmigen Wärmebrücken zu berücksichtigen. Die Wärmebrücken, die in der Regel negativ sind oder durch eine Außendämmung minimiert wurden, müssen bei der Betrachtung nicht untersucht werden.

Folgende Wärmebrückendetails können nach DIN 4108 Beiblatt 2, Abschnitt 5.5, bei der Nachweisführung auf Gleichwertigkeit vernachlässigt werden:

- Außen- und Innenecken, wenn diese homogen sind,
- Anschluss der Innenwand an die durchlaufende Außenwand und an die untere oder obere Geschossdecke, wenn außen eine Wärmedämmung mit einer Dicke ≥ 10 cm und einem λ-Wert von 0,04 W/(m · K) vorhanden ist,
- Anschluss der Geschossdecke an eine Außenwand, wenn an der Außenwand eine durchlaufende Wärmedämmung angebracht ist mit einem R-Wert ≥ 2,5 m² · K/W, was einer Wärmedämmung mit 10 cm Dicke bei einem λ-Wert von 0,04 W/(m · K) entspricht,

- Anschlüsse von Haus-, Kellerabgangs-, Kelleraußen- und Dachraumtüren in der wärmegedämmten Hülle,
- kleinteilige Schwächungen der Gebäudehülle durch Steckdosen, Leitungs- und Versorgungsschächte oder Schlitze,
- Durchdringungen von Holzsparren, Pfetten usw. durch Wärmedämmschichten oder einschalige Außenwände,
- Lüftungsrohre, Lüftungsschächte und Abgasanlagen, weil es sich bei diesen Wärmebrücken um dreidimensionale Wärmebrücken handelt,
- kleinflächige Bauteile wie Unterzüge und untere Abschlüsse von Erkern, wenn außen eine Wärmedämmschicht mit einem *R*-Wert $\geq 2{,}5\ m^2 \cdot K/W$ angebracht ist.

6.3.2 Bildlicher Gleichwertigkeitsnachweis

Im sog. bildlichen Gleichwertigkeitsnachweis wird das nachzuweisende Detail verglichen mit einem konstruktiv gleichen Detail aus DIN 4108 Beiblatt 2, Tabellen 5 bis 105.

- Wenn ein Bauteil einem Detail aus DIN 4108 Beiblatt 2 bezüglich des konstruktiven Grundprinzips, der Beschreibung der Bauteilabmessungen und der Baustoffeigenschaften eindeutig zugeordnet werden kann, darf das Detail als gleichwertig betrachtet werden.
- Wenn Materialien andere Wärmeleitfähigkeiten aufweisen als die in DIN 4108 Beiblatt 2 abgebildeten, so kann ein Nachweis der Gleichwertigkeit mithilfe der Berechnung von *R*-Werten der einzelnen Schichten erfolgen. Der *R*-Wert der nachzuweisenden Schicht aus dem nachzuweisenden Detail muss dem *R*-Wert der gleichen Schicht aus dem Referenzbild entsprechen.

Eindeutige Zuordnung des konstruktiven Grundprinzips

Entspricht ein Detail einem der Referenzbilder aus DIN 4108 Beiblatt 2 bezüglich der Bauteilabmessungen und der Wärmeleitzahlen der einzelnen Stoffschichten (innerhalb des Wertebereiches), gilt es als gleichwertig.

Im Folgenden wird ein Sockeldetail beispielhaft mit dem entsprechenden Referenzbild aus DIN 4108 Beiblatt 2 verglichen (vgl. Abb. 6.1).

Für die einzelnen Schraffuren in der dargestellten Zeichnung des Referenzbildes aus DIN 4108 Beiblatt 2 sind λ-Werte hinterlegt (vgl. Abb. 6.1). In Tabelle 6.1 werden die λ-Werte den einzelnen Schraffuren zugeordnet.

Für die Gleichwertigkeit müssen die Materialien betrachtet werden, die vermaßt sind. Alle anderen Schichten können für die Prüfung auf Gleichwertigkeit vernachlässigt werden.

Bei dem Gleichwertigkeitsnachweis geht es ausschließlich darum festzustellen, ob das Detail dem in DIN 4108 Beiblatt 2 dargestellten Detail entspricht. Die Feststellung, ob das Detail besser oder schlechter ist als das in DIN 4108 Beiblatt 2, ist nicht Gegenstand des Nachweises.

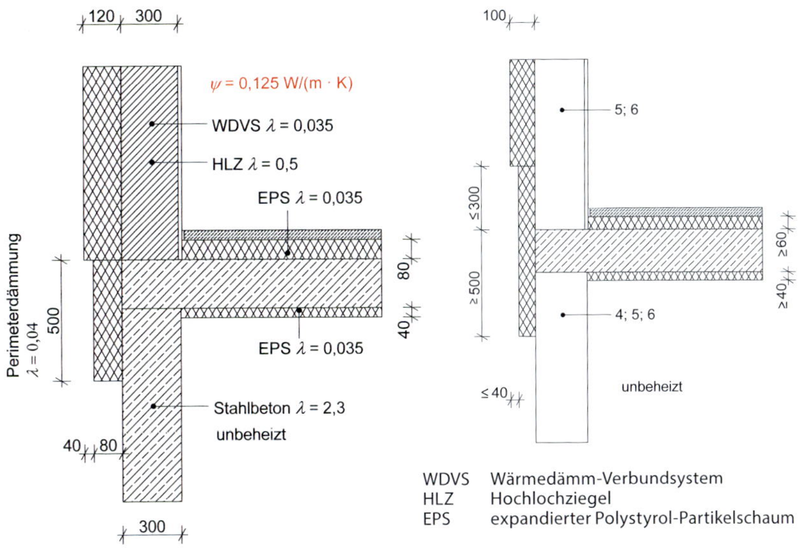

Abb. 6.1: Beispiel Sockelausbildung Ausführungsdetail (links); Referenzbild nach DIN 4108 Beiblatt 2:2019-06, Bild 49 (rechts, vgl. auch Tabelle 6.1); λ-Werte in W/(m · K)

Beispiel – eindeutige Zuordnung des konstruktiven Grundprinzips

Im nachzuweisenden Detail (vgl. Abb. 6.1) sind die folgenden Angaben auf Gleichwertigkeit zu überprüfen.

Außenmauer Erdgeschoss:
- Dämmung ≥ 100 mm, $\lambda = 0{,}035$ W/(m · K)

Geschossdecke:
- Dämmung auf der Geschossdecke ≥ 60 mm, $\lambda = 0{,}035$ W/(m · K)
- Dämmung unter der Geschossdecke ≥ 40 mm, $\lambda = 0{,}035$ W/(m · K)

Kellerwand:
- Stahlbeton, $\lambda = 2{,}1$ W/(m · K)

Konstruktive Merkmale:
- Die Sockeldämmung darf nicht mehr als 40 mm dünner sein als die Dämmung der Außenwand.
- Die Sockeldämmung muss mindestens 500 mm unter die Oberkante (OK) der Kellerdecke gezogen werden und darf nicht mehr als 300 mm über die OK Kellerdecke geführt werden.

Werden nun die beiden Details in Abb. 6.1 bezüglich der angegebenen Schichten verglichen, ist festzustellen, dass das für die Ausführung vorgesehene Detail sowohl bezüglich der Bauteilabmessungen als auch bezüglich der Wärmeleitzahlen innerhalb der im Referenzbild angegebenen Bereiche liegt. **Das Detail ist somit mit dem Bild 49 (Kategorie A) gleichwertig.**

Tabelle 6.1: λ-Werte für die einzelnen Materialien nach DIN 4108 Beiblatt 2:2019-06, Tabelle 3

Material (Schraffur)		**λ in W/(m · K)**
1		$\lambda = 0{,}035$[1)] Wärmedämmung allgemein
2	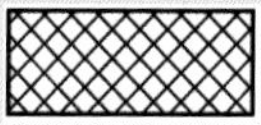	$\lambda = 0{,}040$[2)] Perimeterdämmung gegen Erdreich
3	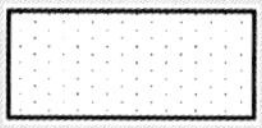	$\lambda \leq 0{,}14$ Mauerwerk[5)]
4	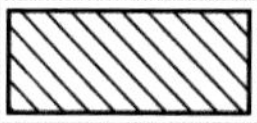	$0{,}12 \leq \lambda \leq 0{,}21$ Mauerwerk[5)]
5	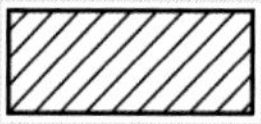	$0{,}14 \leq \lambda \leq 1{,}3$ Mauerwerk[5)]
6	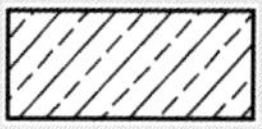	$\lambda = 2{,}3$ Stahlbeton
7	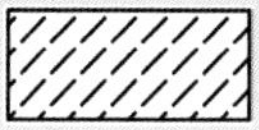	$\lambda = 1{,}4$ Estrich
8	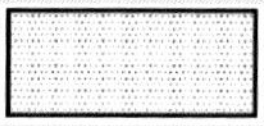	$\lambda = 0{,}25$ Gipsplatte
9	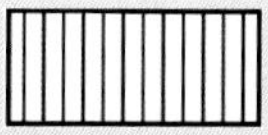	$\lambda = 0{,}14$ Holzwerkstoffplatte
10	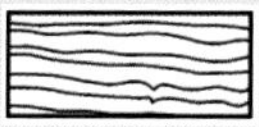	$\lambda = 0{,}13$ Holz
11		$\lambda = 0{,}70$ Innenputz
12	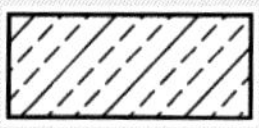	$\lambda = 1{,}6$[4)] Beton unbewehrt
13		$\lambda = 2{,}0$ Erdreich
14	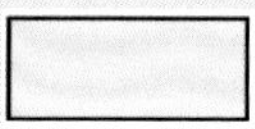	$\lambda \leq 0{,}33$ Wärmedämmstein[3)]

1) Der Ansatz der Trittschalldämmung erfolgt mit einer Dicke $d = 40$ mm und einer Wärmeleitfähigkeit von $\lambda = 0{,}040$ W/(m · K).
2) Liegen bei erdberührten Bauteilen Grundwasserverhältnisse vor, die den Einsatz von speziellen Dämmstoffen erforderlich machen, beispielsweise drückendes Wasser, gelten die Bilder auch für Dämmstoffe mit einer Wärmeleitfähigkeit $\lambda \leq 0{,}045$ W/(m · K).
3) Alternativ sind auch konstruktive Lösungen, z. B. auch im Stahlbetonbau, möglich, wenn deren energetische und thermische Gleichwertigkeit nachgewiesen ist.
4) Beton unbewehrt wurde bei den nachfolgenden Beispielen mit $\lambda = 2{,}3$ W/(m · K) gerechnet.
5) Materialnummer 3: in der Regel monolithisch;
Materialnummer 4: als Außenwand in der Regel zusätzlich gedämmt;
Materialnummer 5: als Außenwand zusätzlich gedämmt.

Für die Erfüllung der Kategorie B (Bild 50 in DIN 4108 Beiblatt 2) über den bildlichen Vergleich müsste zwischen Außenwand und Kellerdecke ein Wärmedämmstein eingebaut werden. Somit entspricht das Detail aus dem Beispiel nur der Kategorie A. Bei der Berechnung des ψ-Werts für den rechnerischen Vergleich zeigt sich, dass über den ψ-Wert auch die Anforderungen der Kategorie B erfüllt werden (vgl. Kapitel 6.3.3)

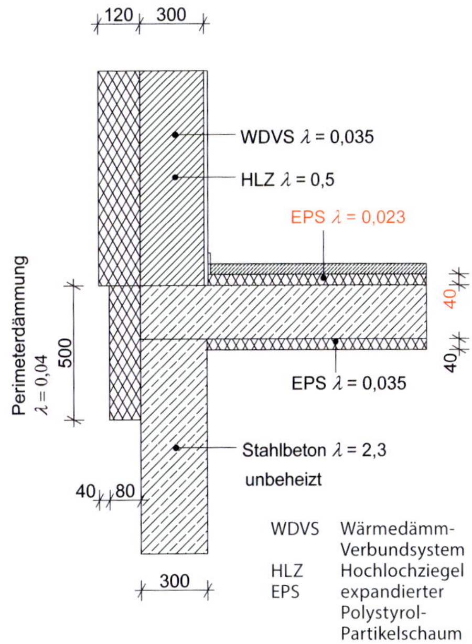

Abb. 6.2: Beispiel Sockelausbildung nach Abb. 6.1 mit 40 mm Wärmedämmung auf der Kellerdecke; λ-Werte in W/(m · K)

Nachweis über die Wärmedurchgangswiderstände *R*

Weicht eine Schicht bezüglich der Bauteilabmessung oder der Wärmeleitzahl vom Referenzbild ab, so ist die Gleichwertigkeit nicht gegeben. Dann muss die Gleichwertigkeit entweder mithilfe der R-Werte oder der ψ-Werte nachgewiesen werden.

Beispiel – Nachweis über die Wärmedurchgangswiderstände *R*

Eine Gleichwertigkeit wäre **nicht** für den Fall gegeben, wenn die Dämmung auf der Kellerdecke des Ausführungsdetails aus Abb. 6.1 statt 60 mm nur eine Schichtdicke d von 40 mm sowie einen λ-Wert von 0,023 W/(m · K) aufweisen würde (vgl. Abb. 6.2).

Für die Dämmschicht auf der Kellerdecke muss nun der R-Wert des Ausführungsdetails berechnet und mit dem R-Wert des Referenzbildes verglichen werden.

$$R_{\text{ausführung}} = d : \lambda = 0{,}04 \text{ m} : 0{,}023 \text{ W/(m} \cdot \text{K)} = 1{,}74 \text{ (m}^2 \cdot \text{K)/W}$$

$$R_{\text{ref}} = d : \lambda = 0{,}06 \text{ m} : 0{,}035 \text{ W/(m} \cdot \text{K)} = 1{,}71 \text{ (m}^2 \cdot \text{K)/W}$$

Eine Gleichwertigkeit ist gegeben, da $R_{\text{ausführung}}$ größer als R_{ref} ist.

Wenn auch über den R-Wert keine Gleichwertigkeit darstellbar ist, besteht noch die Möglichkeit, die Gleichwertigkeit über den ψ-Wert nachzuweisen.

6.3.3 Rechnerischer Gleichwertigkeitsnachweis

Für den rechnerischen Gleichwertigkeitsnachweis wird der ψ-Wert des nachzuweisenden Details benötigt.

- Der ψ-Wert ist nach DIN EN ISO 10211 mithilfe eines Isothermen-Programms zu berechnen. Der berechnete ψ-Wert muss kleiner sein als der in DIN 4108 Beiblatt 2 angegebene. Für die Berechnung sind die Randbedingungen aus DIN 4108 Beiblatt 2 (Abschnitt 8) zu verwenden (vgl. Kapitel 2.2 und Kapitel 7).

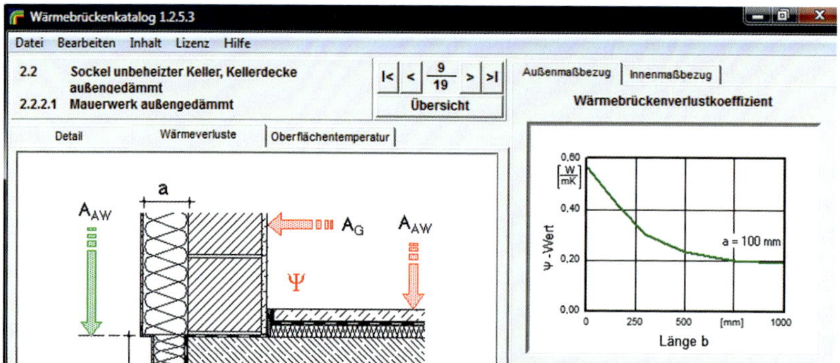

Σψ·l	ψ		
b [mm]	a = 100 mm	a = 140 mm	a = 180 mm
0	0,564	0,584	0,594
160	0,413	0,422	0,426
300	0,302	0,300	0,299
500	0,231	0,220	0,214
750	0,199	0,181	0,170
1000	0,188	0,167	0,155

Abb. 6.3: Darstellung des ψ-Wertes für ein Sockeldetail (Quelle: Ingenieurbüro Prof. Dr. Hauser GmbH, Wärmebrückenkatalog auf CD, Version 1.2.5.3, Kassel, Bild 2.2.2.1)

- Es dürfen auch ψ-Werte aus Wärmebrückenkatalogen oder anderen Veröffentlichungen herangezogen werden, wenn die Berechnungen auf den Randbedingungen gemäß DIN 4108 Beiblatt 2 basieren.

In DIN 4108 Beiblatt 2, Tabellen 5 bis 105, ist für jedes dort abgebildete Detail ein max. zulässiger ψ-Wert angegeben. Ist der für das nachzuweisende Detail berechnete ψ-Wert kleiner oder gleich dem für das Referenzbild angegebenen Wert, ist das Detail als gleichwertig zu betrachten. Für einige Details finden sich in DIN 4108 Beiblatt 2 außerdem Anmerkungen, die auf mögliche Abweichungen hinweisen.

In DIN 4108 Beiblatt 2 sind bei Wärmebrücken mit Bauelementen 2 einzuhaltende Referenzwerte angegeben: ein zulässiger Wert bei Verwendung eines Ersatzmodells $R_{\text{ref,Ers}}$ und ein Wert bei Verwendung einer detaillierten Darstellung des Bauelements.

Beispiel – rechnerischer Gleichwertigkeitsnachweis

Der ψ-Wert für das nachzuweisende Detail aus Abb. 6.1 (linker Abbildungsteil) mit betonierter Kelleraußenwand beträgt gemäß der Berechnung mit einem Isothermen-Programm 0,125 W/(m · K).

Für den Nachweis der Gleichwertigkeit mit DIN 4108 Beiblatt 2, Bild 49, muss der ψ-Wert für die Kategorie A kleiner gleich 0,42 W/(m · K) und für die Kategorie B (Bild 50) kleiner gleich 0,29 W/(m · K) sein, damit das nachzuweisende Detail als gleichwertig betrachtet werden kann.

- ψ-Wert nachzuweisendes Detail: 0,125 W/(m · K)
- max. ψ-Wert für Kategorie B gemäß DIN 4108 Beiblatt 2, Bild 50: 0,29 W/(m · K)

$$0{,}125\ \text{W/(m} \cdot \text{K)} < 0{,}29\ \text{W/(m} \cdot \text{K)}$$

Somit entspricht das Sockeldetail aus Abb. 6.1 über den rechnerischen Vergleich der Kategorie B.

Alternativ kann der ψ-Wert auch über einen Wärmebrückenkatalog bestimmt werden. Das in Abb. 6.3 dargestellte Detail entspricht konstruktiv dem Detail aus Abb. 6.1 und stammt aus dem Wärmebrückenkatalog von Prof. Dr. Hauser. Für die Breite der Sockeldämmung b = 50 cm und eine Dicke der Wärmedämmung von 120 mm ergibt sich ein ψ-Wert zwischen 0,220 und 0,231 W/(m · K). Dieser ist höher als der ψ-Wert aus Abb. 6.1 mit 0,125 W/(m · K). Das liegt an den abweichenden λ-Werten der Materialien. Der ermittelte ψ-Wert aus Abb. 6.3 ist ebenfalls kleiner als der zulässige ψ-Wert von 0,29 W/(m · K) für die Kategorie B gemäß DIN 4108 Beiblatt 2, Bild 50.

6.4 Berücksichtigung von Bauelementen

Als Bauelemente werden Fenster, Dachflächenfenster, Lichtkuppeln oder verglaste Fassadenelemente bezeichnet. Der Anschluss eines Bauelements an das Bauwerk im Laibungs-, Sockel- und Sturzbereich kann vereinfacht über ein Brett (Ersatzmodell) oder mit einem detaillierten Fensterprofil berücksichtigt werden (vgl. Kapitel 2.2.3). In DIN 4108 Beiblatt 2 gibt es für den Gleichwertigkeitsnachweis über den rechnerischen Vergleich (über die ψ-Werte) 2 Referenzwerte, die eingehalten werden müssen:

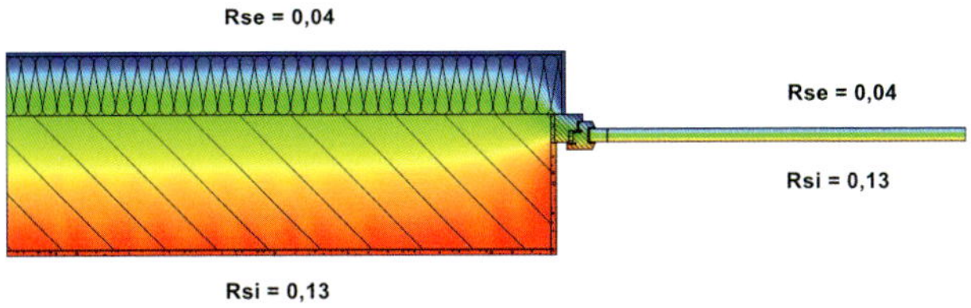

Abb. 6.4: Anschluss Bauelement Fenster an Mauerlaibung mit einem detaillierten Fensterrahmen, erstellt mit dem Isothermen-Programm ZUB Argos Pro; Angaben für R_{si} und R_{se} in m² · K/W

- Der Referenzwert $\psi_{ref,Ers}$ muss eingehalten werden, wenn der ψ-Wert für einen Anschluss mit einem Bauelement mithilfe eines Ersatzmodells berechnet wurde (vgl. Abb. 2.31).
- Der Referenzwert $\psi_{ref,det}$ muss eingehalten werden, wenn der ψ-Wert für einen Anschluss mit einem Bauelement mit einem detaillierten Fensterrahmen berechnet wurde (vgl. Abb. 6.4).

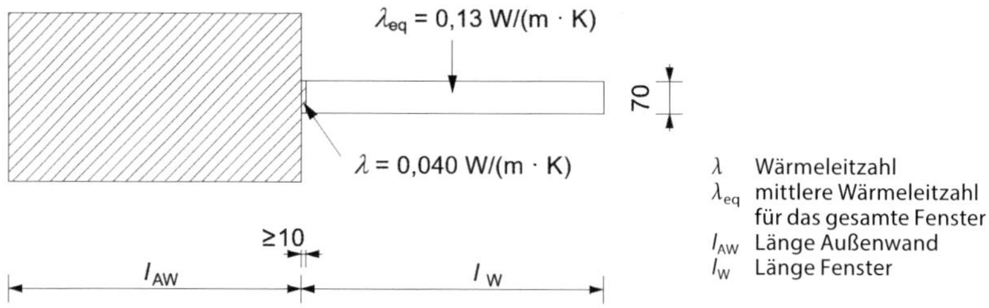

Abb. 6.5: Anschluss Bauelement Fenster an Mauerlaibung mit einem 70 mm dicken Holzbrett als Ersatzmodell (nach DIN 4108 Beiblatt 2, Bild 3)

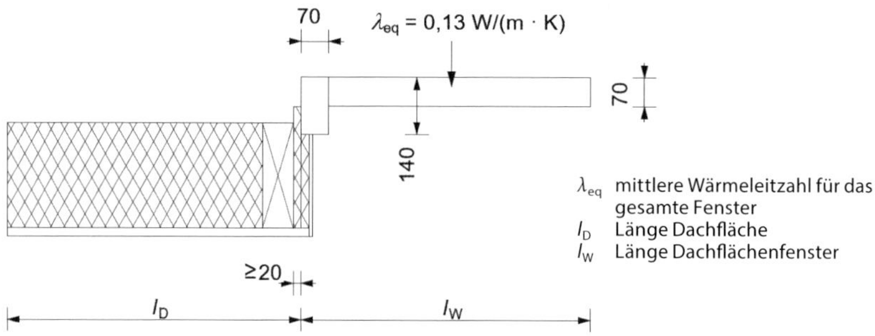

Abb. 6.6: Anschluss Bauelement Dachflächenfenster an Dachfläche mit einem 70 mm dicken Holzbrett als Ersatzmodell (nach DIN 4108 Beiblatt 2, Bild 4)

6.4.1 Berücksichtigung von Bauelementen über ein Ersatzmodell

Soll der Gleichwertigkeitsnachweis über ein Ersatzmodell geführt werden, so kann dieses wie im Folgenden beschrieben berücksichtigt werden.

Bauelement Fenster/Fenstertüren

In Abb. 6.5 ist dargestellt, wie ein Fensterrahmen als Ersatzmodell beim Anschluss an das Bauwerk berücksichtigt werden kann.

Bauelement Dachflächenfenster

In Abb. 6.6 ist dargestellt, wie der Fensterrahmen eines Dachflächenfensters als Ersatzmodell beim Anschluss an das Bauwerk berücksichtigt werden kann.

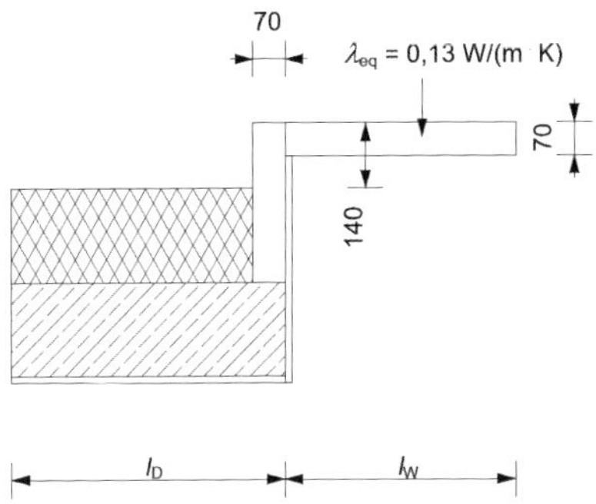

λ_{eq} mittlere Wärmeleitzahl für das gesamte Fenster
l_D Länge Dachfläche
l_W Länge Dachflächenfenster

Abb. 6.7: Anschluss Bauelement Lichtkuppel an Dachfläche mit einem 70 mm dicken Holzbrett als Ersatzmodell (nach DIN 4108 Beiblatt 2, Bild 5)

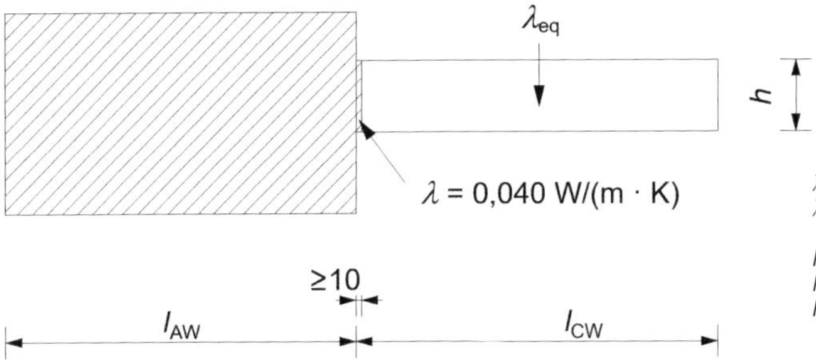

λ Wärmeleitzahl
λ_{eq} mittlere Wärmeleitzahl für die gesamte verglaste Fassade
l_{AW} Länge Außenwand
l_{CW} Länge Glasfassade
h Dicke Anschlussriegel in der verglasten Fassade

Abb. 6.8: Anschluss Bauelement verglaste Fassade an Mauerlaibung mit einem Brett als Ersatzmodell in der Dicke *h* des Randprofils der verglasten Fassade (nach DIN 4108 Beiblatt 2, Bild 6)

Bauelement Lichtkuppel

In Abb. 6.7 ist dargestellt, wie der Fensterrahmen einer Lichtkuppel als Ersatzmodell beim Anschluss an das Bauwerk berücksichtigt werden kann.

Bauelement verglaste Fassade

In Abb. 6.8 ist dargestellt, wie das Randprofil einer verglasten Fassade als Ersatzmodell beim Anschluss an das Bauwerk berücksichtigt werden kann.

Hier muss der λ_{eq}-Wert für die verglaste Fassade berechnet werden.

Berechnung der äquivalenten Wärmeleitfähigkeit λ_{eq} für das Ersatzmodul:

$$\lambda_{eq} = h : (R_{CW} - R_{si} - R_{se}) \quad \text{in W/(m} \cdot \text{K)} \tag{6.3}$$

mit

h geplante Tiefe Anschlussfuge zwischen Baukörper und Pfosten/Riegel in m

R_{CW} $R_{CW} = 1/U_{CW}$; Wärmedurchlasswiderstand verglaste Fassade in $m^2 \cdot K/W$

U_{CW} Wärmedurchgangskoeffizient der Fassade in $W/(m^2 \cdot K)$

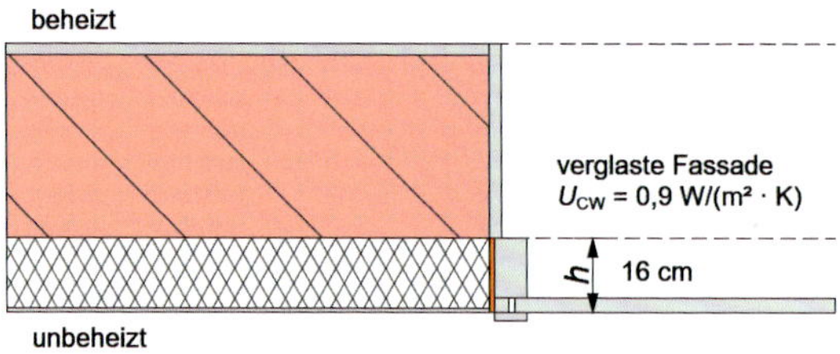

Abb. 6.9: Beispiel vorgehängte Fassade

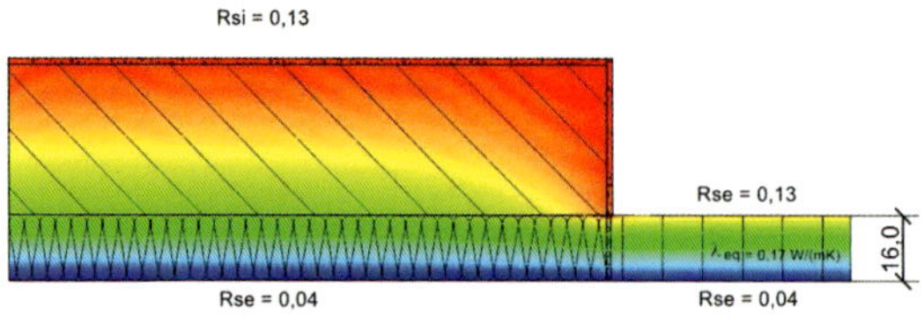

Abb. 6.10: Eingabe vorgehängte Fassade als Ersatzmodell in das Isothermen-Programm ZUB Argos Pro; Angaben für R_{si} und R_{se} in $m^2 \cdot K/W$

Beispiel – Berechnung von λ_{eq} für das Ersatzmodell

In Abb. 6.9 ist ein seitlicher Laibungsanschluss für eine vorgehängte Fassade dargestellt. Nachfolgend wird der λ_{eq}-Wert für das Holzbrett als Ersatzmodell berechnet. In Abb. 6.10 ist dargestellt, wie für diesen Anschluss mit dem Ersatzmodell der ψ-Wert zu berechnen ist.

Gegeben:

- $h = 0{,}16$ m
- $U_{CW} = 0{,}9$ W/(m² · K)
- $R_{CW} = 1/U_{CW} = 1 : 0{,}9$ W/(m² · K) = 1,1 m² · K/W
- $R_{si} = 0{,}13$ m² · K/W
- $R_{se} = 0{,}04$ m² · K/W

Berechnung von λ_{eq} nach Formel 6.3:

$$\lambda_{eq} = h : (R_{CW} - R_{si} - R_{se}) \qquad \text{in W/(m} \cdot \text{K)}$$
$$\lambda_{eq} = 0{,}16 \text{ m} : (1{,}1 \text{ m}^2 \cdot \text{K/W} - 0{,}13 \text{ m}^2 \cdot \text{K/W} - 0{,}04 \text{ m}^2 \cdot \text{K/W})$$
$$\lambda_{eq} = 0{,}17 \text{ W/(m} \cdot \text{K)}$$

Die vorgehängte Fassade darf mit einem Ersatzbrett 16 cm dick und einem λ_{eq}-Wert von 0,17 W/(m · K) vereinfacht für die Berechnung des ψ-Werts dargestellt werden.

Bauelement Rollladenkasten

In Abb. 6.11 ist dargestellt, wie ein Rollladenkasten als Ersatzmodell beim Anschluss an das Bauwerk zwischen Fenstersturz und Fensterelement berücksichtigt werden kann.

Vorbaukästen, die keinen nennenswerten Einfluss auf die zusätzlichen Wärmeverluste über die Wärmebrücke haben, können vernachlässigt werden.

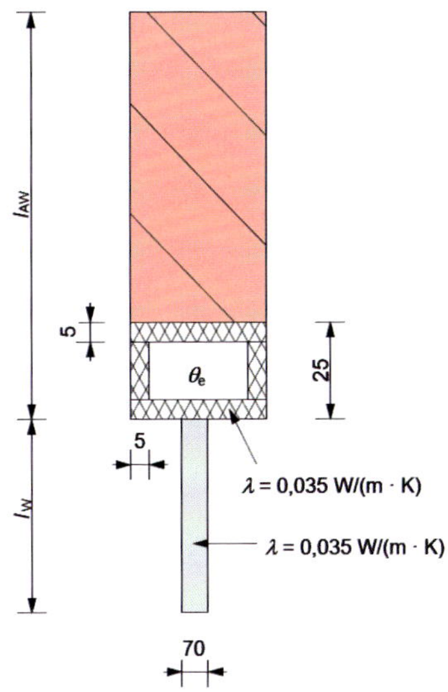

Abb. 6.11: Ersatzmodell für einen Rollladenkasten (nach DIN 4108 Beiblatt 2, Bild 7); θ_e = Außentemperatur

6.4.2 Detaillierte Berücksichtigung von Bauelementen

Alternativ zu der Berücksichtigung über ein Ersatzmodell können Bauelemente auch detailliert berücksichtigt werden. Wenn die Fensterquerschnitte schon bekannt sind, können diese originalgetreu gezeichnet und berücksichtigt werden. Wie der ψ-Wert hierfür zu berechnen ist, wird in Kapitel 7 genau erläutert. Sind die Fensterquerschnitte bei der Berechnung der ψ-Werte noch nicht bekannt, können alternativ auch die Referenzbilder für detaillierte Fensterprofile aus dem Anhang F von DIN 4108 Beiblatt 2 verwendet werden. Die dort abgebildeten Fensterprofile sind in den meisten Isothermen-Programmen hinterlegt.

6.5 Formblatt für die Darstellung der Gleichwertigkeit

Im Anhang A von DIN 4108 Beiblatt 2 ist ein Formblatt dargestellt, mit dem die Gleichwertigkeit aller Details für ein Bauvorhaben nachgewiesen werden kann.

Ein detaillierteres Formblatt ist in dem vom Bundesamt für Wirtschaft und Ausfuhrkontrolle (BAFA) herausgegebenen Leitfaden „Die Wärmebrückenbewertung bei der energetischen Bilanzierung von Gebäuden“ (Ausgabe 12/2020) veröffentlicht worden.

Ein weiterentwickeltes Formblatt wird in Kapitel 10.2.4 für ein Beispiel abgebildet.

6.6 Sonderregelung nach KfW für Energieeffizienzhäuser

In der „Liste der technischen FAQ“ (Stand 05/2023) für Effizienzhäuser/Effizienzgebäude ist beschrieben, wie Wärmebrücken für KfW-geförderte Effizienzhäuser zu berücksichtigen sind (vgl. dazu ausführlich Kapitel 1.4.3).

6.7 Führung eines Gleichwertigkeitsnachweises am Beispiel von 3 Details

Nachfolgend wird die Führung des Gleichwertigkeitsnachweises für 3 Details aus Kapitel 8 beispielhaft dargestellt. In Kapitel 10 wird für das dort abgebildete Beispielgebäude ein kompletter Gleichwertigkeitsnachweis geführt.

Vorgehensweise bei der Führung des Gleichwertigkeitsnachweises:

- Schritt 1: Kennzeichnen der Wärmebrückendetails in den Plänen (Grundrisse, Ansichten, Schnitte; vgl. Kapitel 10.1)
- Schritt 2: Überprüfen, welche Details nachweispflichtig sind (vgl. Kapitel 10.2)
- Schritt 3: Detailzeichnung für das Detail (um ein Detail auf Gleichwertigkeit mit DIN 4108 Beiblatt 2 zu überprüfen, muss dieses zeichnerisch dargestellt werden)
- Schritt 4: Auswählen eines entsprechenden Details aus DIN 4108 Beiblatt 2
- Schritt 5: Überprüfen des nachzuweisenden Details auf Gleichwertigkeit mit dem entsprechenden Detail aus DIN 4108 Beiblatt 2

Diese Schritte liegen den nachfolgend beispielhaft durchgeführten Gleichwertigkeitsnachweisen zugrunde. Die jeweils zum Vergleich angeführten Bilder aus DIN 4108 Beiblatt 2 wurden nachgezeichnet.

Gleichwertigkeitsnachweis zu Detail 1.01 aus Kapitel 8

Als Erstes wird das Sockeldetail Detail 1.01 aus Kapitel 8 auf Gleichwertigkeit untersucht (vgl. Tabelle 6.2). Als Vergleichsdetail wurde Bild 35 aus DIN 4108 Beiblatt 2 ausgewählt (vgl. Abb. 6.12).

Ergebnis des Gleichwertigkeitsnachweises für Detail 1.01 aus Kapitel 8

Das Detail 1.01 aus dem Kapitel 8 (vgl. Abb. 8.14) ist über den direkten bildlichen Vergleich nicht vollständig gleichwertig, weil der R-Wert der Wärmedämmung der Außenwand 0,04 W/(m · K) beträgt. Über den Vergleich des R-Wertes ist die Schicht gleichwertig mit dem Bild 35 aus DIN 4108 Beiblatt 2. Über den rechnerischen Vergleich ist das nachzuweisende Detail ebenfalls gleichwertig mit Bild 35 aus DIN 4108 Beiblatt 2. Es ist ausreichend, wenn das Detail über ein Verfahren gleichwertig ist.

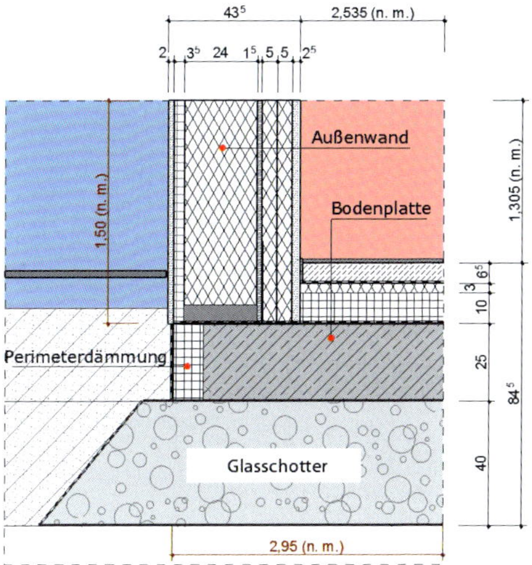

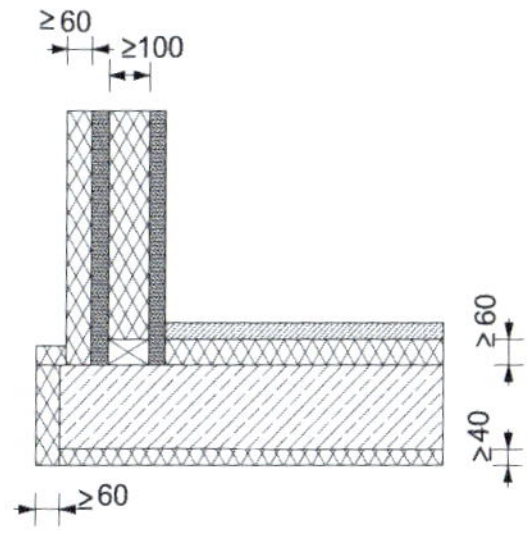

Abb. 6.12: links – Detail 1.01 (Sockeldetail, vgl. auch Abb. 8.14; n. m. = nicht maßstäblich); rechts – Bild 35 aus DIN 4108 Beiblatt 2 (nachgezeichnet)

Tabelle 6.2: Überprüfung von Detail 1.01 (Abb. 8.14) auf Gleichwertigkeit (Gleichwertigkeitsbetrachtung)

Nachweisverfahren (vgl. Kapitel 6.3)	**Vergleich mit DIN 4108 Beiblatt 2, Bild 35 (Dämmung unter der Bodenplatte ohne Fundament, Kategorie B; vgl. Abb. 6.12 rechts)**	**Gleichwertigkeit**
bildlicher Vergleich (Verfahren 1)		
konstruktives Grundprinzip: • Der λ-Wert der Innendämmung beträgt 0,035 W/(m · K). • Der λ-Wert der Wärmedämmung in der Außenwand beträgt 0,04 W/(m · K).	mehr als 60 mm Innendämmung mehr als 100 mm Wanddämmung mehr als 60 mm Dämmung auf der Bodenplatte mehr als 40 mm unter der Bodenplatte (Glasschotterschicht)	ja
	Wärmedämmung Außenwand: λ = 0,035 W/(m · K)	nein
bildlicher Vergleich (Verfahren 2)		
über den R-Wert der Wärmedämmschicht: $R = s/\lambda = 0{,}24\ m : 0{,}04\ W/(m \cdot K) = 6\ m^2 \cdot K/W$	R-Wert Wärmedämmschicht aus DIN 4108 Beiblatt 2: $R_{min} = s/\lambda = 0{,}1\ m : 0{,}035\ W/(m \cdot K) = 2{,}86\ m^2 \cdot K/W$	ja
rechnerischer Vergleich (Verfahren 3)		
ψ-Wert nach eigener Berechnung: ψ – 0,054 W/(m · K)	DIN 4108 Beiblatt 2, Bild 35: ψ-Wert ≤ 0,07 W/(m · K)	ja

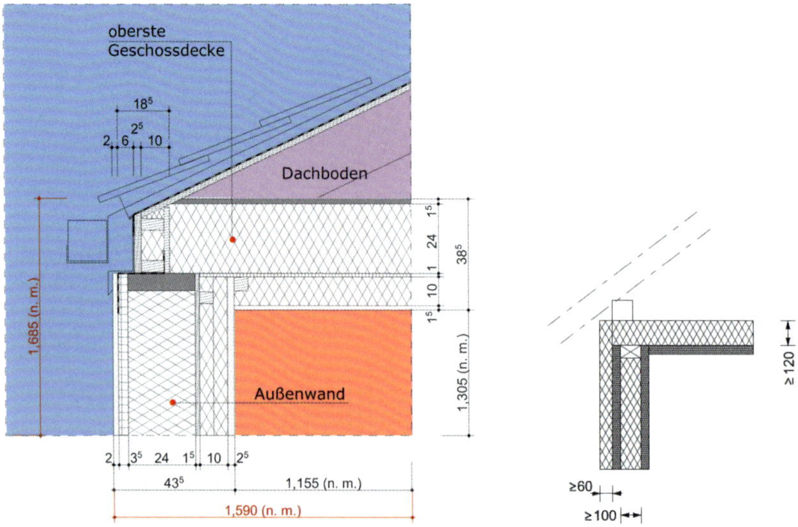

Abb. 6.13: links – Detail 4.01 (Anschluss Außenwand/Traufe, vgl. auch Abb. 8.50; n. m. = nicht maßstäblich); rechts – Bild 366 aus DIN 4108 Beiblatt 2 (nachgezeichnet)

Tabelle 6.3: Überprüfung von Detail 4.01 (Abb. 8.50) auf Gleichwertigkeit (Gleichwertigkeitsbetrachtung)

Nachweisverfahren (vgl. Kapitel 6.3)	Vergleich mit DIN 4108 Beiblatt 2, Bild 366 (Kategorie B; vgl. Abb. 6.13 rechts)	Gleichwertigkeit
bildlicher Vergleich (Verfahren 1)		
konstruktives Grundprinzip: • Der λ-Wert der Innendämmung beträgt 0,035 W/(m · K). • Der λ-Wert der Wärmedämmung in der Außenwand beträgt 0,04 W/(m · K).	mehr als 60 mm Innendämmung mehr als 100 mm Wanddämmung mehr als 120 mm Dämmung in der obersten Geschossdecke	ja
	Wärmedämmung Außenwand und Dach: $\lambda = 0{,}035$ W/(m · K)	nein
bildlicher Vergleich (Verfahren 2)		
über den R-Wert der Wärmedämmschicht: $R = s/\lambda = 0{,}24$ m : 0,04 W/(m · K) = 6 m² · K/W	R-Wert Wärmedämmschicht aus DIN 4108 Beiblatt 2: $R_{min} = s/\lambda = 0{,}1$ m : 0,035 W/(m · K) = 2,86 m² · K/W	ja
rechnerischer Vergleich (Verfahren 3)		
ψ-Wert nach eigener Berechnung: $\psi = 0{,}001$ W/(m · K)	DIN 4108 Beiblatt 2, Bild 366: ψ-Wert ≤ –0,01 W/(m · K)	nein

Gleichwertigkeitsnachweis zu Detail 4.01 aus Kapitel 8

Nachfolgend wird das Detail 4.01 aus Kapitel 8 (Anschluss Außenwand/ Traufe) auf Gleichwertigkeit untersucht (vgl. Tabelle 6.3). Als Vergleichsdetail wurde Bild 366 aus DIN 4108 Beiblatt 2 ausgewählt (vgl. Abb. 6.13).

Ergebnis des Gleichwertigkeitsnachweises für Detail 4.01 aus Kapitel 8

Das Detail 4.01 aus Kapitel 8 (vgl. Abb. 8.50) ist über den bildlichen Vergleich nur über den Vergleich der *R*-Werte (Verfahren 2) vollständig gleichwertig mit dem Bild 366 aus DIN 4108 Beiblatt 2. Über den rechnerischen Vergleich (Verfahren 3) ist das nachzuweisende Detail nicht gleichwertig mit Bild 366 aus DIN 4108 Beiblatt 2. Es ist aber ausreichend, wenn das Detail über ein Verfahren gleichwertig ist.

Gleichwertigkeitsnachweis zu Detail 7.01 aus Kapitel 8

Als drittes Detail wird mit Detail 7.01 aus dem Kapitel 8 noch beispielhaft ein seitlicher Fensteranschluss auf Gleichwertigkeit untersucht (vgl. Tabelle 6.4). Als Vergleichsdetail wurde Bild 230 aus DIN 4108 Beiblatt 2 ausgewählt (vgl. Abb. 6.14).

Ergebnis des Gleichwertigkeitsnachweises für Detail 7.01 aus Kapitel 8

Das Detail 7.01 aus Kapitel 8 (vgl. Abb.8.68) ist über den direkten bildlichen Vergleich nicht vollständig gleichwertig, weil der *R*-Wert der Wärmedämmung der Außenwand 0,04 W/(m · K) beträgt. Über den Vergleich des *R*-Wertes ist die Schicht gleichwertig mit dem Bild 230 aus DIN 4108 Beiblatt 2. Über den rechnerischen Vergleich ist das nachzuweisende Detail ebenfalls gleichwertig mit Bild 230 aus DIN 4108 Beiblatt 2. Es ist ausreichend, wenn das Detail über ein Verfahren gleichwertig ist.

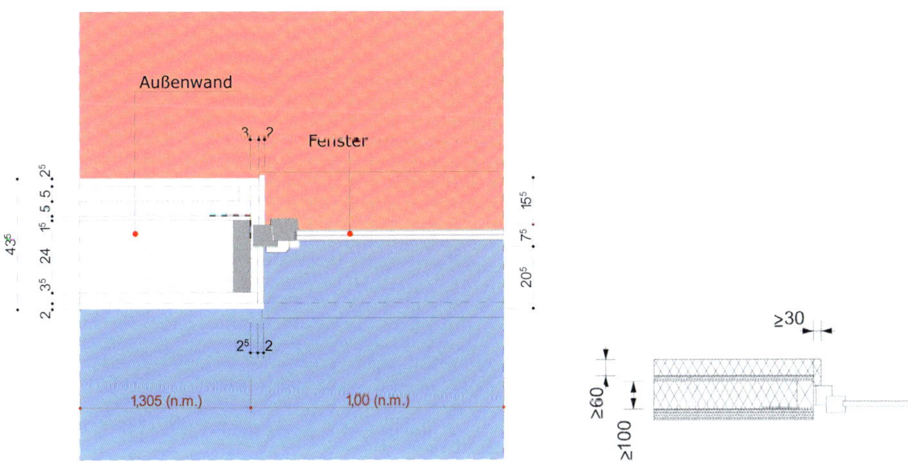

Abb. 6.14: links – Detail 7.01 (Anschluss Fensterlaibung, vgl. auch Abb. 8.68; n. m. = nicht maßstäblich); rechts – Bild 230 aus DIN 4108 Beiblatt 2 (nachgezeichnet)

Tabelle 6.4: Überprüfung von Detail 7.01 (Abb. 8.68) auf Gleichwertigkeit (Gleichwertigkeitsbetrachtung)

Nachweisverfahren (vgl. Kapitel 6.3)	**Vergleich mit DIN 4108 Beiblatt 2, Bild 230 (Kategorie B; vgl. Abb. 6.14 rechts)**	**Gleichwertigkeit**
bildlicher Vergleich (Verfahren 1)		
konstruktives Grundprinzip: • Der λ-Wert der Innendämmung beträgt 0,035 W/(m · K). • Der λ-Wert der Wärmedämmung in der Außenwand beträgt 0,04 W/(m · K).	mehr als 60 mm Innendämmung mehr als 100 mm Wanddämmung 30 mm Überdämmung des Fensterrahmens	ja
	Wärmedämmung Außenwand: $\lambda = 0{,}035$ W/(m · K)	nein
bildlicher Vergleich (Verfahren 2)		
über den R-Wert der Wärmedämmschicht: $R = s/\lambda = 0{,}24\ \text{m} : 0{,}04\ \text{W/(m} \cdot \text{K)} = 6\ \text{m}^2 \cdot \text{K/W}$	R-Wert Wärmedämmschicht aus DIN 4108 Beiblatt 2: $R_{min} = s/\lambda = 0{,}1\ \text{m} : 0{,}035\ \text{W/(m} \cdot \text{K)} = 2{,}86\ \text{m}^2 \cdot \text{K/W}$	ja
rechnerischer Vergleich (Verfahren 3) Das Fensterprofil wurde detailliert berücksichtigt.		
ψ-Wert nach eigener Berechnung: $\psi = -0{,}011$ W/(m · K)	DIN 4108 Beiblatt 2, Bild 230: $\psi_{ref,det}$-Wert $\leq 0{,}06$ W/(m · K)	ja

7 Detaillierte Berechnung des Wärmebrückenfaktors ΔU_{WB}

Für gut wärmegedämmte Energieeffizienzhäuser ist es ratsam, einen detaillierten Wärmebrückennachweis zu führen. Bei U-Werten von unter 0,20 W/(m² · K) sollte der Wärmebrückenfaktor ΔU_{WB} nicht größer als 0,025 W/(m² · K) sein.

In diesem Kapitel wird dargestellt, welche Regelungen DIN 4108 Beiblatt 2 für die Berechnung von ψ-Werten enthält und wie Bauelemente bei der ψ-Wert-Berechnung zu berücksichtigen sind.

7.1 Kennzeichnung der Wärmebrückendetails in den Plänen

Im Gegensatz zum Gleichwertigkeitsnachweis sind bei der detaillierten Wärmebrückenberechnung alle vorhandenen Wärmebrücken zu berücksichtigen.

Alle Wärmebrücken sind zunächst in den Plänen zu kennzeichnen. Für die Übersichtlichkeit sollte hierfür eine logische Nummerierung festgelegt werden, damit die Wärmebrücken besser zugeordnet und wiedergefunden werden können.

Beispiel – Nummerierung von Wärmebrücken

Für die Beispielhäuser in den Kapiteln 8 und 9 wird die Nummerierung wie folgt von unten nach oben durchgeführt (vgl. auch die vorgenommene Kennzeichnung in den Plänen der Kapitel 8.1 und 9.1):

- 1.0 – alle Wärmebrücken der Bodenplatte,
- 2.0 – alle Wärmebrücken der Außenwände,
- 3.0 – alle Wärmebrücken der Geschossdecke,
- 4.0 – alle Wärmebrücken der obersten Geschossdecke,
- 5.0 – alle Fensteranschlüsse unten,
- 6.0 – alle Fensteranschlüsse oben,
- 7.0 – alle Fensteranschlüsse seitlich.

7.2 Darstellung der Wärmebrückendetails

Um die Wärmebrücken berechnen zu können, müssen sie zeichnerisch dargestellt werden. Einige Isothermen-Programme können gezeichnete Details als DXF-File einlesen; in diesen Fällen müssen die Details nicht noch einmal neu gezeichnet werden. Bei den meisten Isothermen-Programmen funktioniert das „Unterlegen" eines Details gut, indem über das unterlegte PDF gezeichnet wird. Diese Vorgehensweise ist dann sinnvoll, wenn es sich um sehr komplexe Details handelt, oder bei Details mit schrägen Bauteilen wie im Dachbereich.

Die Darstellung der Details für die Beispielhäuser erfolgt in den Kapiteln 8.3 (Einfamilienhaus als Holztafelbau), 9.3 (Einfamilienhaus als Massivbau) und 10.1.3 (Bestandsgebäude mit Wärmedämm-Verbundsystem) im Rahmen der ψ-Wert-Berechnung für die einzelnen Details.

7.3 Berechnung der ψ-Werte nach DIN 4108 Beiblatt 2

In die aktuelle Fassung DIN 4108 Beiblatt 2:2019-06 wurden Regelungen mit aufgenommen, die sowohl bei der Ermittlung des ψ-Werts für den Gleichwertigkeitsnachweis als auch für die detailliert Berechnung des ΔU_{WB}-Werts zu beachten sind. In Kapitel 1.2.2 dieses Buches wird erläutert, was der ψ-Wert ist und was ihn beeinflusst, und in Kapitel 2.2 werden die zu beachtenden Randbedingungen für die Berechnung nach DIN 4108 Beiblatt 2 erläuternd dargestellt. Im Folgenden sollen nun weitere Regelungen für die Ermittlung des ψ-Werts dargestellt werden, die in DIN 4108 Beiblatt 2 mit aufgeführt sind.

7.3.1 Anzusetzende Temperaturkorrekturfaktoren F_x

Für die detaillierte Berechnung

Werden ψ-Werte für den detaillierten Nachweis zur Korrektur einer vorhandenen energetischen Berechnung nach DIN V 18599 benötigt, sind die gleichen Temperaturkorrekturfaktoren zu verwenden wie bei der Ermittlung der Transmissionswärmeverluste in der energetischen Berechnung. Diese sind nach DIN V 18599-2 zu bestimmen.

Für den rechnerischen Vergleich beim Gleichwertigkeitsnachweis

Wird der ψ-Wert für den Gleichwertigkeitsnachweis benötigt, ist dieser nach den Randbedingungen der Tabelle 108 aus DIN 4108 Beiblatt 2 zu bestimmen. Nach DIN 4108 Beiblatt 2, Abschnitt 6.1, sind diese wie folgt geregelt:

- **Bauteile gegen Erdreich:**
  $F_{w,b}$ und $F_{f,b} = 0{,}4$
- **Bauteile auf der Bodenplatte bzw. unbeheizten Keller:**
  $F_{f,b}$ und $F_G = 0{,}4$
- **Bauteile zum unbeheizten Dachraum:**
  $F_D = 0{,}8$
- **Bauteile zu niedrig beheizten Räumen:**
  $F_{nb} = 0{,}35$
- **Bauteile zu unbeheizten Räumen:**
  $F_U = 0{,}5$

7.3.2 Maßbezüge für den eindimensionalen Wärmestrom L_0

Für die ψ-Wert-Ermittlung wird der eindimensionale Wärmestrom L_0 benötigt (vgl. auch Kapitel 1.2.2.2). Dieser ist von der Lage der Systemlinie abhängig. In DIN 4108 Beiblatt 2, Tabelle 108, ist für jedes Detail die Lage der Systemlinie und die Länge der zu berücksichtigen flankierenden Bauteile für den eindimensionalen Wärmestrom L_0 gekennzeichnet. Die Lage der Systemlinie in den Details aus DIN 4108 Beiblatt 2, Tabelle 108, ist konform mit den Regeln zur Hüllflächenermittlung in DIN V 18599-2.

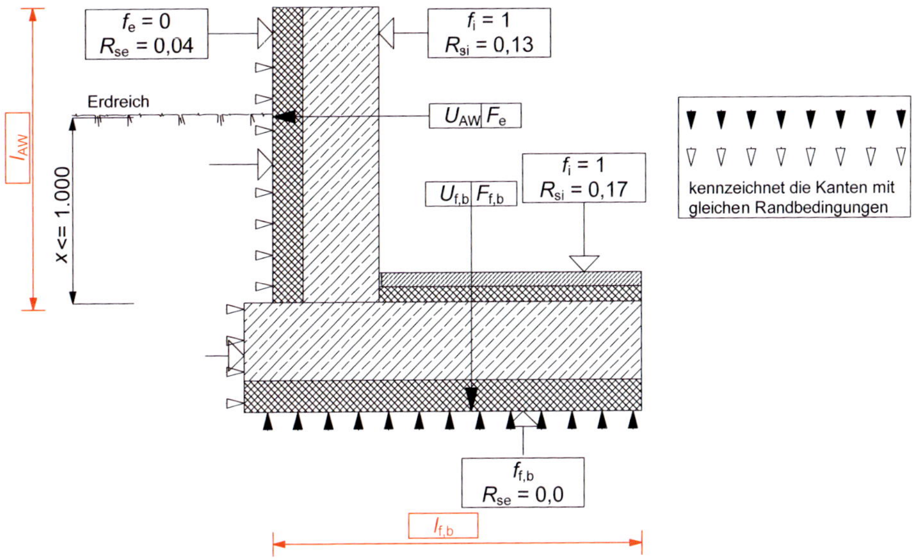

Abb. 7.1: Randbedingungen für eine Bodenplatte mit geringer oder keiner Erdreichaufschüttung nach DIN 4108 Beiblatt 2:2019-06, Abschnitt 8, Tabelle 108, Zeile 2

In Abb. 7.1 sind beispielhaft die anzusetzenden Längen $l_{f,b}$ für die Bodenplatte und l_{AW} für die Kelleraußenwand gekennzeichnet (vgl. auch Kapitel 2.2).

7.4 Berechnung der ψ-Werte für Wärmebrückendetails mit Bauelementen

Wenn ψ-Werte für Wärmebrücken mit Bauelementen zu bestimmen sind, so sind die Regelungen in DIN 4108 Beiblatt 2 zu berücksichtigen. In Abschnitt 6.2 von DIN 4108 Beiblatt 2:2019-06 werden erstmals Rechenregeln zur **vereinfachten Berücksichtigung von Bauelementen** beschrieben. Zur Beurteilung der thermischen Qualität eines Anschlusses zwischen Außenbauteil und Bauelement kann für die nachfolgend aufgeführten Bauelemente ein **Ersatzmodell** abgebildet oder das Fensterprofil detailliert berücksichtigt werden.

Wird die Wärmebrücke mithilfe eines Ersatzmodells berechnet, ist der berechnete ψ-Wert mit einem **Korrekturwert** zu versehen. Wie das Ersatzmodell für Fenster, Dachflächenfenster, Lichtkuppeln oder verglaste Fassaden angesetzt werden darf, ist in Kapitel 6.4 dieses Buches dargestellt und erläutert.

7.4.1 Berücksichtigung von Korrekturwerten bei der Verwendung eines Ersatzmodells

Da gemäß DIN 4108 Beiblatt 2 bei der Verwendung eines Ersatzmodells für Bauelemente verschiedene Einflüsse auf den ψ-Wert vernachlässigt werden und es deswegen zu abweichenden Ergebnissen gegenüber einer detaillierten Berechnung kommen kann, müssen bei der Verwendung eines Ersatzmodells Korrekturwerte berücksichtigt werden.

Der ψ-Wert muss bei der Verwendung eines Ersatzmodells wie folgt korrigiert werden:

$$\psi = \psi_{rechn,Ers} + (\psi_{ref,det} - \psi_{ref,Ers}) \qquad \text{in W/(m} \cdot \text{K)} \tag{7.1}$$

mit

$\psi_{rechn,Ers}$ unter Verwendung eines Ersatzmodells berechneter ψ-Wert in W/(m · K)

$\psi_{ref,det}$ zulässiger ψ-Wert bei detaillierter Modellierung nach DIN 4108 Beiblatt 2, Abschnitt 7, in W/(m · K)

$\psi_{ref,Ers}$ zulässiger ψ-Wert bei Verwendung eines Ersatzmodells nach DIN 4108 Beiblatt 2, Abschnitt 7, in W/(m · K)

7.4.2 ψ-Wert-Berechnung für einen Fensterrahmenanschluss

Nachfolgend wird dargestellt, wie der ψ-Wert für einen seitlichen Fensteranschluss mit einem Ersatzmodell und mit einem detaillierten Fensterprofil nach DIN 4108 Beiblatt 2 zu berechnen ist.

Fensterrahmen als Ersatzmodell

Im Folgenden werden die einzelnen Schritte der ψ-Wert-Berechnung für einen Fensterrahmenanschluss mit einem Ersatzmodell dargestellt.

Darstellung des Wärmebrückendetails (Abb. 7.2)

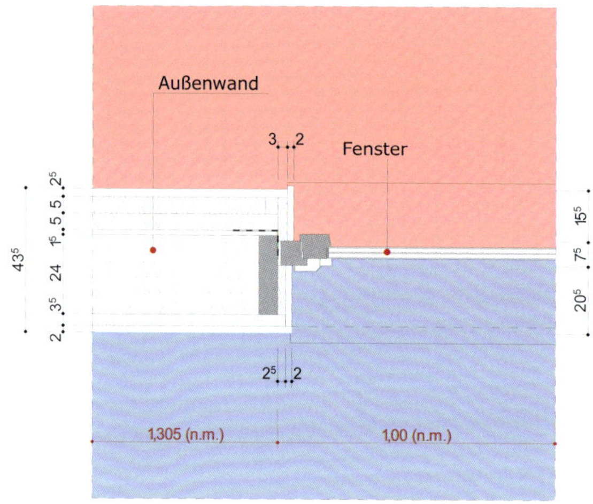

Abb. 7.2: Seitlicher Fensterrahmenanschluss an eine Holzwand (n. m. = nicht maßstäblich; vgl. auch Abb. 8.68 in Kapitel 8)

Zeichnen und Berechnen des Details mit einem Isothermen-Programm (Abb. 7.3)

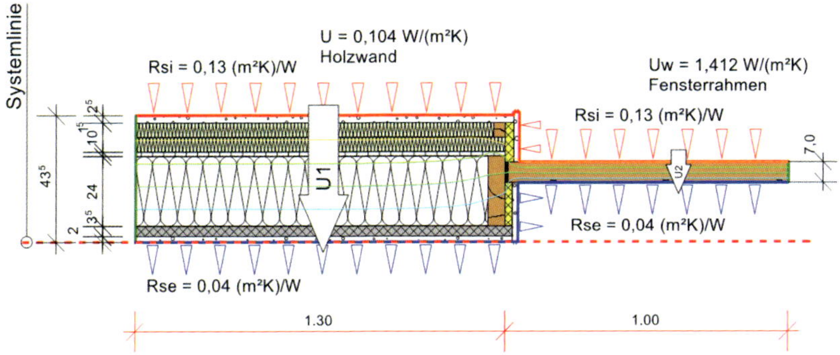

Abb. 7.3: Seitlicher Fensterrahmenanschluss als Ersatzmodell an eine Holzständerwand; erstellt und berechnet mit dem Isothermen-Programm ZUB Argos Pro

Berechnung des ψ-Werts (Abb. 7.4)

Erläuterungen und Nebenrechnungen zu Abb. 7.4 (mit Bezug auf Abb. 7.3):

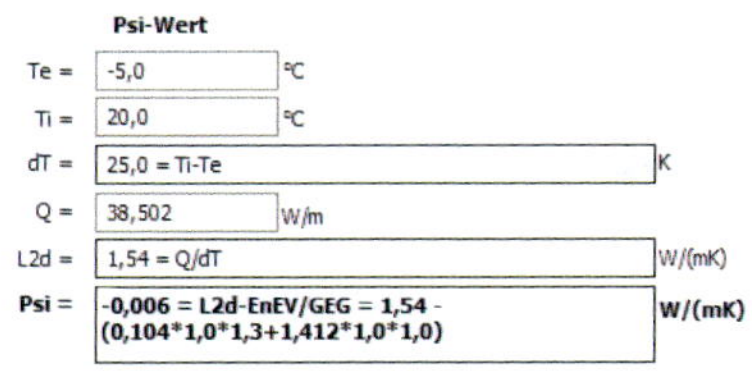

Abb. 7.4: ψ-Wert-Berechnung aus dem Isothermen-Programm ZUB Argos Pro

- Q = gesamter Wärmestrom in W/m über die innere beheizte Bauteilkante (rote Pfeile in Abb. 7.3)
  Q für Abb. 7.3 = 38,502 W/m
- L2d = temperaturunabhängiger zweidimensionaler Wärmestrom L_{2D} in W/(m · K)
  L2d für Abb. 7.3 = 38,502 W/m : 25 K = 1,540 W/(m · K)
- Psi = zusätzlicher zweidimensionaler Wärmestrom an diesem Detail
  Psi = $L_{2D} - \Sigma L_0$ in W/(m · K) gemäß Formel 1.16
- $L_0 = \Sigma(U_j \cdot l_j)$ in W/(m · K) gemäß Formel 1.14
  L_0 Wand = $U_{AW} \cdot F_x \cdot l_{AW}$ = 0,104 W/(m² · K) · 1 · 1,30 m = 0,135 W/(m · K)
  L_0 Fenster = $U_W \cdot F_x \cdot$ 1,00 m = 1,412 W/(m² · K) · 1 · 1,00 m = 1,412 W/(m · K)
  L_0 für Abb. 7.3 = 0,135 W/(m · K) + 1,412 W/(m · K) = 1,547 W/(m · K)
- Psi gemäß Abb. 7.4 = 1,54 W/(m · K) – 1,547 W/(m · K) = –0,006 W/(m · K)

Ohne Korrekturwert beträgt der ψ-Wert für den Fensterlaibungsanschluss **–0,006 W/(m · K).**

Bestimmung des Korrekturwerts

Laut DIN 4108 Beiblatt 2 muss der berechnete ψ-Wert mit dem Ersatzmodell über Formel 7.1 korrigiert werden:

- $\psi_{rechn,Ers}$ = –0,006 W/(m · K)
- $\psi_{ref,det}$ aus DIN 4108 Beiblatt 2, Bild 230 = 0,06 W/(m · K)
- $\psi_{ref,Ers}$ aus DIN 4108 Beiblatt 2, Bild 230 = 0,04 W/(m · K)

$$\psi = \psi_{rechn,Ers} + (\psi_{ref,det} - \psi_{ref,Ers}) \quad \text{in W/(m · K)}$$
$$\psi = -0{,}006 + (0{,}06 - 0{,}04) = \mathbf{0{,}014\ W/(m \cdot K)}$$

Für den Laibungsanschluss Holzwand mit detailliertem Fensterrahmen ergibt sich nun ein ψ-Wert von **–0,011 W/(m · K)** (vgl. Abb. 7.9).

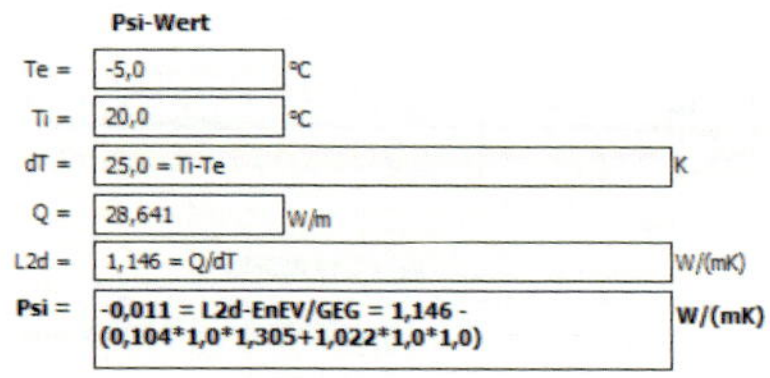

Abb. 7.9: Berechnung des ψ-Werts mit dem Isothermen-Programm ZUB Argos Pro

Der ψ-Wert für die Berechnung mit dem detaillierten Fensterrahmen ist nahezu identisch mit dem ψ-Wert für das gleiche Detail mit dem Ersatzmodell (vgl. Abb. 7.3); der hierfür ermittelte ψ-Wert ohne Korrekturwert beträgt –0,006 W/(m · K). Der Korrekturwert erhöht den ψ-Wert auf 0,014 W/(m · K), was wesentlich höher ist (vgl. dazu weiter oben).

Wenn der U_W Fenster mit dem detaillierten Fensterrahmen einmal für ein Projekt ermittelt wurde, kann dieser bei allen Fensteranschlüssen verwendet werden. Der Mehraufwand hält sich somit in Grenzen und bedingt einen kleineren ψ-Wert für die Berechnung des ΔU_{WB}.

7.4.3 ψ-Wert-Berechnung für einen Dachfensterrahmenanschluss

Nachfolgend wird dargestellt, wie der ψ-Wert für einen seitlichen Dachfensterrahmenanschluss mit einem Ersatzmodell und mit einem detaillierten Fensterprofil nach DIN 4108 Beiblatt 2 zu berechnen ist.

Dachfensterrahmen als Ersatzmodell

Im Folgenden werden die einzelnen Schritte der ψ-Wert-Berechnung für einen Dachfensterrahmenanschluss mit einem Ersatzmodell dargestellt.

Darstellung des Wärmebrückendetails (Abb. 7.10)

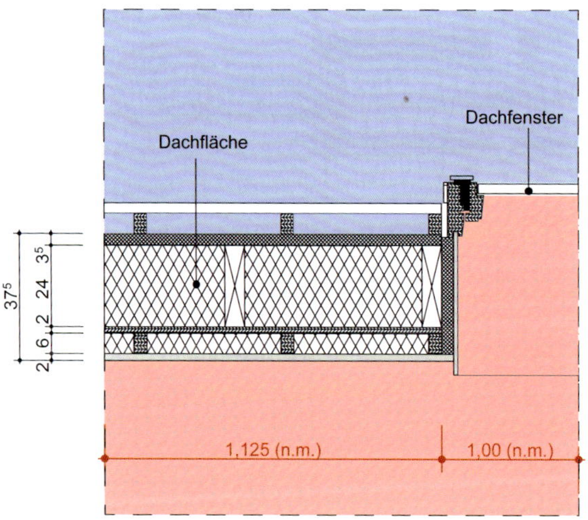

Abb. 7.10: Seitlicher Dachfensterrahmenanschluss an ein Sparrendach (n. m. = nicht maßstäblich)

Zeichnen und Berechnen des Details mit einem Isothermen-Programm (Abb. 7.11)

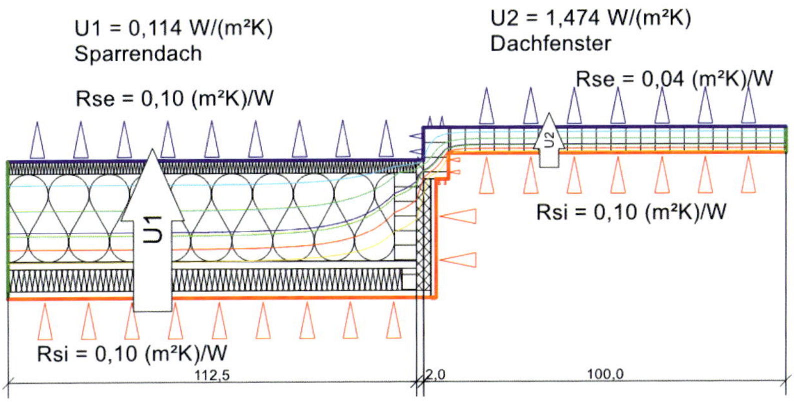

Abb. 7.11: Seitlicher Dachfensterrahmenanschluss als Ersatzmodel an ein Sparrendach; erstellt und berechnet mit dem Isothermen-Programm ZUB Argos Pro

Berechnung des ψ-Werts (Abb. 7.12)

Erläuterungen und Nebenrechnungen zu Abb. 7.12 (mit Bezug auf Abb. 7.11):

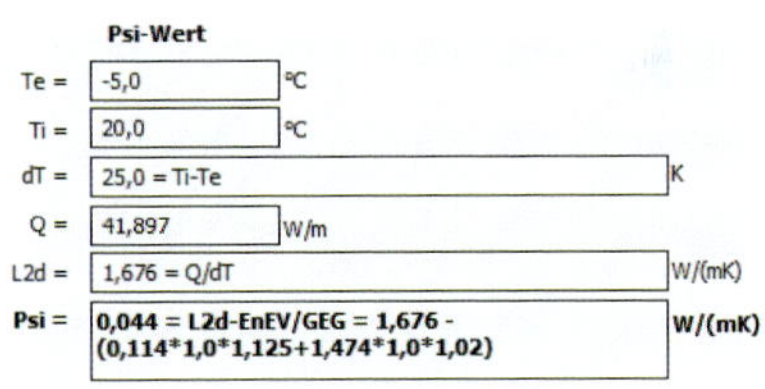

Abb. 7.12: ψ-Wert-Berechnung aus dem Isothermen-Programm ZUB Argos Pro

- Q = gesamter Wärmestrom in W/m über die innere beheizte Bauteilkante (rote Pfeile in Abb. 7.11)
  Q für Abb. 7.11 = 41,897 W/m
- L2d = temperaturunabhängiger zweidimensionaler Wärmestrom L_{2D} in W/(m · K)
  L2d für Abb. 7.11 = 41,897 W/m : 25 K = 1,676 W/(m · K)
- Psi = zusätzlicher zweidimensionaler Wärmestrom an diesem Detail
  Psi = $L_{2D} - \Sigma L_0$ in W/(m · K) gemäß Formel 1.16
- $L_0 = \Sigma(U_j \cdot l_j)$ in W/(m · K) gemäß Formel 1.14
  L_0 Dach = $U_D \cdot F_x \cdot l_D$ = 0,114 W/(m² · K) · 1 · 1,125 m = 0,128 W/(m · K)
  L_0 Dachfenster =
  $U_{DW} \cdot F_x \cdot$ 1,00 m = 1,474 W/(m² · K) · 1 · 1,02 m = 1,503 W/(m · K)
  L_0 für Abb. 7.11 = 0,128 W/(m · K) + 1,503 W/(m · K) = 1,631 W/(m · K)
- Psi gemäß Abb. 7.12 = 1,676 W/(m · K) – 1,631 W/(m · K) = 0,044 W/(m · K)

Ohne Korrekturwert beträgt der ψ-Wert für den Fensterlaibungsanschluss **0,044 W/(m · K).**

Bestimmung des Korrekturwerts

Laut DIN 4108 Beiblatt 2 muss der berechnete ψ-Wert mit dem Ersatzmodell über Formel 7.1 korrigiert werden:

- $\psi_{rechn,Ers}$ = 0,044 W/(m · K)
- $\psi_{ref,det}$ aus DIN 4108 Beiblatt 2, Bild 382 = 0,06 W/(m · K)
- $\psi_{ref,Ers}$ aus DIN 4108 Beiblatt 2, Bild 382 = 0,15 W/(m · K)

$\psi = \psi_{rechn,Ers} + (\psi_{ref,det} - \psi_{ref,Ers})$ in W/(m · K)
$\psi = 0{,}044 + (0{,}06 - 0{,}15) = \mathbf{-0{,}046\ W/(m \cdot K)}$

Ergebnis

Der ψ-Wert für das Wärmebrückendetail in Abb. 7.11 beträgt ohne Korrekturwert 0,044 W/(m · K), mit Korrekturwert beträgt der ψ-Wert –0,046 W/(m · K).

Fensterrahmen detailliert nach DIN 4108 Beiblatt 2, Anhang F

Wird ein Fensterrahmen bei der ψ-Wert-Berechnung detailliert berücksichtigt, muss für das gesamte Fenster der längenbezogene Wärmedurchgangskoeffizient $L_{2D,mod,window}$ über den thermischen Leitwert des realen Fenstersystems ermittelt werden. Der Dachfensterrahmen kann angesetzt werden nach DIN 4108 Beiblatt 2, Anhang F, Bild F.16. Die Dachfensterrahmen aus DIN 4108 Beiblatt 2, Anhang F, sind im Isothermen-Programm ZUB Argos Pro hinterlegt und können eingefügt werden.

Nachfolgend wird die Berechnung mithilfe eines Isothermen-Programms schrittweise dargestellt.

Einfügen des Dachfensterrahmens aus der Bibliothek in das Arbeitsblatt

Wenn der entsprechende Dachfensterrahmen aus den Bibliotheken in das Arbeitsblatt geladen wurde, ist anschließend das dargestellte Fensterglas auf 1 m zu verlängern.

Berechnung des längenbezogenen Wärmedurchgangskoeffizienten $L_{2D,mod,window}$

Für das Dachfenster ist $L_{2D,mod,window}$ mithilfe des Isothermen-Programms zu ermitteln (vgl. Abb. 7.13 und 7.14).

ψ-Wert-Berechnung für eine Dachfensterlaibung mit detailliertem Fensterrahmen

Der ψ-Wert für eine Fensterlaibung mit detailliertem Fensterrahmen errechnet sich nach DIN 4108 Beiblatt 2, Anhang E, Formel E2, wie folgt:

$$\psi = L_{2D,gesamt} - (U_D \cdot l_D + L_{2D,mod,Dachflächenfenster}) \quad \text{in W/(m} \cdot \text{K)} \qquad (7.3)$$

mit

$L_{2D,gesamt}$	zweidimensionaler Wärmestrom über das gesamte Detail in W/(m · K)
$L_{2D,mod,Dachflächenfenster}$	zweidimensionaler Wärmstrom über das Dachfenster in W/(m · K)
U_D	Wärmedurchgangskoeffizient in W/(m² · K)
l_D	Länge Dachfenster in m

Damit das Isothermen-Programm den ψ-Wert für einen Laibungsanschluss mit detaillierten Dachfensteranschluss berechnen kann, muss der eindimensionale Wärmestrom über das Dachfenster L_0 berechnet werden (vgl. Abb. 7.14):

$L_{2D,mod,window} = 1{,}388$ W/(m · K)

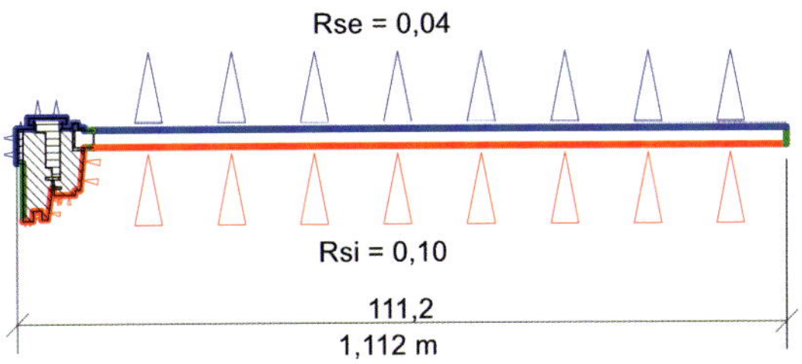

Abb. 7.13: Darstellung des detaillierten Dachfensterrahmens für die Berechnung im Isothermen-Programm ZUB Argos Pro

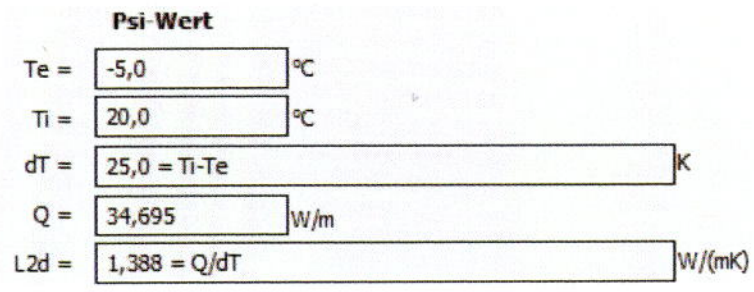

Abb. 7.14: Berechnung des längenbezogenen Wärmedurchgangskoeffizienten $L_{2D,mod,window}$ mit dem Isothermen-Programm ZUB Argos Pro

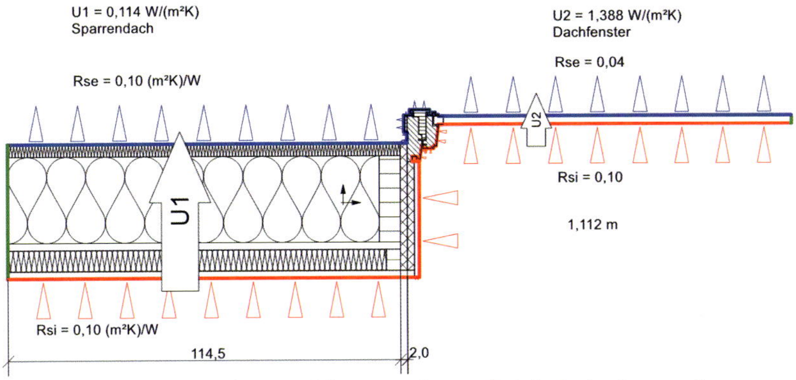

Abb. 7.15: Eingabe Anschluss Dachfenster an Sparrendach in das Isothermen-Programm ZUB Argos Pro

Nun kann der komplette Laibungsanschluss mit Sparrendach und detailliertem Dachfensterrahmen in das Isothermen-Programm eingegeben werden (vgl. Abb. 7.15). Der U_2-Wert für das Dachfenster muss korrigiert werden mit dem berechneten L_0-Wert Fenster von 1,388 W/(m · K). Dem U_2-Wert wird die Länge 1 m zugeordnet. Die Länge des Dachfensters ist im L_0-Wert des Dachfensters schon berücksichtigt worden.

Für den Dachfensteranschluss an das Sparrendach mit detaillierten Fensterrahmen ergibt sich ein ψ Wert von **0,106 W/(m · K)** (vgl. Abb. 7.16).

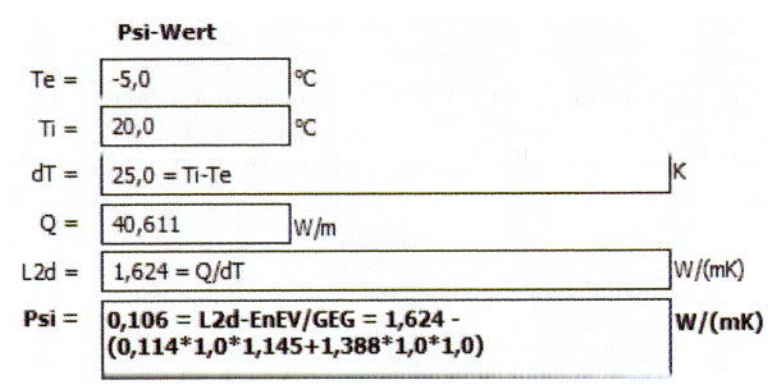

Abb. 7.16: Berechnung des ψ-Werts mit dem Isothermen-Programm ZUB Argos Pro

Der ψ-Wert für die Berechnung mit dem detaillierten Fensterrahmen ist etwas höher als der ψ-Wert für das gleiche Detail mit dem Ersatzmodell (vgl. Abb. 7.11); der hierfür ermittelte ψ-Wert ohne Korrekturwert beträgt 0,044 W/(m · K). Der Korrekturwert verringert den ψ-Wert auf –0,046 W/(m · K), was wesentlich niedriger ist (vgl. dazu weiter oben).

7.4.4 ψ-Wert-Berechnung für weitere Bauelemente

Die ψ-Wert-Berechnung für weitere Bauelemente wie Lichtkuppeln und Fassadenelemente erfolgt nach dem gleichen Prinzip (vgl. Kapitel 7.4.2 und 7.4.3). Auch bei diesen Bauelementen kann gewählt werden, ob diese mit einem Ersatzmodell (vgl. Kapitel 6.4.1) oder detailliert berechnet werden sollen. Werden die Bauelemente mit einem Ersatzmodell berechnet, müssen – wie in Kapitel 7.4.2 und 7.4.3 beschrieben – Korrekturwerte berücksichtigt werden. Werden die Bauelemente mit einem detaillierten Fensterrahmen berücksichtigt, können die Fensterrahmen nach DIN 4108 Beiblatt 2, Anhang F, verwendet werden. Alle Fensterrahmen aus dem Anhang F sind in den Bibliotheken der meisten Isothermen-Programme hinterlegt.

In den Kapiteln 8, 9 und 10 wird an 3 Gebäuden beispielhaft dargestellt, wie ein detaillierter Wärmbrückennachweis durchgeführt werden kann. Dort sind alle Wärmebrücken für die Gebäude zeichnerisch dargestellt und es wird ausgeführt, wie die Details in ein Isothermen-Programm einzugeben sind und wie der ψ-Wert für die Details berechnet wird.

8 Beispiel 1: Einfamilienhaus als Holztafelbau – detaillierte Berechnung des Wärmebrückenfaktors ΔU_{WB}

In diesem Kapitel wird beispielhaft dargestellt, wie die detaillierte Wärmebrückenberechnung für ein Wohngebäude durchgeführt werden kann. Als Beispiel wird ein Einfamilienhaus ohne Keller berechnet. Es entspricht den Anforderungen eines KfW-Effizienzhauses 40 und wurde in Holztafelbauweise konzipiert.

Alle Wärmebrückendetails wurden mit dem Isothermen-Programm ZUB Argos Pro berechnet.

8.1 Kennzeichnung der Wärmebrückendetails in den Plänen

Für die Kennzeichnung der Wärmebrücken in den Plänen wird bei diesem Beispiel von unten nach oben durchnummeriert:

- 1.0 – alle Wärmebrücken der Bodenplatte,
- 2.0 – alle Wärmebrücken der Außenwände,
- 3.0 – alle Wärmebrücken der Geschossdecke,
- 4.0 – alle Wärmebrücken der obersten Geschossdecke,
- 5.0 – alle Fensteranschlüsse unten,
- 6.0 – alle Fensteranschlüsse oben,
- 7.0 – alle Fensteranschlüsse seitlich.

Die Abb. 8.1 bis 8.8 zeigen Pläne des Beispielgebäudes, in denen die vorhandenen Wärmebrücken gekennzeichnet und nummeriert sind.

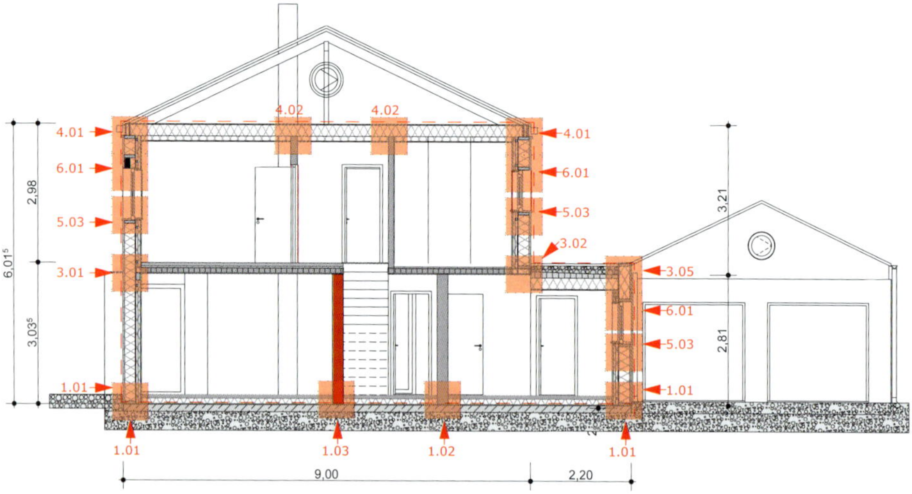

Abb. 8.1: Beispielgebäude – Schnitt A-A

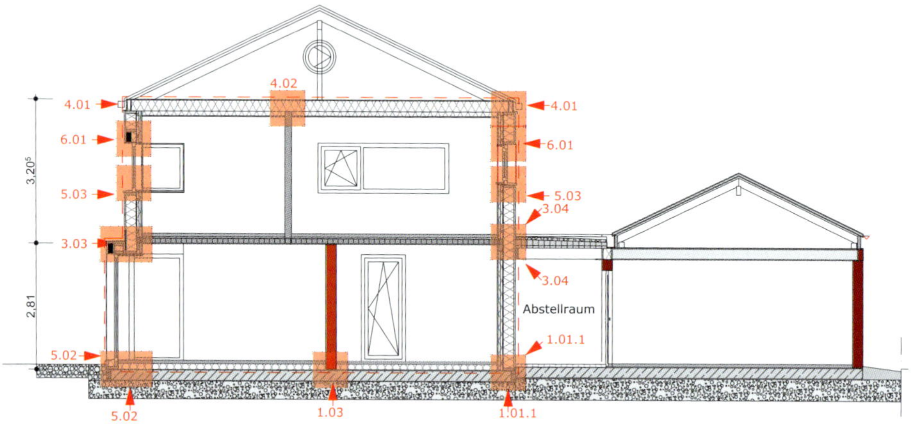

Abb. 8.2: Beispielgebäude – Schnitt B-B

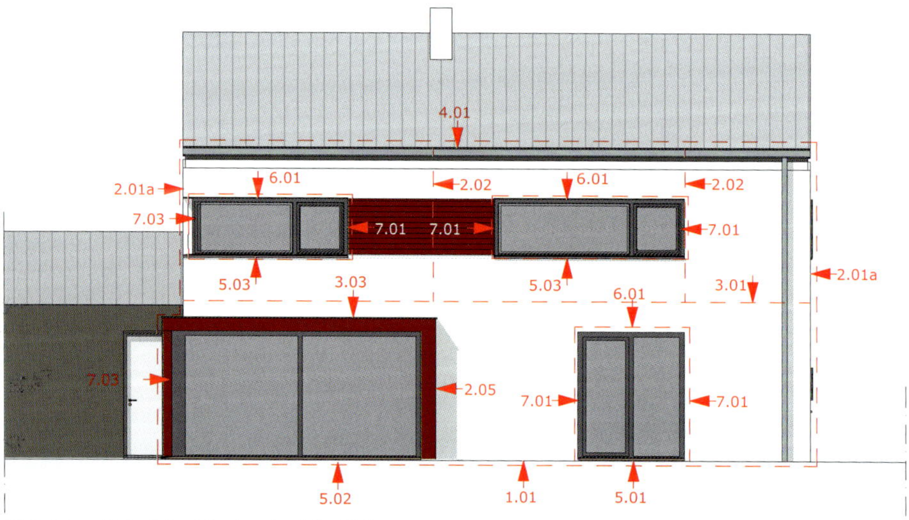

Abb. 8.3: Beispielgebäude – Ansicht Süd

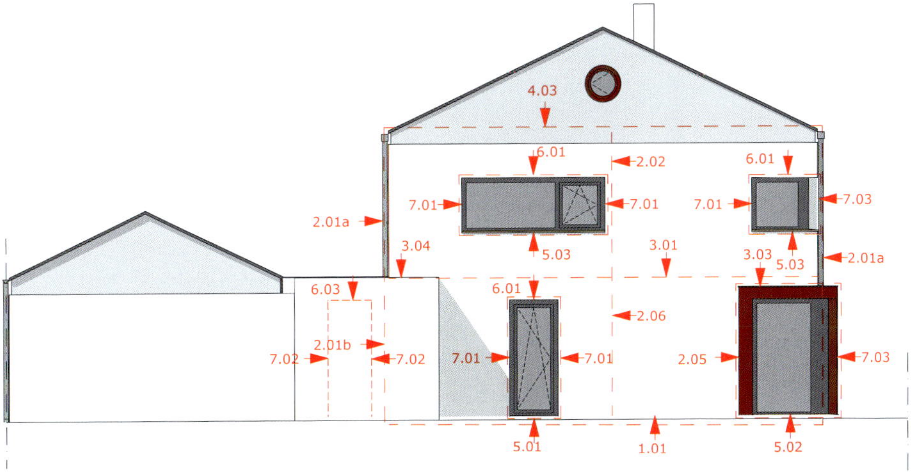

Abb. 8.4: Beispielgebäude – Ansicht West

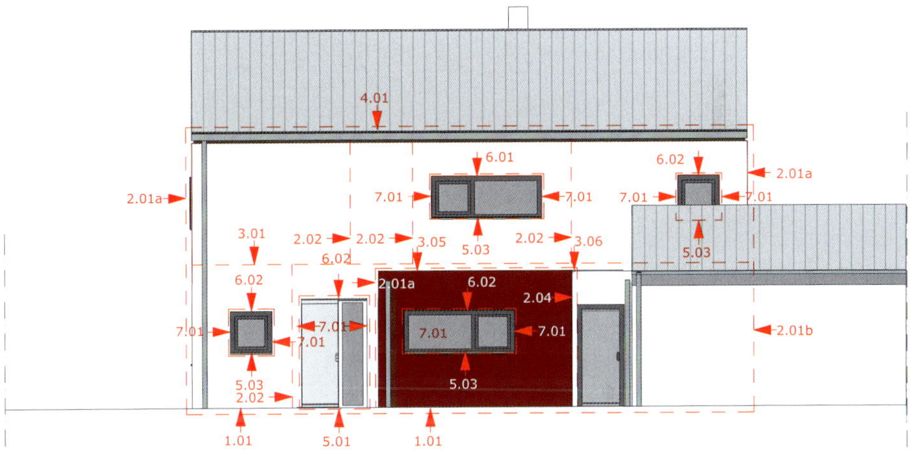

Abb. 8.5: Beispielgebäude – Ansicht Nord

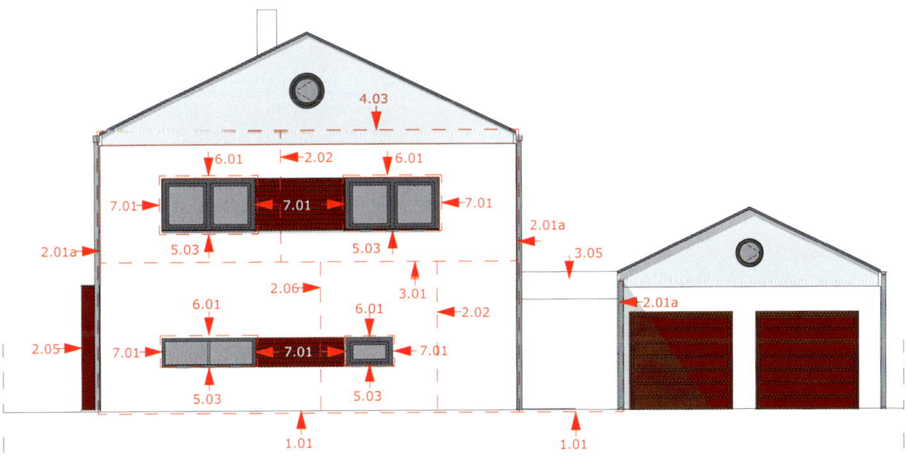

Abb. 8.6: Beispielgebäude – Ansicht Ost

Abb. 8.7: Beispielgebäude – Grundriss Erdgeschoss

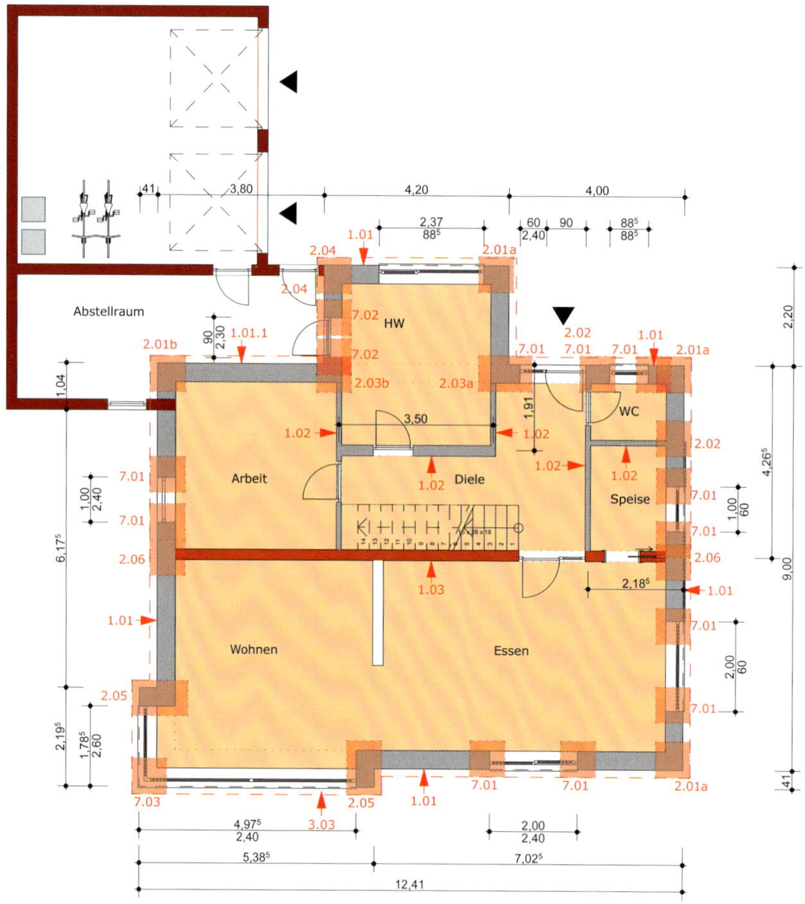

Abb. 8.8: Beispielgebäude – Grundriss Obergeschoss

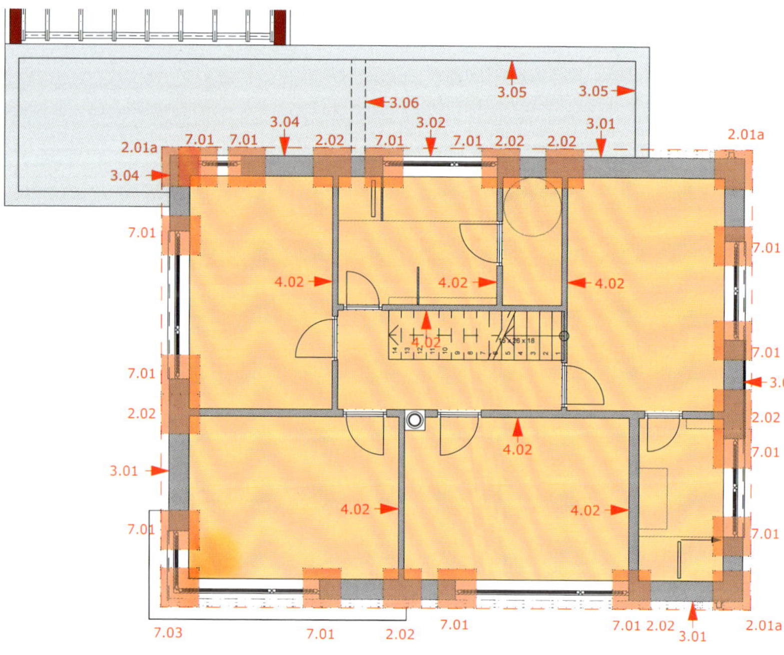

8.2 Bestimmung der *U*-Werte für die Außenbauteile

Die Abb. 8.9 bis 8.13 stellen die Außenbauteile mit den einzelnen Schichtungen dar.

Bei Fachwerken wird der ψ-Wert immer durch die Gefache bestimmt. Der *U*-Wert ist dann auch ohne die Holzständer zu bestimmen. Die *U*-Werte der Bauteile wurden mit dem Programm ZUB Argos Pro berechnet.

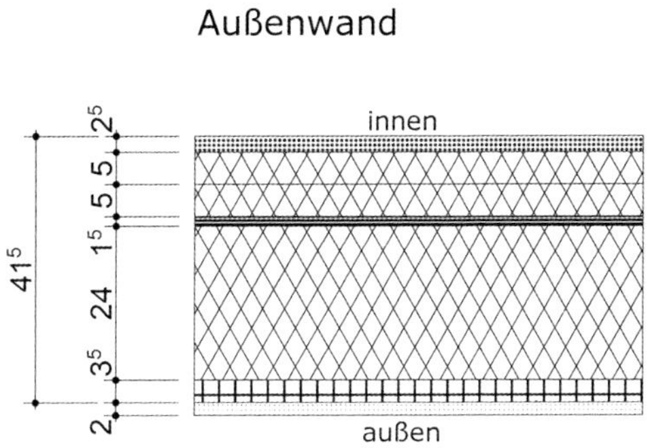

Aufbau:

- 2,5 cm Gipskartonplatten
- 10 cm Wärmedämmung 035
- 1,5 cm OSB-Platten
- 24 cm Wärmedämmung 040
- 3,5 cm Holzwolleplatten 090
- 2,0 cm Außenputz

***U*-Wert = 0,103 W/(m² · K)**

Abb. 8.9: Beispielhaus – Schichtaufbau Außenwand

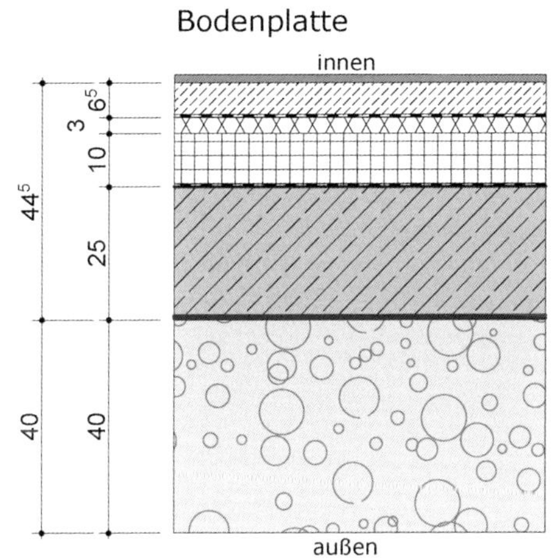

Aufbau:

- 6,5 cm Z-Estrich
- 3,0 cm Trittschalldämmung 040
- 10 cm Wärmedämmung 040
- 25 cm Stahlbeton
- 40 cm Glasschotterschicht

***U*-Wert = 0,115 W/(m² · K)**

Abb. 8.10: Beispielhaus – Schichtaufbau Bodenplatte

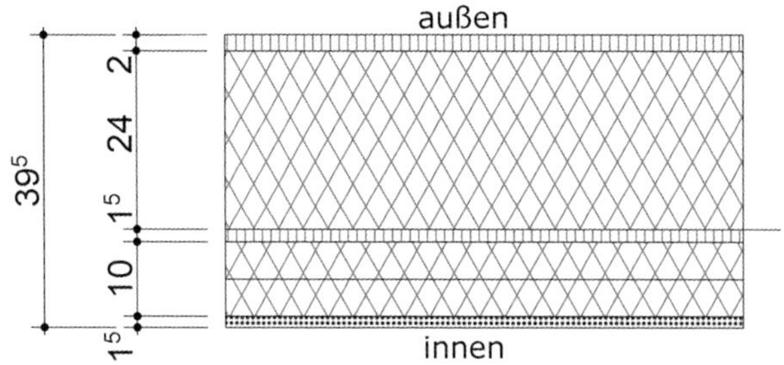

Aufbau:
- 1,5 cm OSB-Platte
- 24 cm Wärmedämmung 040
- 1,5 cm OSB-Platte
- 10 cm Wärmedämmung 035
- 1,5 cm Gipskartonplatte

***U*-Wert = 0,106 W/(m² · K)**

Abb. 8.11: Beispielhaus – Schichtaufbau oberste Geschossdecke

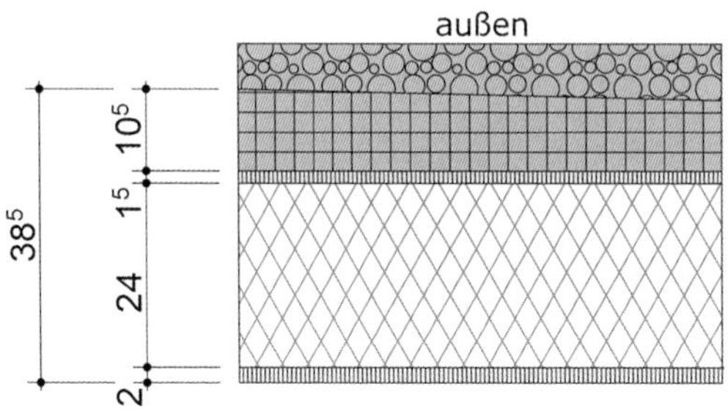

Aufbau:
- 10 cm Gefälledämmung 032
- 1,5 cm OSB-Platte
- 24 cm Wärmedämmung 040
- 1,5 cm OSB-Platte

***U*-Wert = 0,105 W/(m² · K)**

Abb. 8.12: Beispielhaus – Schichtaufbau Flachdach Anbau

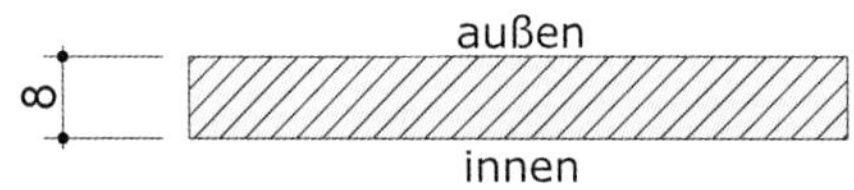

Aufbau:
- 7,8 cm Holzriegel

***U*-Wert = 1,299 W/(m² · K)**

Abb. 8 .13: Beispielhaus – Fenster; vereinfacht dargestellt nach DIN 4108 Beiblatt 2

8.3 Berechnung der ψ-Werte

In den nachfolgenden Abbildungen und Tabellen wird dargestellt, wie der ψ-Wert für die einzelnen Details zu berechnen ist. In den Detailplänen sind alle notwendigen Maße für die Berechnung rot gekennzeichnet. Wie ψ-Werte berechnet werden, wird in den Kapiteln 1.2, 2.2 und 7 ausführlich erläutert.

8.3.1 Wärmebrückendetails der Bodenplatte

Detail 1.01 (Abb. 8.14) – Anschluss Außenwand auf Bodenplatte

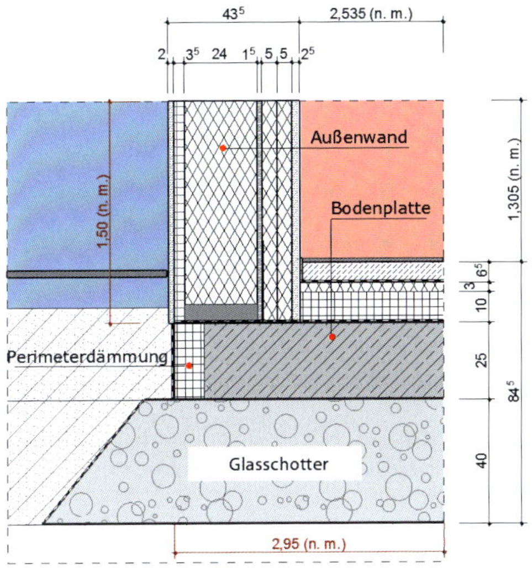

Abb. 8.14: Detail 1.01 – Anschluss Außenwand auf Bodenplatte. Die Abmessungen in roter Schriftfarbe kennzeichnen den Außenmaßbezug (n. m. = nicht maßstäblich).

Berechnung des Wärmestroms gegen Außenluft und Erdreich

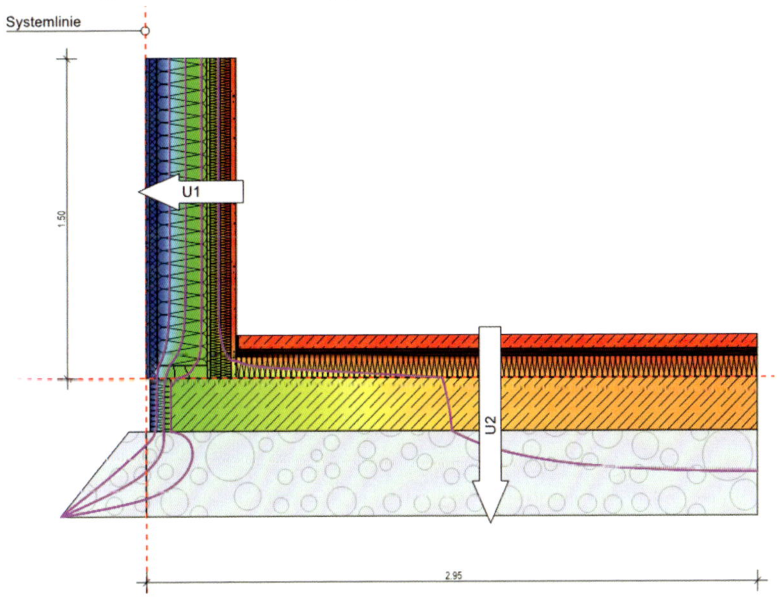

Abb. 8.15: Detail 1.01 – Wärmestrom gegen Außenluft und Erdreich über die Systemlinie; dargestellt mit dem Isothermen-Programm ZUB Argos Pro

Tabelle 8.1: Berechnungstabelle für den ψ-Wert des Details 1.01 (Wärmestrom gegen Außenluft und Erdreich über die Systemlinie); Berechnung nach DIN 4108 Beiblatt 2 und DIN EN ISO 10211; berechnet mithilfe des Isothermen-Programms ZUB Argos Pro

Psi-Wert		
Te =	-5,0	°C
Ti =	20,0	°C
dT =	25,0 = Ti-Te	K
Q =	7,342	W/m
L2d =	0,294 = Q/dT	W/(mK)
Psi =	**0,054 = L2d-EnEV/GEG = 0,294 - (0,104*1,0*1,5+0,114*0,25*2,955)**	**W/(mK)**
ψ-Wert =	**0,054 W/(m · K)**	

Länge gesamt		**Σ m**	**29,73**
Lage	Länge	Anzahl	gesamt
Süd	12,410	1,00	12,41
West	2,190	1,00	2,19
	6,180	1,00	6,18
	0,410	1,00	0,41
Nord	4,200	1,00	4,20
	4,000	1,00	4,00
Ost	2,200	1,00	2,20
	9,000	1,00	9,00
	0,410	1,00	0,41
Abzug Fenster			
Süd	2,000	-1,00	-2,00
	4,980	-1,00	-4,98
West	1,790	-1,00	-1,79
	1,000	-1,00	-1,00
Nord	1,500	-1,00	-1,50

Der ψ-Wert für das Detail 1.01 (Anschluss Außenwand auf Bodenplatte gegen Außenluft und Erdreich) beträgt 0,054 W/(m · K). Die gesamte Länge der Wärmebrücke beläuft sich auf 29,73 m.

Detail 1.01.1 (Abb. 8.16) – Anschluss Außenwand auf Bodenplatte gegen unbeheizten Abstellraum

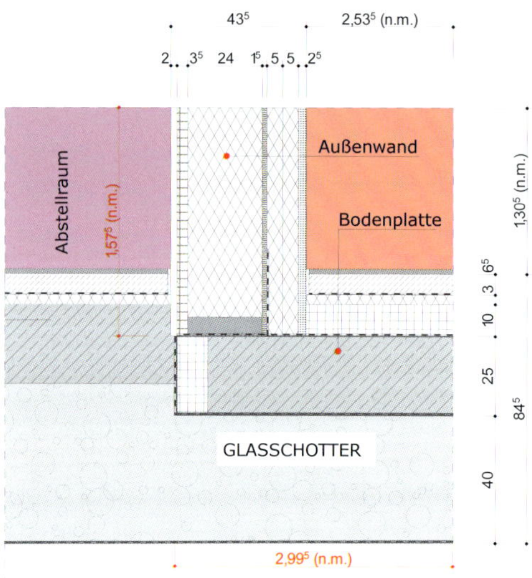

Abb. 8.16: Detail 1.01.1 – Anschluss Außenwand auf Bodenplatte gegen unbeheizten Abstellraum. Die Abmessungen in roter Schriftfarbe kennzeichnen den Außenmaßbezug (n. m. = nicht maßstäblich).

Berechnung des Wärmestroms gegen unbeheizten Abstellraum und Erdreich

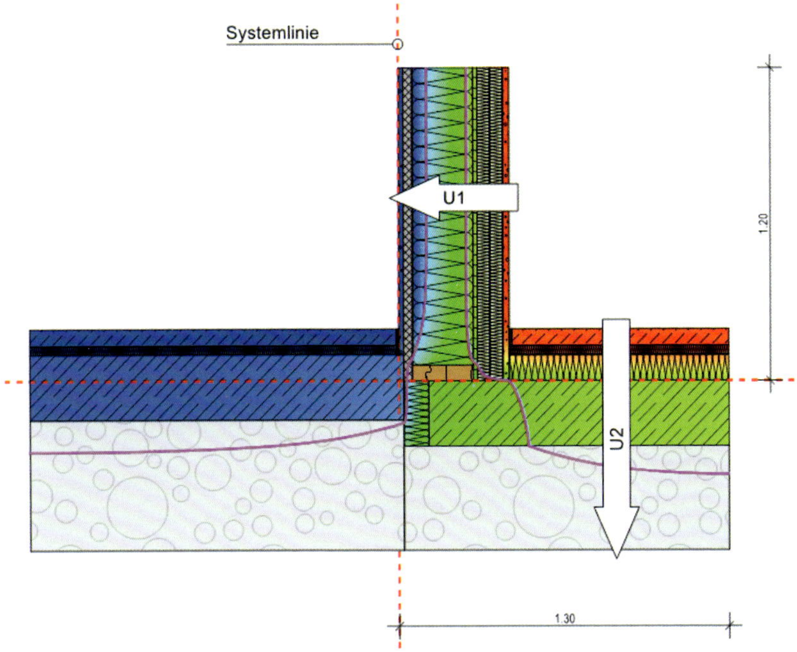

Abb. 8.17: Detail 1.01.1 – Wärmestrom gegen unbeheizten Abstellraum und Erdreich über die Systemlinie; dargestellt mit dem Isothermen-Programm ZUB Argos Pro

Tabelle 8.2: Berechnungstabelle für den ψ-Wert des Details 1.01.1 (Wärmestrom gegen unbeheizten Abstellraum und Erdreich über die Systemlinie); Berechnung nach DIN 4108 Beiblatt 2 und DIN EN ISO 10211; berechnet mithilfe des Isothermen-Programms ZUB Argos Pro

Psi-Wert		
Te =	-5,0	°C
Ti =	20,0	°C
dT =	25,0 = Ti-Te	K
Q =	4,282	W/m
L2d =	0,171 = Q/dT	W/(mK)
Psi =	**0,01 = L2d-EnEV/GEG = 0,171 - (0,103*0,5*1,5+0,114*0,25*2,955)**	**W/(mK)**
ψ-Wert =	**0,010 W/(m · K)**	

Länge gesamt		**Σ m**	**7,04**
Lage	Länge	Anzahl	gesamt
	7,040	1,00	7,04

Der ψ-Wert für das Detail 1.01.1 (Anschluss Außenwand auf Bodenplatte gegen unbeheizten Abstellraum und Erdreich) beträgt 0,010 W/(m · K). Die gesamte Länge der Wärmebrücke beläuft sich auf 7,04 m.

Detail 1.02 (Abb. 8.18) – Anschluss Innenwand auf Bodenplatte (Holzständer)

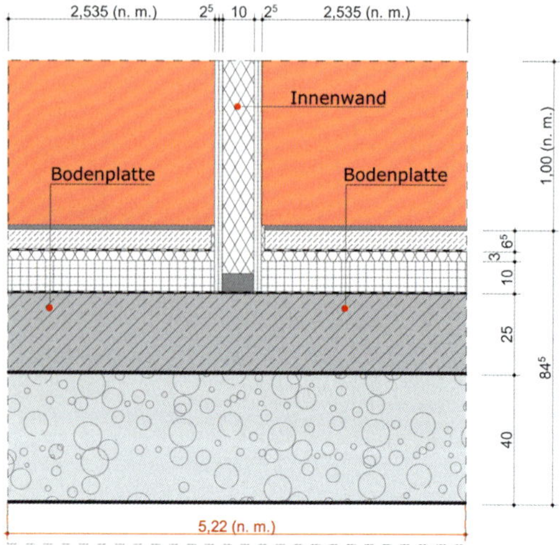

Abb. 8.18: Detail 1.02 – Anschluss Innenwand auf Bodenplatte (Holzständer). Die Abmessungen in roter Schriftfarbe kennzeichnen den Außenmaßbezug (n. m. = nicht maßstäblich).

Berechnung des Wärmestroms zum Erdreich

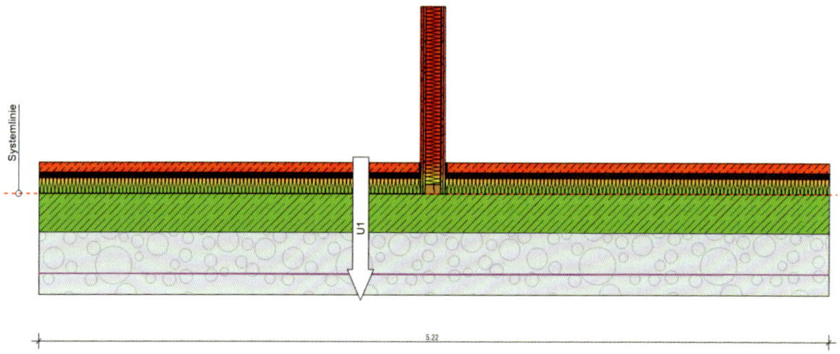

Abb. 8.19: Detail 1.02 – Wärmestrom zum Erdreich über die Systemlinie; dargestellt mit dem Isothermen-Programm ZUB Argos Pro

Tabelle 8.3: Berechnungstabelle für den ψ-Wert des Details 1.02 (Wärmestrom zum Erdreich über die Systemlinie); Berechnung nach DIN 4108 Beiblatt 2 und DIN EN ISO 10211; berechnet mithilfe des Isothermen-Programms ZUB Argos Pro

Psi-Wert		
Te =	-5,0	°C
Ti =	20,0	°C
dT =	25,0 = Ti-Te	K
Q =	3,791	W/m
L2d =	0,152 = Q/dT	W/(mK)
Psi =	**0,002 = L2d-EnEV/GEG = 0,152 - (0,114*0,25*5,22)**	**W/(mK)**
***ψ*-Wert =**	**0,002 W/(m · K)**	

Länge gesamt		Σ m	16,13
Lage	Länge	Anzahl	gesamt
EG	4,265	2,00	8,53
	1,910	1,00	1,91
	3,500	1,00	3,50
	2,185	1,00	2,19

Der ψ-Wert für das Detail 1.02 beträgt 0,002 W/(m · K). Die gesamte Länge der Wärmebrücke beläuft sich auf 16,13 m.

Detail 1.03 (Abb. 8.20) – Anschluss Innenwand auf Bodenplatte (Ziegel)

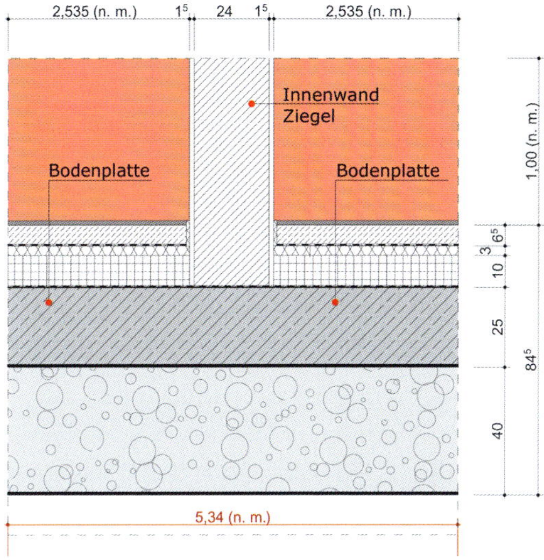

Abb. 8.20: Detail 1.03 – Anschluss Innenwand auf Bodenplatte (Ziegel). Die Abmessungen in roter Schriftfarbe kennzeichnen den Außenmaßbezug (n. m. = nicht maßstäblich).

Berechnung des Wärmestroms zum Erdreich

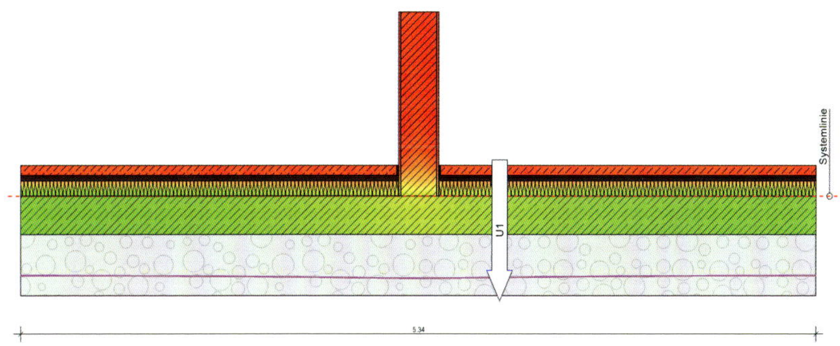

Abb. 8.21: Detail 1.03 – Wärmestrom zum Erdreich über die Systemlinie; dargestellt mit dem Isothermen-Programm ZUB Argos Pro

Tabelle 8.4: Berechnungstabelle für den ψ-Wert des Details 1.03 (Wärmestrom zum Erdreich über die Systemlinie); Berechnung nach DIN 4108 Beiblatt 2 und DIN EN ISO 10211; berechnet mithilfe des Isothermen-Programms ZUB Argos Pro

Psi-Wert		
Te =	-5,0	°C
Ti =	20,0	°C
dT =	25,0 = Ti-Te	K
Q =	4,179	W/m
L2d =	0,167 = Q/dT	W/(mK)
Psi =	**0,015 = L2d-EnEV/GEG = 0,167 - (0,114*0,25*5,34)**	**W/(mK)**
ψ-Wert =	**0,015 W/(m · K)**	

Länge gesamt		Σ m	12,41
Lage	Länge	Anzahl	gesamt
EG	12,410	1,00	12,41

Der ψ-Wert für das Detail 1.03 beträgt 0,015 W/(m · K). Die gesamte Länge der Wärmebrücke beläuft sich auf 12,41 m.

8.3.2 Wärmebrückendetails der Außenwand

Detail 2.01a (Abb. 8.22) – Außenecke gegen Außenluft

Abb. 8.22: Detail 2.01a – Außenecke gegen Außenluft. Die Abmessungen in roter Schriftfarbe kennzeichnen den Außenmaßbezug (n. m. = nicht maßstäblich).

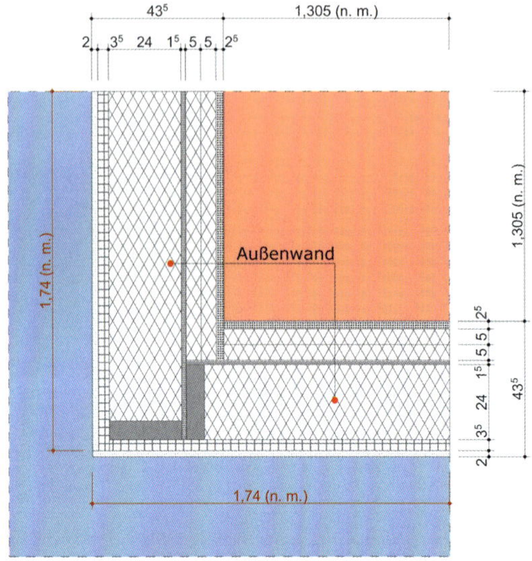

Berechnung des Wärmestroms zur Außenluft

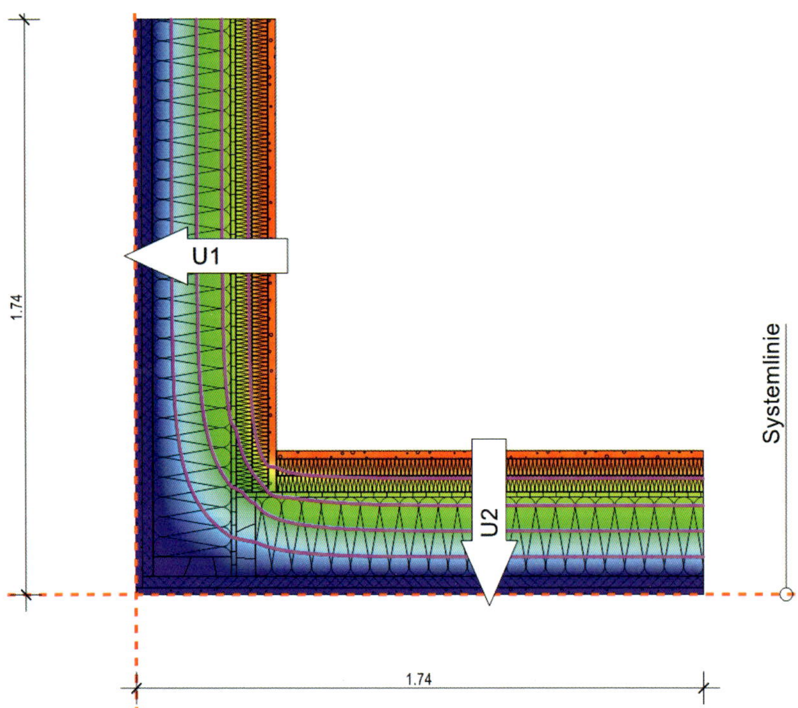

Abb. 8.23: Detail 2.01a – Wärmestrom zur Außenluft über die Systemlinie; dargestellt mit dem Isothermen-Programm ZUB Argos Pro

Tabelle 8.5: Berechnungstabelle für den ψ-Wert des Details 2.01a (Wärmestrom zur Außenluft über die Systemlinie); Berechnung nach DIN 4108 Beiblatt 2 und DIN EN ISO 10211; berechnet mithilfe des Isothermen-Programms ZUB Argos Pro

Psi-Wert		
Te =	-5,0	°C
Ti =	20,0	°C
dT =	25,0 = Ti-Te	K
Q =	7,642	W/m
L2d =	0,306 = Q/dT	W/(mK)
Psi =	**-0,055 = L2d-EnEV/GEG = 0,306 - (0,104*1,0*1,74+0,104*1,0*1,74)**	**W/(mK)**
ψ-Wert =	**-0,055 W/(m · K)**	

Länge gesamt		**Σ m**	**21,27**
Lage	Länge	Anzahl	gesamt
Süd	6,020	2,00	12,04
Abzug Fenster	2,810	-1,00	-2,81
Nord	6,020	1,00	6,02
	3,210	1,00	3,21
Anbau			
Nord/Ost	2,81	1,00	2,81

Der ψ-Wert für das Detail 2.01a (Wärmestrom gegen Außenluft) beträgt −0,055 W/(m · K). Die gesamte Länge der Wärmebrücke beläuft sich auf 21,27 m.

Detail 2.01b (Abb. 8.24) – Außenecke gegen unbeheizten Abstellraum

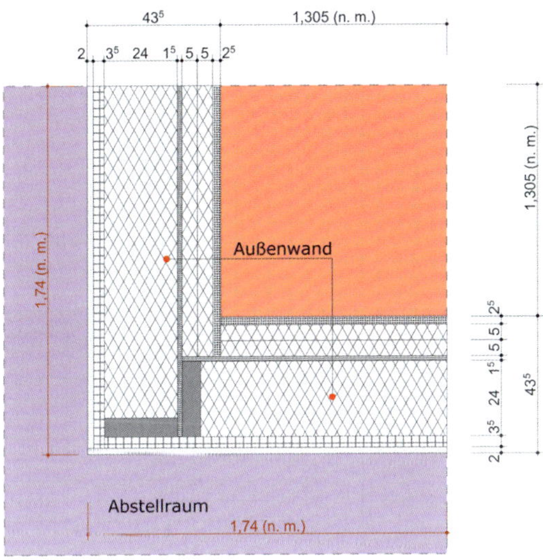

Abb. 8.24: Detail 2.01b – Außenecke gegen unbeheizten Abstellraum. Die Abmessungen in roter Schriftfarbe kennzeichnen den Außenmaßbezug (n. m. = nicht maßstäblich).

Berechnung des Wärmestroms zum unbeheizten Abstellraum

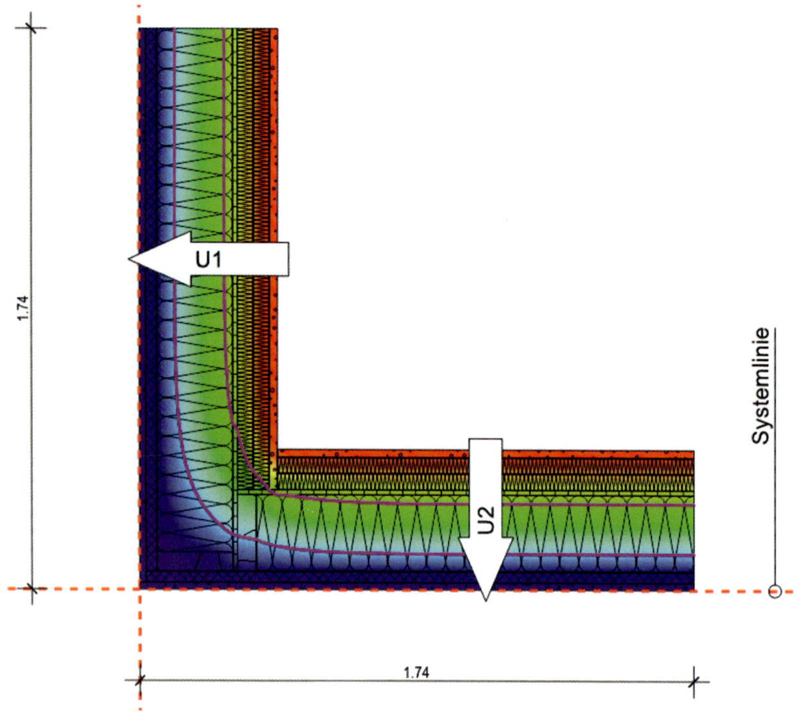

Abb. 8.25: Detail 2.01b – Wärmestrom zum unbeheizten Abstellraum über die Systemlinie; dargestellt mit dem Isothermen-Programm ZUB Argos Pro

Tabelle 8.6: Berechnungstabelle für den ψ-Wert des Details 2.01b (Wärmestrom zum unbeheizten Abstellraum über die Systemlinie); Berechnung nach DIN 4108 Beiblatt 2 und DIN EN ISO 10211; berechnet mithilfe des Isothermen-Programms ZUB Argos Pro

Psi-Wert		
Te =	-5,0	°C
Ti =	20,0	°C
dT =	25,0 = Ti-Te	K
Q =	2,66	W/m
L2d =	0,106 = Q/dT	W/(mK)
Psi =	**-0,027 = L2d-EnEV/GEG = 0,106 - (0,103*0,5*1,3+0,103*0,5*1,3)**	**W/(mK)**
***ψ*-Wert =**	**-0,027 W/(m · K)**	

Länge gesamt		Σ m	2,81
Lage	Länge	Anzahl	gesamt
	2,810	1,00	2,81

Der ψ-Wert für das Detail 2.01b (Wärmestrom gegen unbeheizten Abstellraum) beträgt –0,027 W/(m · K). Die gesamte Länge der Wärmebrücke beläuft sich auf 2,81 m.

Detail 2.02 (Abb. 8.26) – Innenwandanschluss Holzwand

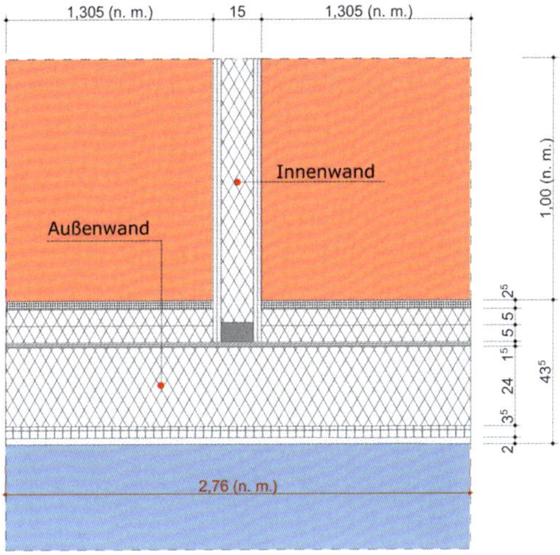

Abb. 8.26: Detail 2.02 – Innenwand an Holzwand. Die Abmessungen in roter Schriftfarbe kennzeichnen den Außenmaßbezug (n. m. = nicht maßstäblich).

Berechnung des Wärmestroms zur Außenluft

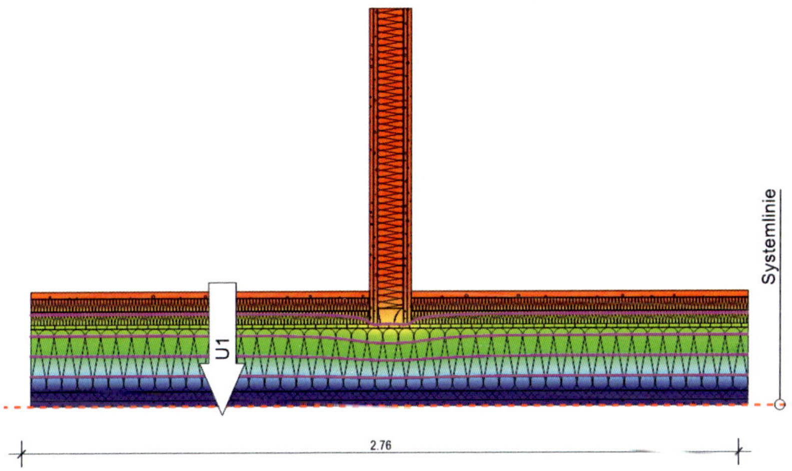

Abb. 8.27: Detail 2.02 – Wärmestrom zur Außenluft über die Systemlinie; dargestellt mit dem Isothermen-Programm ZUB Argos Pro

Tabelle 8.7: Berechnungstabelle für den ψ-Wert des Details 2.02 (Wärmestrom zur Außenluft über die Systemlinie); Berechnung nach DIN 4108 Beiblatt 2 und DIN EN ISO 10211; berechnet mithilfe des Isothermen-Programms ZUB Argos Pro

Psi-Wert		
Te =	-5,0	°C
Ti =	20,0	°C
dT =	25,0 = Ti-Te	K
Q =	7,294	W/m
L2d =	0,292 = Q/dT	W/(mK)
Psi =	**0,006 = L2d-EnEV/GEG = 0,292 - (0,104*1,0*2,76)**	**W/(mK)**
ψ-Wert =	**0,006 W/(m · K)**	

Länge gesamt		**Σ m**	**26,94**
Lage	Länge	Anzahl	gesamt
Süd	2,980	2,00	5,96
West	2,980	1,00	2,98
Nord	3,040	1,00	3,04
	2,980	3,00	8,94
Ost	3,040	1,00	3,04
	2,980	1,00	2,98

Der ψ-Wert für das Detail 2.02 (Wärmestrom gegen Außenluft) beträgt 0,006 W/(m · K). Die gesamte Länge der Wärmebrücke beläuft sich auf 26,94 m.

Detail 2.03a (Abb. 8.28) – Innenecke gegen Außenluft

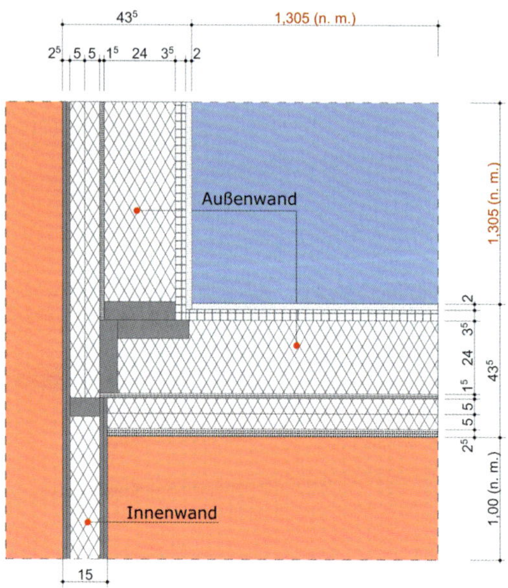

Abb. 8.28: Detail 2.03a – Innenecke gegen Außenluft. Die Abmessungen in roter Schriftfarbe kennzeichnen den Außenmaßbezug (n. m. = nicht maßstäblich).

Berechnung des Wärmestroms zur Außenluft

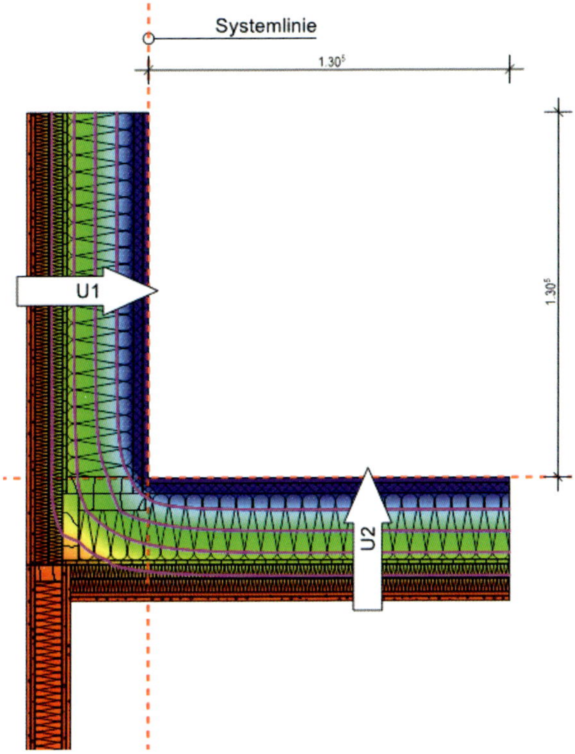

Abb. 8.29: Detail 2.03a – Wärmestrom zur Außenluft über die Systemlinie; dargestellt mit dem Isothermen-Programm ZUB Argos Pro

Tabelle 8.8: Berechnungstabelle für den ψ-Wert des Details 2.03a (Wärmestrom zur Außenluft über die Systemlinie); Berechnung nach DIN 4108 Beiblatt 2 und DIN EN ISO 10211; berechnet mithilfe des Isothermen-Programms ZUB Argos Pro

Psi-Wert		
Te =	-5,0	°C
Ti =	20,0	°C
dT =	25,0 = Ti-Te	K
Q =	7,89	W/m
L2d =	0,316 = Q/dT	W/(mK)
Psi =	**0,046 = L2d-EnEV/GEG = 0,316 - (0,103*1,0*1,305+0,103*1,0*1,305)**	**W/(mK)**
ψ-Wert =	**0,046 W/(m · K)**	

Länge gesamt		Σ m	3,04
Lage	Länge	Anzahl	gesamt
EG Anbau	3,040	1,00	3,04

Der ψ-Wert für das Detail 2.03a (Wärmestrom gegen Außenluft) beträgt 0,046 W/(m · K). Die gesamte Länge der Wärmebrücke beläuft sich auf 3,04 m.

Detail 2.03b (Abb. 8.30) – Innenecke gegen unbeheizten Abstellraum

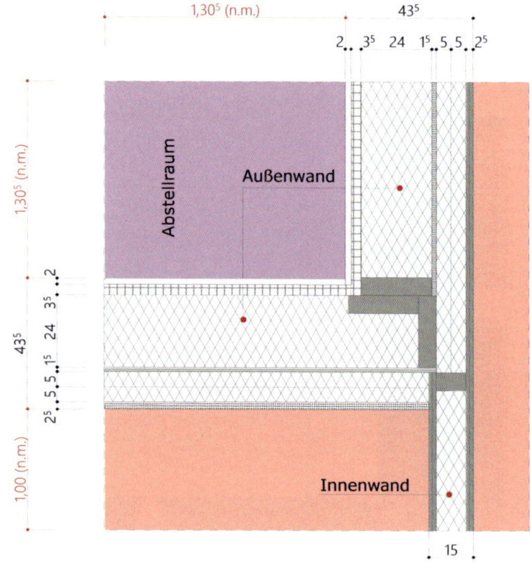

Abb. 8.30: Detail 2.03b – Innenecke zu unbeheiztem Abstellraum. Die Abmessungen in roter Schriftfarbe kennzeichnen den Außenmaßbezug (n. m. = nicht maßstäblich).

Berechnung des Wärmestroms zum unbeheizten Abstellraum

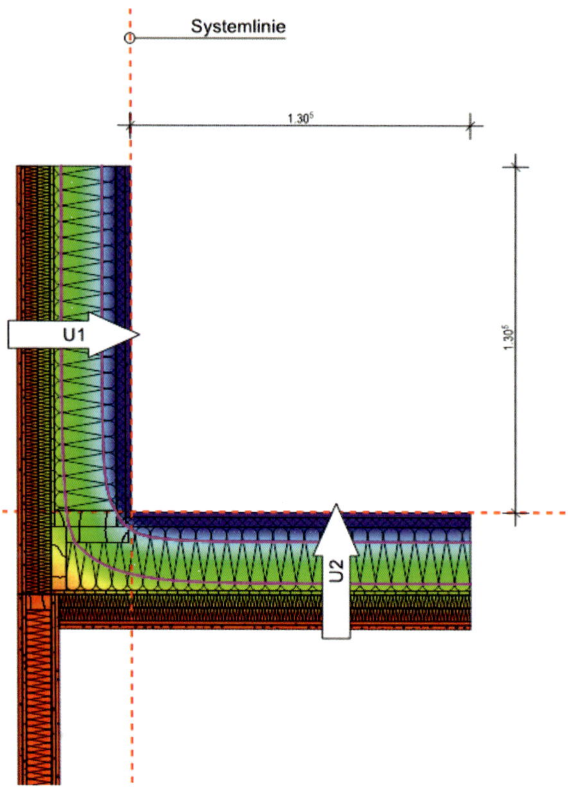

Abb. 8.31: Detail 2.03b – Wärmestrom zum unbeheizten Abstellraum über die Systemlinie; dargestellt mit dem Isothermen-Programm ZUB Argos Pro

Tabelle 8.9: Berechnungstabelle für den ψ-Wert des Details 2.03b (Wärmestrom zum unbeheizten Abstellraum über die Systemlinie); Berechnung nach DIN 4108 Beiblatt 2 und DIN EN ISO 10211; berechnet mithilfe des Isothermen-Programms ZUB Argos Pro

Psi-Wert

Te =	-5,0	°C
Ti =	20,0	°C
dT =	25,0 = Ti-Te	K
Q =	3,894	W/m
L2d =	0,156 = Q/dT	W/(mK)
Psi =	**0,022 = L2d-EnEV/GEG = 0,156 - (0,102*0,5*1,305+0,102*0,5*1,305)**	**W/(mK)**

ψ-Wert = 0,022 W/(m · K)

Länge gesamt		**Σ m**	**3,04**
Lage	Länge	Anzahl	gesamt
EG Anbau	3,040	1,00	3,04

Der ψ-Wert für das Detail 2.03b (Wärmestrom gegen unbeheizten Abstellraum) beträgt 0,022 W/(m · K). Die gesamte Länge der Wärmebrücke beläuft sich auf 3,04 m.

Detail 2.04 (Abb. 8.32) – Außenecke Abstellraum

Diese Außenecke grenzt sowohl an Außenluft als auch an den unbeheizten Abstellraum.

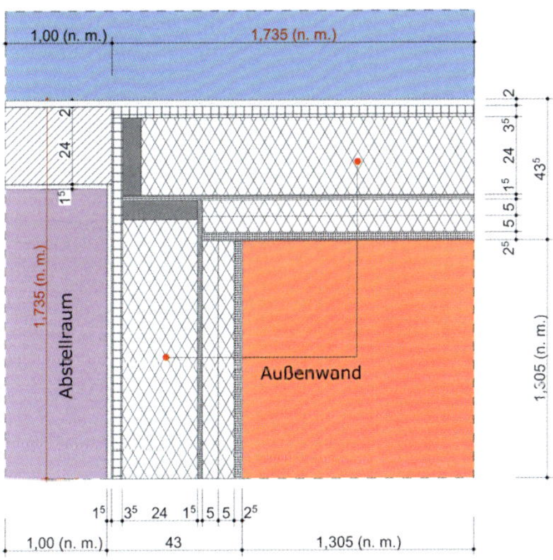

Abb. 8.32: Detail 2.04 – Außenecke Abstellraum. Die Abmessungen in roter Schriftfarbe kennzeichnen den Außenmaßbezug (n. m. = nicht maßstäblich).

Berechnung des Wärmestroms zur Außenluft und zum unbeheizten Abstellraum

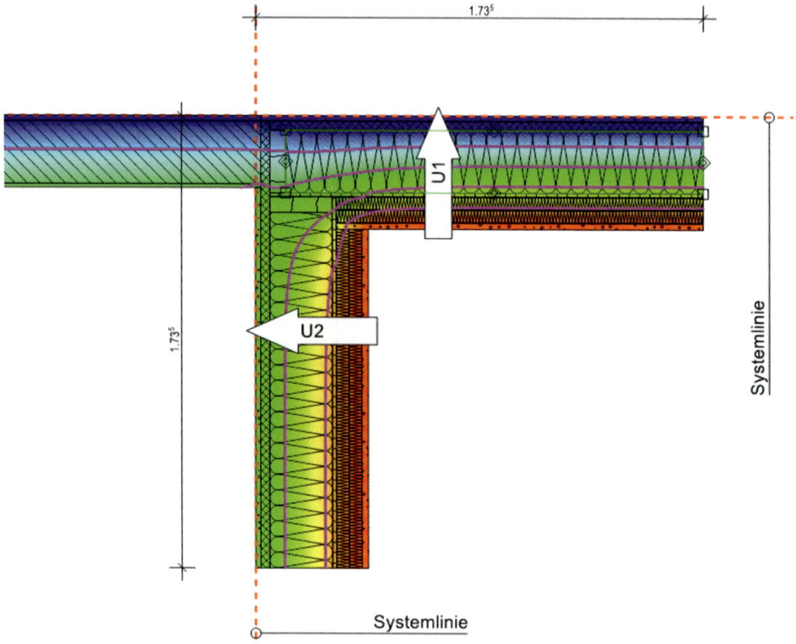

Abb. 8.33: Detail 2.04 – Wärmestrom zur Außenluft und zum unbeheizten Abstellraum über die Systemlinie; dargestellt mit dem Isothermen-Programm ZUB Argos Pro

Tabelle 8.10: Berechnungstabelle für den ψ-Wert des Details 2.04 (Wärmestrom zur Außenluft und zum unbeheizten Abstellraum über die Systemlinie); Berechnung nach DIN 4108 Beiblatt 2 und DIN EN ISO 10211; berechnet mithilfe des Isothermen-Programms ZUB Argos Pro

Psi-Wert		
Te =	-5,0	°C
Ti =	20,0	°C
dT =	25,0 = Ti-Te	K
Q =	5,694	W/m
L2d =	0,228 = Q/dT	W/(mK)
Psi =	**-0,041 = L2d-EnEV/GEG = 0,228 - (0,104*1,0*1,735+0,103*0,5*1,735)**	**W/(mK)**
ψ-Wert =	**-0,041 W/(m · K)**	

Länge gesamt		**Σ m**	**2,81**
Lage	Länge	Anzahl	gesamt
Anbau West	2,810	1,00	2,81

Der ψ-Wert für das Detail 2.04 (Wärmestrom gegen Außenluft und zum unbeheizten Abstellraum) beträgt –0,041 W/(m · K). Die gesamte Länge der Wärmebrücke beläuft sich auf 2,81 m.

Detail 2.05 (Abb. 8.34) – Anschluss Erker an Fenster

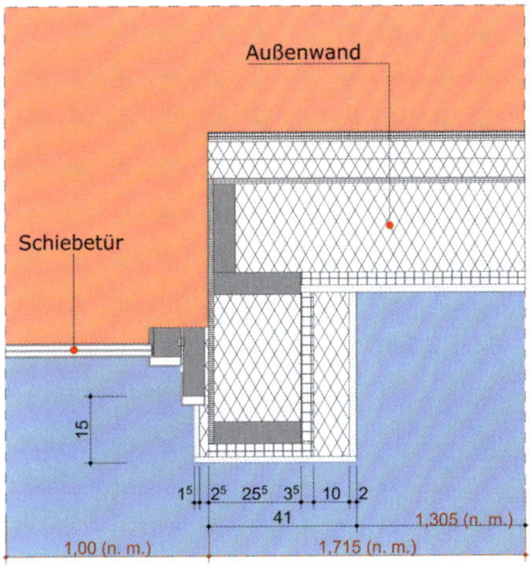

Abb. 8.34: Detail 2.05 – Anschluss Erker an Fenster. Die Abmessungen in roter Schriftfarbe kennzeichnen den Außenmaßbezug (n. m. = nicht maßstäblich).

Berechnung des Wärmestroms zur Außenluft – detaillierter Fensterrahmen

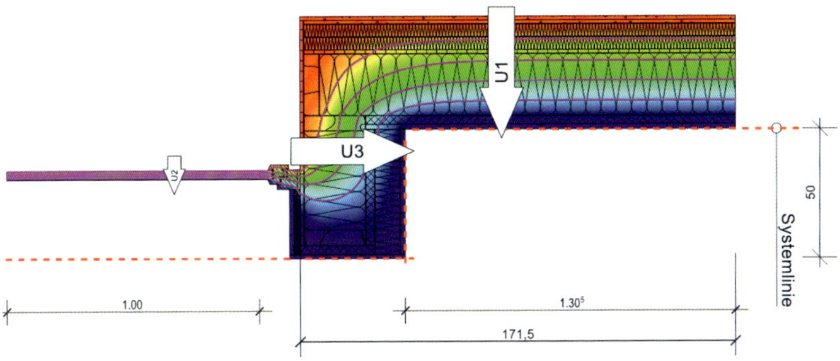

Abb. 8.35: Detail 2.05 – Wärmestrom zur Außenluft über die Systemlinie; dargestellt mit dem Isothermen-Programm ZUB Argos Pro

Tabelle 8.11: Berechnungstabelle für den ψ-Wert des Details 2.05 (Wärmestrom zur Außenluft über die Systemlinie); Berechnung nach DIN 4108 Beiblatt 2 und DIN EN ISO 10211; berechnet mithilfe des Isothermen-Programms ZUB Argos Pro

Psi-Wert		
Te =	-5,0	°C
Ti =	20,0	°C
dT =	25,0 = Ti-Te	K
Q =	31,288	W/m
L2d =	1,252 = Q/dT	W/(mK)
Psi =	**0,0 = L2d-EnEV/GEG = 1,252 - (0,103*1,0*1,715+1,022*1,0*1,0+0,105*1,0*0,5)**	**W/(mK)**
ψ-Wert =	**0,000 W/(m · K)**	

Länge gesamt		**Σ m**	**6,07**
Lage	Länge	Anzahl	gesamt
Süd	3,035	1,00	3,04
West	3,035	1,00	3,04

Der ψ-Wert für das Detail 2.05 (Wärmestrom gegen Außenluft) beträgt 0,000 W/(m · K). Die gesamte Länge der Wärmebrücke beläuft sich auf 6,07 m.

Hinweis: Da der Fensterrahmen detailliert berücksichtigt wurde, muss kein Korrekturfaktor angesetzt werden (vgl. Kapitel 7.4.2).

Detail 2.06 (Abb. 8.36) – Innenwandanschluss Ziegelwand

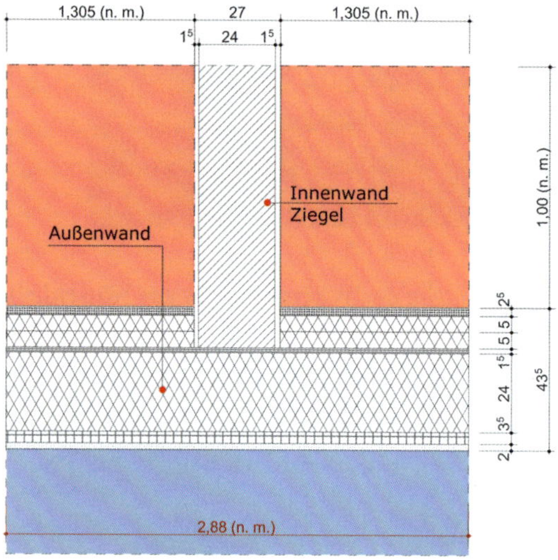

Abb. 8.36: Detail 2.06 – Innenwand Ziegel an Außenwand. Die Abmessungen in roter Schriftfarbe kennzeichnen den Außenmaßbezug (n. m. = nicht maßstäblich).

Berechnung des Wärmestroms zur Außenluft

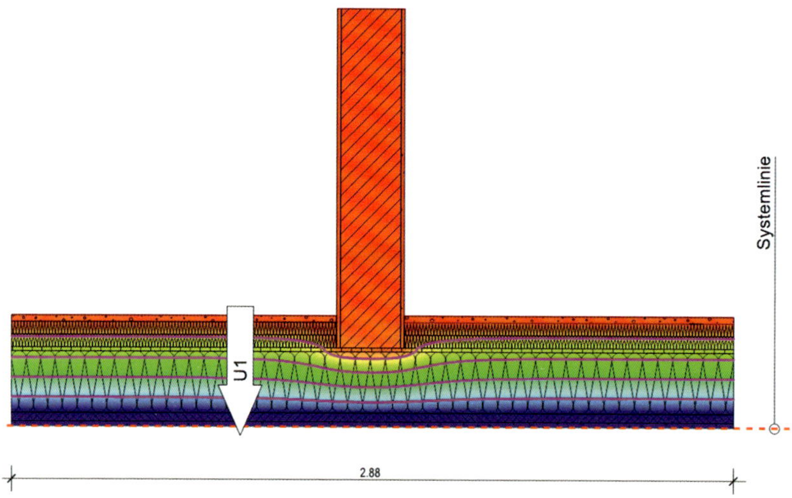

Abb. 8.37: Detail 2.06 – Wärmestrom zur Außenluft über die Systemlinie; dargestellt mit dem Isothermen-Programm ZUB Argos Pro

Tabelle 8.12: Berechnungstabelle für den ψ-Wert des Details 2.06 (Wärmestrom zur Außenluft über die Systemlinie); Berechnung nach DIN 4108 Beiblatt 2 und DIN EN ISO 10211; berechnet mithilfe des Isothermen-Programms ZUB Argos Pro

Psi-Wert

Te =	-5,0	°C
Ti =	20,0	°C
dT =	25,0 = Ti-Te	K
Q =	7,871	W/m
L2d =	0,315 = Q/dT	W/(mK)
Psi =	**0,017 = L2d-EnEV/GEG = 0,315 - (0,104*1,0*2,88)**	**W/(mK)**

ψ-Wert = 0,017 W/(m · K)

Länge gesamt		**Σ m**	**6,07**
Lage	Länge	Anzahl	gesamt
West	3,035	1,00	3,04
Ost	3,035	1,00	3,04

Der ψ-Wert für das Detail 2.06 (Wärmestrom gegen Außenluft) beträgt 0,017 W/(m · K). Die gesamte Länge der Wärmebrücke beläuft sich auf 6,07 m.

8.3.3 Wärmebrückendetails der Geschossdecke

Detail 3.01 (Abb. 8.38) – Auflager Geschossdecke auf der Außenwand

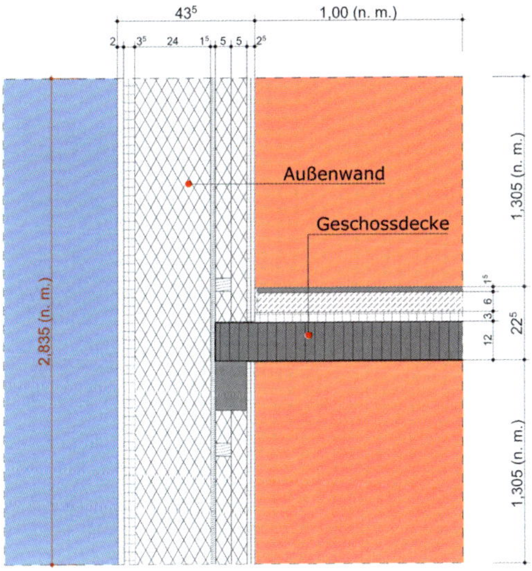

Abb. 8.38: Detail 3.01 – Geschossdecke an Außenwand. Die Abmessungen in roter Schriftfarbe kennzeichnen den Außenmaßbezug (n. m. = nicht maßstäblich).

Berechnung des Wärmestroms zur Außenluft

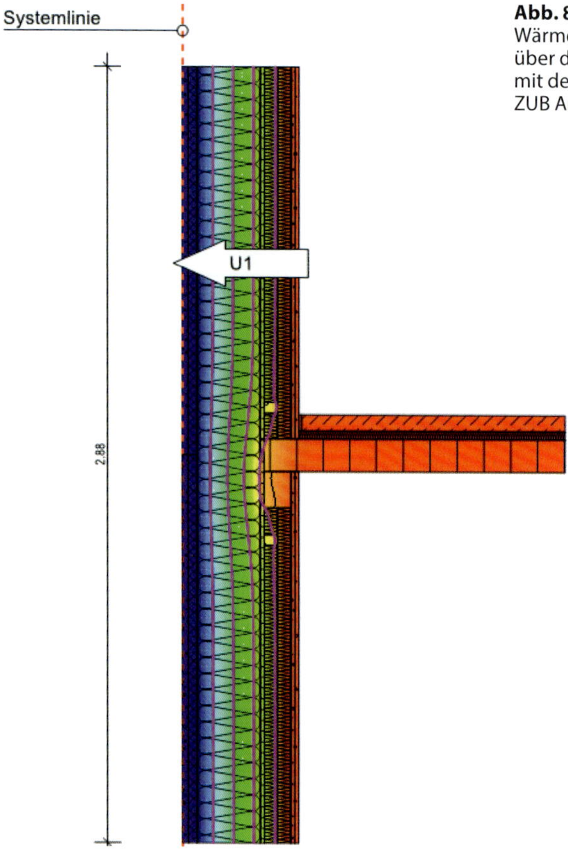

Abb. 8.39: Detail 3.01 – Wärmestrom zur Außenluft über die Systemlinie; dargestellt mit dem Isothermen-Programm ZUB Argos Pro

Tabelle 8.13: Berechnungstabelle für den ψ-Wert des Details 3.01 (Wärmestrom zur Außenluft über die Systemlinie); Berechnung nach DIN 4108 Beiblatt 2 und DIN EN ISO 10211; berechnet mithilfe des Isothermen-Programms ZUB Argos Pro

Psi-Wert		
Te =	-5,0	°C
Ti =	20,0	°C
dT =	25,0 = Ti-Te	K
Q =	7,681	W/m
L2d =	0,307 = Q/dT	W/(mK)
Psi =	**0,01 = L2d-EnEV/GEG = 0,307 - (0,103*1,0*2,88)**	**W/(mK)**
ψ-Wert =	**0,010 W/(m · K)**	

Länge gesamt		**Σ m**	**25,17**
Lage	Länge	Anzahl	gesamt
Süd	7,025	1,00	7,03
West	6,175	1,00	5,14
Nord	4,000	1,00	4,00
Ost	9,000	1,00	9,00

Der ψ-Wert für das Detail 3.01 (Wärmestrom gegen Außenluft) beträgt 0,010 W/(m · K). Die gesamte Länge der Wärmebrücke beläuft sich auf 25,17 m.

Detail 3.02 (Abb. 8.40) – Auflager Geschossdecke (Anschluss Anbau)

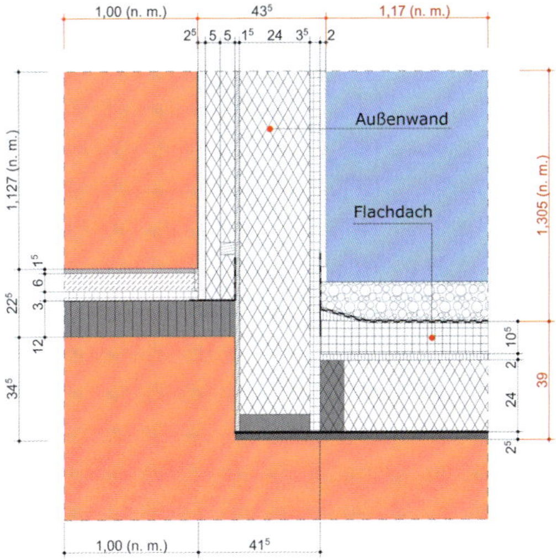

Abb. 8.40: Detail 3.02 – Auflager Geschossdecke (Anschluss Anbau). Die Abmessungen in roter Schriftfarbe kennzeichnen den Außenmaßbezug (n. m. = nicht maßstäblich).

Berechnung des Wärmestroms zur Außenluft

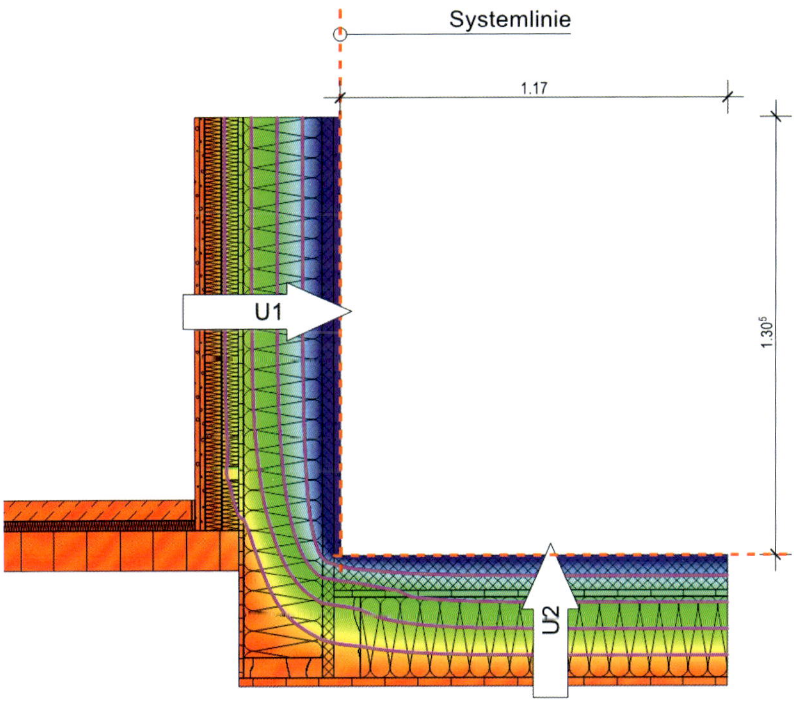

Abb. 8.41: Detail 3.02 – Wärmestrom zur Außenluft über die Systemlinie; dargestellt mit dem Isothermen-Programm ZUB Argos Pro

Tabelle 8.14: Berechnungstabelle für den ψ-Wert des Details 3.02 (Wärmestrom zur Außenluft über die Systemlinie); Berechnung nach DIN 4108 Beiblatt 2 und DIN EN ISO 10211; berechnet mithilfe des Isothermen-Programms ZUB Argos Pro

Psi-Wert

Te =	-5,0	°C
Ti =	20,0	°C
dT =	25,0 = Ti-Te	K
Q =	7,457	W/m
L2d =	0,298 = Q/dT	W/(mK)
Psi =	**0,044 = L2d-EnEV/GEG = 0,298 - (0,103*1,0*1,305+0,102*1,0*1,17)**	**W/(mK)**

ψ-Wert = 0,044 W/(m · K)

Länge gesamt		**Σ m**	**4,20**
Lage	Länge	Anzahl	gesamt
Anbau Nord	4,200	1,00	4,20

Der ψ-Wert für das Detail 3.02 (Wärmestrom gegen Außenluft) beträgt 0,044 W/(m · K). Die gesamte Länge der Wärmebrücke beläuft sich auf 4,20 m.

Detail 3.03 (Abb. 8.42) – Auflager Geschossdecke (Anschluss Erker)

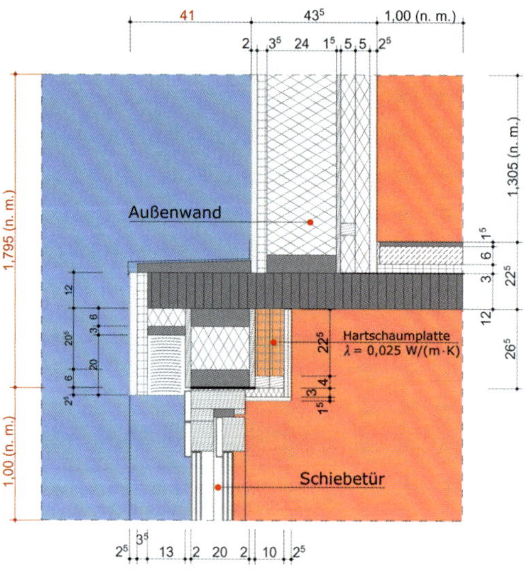

Abb. 8.42: Detail 3.03 – Auflager Geschossdecke (Anschluss Erker). Die Abmessungen in roter Schriftfarbe kennzeichnen den Außenmaßbezug (n. m. = nicht maßstäblich).

Berechnung des Wärmestroms zur Außenluft – detaillierter Fensterrahmen

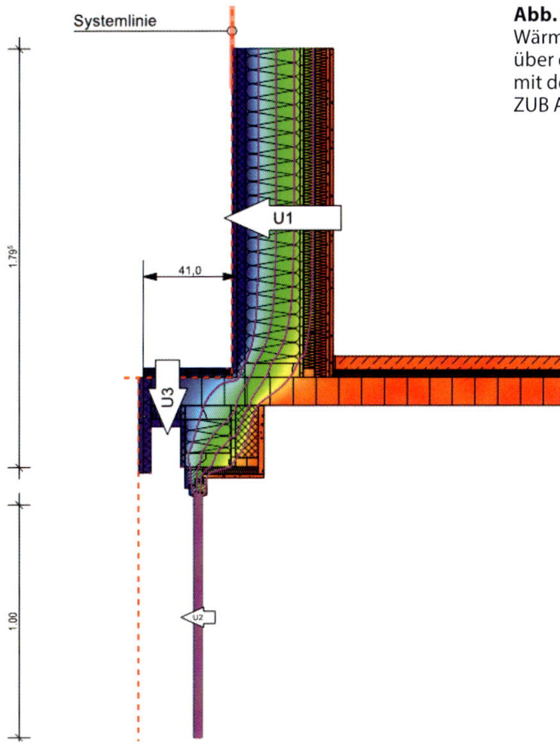

Abb. 8.43: Detail 3.03 – Wärmestrom zur Außenluft über die Systemlinie; dargestellt mit dem Isothermen-Programm ZUB Argos Pro

Tabelle 8.15: Berechnungstabelle für den ψ-Wert des Details 3.03 (Wärmestrom zur Außenluft über die Systemlinie); Berechnung nach DIN 4108 Beiblatt 2 und DIN EN ISO 10211; berechnet mithilfe des Isothermen-Programms ZUB Argos Pro

Psi-Wert		
Te =	-5,0	°C
Ti =	20,0	°C
dT =	25,0 = Ti-Te	K
Q =	32,35	W/m
L2d =	1,294 = Q/dT	W/(mK)
Psi =	0,044 = L2d-EnEV/GEG = 1,294 - (0,103*1,0*1,795+1,022*1,0*1,0+0,105*1,0*0,41)	W/(mK)
ψ-Wert =	0,044 W/(m · K)	

Länge gesamt		Σ m	7,58
Lage	Länge	Anzahl	gesamt
Süd	5,385	1,00	5,39
	2,195	1,00	2,20

Der ψ-Wert für das Detail 3.03 (Wärmestrom gegen Außenluft) beträgt 0,044 W/(m · K). Die gesamte Länge der Wärmebrücke beläuft sich auf 7,58 m.

Hinweis: Da der Fensterrahmen detailliert berücksichtigt wurde, muss kein Korrekturfaktor angesetzt werden (vgl. Kapitel 7.4.2).

Detail 3.04 (Abb. 8.44) – Auflager Geschossdecke (Anschluss unbeheizter Abstellraum)

Abb. 8.44: Detail 3.04 – Auflager Geschossdecke (Anschluss unbeheizter Abstellraum). Die Abmessungen in roter Schriftfarbe kennzeichnen den Außenmaßbezug (n. m. = nicht maßstäblich).

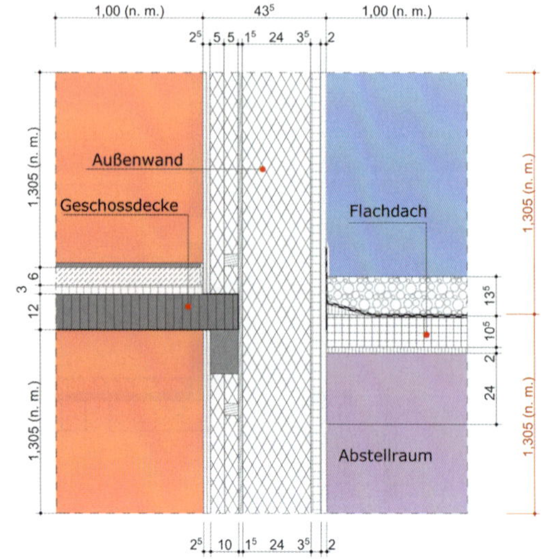

Berechnung des Wärmestroms zur Außenluft und zum unbeheizten Abstellraum

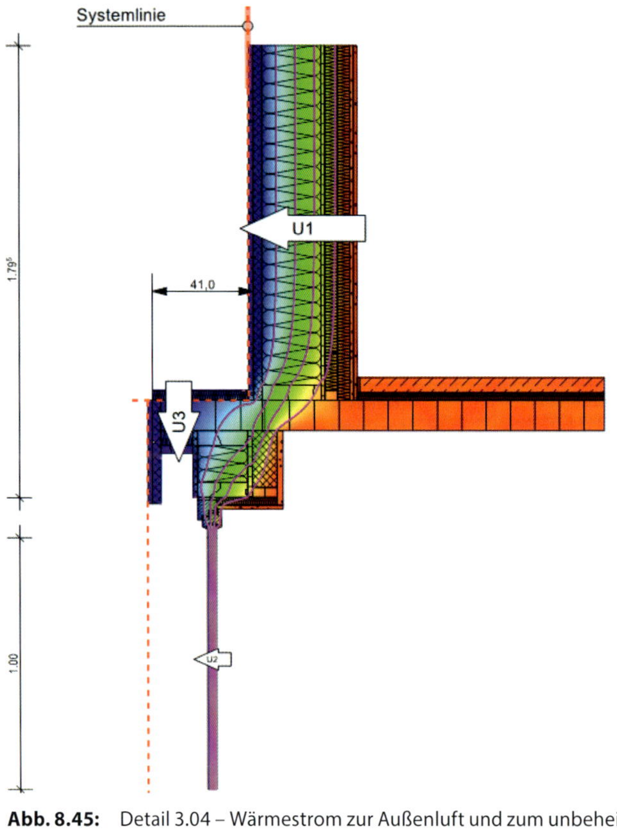

Abb. 8.45: Detail 3.04 – Wärmestrom zur Außenluft und zum unbeheizten Abstellraum über die Systemlinie; dargestellt mit dem Isothermen-Programm ZUB Argos Pro

Tabelle 8.16: Berechnungstabelle für den ψ-Wert des Details 3.04 (Wärmestrom zur Außenluft und zum unbeheizten Abstellraum über die Systemlinie); Berechnung nach DIN 4108 Beiblatt 2 und DIN EN ISO 10211; berechnet mithilfe des Isothermen-Programms ZUB Argos Pro

Psi-Wert		
Te =	-5,0	°C
Ti =	20,0	°C
dT =	25,0 = Ti-Te	K
Q =	5,651	W/m
L2d =	0,226 = Q/dT	W/(mK)
Psi =	**0,011 = L2d-EnEV/GEG = 0,226 - (0,103*1,0*1,305+0,102*0,6*1,305)**	**W/(mK)**
ψ-Wert =	**0,011 W/(m · K)**	

Länge gesamt		**Σ m**	**4,84**
Lage	Länge	Anzahl	gesamt
Anbau	3,800	1,00	3,80
	1,040	1,00	1,04

Der ψ-Wert für das Detail 3.04 (Wärmestrom gegen Außenluft und unbeheizten Abstellraum) beträgt 0,011 W/(m · K). Die gesamte Länge der Wärmebrücke beläuft sich auf 4,84 m.

Detail 3.05 (Abb. 8.46) – Auflager Geschossdecke (Anschluss Flachdach/Außenwand)

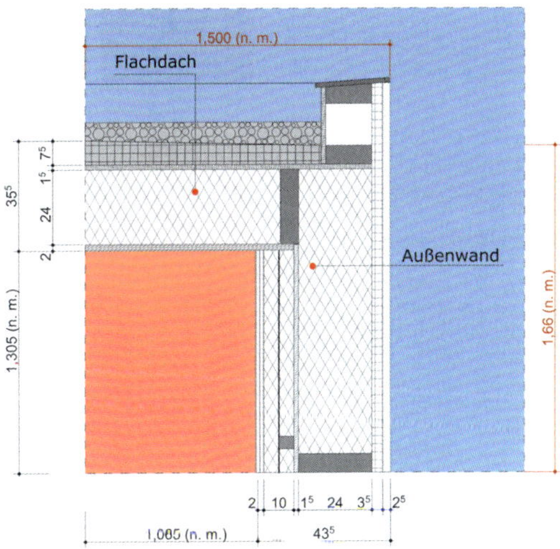

Abb. 8.46: Detail 3.05 – Auflager Geschossdecke (Anschluss Flachdach/Außenwand). Die Abmessungen in roter Schriftfarbe kennzeichnen den Außenmaßbezug (n. m. = nicht maßstäblich).

Berechnung des Wärmestroms über die Außenwand und das Flachdach zur Außenluft

Abb. 8.47: Detail 3.05 – Wärmestrom über die Außenwand und das Flachdach zur Außenluft über die Systemlinie; dargestellt mit dem Isothermen-Programm ZUB Argos Pro

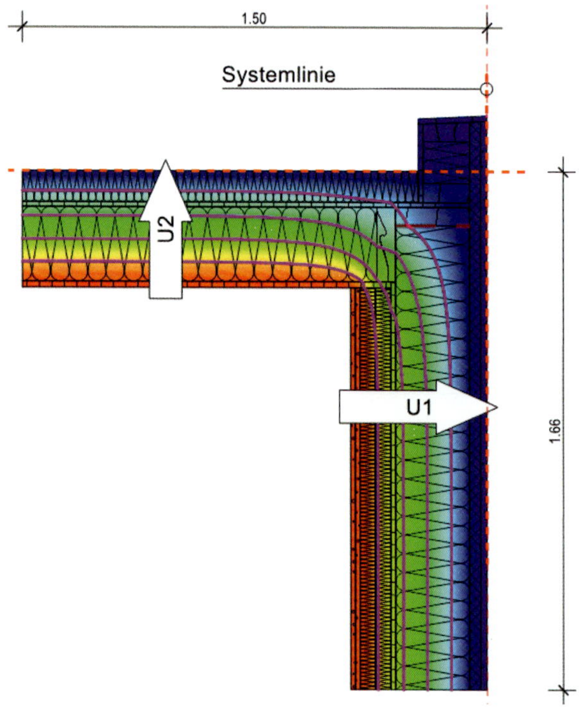

Tabelle 8.17: Berechnungstabelle für den ψ-Wert des Details 3.05 (Wärmestrom über die Außenwand und das Flachdach zur Außenluft über die Systemlinie); Berechnung nach DIN 4108 Beiblatt 2 und DIN EN ISO 10211; berechnet mithilfe des Isothermen-Programms ZUB Argos Pro

Psi-Wert		
Te =	-5,0	°C
Ti =	20,0	°C
dT =	25,0 = Ti-Te	K
Q =	7,01	W/m
L2d =	0,28 = Q/dT	W/(mK)
Psi =	**-0,053 = L2d-EnEV/GEG = 0,28 - (0,103*1,0*1,66+0,108*1,0*1,5)**	**W/(mK)**
ψ-Wert =	**-0,053 W/(m · K)**	

Länge gesamt		**Σ m**	**6,40**
Lage	Länge	Anzahl	gesamt
Anbau			
Ost	2,20	1,00	2,20
Nord	4,20	1,00	4,20

Der ψ-Wert für das Detail 3.05 (Wärmestrom über die Außenwand und das Flachdach zur Außenluft) beträgt –0,053 W/(m · K). Die gesamte Länge der Wärmebrücke beläuft sich auf 6,40 m.

Detail 3.06 (Abb. 8.48) – Auflager Geschossdecke (Anschluss Flachdach/unbeheizter Abstellraum)

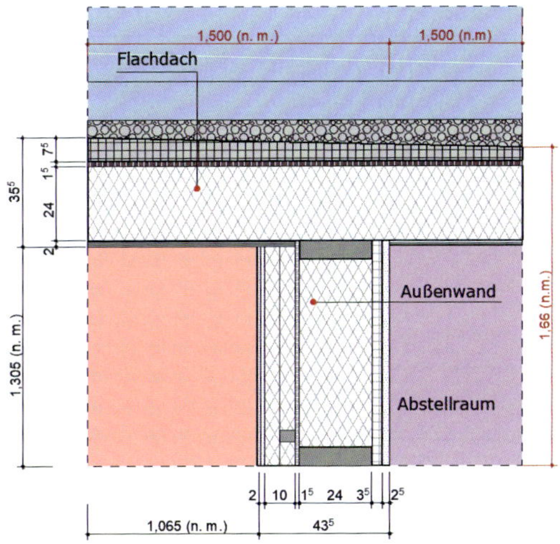

Abb. 8.48: Detail 3.06 – Auflager Geschossdecke (Anschluss Flachdach/unbeheizter Abstellraum). Die Abmessungen in roter Schriftfarbe kennzeichnen den Außenmaßbezug (n. m. = nicht maßstäblich).

Berechnung des Wärmestroms über die Außenwand und das Flachdach zur Außenluft und zum unbeheizten Abstellraum

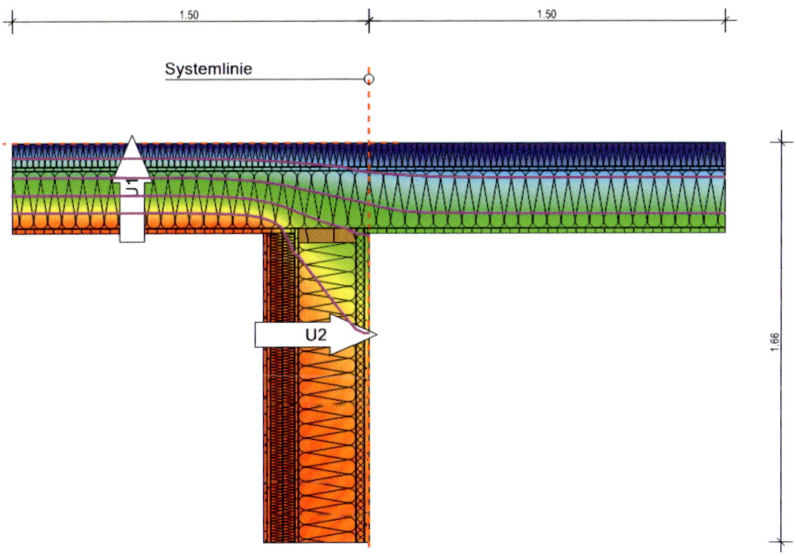

Abb. 8.49: Detail 3.06 – Wärmestrom über die Außenwand und das Flachdach zur Außenluft und zum unbeheizten Abstellraum über die Systemlinie; dargestellt mit dem Isothermen-Programm ZUB Argos Pro

Tabelle 8.18: Berechnungstabelle für den ψ-Wert des Details 3.06 (Wärmestrom über die Außenwand und das Flachdach zur Außenluft und zum unbeheizten Abstellraum über die Systemlinie); Berechnung nach DIN 4108 Beiblatt 2 und DIN EN ISO 10211; berechnet mithilfe des Isothermen-Programms ZUB Argos Pro

Psi-Wert		
Te =	-5,0	°C
Ti =	20,0	°C
dT =	25,0 = Ti-Te	K
Q =	4,032	W/m
L2d =	0,161 = Q/dT	W/(mK)
Psi =	**-0,086 = L2d-EnEV/GEG = 0,161 - (0,108*1,0*1,5+0,104*0,5*1,66)**	**W/(mK)**
ψ-Wert =	**-0,086 W/(m · K)**	

Länge gesamt		**Σ m**	**2,20**
Lage	Länge	Anzahl	gesamt
	2,20	1,00	2,20

Der ψ-Wert für das Detail 3.06 (Wärmestrom über die Außenwand und das Flachdach zur Außenluft und zum unbeheizten Abstellraum) beträgt −0,086 W/(m · K). Die gesamte Länge der Wärmebrücke beläuft sich auf 2,20 m.

8.3.4 Wärmebrückendetails der obersten Geschossdecke

Detail 4.01 (Abb. 8.50) – Anschluss Außenwand/Traufe

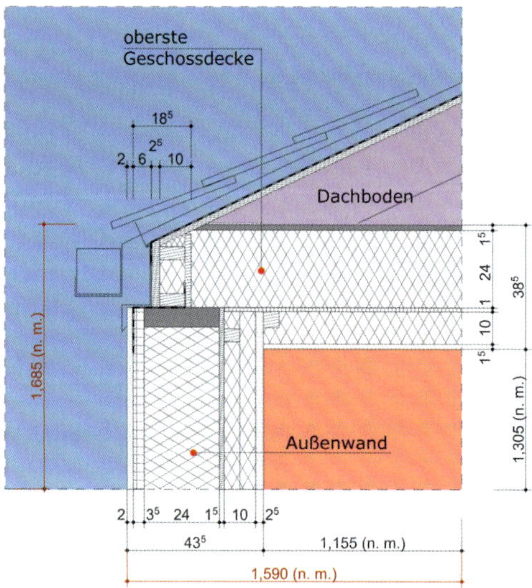

Abb. 8.50: Detail 4.01 – Anschluss Außenwand/Traufe. Die Abmessungen in roter Schriftfarbe kennzeichnen den Außenmaßbezug (n. m. = nicht maßstäblich).

Berechnung des Wärmestroms zur Außenluft

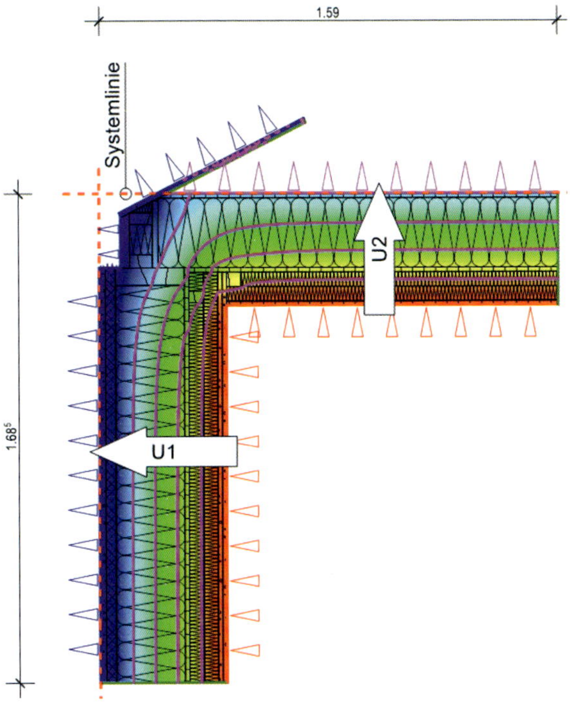

Abb. 8.51: Detail 4.01 – Wärmestrom zur Außenluft über die Systemlinie; dargestellt mit dem Isothermen-Programm ZUB Argos Pro

Tabelle 8.19: Berechnungstabelle für den ψ-Wert des Details 4.01 (Wärmestrom zur Außenluft über die Systemlinie); Berechnung nach DIN 4108 Beiblatt 2 und DIN EN ISO 10211; berechnet mithilfe des Isothermen-Programms ZUB Argos Pro

Psi-Wert		
Te =	-5,0	°C
Ti =	20,0	°C
dT =	25,0 = Ti-Te	K
Q =	6,719	W/m
L2d =	0,269 = Q/dT	W/(mK)
Psi =	**-0,041 = L2d-EnEV/GEG = 0,269 - (0,103*1,0*1,685+0,106*0,8*1,595)**	**W/(mK)**
ψ-Wert =	**-0,041 W/(m · K)**	

Länge gesamt		**Σ m**	**24,82**
Lage	Länge	Anzahl	gesamt
Süd	12,410	1,00	12,41
Nord	12,410	1,00	12,41

Der ψ-Wert für das Detail 4.01 (Wärmestrom gegen Außenluft) beträgt –0,041 W/(m · K). Die gesamte Länge der Wärmebrücke beläuft sich auf 24,82 m.

Detail 4.02 (Abb. 8.52) – Anschluss Innenwand an Geschossdecke

Abb. 8.52: Detail 4.02 – Anschluss Innenwand an Geschossdecke. Die Abmessungen in roter Schriftfarbe kennzeichnen den Außenmaßbezug (n. m. = nicht maßstäblich).

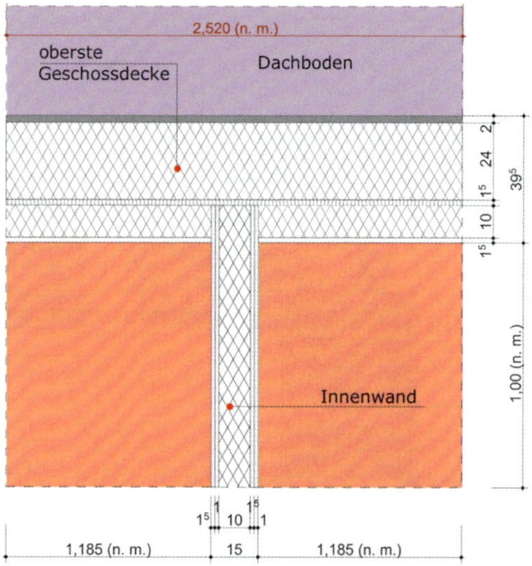

Berechnung des Wärmestroms zum unbeheizten Dachgeschoss

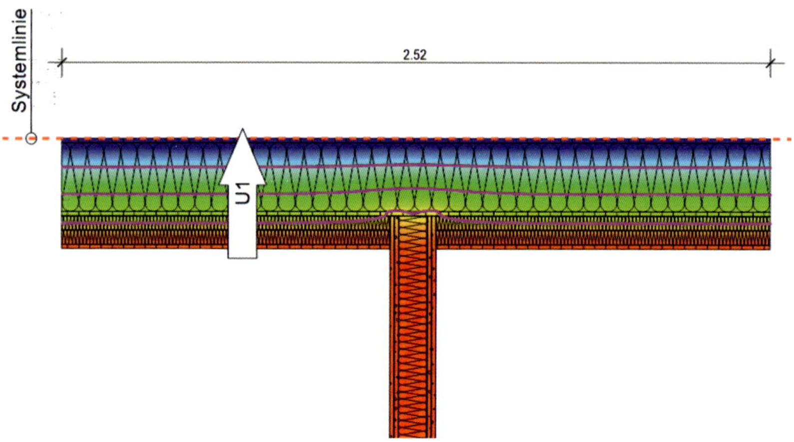

Abb. 8.53: Detail 4.02 – Wärmestrom zum unbeheizten Dachgeschoss über die Systemlinie; dargestellt mit dem Isothermen-Programm ZUB Argos Pro

Tabelle 8.20: Berechnungstabelle für den ψ-Wert des Details 4.02 (Wärmestrom zum unbeheizten Dachgeschoss über die Systemlinie); Berechnung nach DIN 4108 Beiblatt 2 und DIN EN ISO 10211; berechnet mithilfe des Isothermen-Programms ZUB Argos Pro

Psi-Wert

Te =	-5,0	°C
Ti =	20,0	°C
dT =	25,0 = Ti-Te	K
Q =	5,455	W/m
L2d =	0,218 = Q/dT	W/(mK)
Psi =	**0,004 = L2d-EnEV/GEG = 0,218 - (0,106*0,8*2,52)**	**W/(mK)**

ψ-Wert = 0,004 W/(m · K)

Länge gesamt		**Σ m**	**38,29**
Lage	Länge	Anzahl	gesamt
OG	12,410	1,00	12,41
	4,775	1,00	4,78
	3,800	2,00	7,60
	5,200	2,00	10,40
	3,100	1,00	3,10

Der ψ-Wert für das Detail 4.02 (Wärmestrom zum unbeheizten Dachgeschoss) beträgt 0,004 W/(m · K). Die gesamte Länge der Wärmebrücke beläuft sich auf 38,29 m.

Detail 4.03 (Abb. 8.54) – Anschluss Außenwand/Ortgang

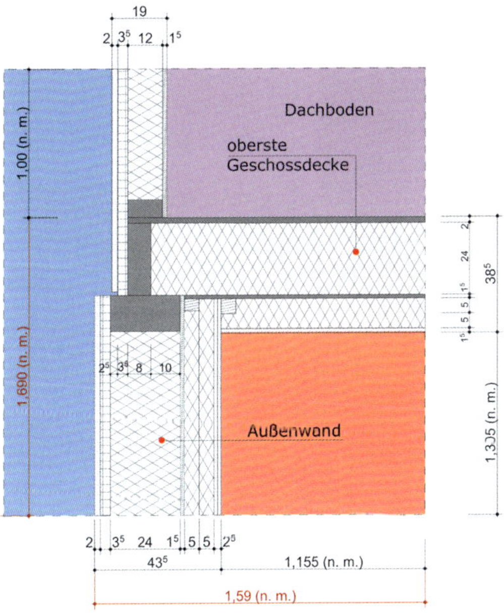

Abb. 8.54: Detail 4.03 – Anschluss Außenwand/Ortgang. Die Abmessungen in roter Schriftfarbe kennzeichnen den Außenmaßbezug (n. m. = nicht maßstäblich).

Berechnung des Wärmestroms zur Außenluft und zum unbeheizten Dachboden

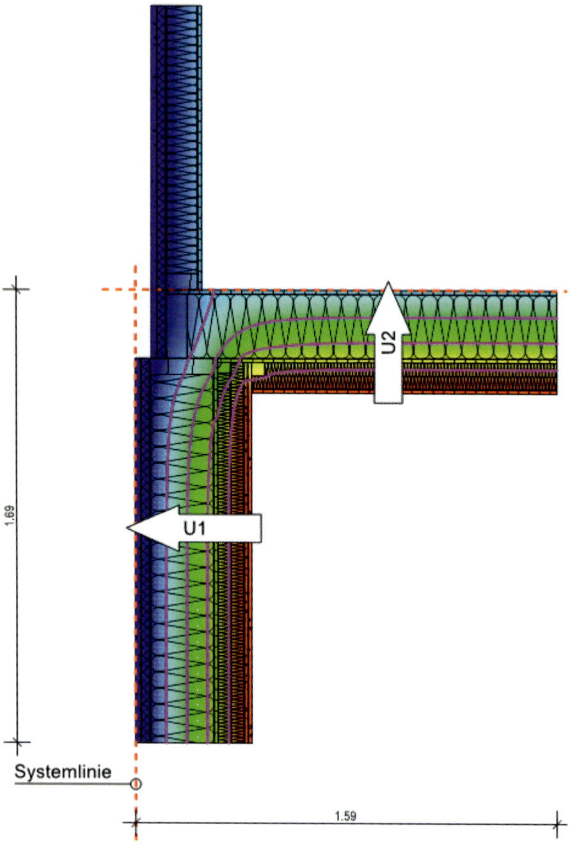

Abb. 8.55: Detail 4.03 – Wärmestrom zur Außenluft und zum unbeheizten Dachboden über die Systemlinie; dargestellt mit dem Isothermen-Programm ZUB Argos Pro

Tabelle 8.21: Berechnungstabelle für den ψ-Wert des Details 4.03 (Wärmestrom zur Außenluft und zum unbeheizten Dachboden über die Systemlinie); Berechnung nach DIN 4108 Beiblatt 2 und DIN EN ISO 10211; berechnet mithilfe des Isothermen-Programms ZUB Argos Pro

Psi-Wert		
Te =	-5,0	°C
Ti =	20,0	°C
dT =	25,0 = Ti-Te	K
Q =	6,71	W/m
L2d =	0,268 = Q/dT	W/(mK)
Psi =	**-0,041 = L2d-EnEV/GEG = 0,268 - (0,103*1,0*1,69+0,106*0,8*1,59)**	**W/(mK)**
ψ-Wert =	**-0,041 W/(m · K)**	

Länge gesamt		**Σ m**	**18,00**
Lage	Länge	Anzahl	gesamt
Ost	9,000	1,00	9,00
West	9,000	1,00	9,00

Der ψ-Wert für das Detail 4.03 (Wärmestrom gegen Außenluft und unbeheizten Dachboden) beträgt –0,041 W/(m · K). Die gesamte Länge der Wärmebrücke beläuft sich auf 18,00 m.

8.3.5 Wärmebrückendetails Fenster (unterer Anschluss)

Detail 5.01 (Abb. 8.56) – Anschluss auf Bodenplatte (Sockeldetail – Fenstertür)

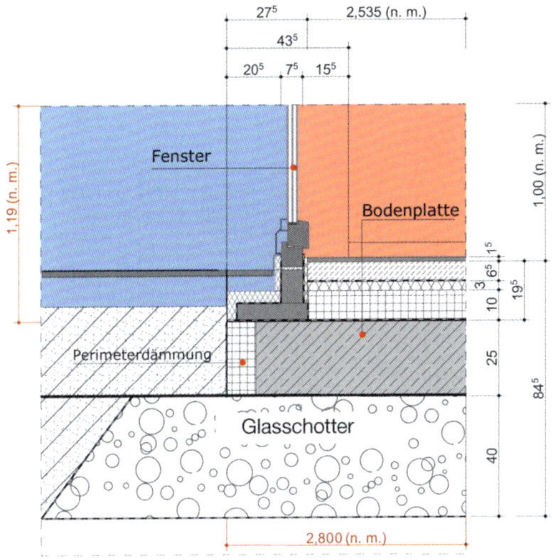

Abb. 8.56: Detail 5.01 – Anschluss auf Bodenplatte (Sockeldetail). Die Abmessungen in roter Schriftfarbe kennzeichnen den Außenmaßbezug (n. m. = nicht maßstäblich).

Berechnung des Wärmestroms zur Außenluft und gegen Erdreich – detaillierter Fensterrahmen

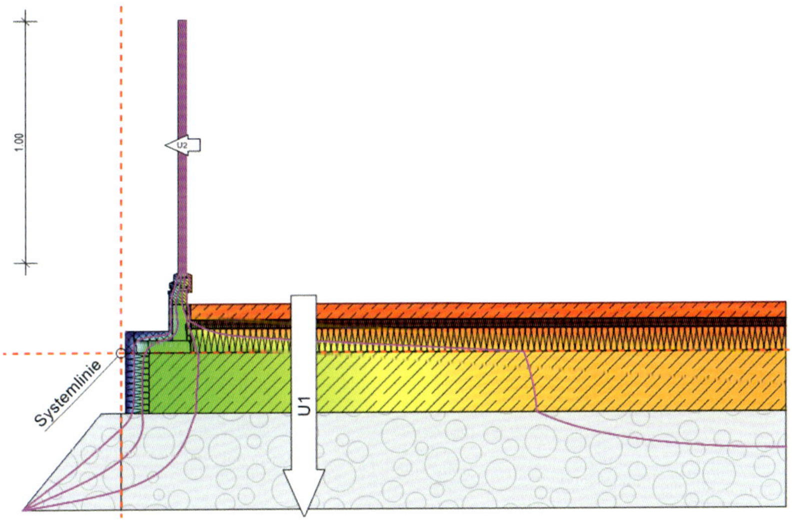

Abb. 8.57: Detail 5.01 – Wärmestrom zur Außenluft und gegen Erdreich über die Systemlinie; dargestellt mit dem Isothermen-Programm ZUB Argos Pro

Tabelle 8.22: Berechnungstabelle für den ψ-Wert des Details 5.01 (Wärmestrom zur Außenluft und gegen Erdreich über die Systemlinie); Berechnung nach DIN 4108 Beiblatt 2 und DIN EN ISO 10211; berechnet mithilfe des Isothermen-Programms ZUB Argos Pro

Psi-Wert		
Te =	-5,0	°C
Ti =	20,0	°C
dT =	25,0 = Ti-Te	K
Q =	31,705	W/m
L2d =	1,268 = Q/dT	W/(mK)
Psi =	**-0,006 = L2d-EnEV/GEG = 1,268 - (0,114*0,25*2,8+1,194*1,0*1,0)**	**W/(mK)**
ψ-Wert =	**-0,006 W/(m · K)**	

Länge gesamt		**Σ m**	**4,50**
Lage	Länge	Anzahl	gesamt
Süd	2,000	1,00	2,00
West	1,000	1,00	1,00
Nord	1,500	1,00	1,50

Der ψ-Wert für das Detail 5.01 (Wärmestrom zur Außenluft und gegen Erdreich) beträgt –0,006 W/(m · K). Die gesamte Länge der Wärmebrücke beläuft sich auf 4,50 m.

Hinweis: Da der Fensterrahmen detailliert berücksichtigt wurde, muss kein Korrekturfaktor angesetzt werden (vgl. Kapitel 7.4.2).

Detail 5.02 (Abb. 8.58) – Anschluss auf Bodenplatte (Sockeldetail – Schiebetür)

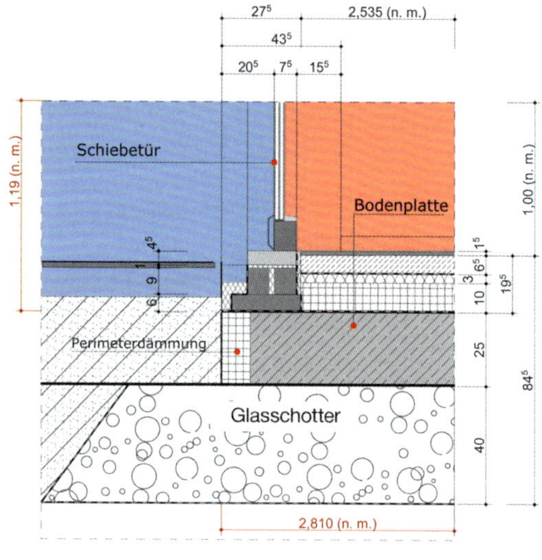

Abb. 8.58: Detail 5.02 – Anschluss auf Bodenplatte (Sockeldetail). Die Abmessungen in roter Schriftfarbe kennzeichnen den Außenmaßbezug (n. m. = nicht maßstäblich).

Berechnung des Wärmestroms zur Außenluft und gegen Erdreich – detaillierter Fensterrahmen

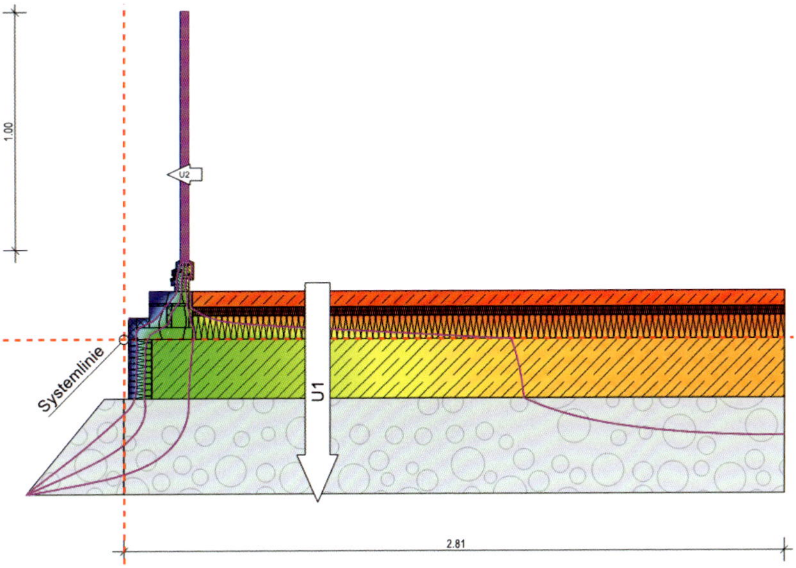

Abb. 8.59: Detail 5.02 – Wärmestrom zur Außenluft und gegen Erdreich über die Systemlinie; dargestellt mit dem Isothermen-Programm ZUB Argos Pro

Tabelle 8.23: Berechnungstabelle für den ψ-Wert des Details 5.02 (Wärmestrom zur Außenluft und gegen Erdreich über die Systemlinie); Berechnung nach DIN 4108 Beiblatt 2 und DIN EN ISO 10211; berechnet mithilfe des Isothermen-Programms ZUB Argos Pro

Psi-Wert		
Te =	-5,0	°C
Ti =	20,0	°C
dT =	25,0 = Ti-Te	K
Q =	31,887	W/m
L2d =	1,275 = Q/dT	W/(mK)
Psi =	**0,135 = L2d-EnEV/GEG = 1,275 - (0,114*0,25*2,81+1,06*1,0*1,0)**	**W/(mK)**
ψ-Wert =	**0,135 W/(m · K)**	

Länge gesamt		**Σ m**	**7,18**
Lage	Länge	Anzahl	gesamt
Süd	4,98	1,00	4,98
West	2,20	1,00	2,20

Der ψ-Wert für das Detail 5.02 (Wärmestrom zur Außenluft und gegen Erdreich) beträgt 0,135 W/(m · K). Die gesamte Länge der Wärmebrücke beläuft sich auf 7,18 m.

> **Hinweis:** Da der Fensterrahmen detailliert berücksichtigt wurde, muss kein Korrekturfaktor angesetzt werden (vgl. Kapitel 7.4.2).

Detail 5.03 (Abb. 8.60) – Anschluss Fensterbrüstung

Abb. 8.60: Detail 5.03 – Anschluss Fensterbrüstung. Die Abmessungen in roter Schriftfarbe kennzeichnen den Außenmaßbezug (n. m. = nicht maßstäblich).

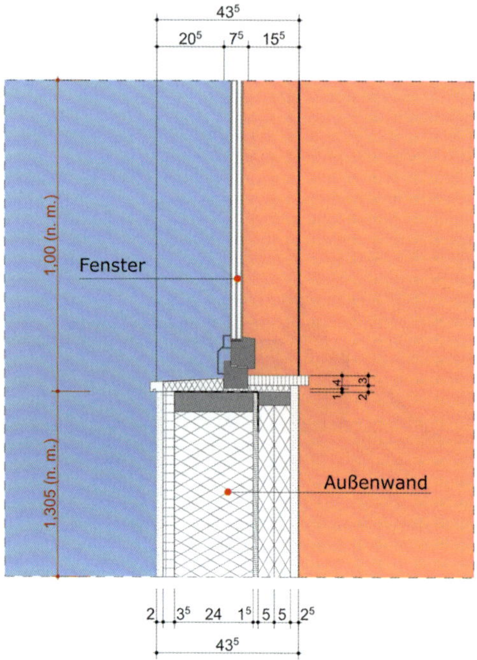

Berechnung des Wärmestroms zur Außenluft – detaillierter Fensterrahmen

Abb. 8.61: Detail 5.03 – Wärmestrom zur Außenluft über die Systemlinie; dargestellt mit dem Isothermen-Programm ZUB Argos Pro

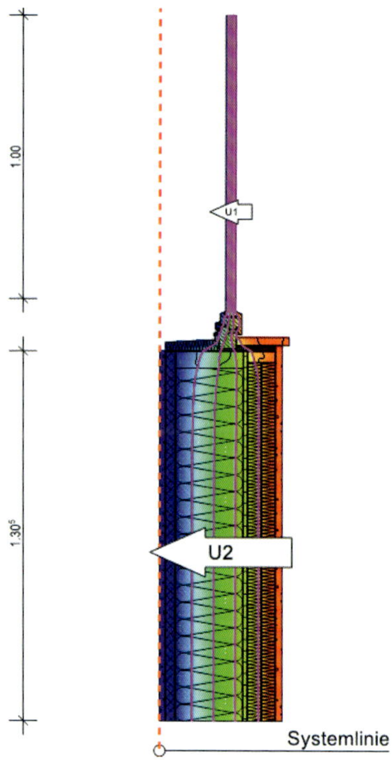

Tabelle 8.24: Berechnungstabelle für den ψ-Wert des Details 5.03 (Wärmestrom zur Außenluft über die Systemlinie); Berechnung nach DIN 4108 Beiblatt 2 und DIN EN ISO 10211; berechnet mithilfe des Isothermen-Programms ZUB Argos Pro

Psi-Wert		
Te =	-5,0	°C
Ti =	20,0	°C
dT =	25,0 = Ti-Te	K
Q =	29,497	W/m
L2d =	1,18 = Q/dT	W/(mK)
Psi =	**-0,015 = L2d-EnEV/GEG = 1,18 - (1,06*1,0*1,0+0,104*1,0*1,305)**	**W/(mK)**
ψ-Wert =	**-0,015 W/(m · K)**	

Länge gesamt		**Σ m**	**22,29**
Lage	Länge	Anzahl	gesamt
Süd	3,175	1,00	3,18
	3,600	1,00	3,60
West	1,375	1,00	1,38
	3,000	1,00	3,00
Nord	0,885	2,00	1,77
	2,370	1,00	2,37
Ost	2,000	3,00	6,00
	1,000	1,00	1,00

Der ψ-Wert für das Detail 5.03 (Wärmestrom gegen Außenluft) beträgt −0,015 W/(m · K). Die gesamte Länge der Wärmebrücke beläuft sich auf 22,29 m.

> **Hinweis:** Da der Fensterrahmen detailliert berücksichtigt wurde, muss kein Korrekturfaktor angesetzt werden (vgl. Kapitel 7.4.2).

8.3.6 Wärmebrückendetails Fenster (oberer Anschluss)

Detail 6.01 (Abb. 8.62) – Fenstersturz mit Jalousien

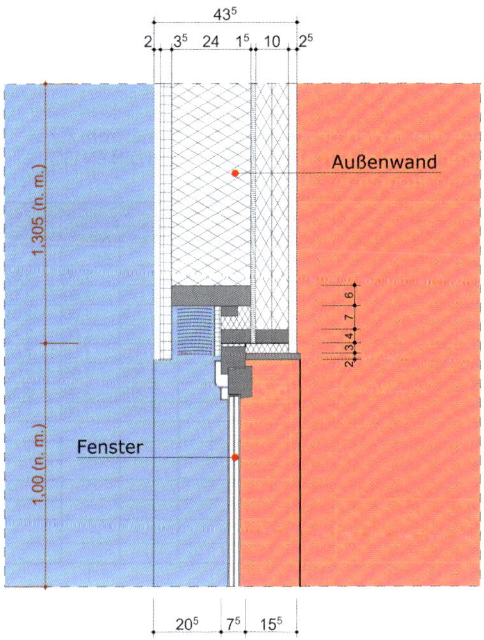

Abb. 8.62: Detail 6.01 – Anschluss Fenstersturz mit Jalousien. Die Abmessungen in roter Schriftfarbe kennzeichnen den Außenmaßbezug (n. m. = nicht maßstäblich).

Berechnung des Wärmestroms zur Außenluft – detaillierter Fensterrahmen

Abb. 8.65: Detail 6.02 – Wärmestrom zur Außenluft über die Systemlinie; dargestellt mit dem Isothermen-Programm ZUB Argos Pro

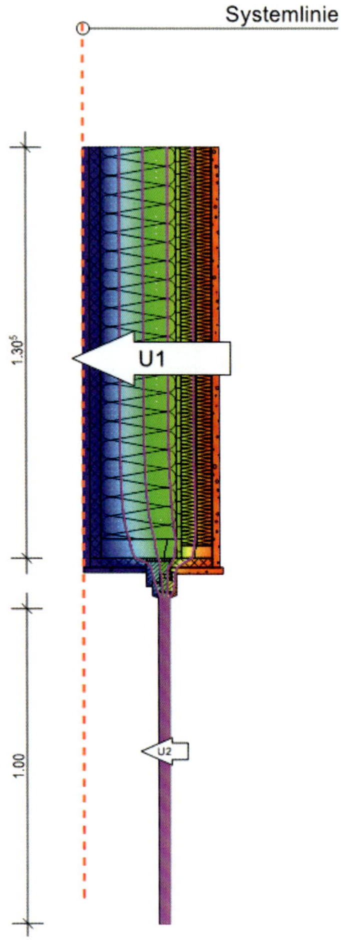

Tabelle 8.26: Berechnungstabelle für den ψ-Wert des Details 6.02 (Wärmestrom zur Außenluft über die Systemlinie); Berechnung nach DIN 4108 Beiblatt 2 und DIN EN ISO 10211; berechnet mithilfe des Isothermen-Programms ZUB Argos Pro

Psi-Wert

Te =	-5,0	°C
Ti =	20,0	°C
dT =	25,0 = Ti-Te	K
Q =	28,662	W/m
L2d =	1,146 = Q/dT	W/(mK)
Psi =	**-0,01 = L2d-EnEV/GEG = 1,146 - (0,104*1,0*1,305+1,022*1,0*1,0)**	**W/(mK)**

ψ-Wert = -0,010 W/(m · K)

Länge gesamt		**Σ m**	**8,02**
Lage	Länge	Anzahl	gesamt
Nord	0,890	2,00	1,78
	2,370	2,00	4,74
	1,500	1,00	1,50

Der ψ-Wert für das Detail 6.02 (Wärmestrom gegen Außenluft) beträgt −0,010 W/(m · K). Die gesamte Länge der Wärmebrücke beläuft sich auf 8,02 m.

> **Hinweis:** Da der Fensterrahmen detailliert berücksichtigt wurde, muss kein Korrekturfaktor angesetzt werden (vgl. Kapitel 7.4.2).

Detail 6.03 (Abb. 8.66) – Fenstersturz ohne Jalousien zu unbeheiztem Abstellraum

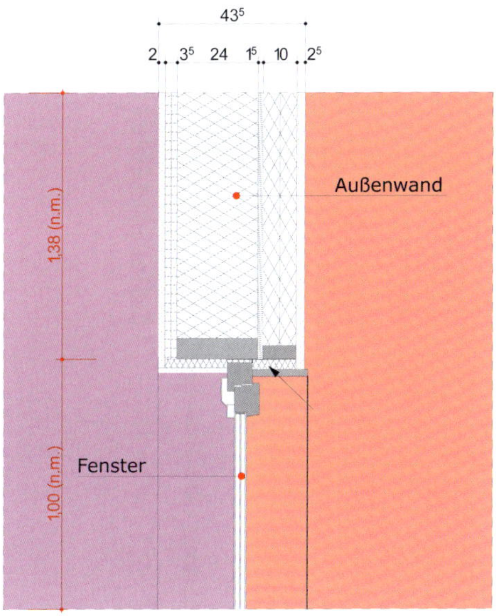

Abb. 8.66: Detail 6.03 – Anschluss Fenstersturz ohne Jalousien zu unbeheiztem Abstellraum. Die Abmessungen in roter Schriftfarbe kennzeichnen den Außenmaßbezug (n. m. = nicht maßstäblich).

Berechnung des Wärmestroms zum unbeheizten Abstellraum

Abb. 8.67: Detail 6.03 – Wärmestrom zum unbeheizten Abstellraum über die Systemlinie; dargestellt mit dem Isothermen-Programm ZUB Argos Pro

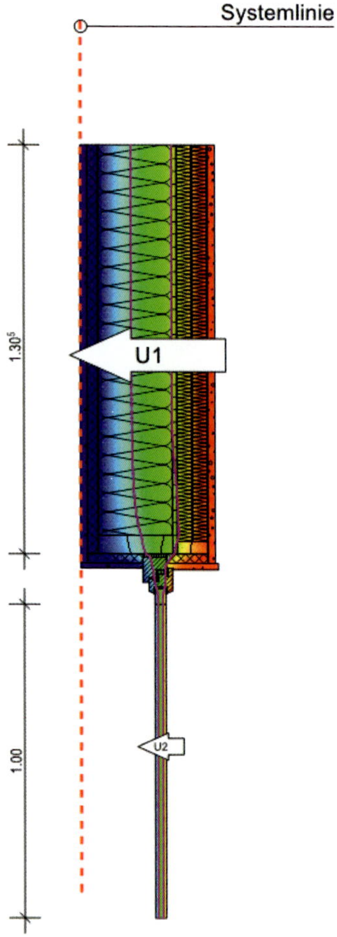

Tabelle 8.27: Berechnungstabelle für den ψ-Wert des Details 6.03 (Wärmestrom zum unbeheizten Abstellraum über die Systemlinie); Berechnung nach DIN 4108 Beiblatt 2 und DIN EN ISO 10211; berechnet mithilfe des Isothermen-Programms ZUB Argos Pro

Psi-Wert

Te =	-5,0	°C
Ti =	20,0	°C
dT =	25,0 = Ti-Te	K
Q =	16,117	W/m
L2d =	0,645 = Q/dT	W/(mK)
Psi =	**-0,049 = L2d-EnEV/GEG = 0,645 - (0,103*0,6*1,305+1,022*0,6*1,0)**	**W/(mK)**

ψ-Wert = -0,049 W/(m · K)

Länge gesamt		**Σ m**	**0,89**
Lage	Länge	Anzahl	gesamt
West	0,890	1,00	0,89

Der ψ-Wert für das Detail 6.03 (Wärmestrom zum unbeheizten Abstellraum) beträgt –0,049 W/(m · K). Die gesamte Länge der Wärmebrücke beläuft sich auf 0,89 m.

8.3.7 Wärmebrückendetails Fenster (seitlicher Anschluss)

Detail 7.01 (Abb. 8.68) – Anschluss Fensterlaibung

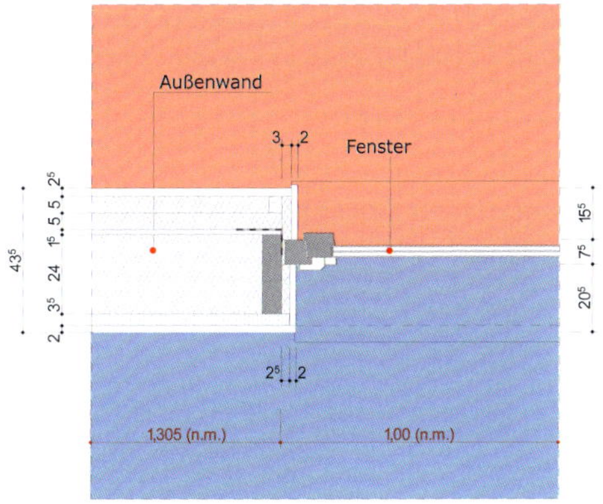

Abb. 8.68: Detail 7.01 – Anschluss Fensterlaibung. Die Abmessungen in roter Schriftfarbe kennzeichnen den Außenmaßbezug (n. m. = nicht maßstäblich).

Berechnung des Wärmestroms zur Außenluft – detaillierter Fensterrahmen

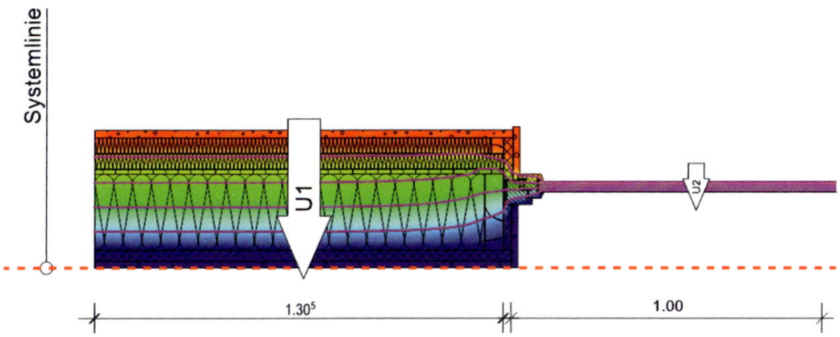

Abb. 8.69: Detail 7.01 – Wärmestrom zur Außenluft über die Systemlinie; dargestellt mit dem Isothermen-Programm ZUB Argos Pro

Tabelle 8.28: Berechnungstabelle für den ψ-Wert des Details 7.01 (Wärmestrom zur Außenluft über die Systemlinie); Berechnung nach DIN 4108 Beiblatt 2 und DIN EN ISO 10211; berechnet mithilfe des Isothermen-Programms ZUB Argos Pro

Psi-Wert		
Te =	-5,0	°C
Ti =	20,0	°C
dT =	25,0 = Ti-Te	K
Q =	28,641	W/m
L2d =	1,146 = Q/dT	W/(mK)
Psi =	**-0,011 = L2d-EnEV/GEG = 1,146 - (0,104*1,0*1,305+1,022*1,0*1,0)**	**W/(mK)**
ψ-Wert =	**-0,011 W/(m · K)**	

Länge gesamt		**Σ m**	**34,92**
Lage	Länge	Anzahl	gesamt
Süd	2,400	2,00	4,80
	1,100	3,00	3,30
West	2,400	2,00	4,80
	1,100	3,00	3,30
Nord	0,890	8,00	7,12
	2,400	2,00	4,80
Ost	1,100	4,00	4,40
	0,600	4,00	2,40

Der ψ-Wert für das Detail 7.01 (Wärmestrom gegen Außenluft) beträgt −0,011 W/(m · K). Die gesamte Länge der Wärmebrücke beläuft sich auf 34,92 m.

> **Hinweis:** Da der Fensterrahmen detailliert berücksichtigt wurde, muss kein Korrekturfaktor angesetzt werden (vgl. Kapitel 7.4.2).

Detail 7.02 (Abb. 8.70) – Anschluss Fensterlaibung zu unbeheiztem Abstellraum

Abb. 8.70: Detail 7.02 – Anschluss Fensterlaibung zu unbeheiztem Abstellraum. Die Abmessungen in roter Schriftfarbe kennzeichnen den Außenmaßbezug (n. m. = nicht maßstäblich).

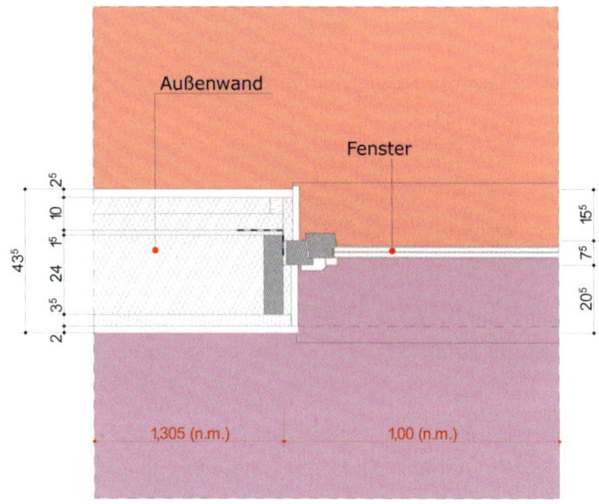

Berechnung des Wärmestroms zum unbeheizten Abstellraum

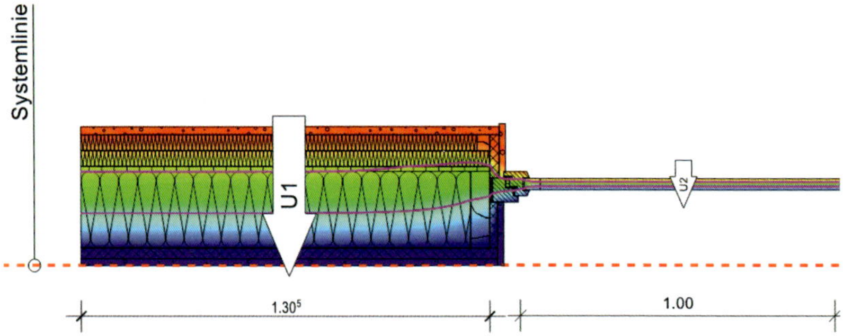

Abb. 8.71: Detail 7.02 – Wärmestrom zum unbeheizten Abstellraum über die Systemlinie; dargestellt mit dem Isothermen-Programm ZUB Argos Pro

Tabelle 8.29: Berechnungstabelle für den ψ-Wert des Details 7.02 (Wärmestrom zum unbeheizten Abstellraum über die Systemlinie); Berechnung nach DIN 4108 Beiblatt 2 und DIN EN ISO 10211; berechnet mithilfe des Isothermen-Programms ZUB Argos Pro

Psi-Wert		
Te =	-5,0	°C
Ti =	20,0	°C
dT =	25,0 = Ti-Te	K
Q =	16,116	W/m
L2d =	0,645 = Q/dT	W/(mK)
Psi =	**-0,049 = L2d-EnEV/GEG = 0,645 - (0,103*0,6*1,305+1,022*0,6*1,0)**	**W/(mK)**
ψ-Wert =	**-0,049 W/(m · K)**	

Länge gesamt		**Σ m**	**4,80**
Lage	Länge	Anzahl	gesamt
West	2,400	2,00	4,80

Der ψ-Wert für das Detail 7.02 (Wärmestrom zum unbeheizten Abstellraum) beträgt –0,049 W/(m · K). Die gesamte Länge der Wärmebrücke beläuft sich auf 4,80 m.

Detail 7.03 (Abb. 8.72) – Fensterecke

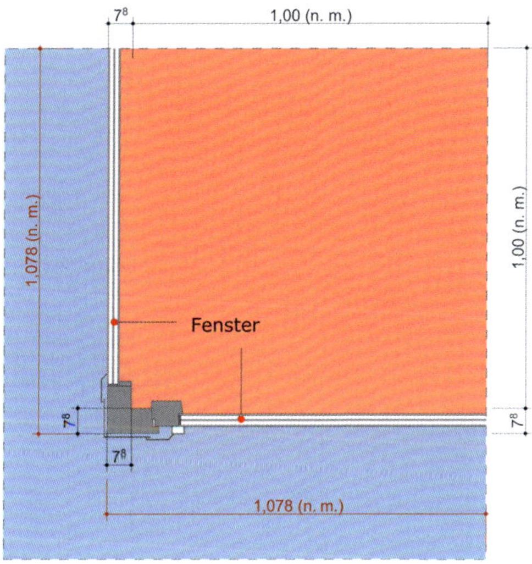

Abb. 8.72: Detail 7.03 – Anschluss Fensterecke. Die Abmessungen in roter Schriftfarbe kennzeichnen den Außenmaßbezug (n. m. = nicht maßstäblich).

Berechnung des Wärmestroms zur Außenluft – detaillierter Fensterrahmen

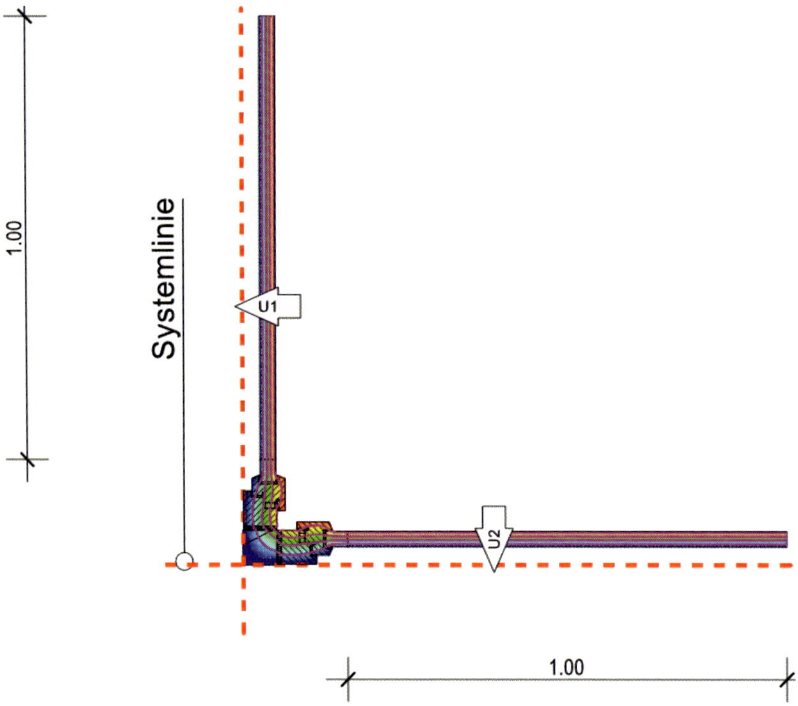

Abb. 8.73: Detail 7.03 – Wärmestrom zur Außenluft über die Systemlinie; dargestellt mit dem Isothermen-Programm ZUB Argos Pro

Tabelle 8.30: Berechnungstabelle für den ψ-Wert des Details 7.03 (Wärmestrom zur Außenluft über die Systemlinie); Berechnung nach DIN 4108 Beiblatt 2 und DIN EN ISO 10211; berechnet mithilfe des Isothermen-Programms ZUB Argos Pro

Psi-Wert		
Te =	-5,0	°C
Ti =	20,0	°C
dT =	25,0 = Ti-Te	K
Q =	51,905	W/m
L2d =	2,076 = Q/dT	W/(mK)
Psi =	**0,033 = L2d-EnEV/GEG = 2,076 - (1,022*1,0*1,0+1,022*1,0*1,0)**	**W/(mK)**
ψ-Wert =	**0,033 W/(m · K)**	

Länge gesamt		**Σ m**	**3,50**
Lage	Länge	Anzahl	gesamt
Süd/West	2,400	1,00	2,40
	1,100	1,00	1,10

Der ψ-Wert für das Detail 7.03 (Wärmestrom gegen Außenluft) beträgt 0,033 W/(m · K). Die gesamte Länge der Wärmebrücke beläuft sich auf 3,50 m.

Hinweis: Da der Fensterrahmen detailliert berücksichtigt wurde, muss kein Korrekturfaktor angesetzt werden (vgl. Kapitel 7.4.2).

8.4 Berechnung des Wärmebrückenfaktors ΔU_{WB}

Tabelle 8.31 zeigt alle Wärmebrücken des Beispielgebäudes im Überblick; auf Grundlage der Berechnungsergebnisse aus Kapitel 8.3 werden hier die Transmissionswärmeverluste $H_{T,WB}$ nach der folgenden Formel berechnet.

$$H_{T,WB} = \sum l_i \cdot \psi_i \cdot F_i \quad \text{in W/K} \tag{8.1}$$

mit

l_i Länge der Wärmebrücke in m

ψ_i längenbezogener Wärmedurchgangskoeffizient in W/(m · K)

F_i Temperaturkorrekturkoeffizient F_x aus DIN V 18599

Tabelle 8.31: Zusammenstellung der Wärmebrücken mit den Ergebnissen der ψ-Wert-Berechnung aus den Berechnungen gemäß Kapitel 8.3

Wärmebrücke	Bezeichnung	Länge in m	ψ-Wert in W/(m · K)	F_x-Wert	Transmissionswärmeverluste $H_{T,WB}$ nach Formel 8.1 in W/K
1.0	Bodenplatte				
1.01	Anschluss Außenwand auf Bodenplatte (gegen Außenluft)	29,73	0,054	1,0	1,605
1.01.1	Anschluss Außenwand auf Bodenplatte gegen unbeheizten Abstellraum	7,04	0,010	1,0	0,070
1.02	Anschluss Innenwand (Holzwand) auf Bodenplatte	16,13	0,002	1,0	0,032
1.03	Anschluss Innenwand (Ziegel) auf Bodenplatte	12,41	0,015	1,0	0,186
2.0	Außenwände				
2.01a	Außenecke gegen Außenluft	21,27	−0,055	1,0	−1,170
2.01b	Außenecke gegen unbeheizten Abstellraum	2,81	−0,027	1,0	−0,076
2.02	Innenwandanschluss Holzwand	26,94	0,006	1,0	0,162
2.03a	Innenecke gegen Außenluft	3,04	0,046	1,0	0,140
2.03b	Innenecke gegen unbeheizten Abstellraum	3,04	0,022	1,0	0,067
2.04	Außenecke Abstellraum	2,81	−0,041	1,0	−0,115
2.05	Anschluss Erker an Fenster	6,07	0,000	1,0	0,000
2.06	Innenwandanschluss Ziegelwand	6,07	0,017	1,0	0,103
3.0	Geschossdecke				
3.01	Auflager Außenwand	25,17	0,010	1,0	0,252
3.02	Anschluss Anbau	4,20	0,044	1,0	0,185
3.03	Anschluss Erker	7,58	0,044	1,0	0,334
3.04	Anschluss Abstellraum unbeheizt	4,84	0,011	1,0	0,053
3.05	Anschluss Flachdach (Außenwand gegen Außenluft)	6,40	−0,053	1,0	−0,339

Fortsetzung Tabelle 8.31: Zusammenstellung der Wärmebrücken mit den Ergebnissen der y-Wert-Berechnung aus den Berechnungen gemäß Kapitel 8.3

Wärme-brücke	Bezeichnung	Länge in m	ψ-Wert in W/(m · K)	F_x-Wert	Transmissions-wärmeverluste $H_{T,WB}$ nach Formel 8.1 in W/K
3.06	Anschluss Flachdach (Außenwand gegen unbeheizten Abstellraum)	2,20	−0,086	1,0	−0,189
4.0	Oberste Geschossdecke				
4.01	Anschluss Außenwand/Traufe	24,82	−0,041	1,0	−1,018
4.02	Anschluss Innenwand	38,29	0,004	1,0	0,153
4.03	Anschluss Außenwand/Ortgang	18,00	−0,041	1,0	−0,738
5.0	Fensteranschluss unten				
5.01	Anschluss auf Bodenplatte (Sockeldetail – Fenstertür)	4,50	−0,006	1,0	−0,027
5.02	Anschluss auf Bodenplatte (Sockeldetail – Schiebetür)	7,18	0,135	1,0	0,969
5.03	Brüstung	22,29	−0,015	1,0	−0,334
6.0	Fensteranschluss oben				
6.01	Fenstersturz mit Jalousien	22,54	0,003	1,0	0,068
6.02	Fenstersturz ohne Jalousien	8,02	−0,010	1,0	−0,080
6.03	Fenstersturz ohne Jalousien zum Abstellraum	0,89	−0,049	1,0	−0,044
7.0	Fensteranschluss Seite				
7.01	Fensterlaibung	34,92	−0,011	1,0	−0,384
7.02	Fensterlaibung zu Abstellraum	4,80	−0,049	1,0	−0,235
7.03	Fensterecke	3,50	0,033	1,0	0,116
		Summe			**−0,255**

Die zusätzlichen Transmissionswärmeverluste über die Wärmebrücken summieren sich für das Beispielgebäude auf insgesamt −0,255 W/K.

Berechnung von ΔU_{WB}

Die Hüllfläche des Gebäudes beträgt 517 m². Mit der Division der Transmissionswärmeverluste über die Wärmebrücken durch die Hüllfläche errechnen sich die Wärmebrückenverluste pro m² Hüllfläche:

$$\Delta U_{WB} = -0{,}255\ \text{W/K} : 517\ \text{m}^2 = 0{,}000\ \text{W/(m}^2 \cdot \text{K)}$$

Der tatsächliche spezifische Wärmebrückenzuschlag ΔU_{WB} hat – bei einer Rundung auf 3 Nachkommastellen – einen Wert von 0,000 W/(m² · K). Somit geht über die Wärmebrücken nicht mehr Wärme verloren, als über den Außenmaßbezug schon berücksichtigt wurde (keine zusätzlichen Wärmebrückenverluste).

Hinweis: Wenn kein detaillierter Wärmebrückennachweis durchgeführt wird, muss ein Wärmebrückenzuschlag ΔU_{WB} von 0,10 W/(m² · K) angesetzt werden.

9 Beispiel 2: Einfamilienhaus als Massivbau – detaillierte Berechnung des Wärmebrückenfaktors ΔU_{WB}

Nachfolgend wird die detaillierte Berechnung der Wärmebrücken beispielhaft an einem Massivbau in Ziegelbauweise dargestellt. Es handelt sich im Prinzip um das gleiche Gebäude wie das in Kapitel 8 beschriebene, allerdings wurde hier anstelle der Holzkonstruktion ein monolithisches Mauerwerk mit hochwärmedämmenden Ziegeln und einem λ-Wert von 0,07 W/(m · K) gewählt.

Alle Wärmebrückendetails wurden mit dem Isothermen-Programm ZUB Argos Pro berechnet.

9.1 Kennzeichnung der Wärmebrückendetails in den Plänen

Für die Kennzeichnung der Wärmebrücken in den Plänen wird wie in Kapitel 8.1 auch bei diesem Beispiel von unten nach oben durchnummeriert:

- 1.0 – alle Wärmebrücken der Bodenplatte,
- 2.0 – alle Wärmebrücken der Außenwände,
- 3.0 – alle Wärmebrücken der Geschossdecke,
- 4.0 – alle Wärmebrücken der obersten Geschossdecke,
- 5.0 – alle Fensteranschlüsse unten,
- 6.0 – alle Fensteranschlüsse oben,
- 7.0 – alle Fensteranschlüsse seitlich.

Die Abb. 9.1 bis 9.8 zeigen Pläne des Beispielgebäudes, in denen die vorhandenen Wärmebrücken gekennzeichnet und nummeriert sind.

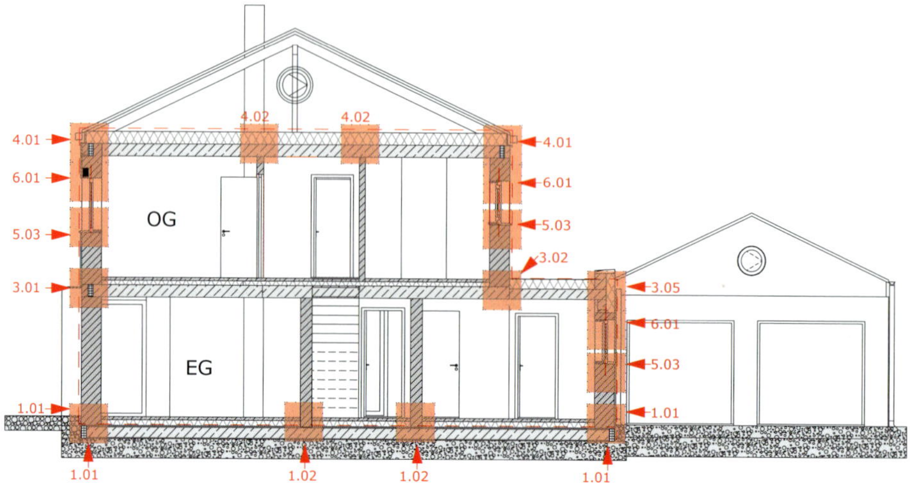

Abb. 9.1: Beispielgebäude – Schnitt A-A

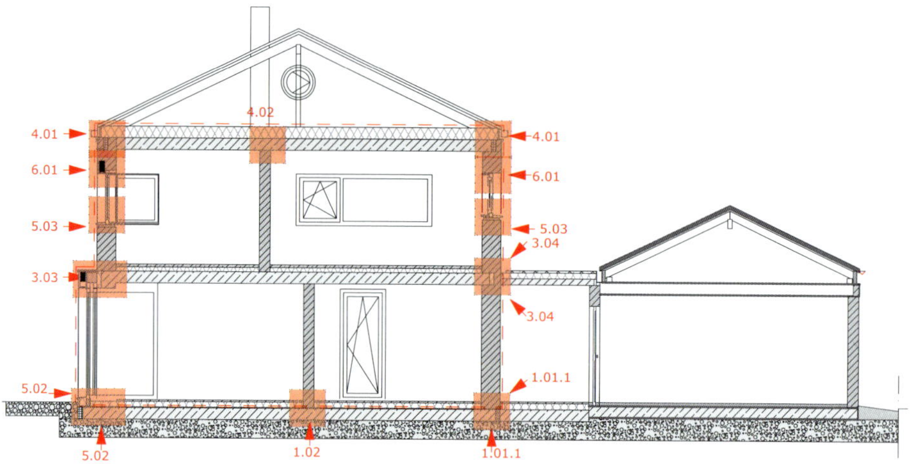

Abb. 9.2: Beispielgebäude – Schnitt B-B

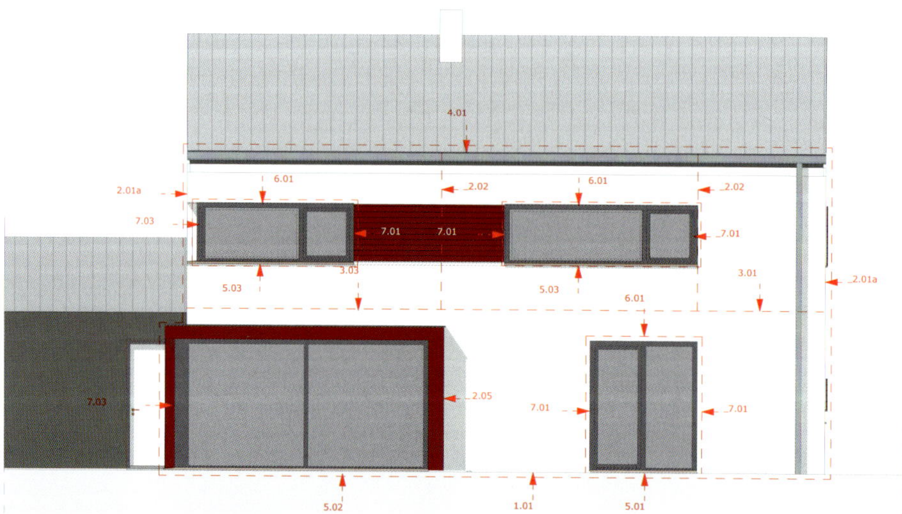

Abb. 9.3: Beispielgebäude – Ansicht Süd

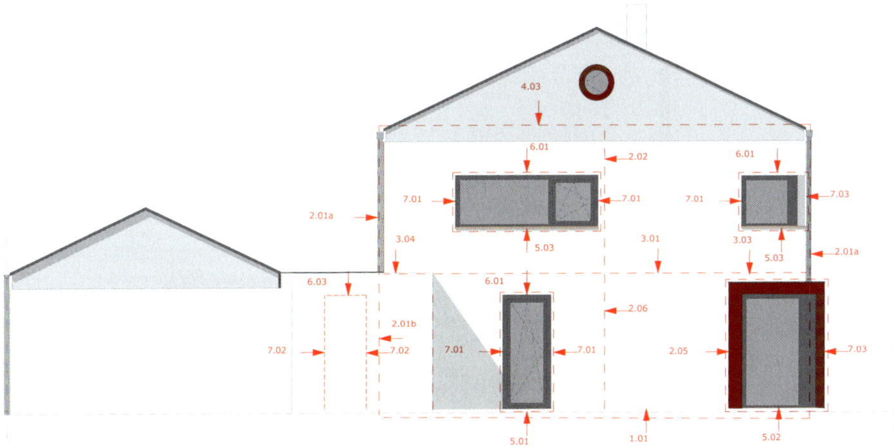

Abb. 9.4: Beispielgebäude – Ansicht West

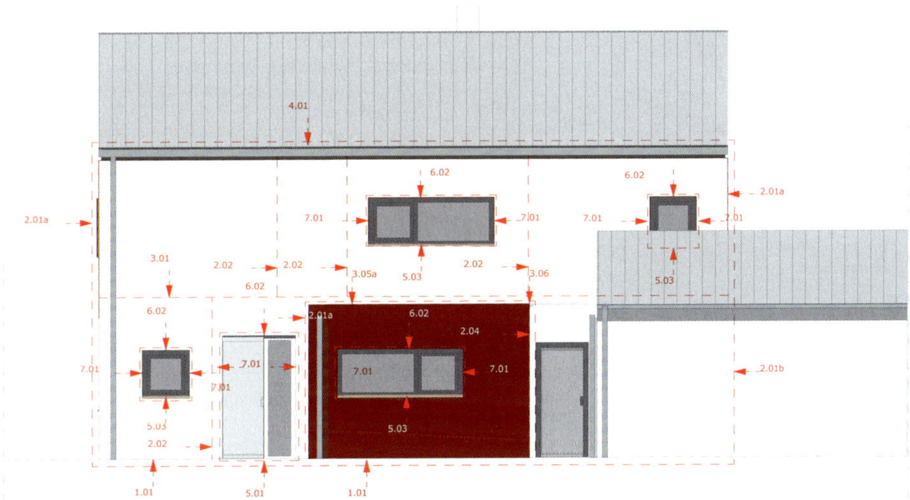

Abb. 9.5: Beispielgebäude – Ansicht Nord

Abb. 9.6: Beispielgebäude – Ansicht Ost

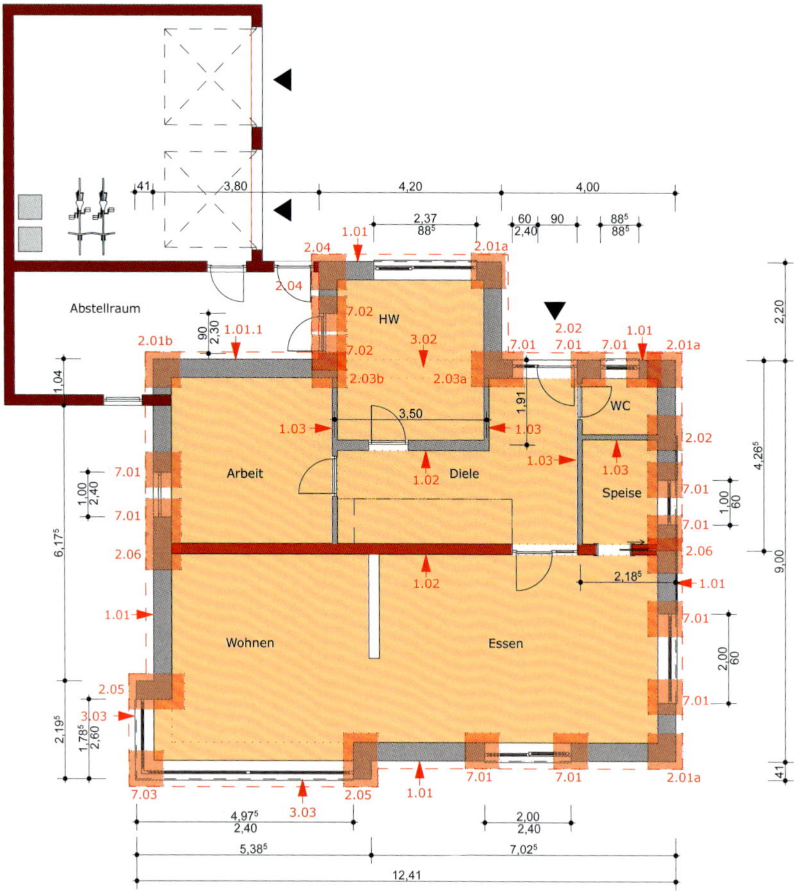

Abb. 9.7: Beispielgebäude – Grundriss Erdgeschoss

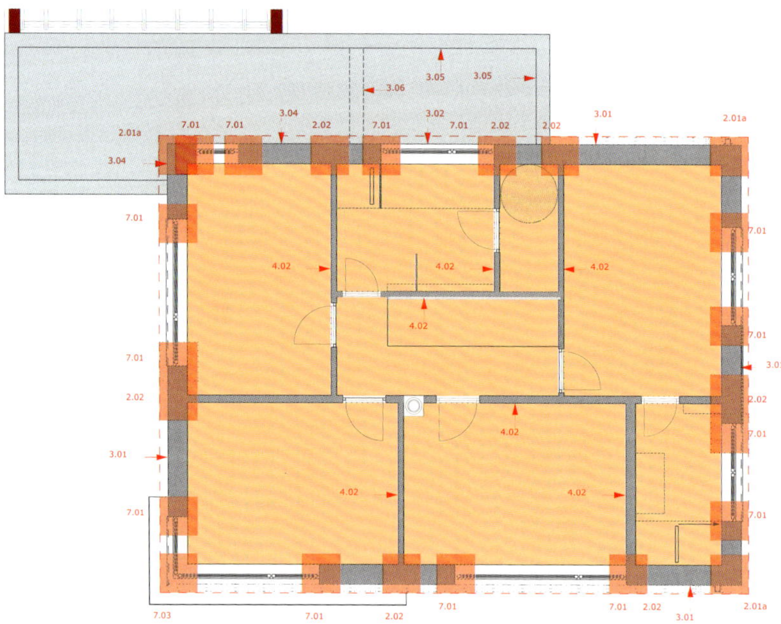

Abb. 9.8: Beispielgebäude – Grundriss Obergeschoss

9.2 Bestimmung der *U*-Werte für die Außenbauteile

Die Abb. 9.9 bis 9.13 stellen die Außenbauteile mit den einzelnen Schichtungen dar.

Bei Fachwerken wird der ψ-Wert immer durch die Gefache bestimmt. Die *U*-Werte der Bauteile wurden mit dem Programm ZUB Argos Pro berechnet.

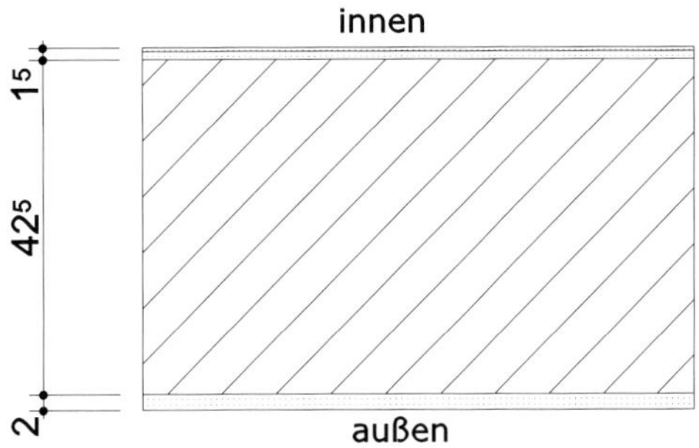

Aufbau:
- 1,5 cm Innenputz
- 42,5 cm HLZ 007 (T7)
- 2,0 cm Außenputz

***U*-Wert = 0,159 W/(m² · K)**

Abb. 9.9: Beispielgebäude – Schichtaufbau Außenwand

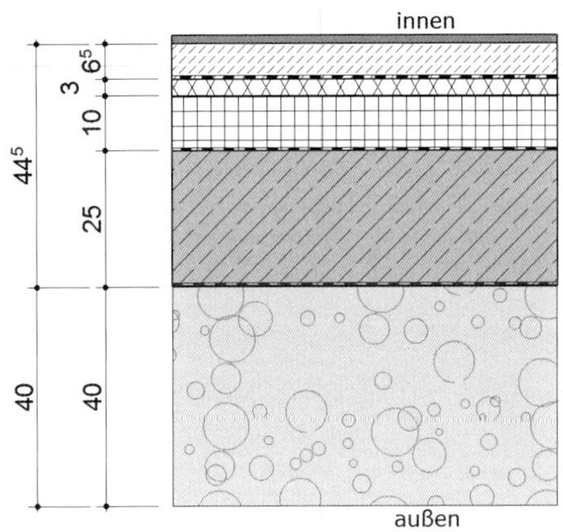

Aufbau:
- 6,5 cm Z-Estrich
- 3,0 cm Trittschalldämmung 040
- 10,0 cm Wärmedämmung 040
- 25,0 cm Stahlbeton
- 40,0 cm Glasschotterschicht 080

***U*-Wert = 0,115 W/(m² · K)**

Abb. 9.10: Beispielgebäude – Schichtaufbau Bodenplatte

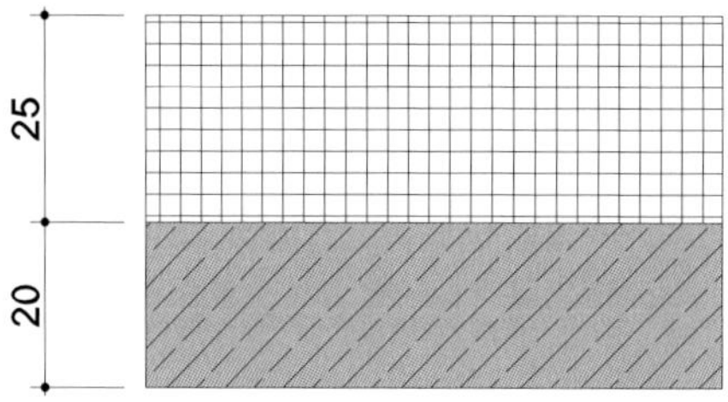

Aufbau:
- 25 cm Wärmedämmung 035
- 20,0 cm Stahlbeton

***U*-Wert = 0,135 W/(m² · K)**

Abb. 9.11: Beispielgebäude – oberste Geschossdecke

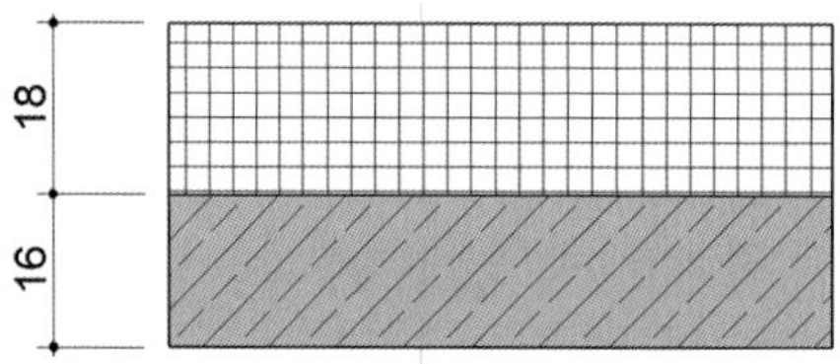

Aufbau:
- 18 cm Wärmedämmung 035
- 16,0 cm Stahlbeton

***U*-Wert = 0,187 W/(m² · K)**

Abb. 9.12: Beispielgebäude – Schichtaufbau Flachdach Anbau

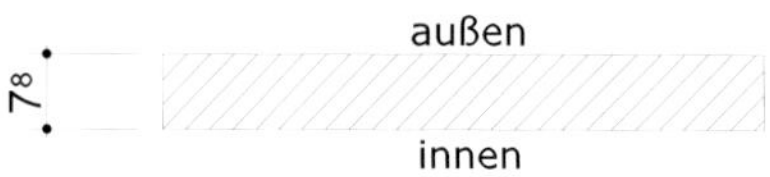

Aufbau:
- 7,8 cm Holzriegel

***U*-Wert = 1,299 W/(m² · K)**

Abb. 9.13: Beispielgebäude – Fenster; vereinfacht dargestellt nach DIN 4108 Beiblatt 2

9.3 Berechnung der ψ-Werte

In den nachfolgenden Abbildungen und Tabellen wird dargestellt, wie der ψ-Wert für die einzelnen Details zu berechnen ist. In den Detailplänen sind alle notwendigen Maße für die Berechnung rot gekennzeichnet. Wie ψ-Werte berechnet werden, wird in den Kapiteln 1.2, 2.2 und 7 ausführlich erläutert.

9.3.1 Wärmebrückendetails der Bodenplatte

Detail 1.01 (Abb. 9.14) – Anschluss Außenwand auf Bodenplatte

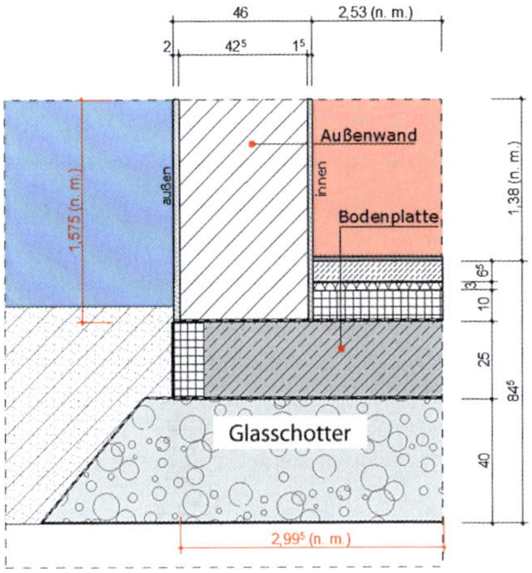

Abb. 9.14: Detail 1.01 – Anschluss Außenwand auf Bodenplatte. Die Abmessungen in roter Schriftfarbe kennzeichnen den Außenmaßbezug (n. m. = nicht maßstäblich).

Berechnung des Wärmestroms zur Außenluft und gegen Erdreich

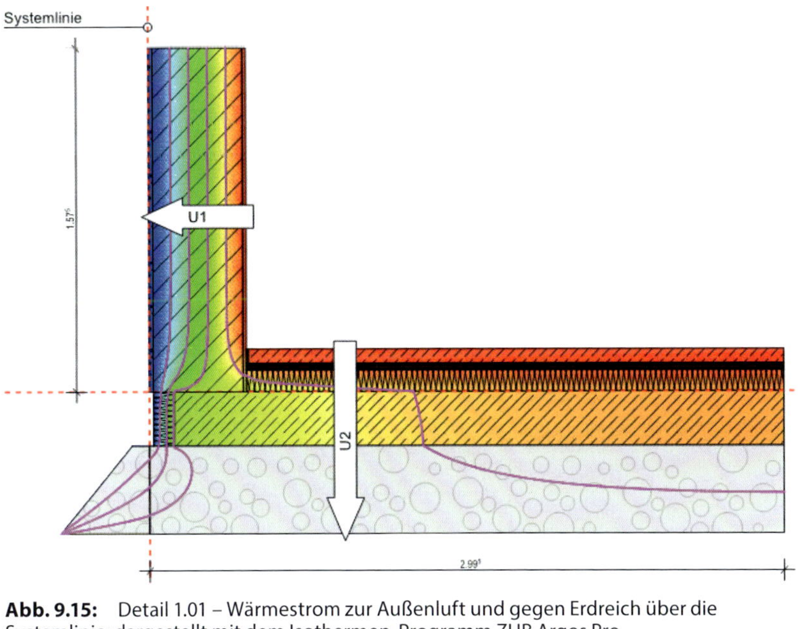

Abb. 9.15: Detail 1.01 – Wärmestrom zur Außenluft und gegen Erdreich über die Systemlinie; dargestellt mit dem Isothermen-Programm ZUB Argos Pro

Tabelle 9.1: Berechnungstabelle für den ψ-Wert des Details 1.01 (Wärmestrom zur Außenluft und gegen Erdreich über die Systemlinie); Berechnung nach DIN 4108 Beiblatt 2 und DIN EN ISO 10211; berechnet mithilfe des Isothermen-Programms ZUB Argos Pro

Psi-Wert		
Te =	-5,0	°C
Ti =	20,0	°C
dT =	25,0 = Ti-Te	K
Q =	9,691	W/m
L2d =	0,388 = Q/dT	W/(mK)
Psi =	**0,05 = L2d-EnEV/GEG = 0,388 - (0,159*1,0*1,575+0,116*0,25*2,995)**	**W/(mK)**
ψ-Wert =	**0,050 W/(m · K)**	

Länge gesamt		**Σ m**	**29,73**
Lage	Länge	Anzahl	gesamt
Süd	12,410	1,00	12,41
West	2,190	1,00	2,19
	6,180	1,00	6,18
	0,410	1,00	0,41
Nord	4,200	1,00	4,20
	4,000	1,00	4,00
Ost	2,200	1,00	2,20
	9,000	1,00	9,00
	0,410	1,00	0,41
Abzug Fenster			
Süd	2,000	-1,00	-2,00
	4,980	-1,00	-4,98
West	1,790	-1,00	-1,79
	1,000	-1,00	-1,00
Nord	1,500	-1,00	-1,50

Der ψ-Wert für das Detail 1.01 (Wärmestrom gegen Außenluft und gegen Erdreich) beträgt 0,050 W/(m · K). Die gesamte Länge der Wärmebrücke beläuft sich auf 29,73 m.

Detail 1.01.1 (Abb. 9.16) – Anschluss Außenwand auf Bodenplatte gegen unbeheizten Abstellraum

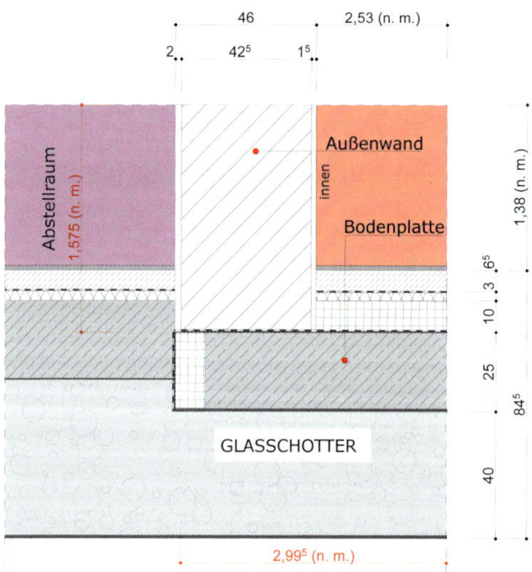

Abb. 9.16: Detail 1.01.1 – Anschluss Außenwand auf Bodenplatte gegen unbeheizten Abstellraum. Die Abmessungen in roter Schriftfarbe kennzeichnen den Außenmaßbezug (n. m. = nicht maßstäblich).

Berechnung des Wärmestroms zum unbeheizten Abstellraum und gegen Erdreich

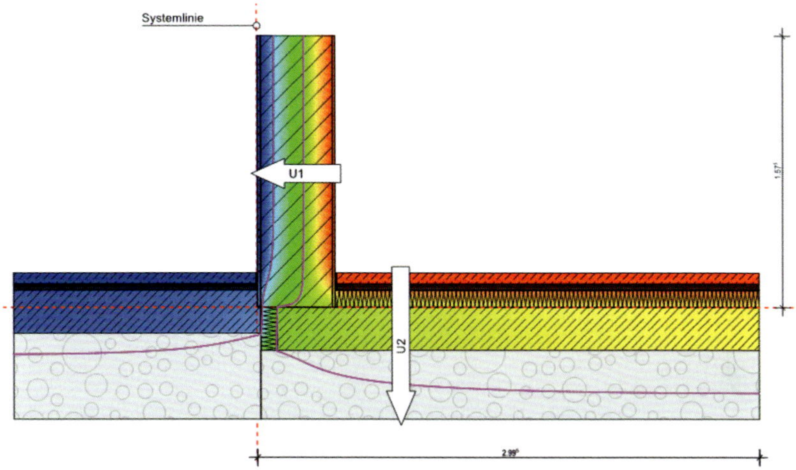

Abb. 9.17: Detail 1.01.1 – Wärmestrom zum unbeheizten Abstellraum und gegen Erdreich über die Systemlinie; dargestellt mit dem Isothermen-Programm ZUB Argos Pro

Tabelle 9.2: Berechnungstabelle für den ψ-Wert des Details 1.01.1 (Wärmestrom zum unbeheizten Abstellraum und gegen Erdreich über die Systemlinie); Berechnung nach DIN 4108 Beiblatt 2 und DIN EN ISO 10211; berechnet mithilfe des Isothermen-Programms ZUB Argos Pro

Psi-Wert		
Te =	-5,0	°C
Ti =	20,0	°C
dT =	25,0 = Ti-Te	K
Q =	5,448	W/m
L2d =	0,218 = Q/dT	W/(mK)
Psi =	**0,009 = L2d-EnEV/GEG = 0,218 - (0,157*0,5*1,575+0,114*0,25*2,995)**	**W/(mK)**
ψ-Wert =	**0,009 W/(m · K)**	

Länge gesamt		**Σ m**	**7,04**
Lage	Länge	Anzahl	gesamt
	7,040	1,00	7,04

Der ψ-Wert für das Detail 1.01.1 (Wärmestrom gegen unbeheizten Abstellraum und gegen Erdreich) beträgt 0,009 W/(m · K). Die gesamte Länge der Wärmebrücke beläuft sich auf 7,04 m.

Detail 1.02 (Abb. 9.18) – Anschluss Innenwand (24 cm) auf Bodenplatte

Abb. 9.18: Detail 1.02 – Anschluss Innenwand (24 cm) auf Bodenplatte. Die Abmessungen in roter Schriftfarbe kennzeichnen den Außenmaßbezug (n. m. = nicht maßstäblich).

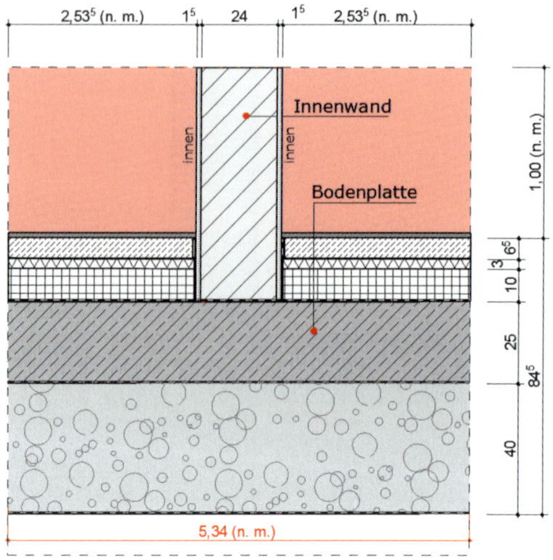

Berechnung des Wärmestroms zum Erdreich

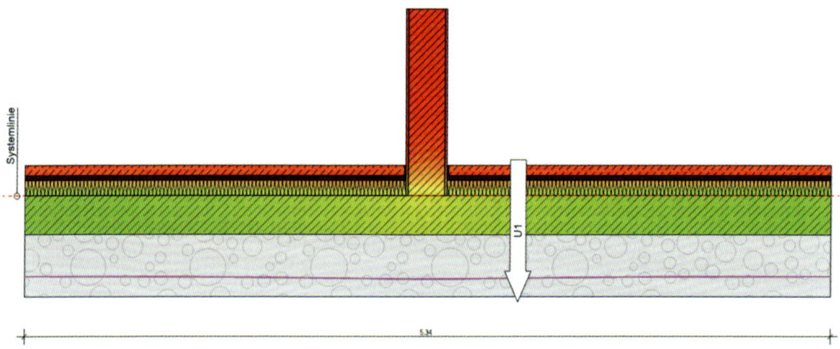

Abb. 9.19: Detail 1.02 – Wärmestrom zum Erdreich über die Systemlinie; dargestellt mit dem Isothermen-Programm ZUB Argos Pro

Tabelle 9.3: Berechnungstabelle für den ψ-Wert des Details 1.02 (Wärmestrom zum Erdreich über die Systemlinie); Berechnung nach DIN 4108 Beiblatt 2 und DIN EN ISO 10211; berechnet mithilfe des Isothermen-Programms ZUB Argos Pro

Psi-Wert		
Te =	-5,0	°C
Ti =	20,0	°C
dT =	25,0 = Ti-Te	K
Q =	4,224	W/m
L2d =	0,169 = Q/dT	W/(mK)
Psi =	**0,014 = L2d-EnEV/GEG = 0,169 - (0,116*0,25*5,34)**	**W/(mK)**
ψ-Wert =	**0,014 W/(m · K)**	

Länge gesamt		Σ m	15,50
Lage	Länge	Anzahl	gesamt
EG	3,500	1,00	3,50
	12,000	1,00	12,00

Der ψ-Wert für das Detail 1.02 beträgt 0,014 W/(m · K). Die gesamte Länge der Wärmebrücke beläuft sich auf 15,50 m.

Detail 1.03 (Abb. 9.20) – Anschluss Innenwand (11,5 cm) auf Bodenplatte

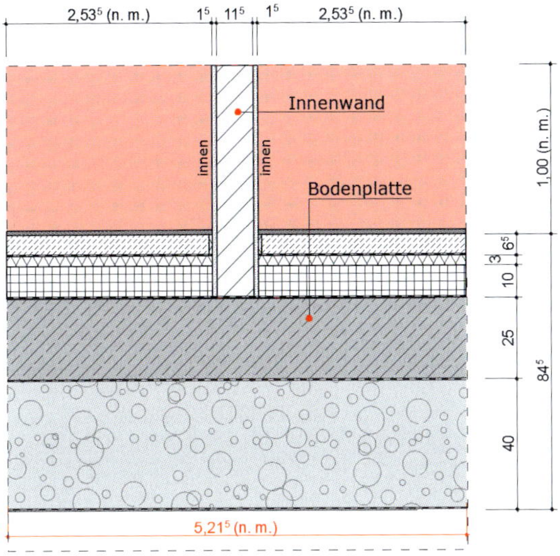

Abb. 9.20: Detail 1.03 – Anschluss Innenwand (11,5 cm) auf Bodenplatte. Die Abmessungen in roter Schriftfarbe kennzeichnen den Außenmaßbezug (n. m. = nicht maßstäblich).

Berechnung des Wärmestroms zum Erdreich

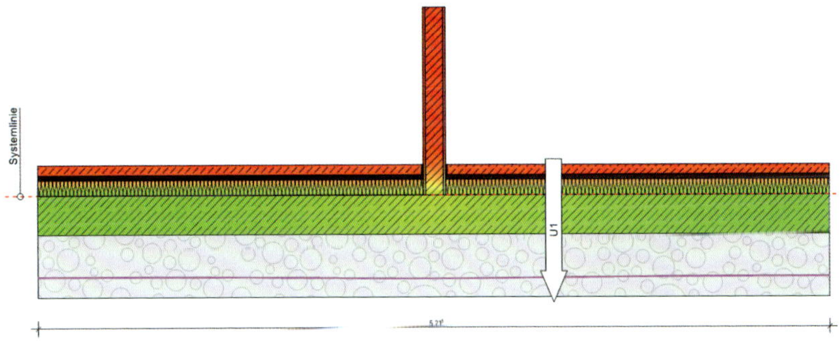

Abb. 9.21: Detail 1.03 Wärmestrom zum Erdreich über die Systemlinie; dargestellt mit dem Isothermen-Programm ZUB Argos Pro

Tabelle 9.4: Berechnungstabelle für den ψ-Wert des Details 1.03 (Wärmestrom zum Erdreich über die Systemlinie); Berechnung nach DIN 4108 Beiblatt 2 und DIN EN ISO 10211; berechnet mithilfe des Isothermen-Programms ZUB Argos Pro

Psi-Wert

Te =	-5,0	°C
Ti =	20,0	°C
dT =	25,0 = Ti-Te	K
Q =	4,041	W/m
L2d =	0,162 = Q/dT	W/(mK)
Psi =	**0,01 = L2d-EnEV/GEG = 0,162 - (0,116*0,25*5,215)**	**W/(mK)**

ψ-Wert = 0,010 W/(m · K)

Länge gesamt		Σ m	12,64
Lage	Länge	Anzahl	gesamt
EG	4,260	1,00	4,26
	1,900	1,00	1,90
	4,260	1,00	4,26
	2,220	1,00	2,22

Der ψ-Wert für das Detail 1.03 beträgt 0,010 W/(m · K). Die gesamte Länge der Wärmebrücke beläuft sich auf 12,64 m.

9.3.2 Wärmebrückendetails der Außenwand

Detail 2.01a (Abb. 9.22) – Außenecke gegen Außenluft

Abb. 9.22: Detail 2.01a – Außenwandecke gegen Außenluft. Die Abmessungen in roter Schriftfarbe kennzeichnen den Außenmaßbezug (n. m. = nicht maßstäblich).

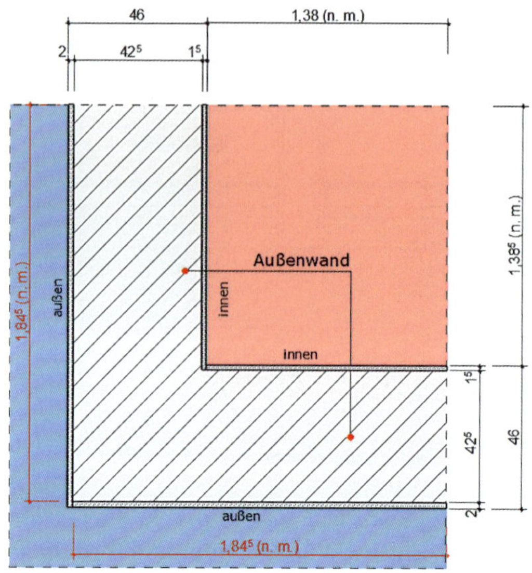

Berechnung des Wärmestroms zur Außenluft

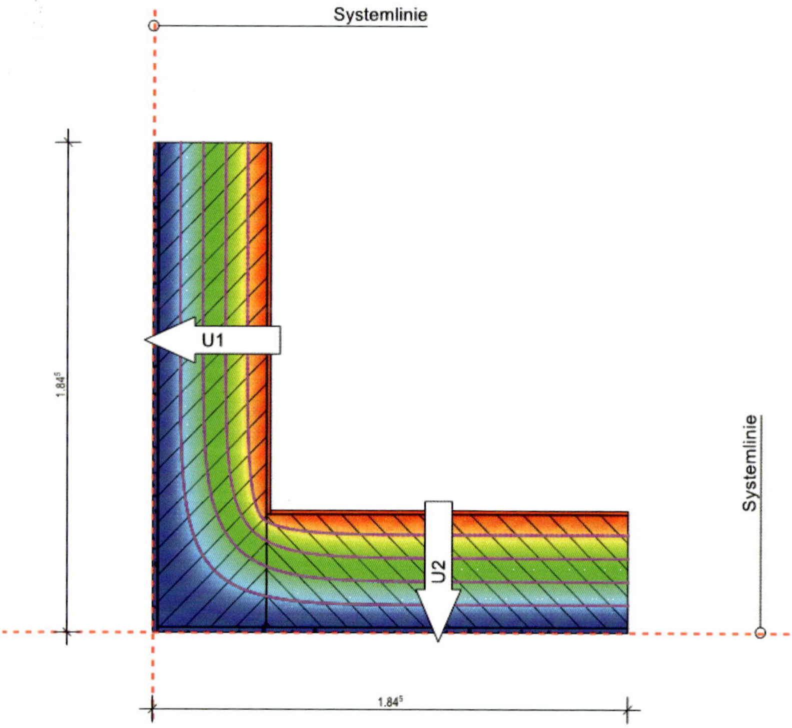

Abb. 9.23: Detail 2.01a – Wärmestrom zur Außenluft über die Systemlinie; dargestellt mit dem Isothermen-Programm ZUB Argos Pro

Tabelle 9.5: Berechnungstabelle für den ψ-Wert des Details 2.01a (Wärmestrom zur Außenluft über die Systemlinie); Berechnung nach DIN 4108 Beiblatt 2 und DIN EN ISO 10211; berechnet mithilfe des Isothermen-Programms ZUB Argos Pro

Psi-Wert		
Te =	-5,0	°C
Ti =	20,0	°C
dT =	25,0 = Ti-Te	K
Q =	12,059	W/m
L2d =	0,482 = Q/dT	W/(mK)
Psi =	**-0,106 = L2d-EnEV/GEG = 0,482 - (0,159*1,0*1,845+0,159*1,0*1,845)**	**W/(mK)**
ψ-Wert =	**-0,106 W/(m · K)**	

Länge gesamt		**Σ m**	**21,27**
Lage	Länge	Anzahl	gesamt
Süd	6,020	2,00	12,04
Abzug Fenster	2,810	-1,00	-2,81
Nord	6,020	1,00	6,02
	3,210	1,00	3,21
Anbau			
Nord/Ost	2,81	1,00	2,81

Der ψ-Wert für das Detail 2.01a beträgt –0,106 W/(m · K). Die gesamte Länge der Wärmebrücke beläuft sich auf 21,27 m.

Detail 2.01b (Abb. 9.24) – Außenecke gegen unbeheizten Abstellraum

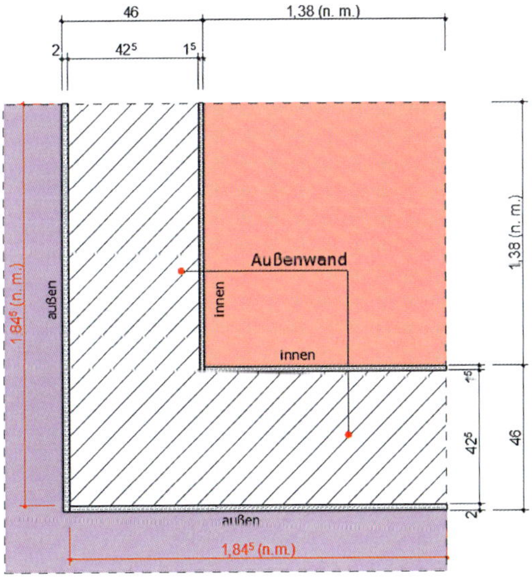

Abb. 9.24: Detail 2.01b – Außenwandecke gegen unbeheizten Abstellraum. Die Abmessungen in roter Schriftfarbe kennzeichnen den Außenmaßbezug (n. m. = nicht maßstäblich).

Berechnung des Wärmestroms zum unbeheizten Abstellraum

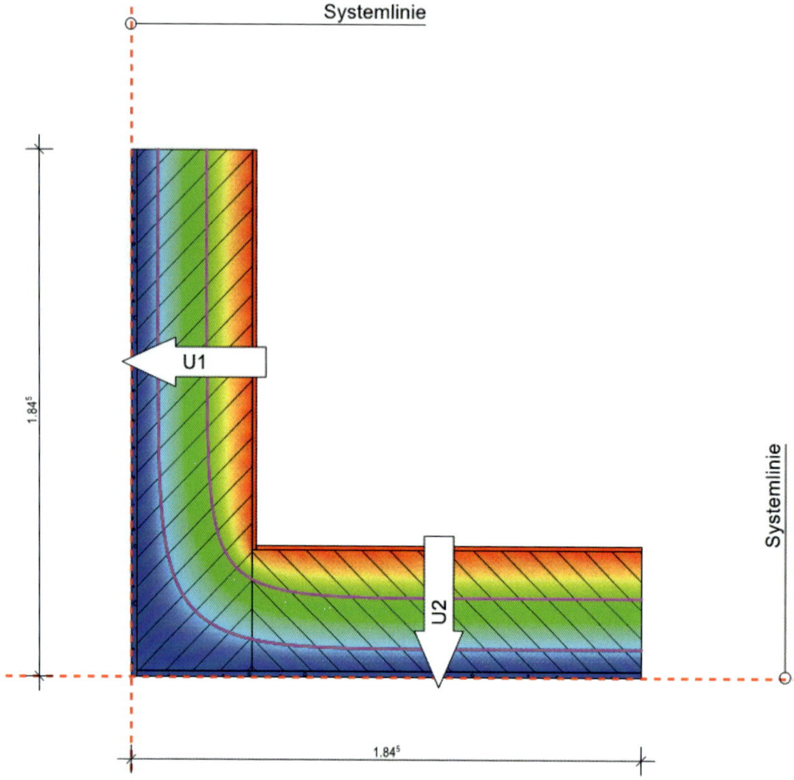

Abb. 9.25: Detail 2.01b – Wärmestrom zum unbeheizten Abstellraum über die Systemlinie; dargestellt mit dem Isothermen-Programm ZUB Argos Pro

Tabelle 9.6: Berechnungstabelle für den ψ-Wert des Details 2.01b (Wärmestrom zum unbeheizten Abstellraum über die Systemlinie); Berechnung nach DIN 4108 Beiblatt 2 und DIN EN ISO 10211; berechnet mithilfe des Isothermen-Programms ZUB Argos Pro

Psi-Wert		
Te =	-5,0	°C
Ti =	20,0	°C
dT =	25,0 = Ti-Te	K
Q =	5,951	W/m
L2d =	0,238 = Q/dT	W/(mK)
Psi =	**-0,052 = L2d-EnEV/GEG = 0,238 - (0,157*0,5*1,845+0,157*0,5*1,845)**	**W/(mK)**
ψ-Wert =	**-0,052 W/(m · K)**	

Länge gesamt		**Σ m**	**2,81**
Lage	Länge	Anzahl	gesamt
	2,810	1,00	2,81

Der ψ-Wert für das Detail 2.01b beträgt –0,052 W/(m · K). Die gesamte Länge der Wärmebrücke beläuft sich auf 2,81 m.

Detail 2.02 (Abb. 9.26) – Anschluss Innenwand (11,5 cm) an Außenwand

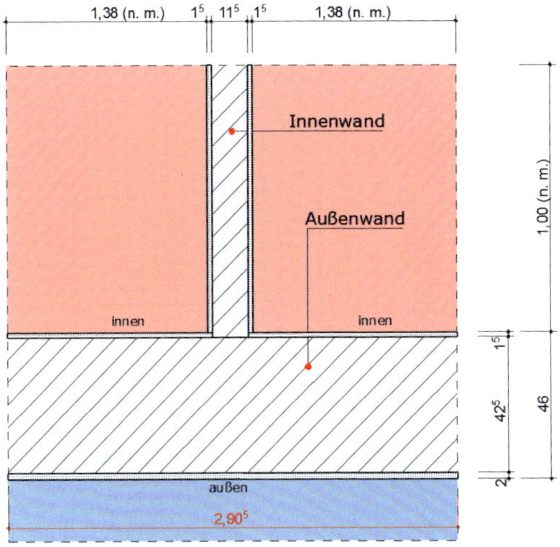

Abb. 9.26: Detail 2.02 – Anschluss Innenwand (11,5 cm) an Außenwand. Die Abmessungen in roter Schriftfarbe kennzeichnen den Außenmaßbezug (n. m. = nicht maßstäblich).

Berechnung des Wärmestroms zur Außenluft

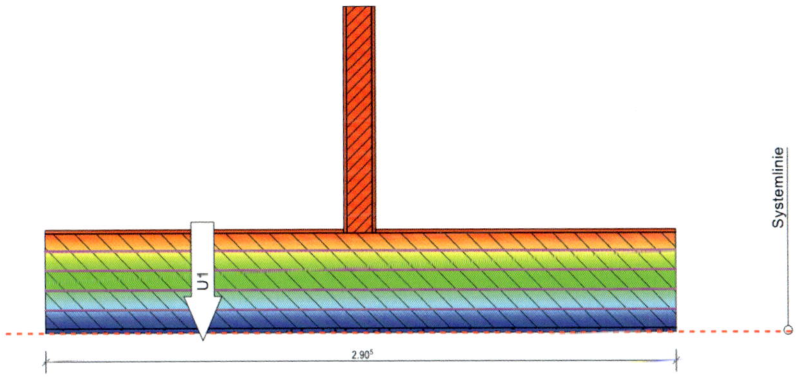

Abb. 9.27: Detail 2.02 – Wärmestrom zur Außenluft über die Systemlinie; dargestellt mit dem Isothermen-Programm ZUB Argos Pro

Tabelle 9.7: Berechnungstabelle für den ψ-Wert des Details 2.02 (Wärmestrom zur Außenluft über die Systemlinie); Berechnung nach DIN 4108 Beiblatt 2 und DIN EN ISO 10211; berechnet mithilfe des Isothermen-Programms ZUB Argos Pro

Psi-Wert		
Te =	-5,0	°C
Ti =	20,0	°C
dT =	25,0 = Ti-Te	K
Q =	11,57	W/m
L2d =	0,463 = Q/dT	W/(mK)
Psi =	**-0,0 = L2d-EnEV/GEG = 0,463 - (0,159*1,0*2,905)**	**W/(mK)**
ψ-Wert =	**0,00 W/(m · K)**	

Länge gesamt		**Σ m**	**26,94**
Lage	Länge	Anzahl	gesamt
Süd	2,980	2,00	5,96
West	2,980	1,00	2,98
Nord	3,040	1,00	3,04
	2,980	3,00	8,94
Ost	3,040	1,00	3,04
	2,980	1,00	2,98

Der ψ-Wert für das Detail 2.02 beträgt 0,000 W/(m · K). Die gesamte Länge der Wärmebrücke beläuft sich auf 26,94 m.

Detail 2.03a (Abb. 9.28) – Innenecke gegen Außenluft

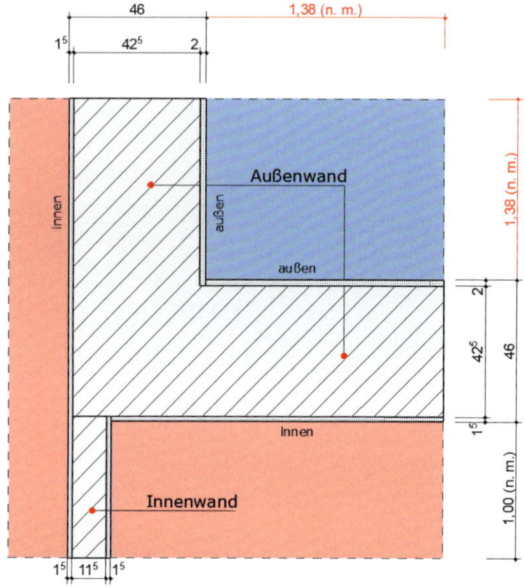

Abb. 9.28: Detail 2.03a – Innenecke. Die Abmessungen in roter Schriftfarbe kennzeichnen den Außenmaßbezug (n. m. = nicht maßstäblich).

Berechnung des Wärmestroms zur Außenluft

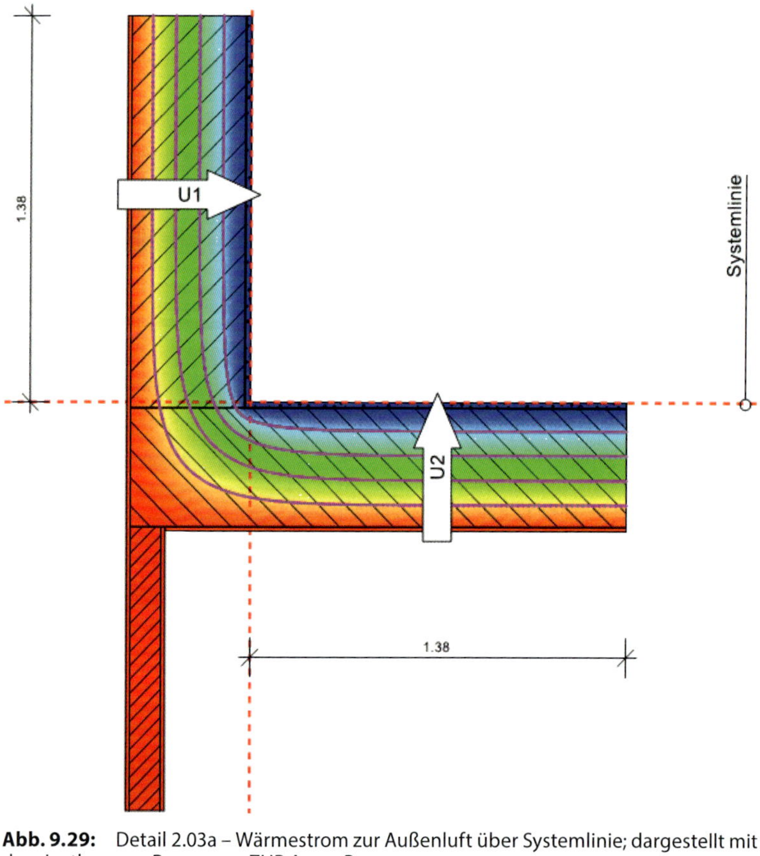

Abb. 9.29: Detail 2.03a – Wärmestrom zur Außenluft über Systemlinie; dargestellt mit dem Isothermen-Programm ZUB Argos Pro

Tabelle 9.8: Berechnungstabelle für den ψ-Wert des Details 2.03a (Wärmestrom zur Außenluft über die Systemlinie); Berechnung nach DIN 4108 Beiblatt 2 und DIN EN ISO 10211; berechnet mithilfe des Isothermen-Programms ZUB Argos Pro

Psi-Wert

Te =	-5,0	°C
Ti =	20,0	°C
dT =	25,0 = Ti-Te	K
Q =	12,096	W/m
L2d =	0,484 = Q/dT	W/(mK)
Psi =	**0,044 = L2d-EnEV/GEG = 0,484 - (0,159*1,0*1,38+0,159*1,0*1,38)**	**W/(mK)**

ψ-Wert = 0,044 W/(m · K)

Länge gesamt		**Σ m**	**3,04**
Lage	Länge	Anzahl	gesamt
EG Anbau	3,040	1,00	3,04

Der ψ-Wert für das Detail 2.03a beträgt 0,044 W/(m · K). Die gesamte Länge der Wärmebrücke beläuft sich auf 3,04 m.

Detail 2.03b (Abb. 9.30) – Innenecke gegen unbeheizten Abstellraum

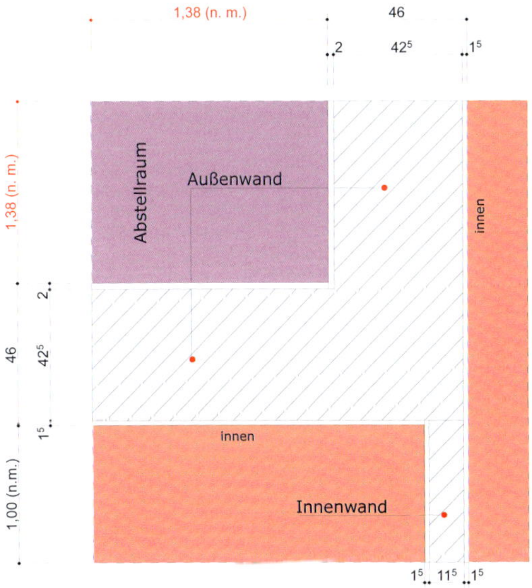

Abb. 9.30: Detail 2.03b – Innenecke zu unbeheiztem Abstellraum. Die Abmessungen in roter Schriftfarbe kennzeichnen den Außenmaßbezug (n. m. = nicht maßstäblich).

Berechnung des Wärmestroms zum unbeheizten Abstellraum

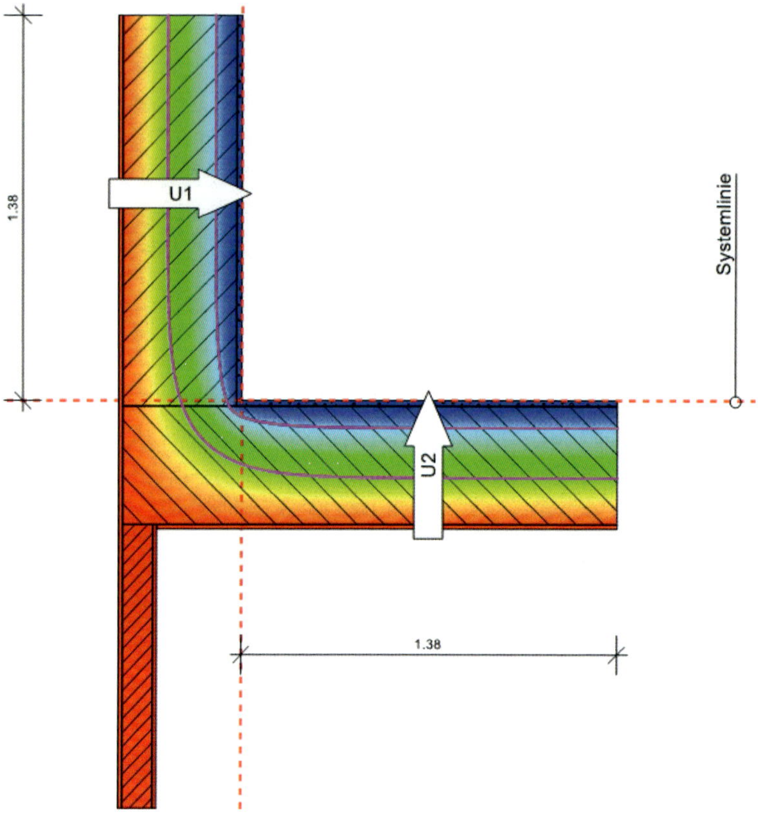

Abb. 9.31: Detail 2.03b – Wärmestrom zum unbeheizten Abstellraum über die Systemlinie; dargestellt mit dem Isothermen-Programm ZUB Argos Pro

Tabelle 9.9: Berechnungstabelle für den ψ-Wert des Details 2.03b (Wärmestrom zum unbeheizten Abstellraum über die Systemlinie); Berechnung nach DIN 4108 Beiblatt 2 und DIN EN ISO 10211; berechnet mithilfe des Isothermen-Programms ZUB Argos Pro

Psi-Wert		
Te =	-5,0	°C
Ti =	20,0	°C
dT =	25,0 = Ti-Te	K
Q =	5,948	W/m
L2d =	0,238 = Q/dT	W/(mK)
Psi =	**0,021 = L2d-EnEV/GEG = 0,238 - (0,157*0,5*1,38+0,157*0,5*1,38)**	**W/(mK)**
ψ-Wert =	**0,021 W/(m · K)**	

Länge gesamt		**Σ m**	**3,04**
Lage	Länge	Anzahl	gesamt
EG Anbau	3,040	1,00	3,04

Der ψ-Wert für das Detail 2.03b beträgt 0,021 W/(m · K). Die gesamte Länge der Wärmebrücke beläuft sich auf 3,04 m.

Detail 2.04 (Abb. 9.32) – Außenecke Abstellraum

Diese Außenecke grenzt sowohl an Außenluft als auch an den unbeheizten Abstellraum.

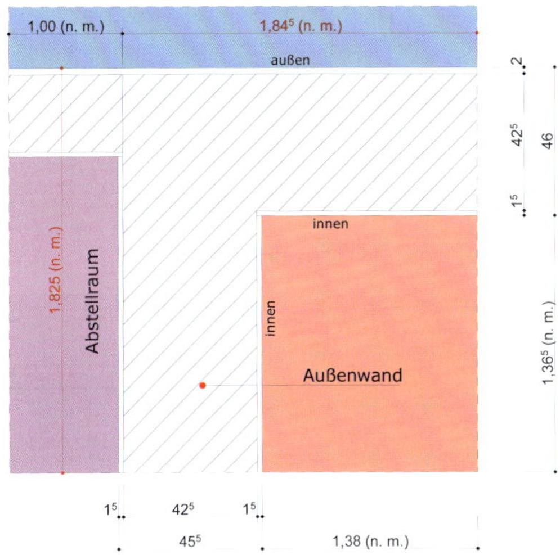

Abb. 9.32: Detail 2.04 – Außenecke Abstellraum. Die Abmessungen in roter Schriftfarbe kennzeichnen den Außenmaßbezug (n. m. = nicht maßstäblich).

Berechnung des Wärmestroms zur Außenluft und zum unbeheizten Abstellraum

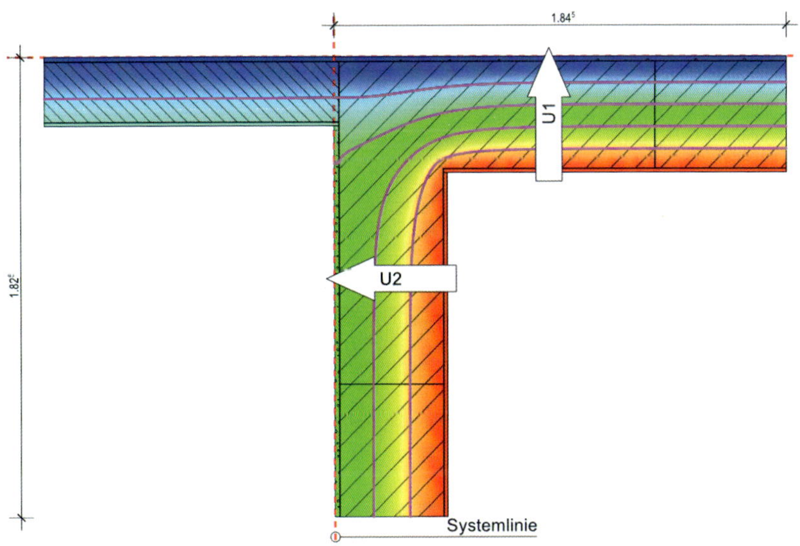

Abb. 9.33: Detail 2.04 – Wärmestrom zur Außenluft und zum unbeheizten Abstellraum über die Systemlinie; dargestellt mit dem Isothermen-Programm ZUB Argos Pro

Tabelle 9.10: Berechnungstabelle für den ψ-Wert des Details 2.04 (Wärmestrom zur Außenluft und zum unbeheizten Abstellraum über die Systemlinie); Berechnung nach DIN 4108 Beiblatt 2 und DIN EN ISO 10211; berechnet mithilfe des Isothermen-Programms ZUB Argos Pro

Psi-Wert

Te =	-5,0	°C
Ti =	20,0	°C
dT =	25,0 = Ti-Te	K
Q =	9,605	W/m
L2d =	0,384 = Q/dT	W/(mK)
Psi =	**-0,082 = L2d-EnEV/GEG = 0,384 - (0,159*1,0*1,845+0,157*0,6*1,825)**	**W/(mK)**

ψ-Wert = -0,082 W/(m · K)

Länge gesamt		**Σ m**	**2,81**
Lage	Länge	Anzahl	gesamt
Anbau West	2,810	1,00	2,81

Der ψ-Wert für das Detail 2.04 beträgt –0,082 W/(m · K). Die gesamte Länge der Wärmebrücke beläuft sich auf 2,81 m.

Detail 2.05 (Abb. 9.34) – Anschluss Erker an Fenster

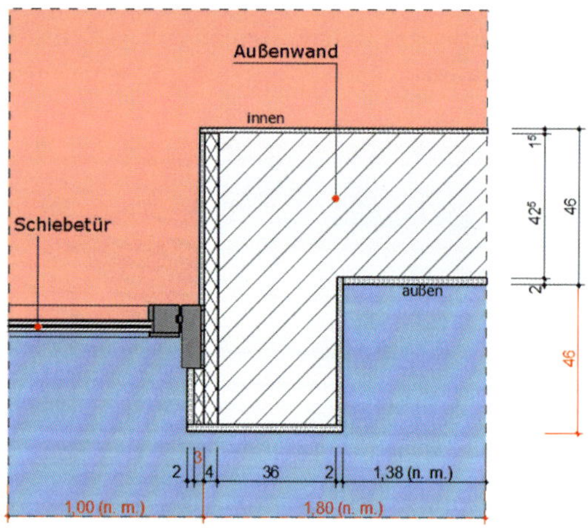

Abb. 9.34: Detail 2.05 – Anschluss Erker an Fenster. Die Abmessungen in roter Schriftfarbe kennzeichnen den Außenmaßbezug (n. m. = nicht maßstäblich).

Berechnung des Wärmestroms zur Außenluft

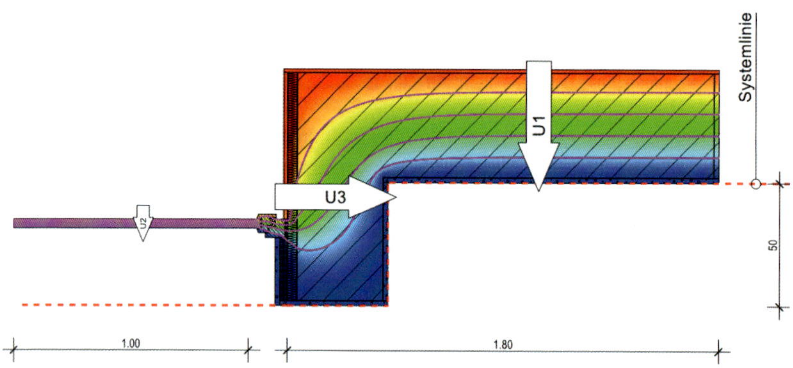

Abb. 9.35: Detail 2.05 – Wärmestrom zur Außenluft über die Systemlinie; dargestellt mit dem Isothermen-Programm ZUB Argos Pro

Tabelle 9.11: Berechnungstabelle für den ψ-Wert des Details 2.05 (Wärmestrom zur Außenluft über die Systemlinie); Berechnung nach DIN 4108 Beiblatt 2 und DIN EN ISO 10211; berechnet mithilfe des Isothermen-Programms ZUB Argos Pro

Psi-Wert		
Te =	-5,0	°C
Ti =	20,0	°C
dT =	25,0 = Ti-Te	K
Q =	33,275	W/m
L2d =	1,331 = Q/dT	W/(mK)
Psi =	**-0,093 = L2d-EnEV/GEG = 1,331 - (0,159*1,0*1,8+1,06*1,0*1,0+0,154*1,0*0,5)**	**W/(mK)**
ψ-Wert =	**-0,093 W/(m · K)**	

Länge gesamt		**Σ m**	**6,07**
Lage	Länge	Anzahl	gesamt
Süd	3,035	1,00	3,04
West	3,035	1,00	3,04

Der ψ-Wert für das Detail 2.05 beträgt –0,093 W/(m · K). Die gesamte Länge der Wärmebrücke beläuft sich auf 6,07 m.

Detail 2.06 (Abb. 9.36) – Anschluss Innenwand (24 cm) an Außenwand

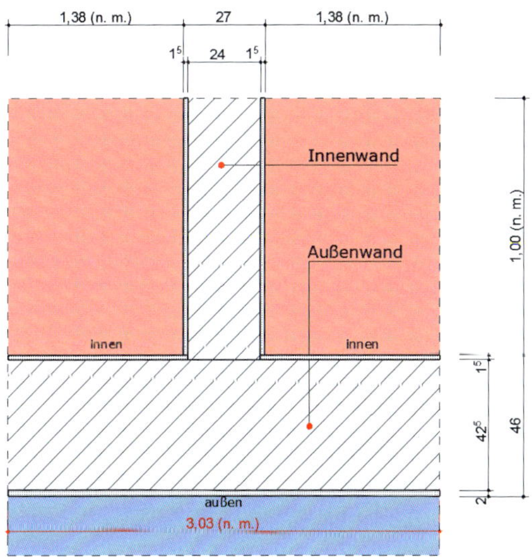

Abb. 9.36: Detail 2.06 – Anschluss Innenwand (24 cm) an Außenwand. Die Abmessungen in roter Schriftfarbe kennzeichnen den Außenmaßbezug (n. m. = nicht maßstäblich).

Berechnung des Wärmestroms zur Außenluft

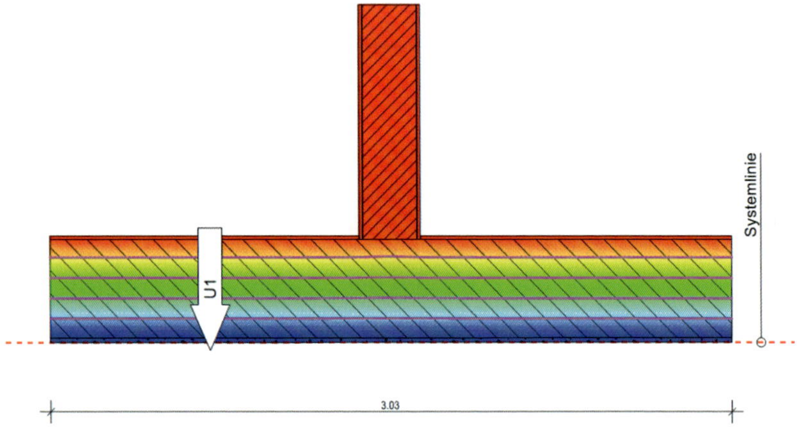

Abb. 9.37: Detail 2.06 – Wärmestrom zur Außenluft über die Systemlinie; dargestellt mit dem Isothermen-Programm ZUB Argos Pro

Tabelle 9.12: Berechnungstabelle für den ψ-Wert des Details 2.06 (Wärmestrom zur Außenluft über die Systemlinie); Berechnung nach DIN 4108 Beiblatt 2 und DIN EN ISO 10211; berechnet mithilfe des Isothermen-Programms ZUB Argos Pro

Psi-Wert		
Te =	-5,0	°C
Ti =	20,0	°C
dT =	25,0 = Ti-Te	K
Q =	12,056	W/m
L2d =	0,482 = Q/dT	W/(mK)
Psi =	**-0,001 = L2d-EnEV/GEG = 0,482 - (0,159*1,0*3,03)**	**W/(mK)**
ψ-Wert =	**-0,001 W/(m · K)**	

Länge gesamt		**Σ m**	**6,07**
Lage	Länge	Anzahl	gesamt
West	3,035	1,00	3,04
Ost	3,035	1,00	3,04

Der ψ-Wert für das Detail 2.06 beträgt –0,001 W/(m · K). Die gesamte Länge der Wärmebrücke beläuft sich auf 6,07 m.

9.3.3 Wärmebrückendetails der Geschossdecke

Detail 3.01 (Abb. 9.38) – Auflager Geschossdecke auf der Außenwand

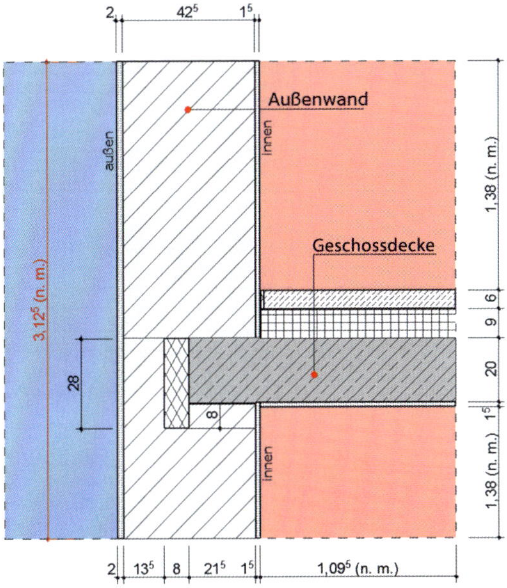

Abb. 9.38: Detail 3.01 – Geschossdecke an Außenwand. Die Abmessungen in roter Schriftfarbe kennzeichnen den Außenmaßbezug (n. m. = nicht maßstäblich).

Berechnung des Wärmestroms zur Außenluft

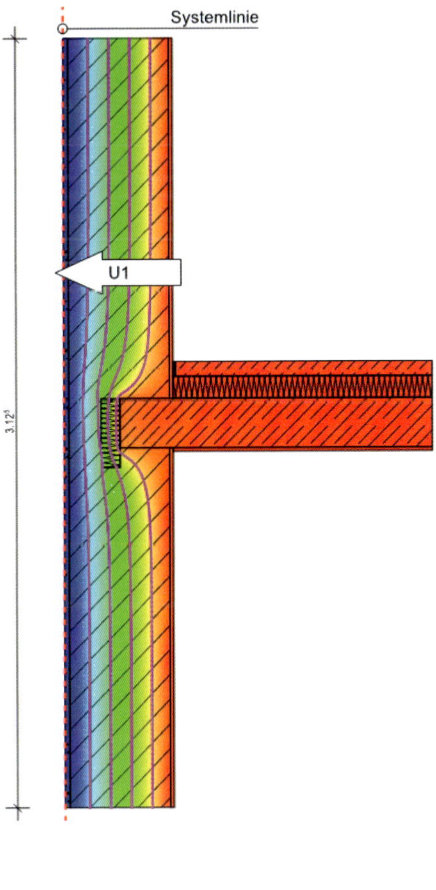

Abb. 9.39: Detail 3.01 – Wärmestrom zur Außenluft über die Systemlinie; dargestellt mit dem Isothermen-Programm ZUB Argos Pro

Tabelle 9.13: Berechnungstabelle für den ψ-Wert des Details 3.01 (Wärmestrom zur Außenluft über die Systemlinie); Berechnung nach DIN 4108 Beiblatt 2 und DIN EN ISO 10211; berechnet mithilfe des Isothermen-Programms ZUB Argos Pro

Psi-Wert		
Te =	-5,0	°C
Ti =	20,0	°C
dT =	25,0 = Ti-Te	K
Q =	13,3	W/m
L2d =	0,532 = Q/dT	W/(mK)
Psi =	**0,034 = L2d-EnEV/GEG = 0,532 - (0,159*1,0*3,125)**	**W/(mK)**
ψ-Wert =	**0,034 W/(m · K)**	

Länge gesamt		**Σ m**	**25,16**
Lage	Länge	Anzahl	gesamt
Süd	7,025	1,00	7,03
West	5,135	1,00	5,14
Nord	4,000	1,00	4,00
Ost	9,000	1,00	9,00

Der ψ-Wert für das Detail 3.01 beträgt 0,034 W/(m · K). Die gesamte Länge der Wärmebrücke beläuft sich auf 25,16 m.

Detail 3.02 (Abb. 9.40) – Auflager Geschossdecke (Anschluss Anbau)

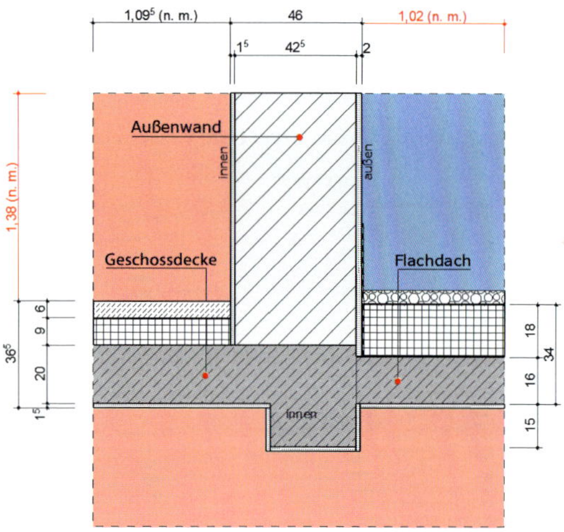

Abb. 9.40: Detail 3.02 – Auflager Geschossdecke (Anschluss Anbau). Die Abmessungen in roter Schriftfarbe kennzeichnen den Außenmaßbezug (n. m. = nicht maßstäblich).

Berechnung des Wärmestroms zur Außenluft

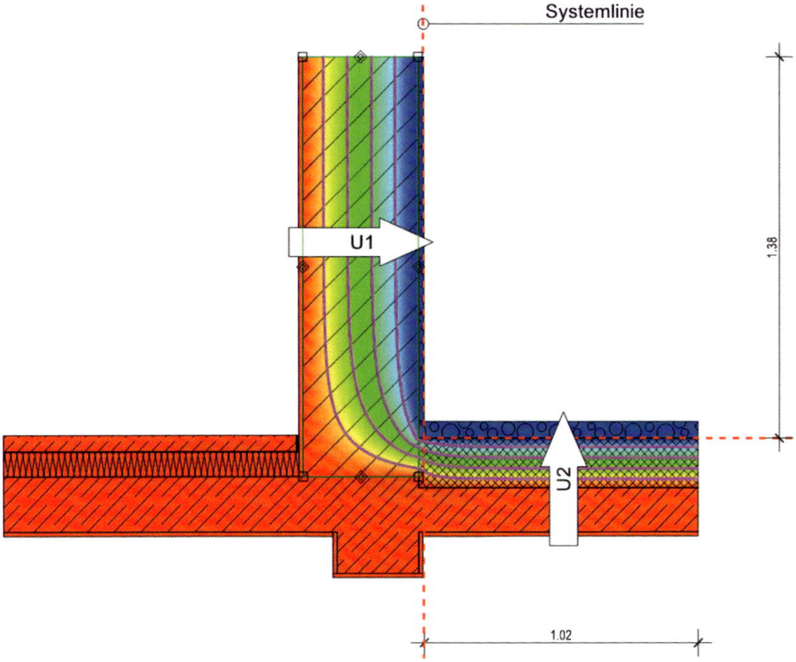

Abb. 9.41: Detail 3.02 – Wärmestrom zur Außenluft über die Systemlinie; dargestellt mit dem Isothermen-Programm ZUB Argos Pro

Tabelle 9.14: Berechnungstabelle für den ψ-Wert des Details 3.02 (Wärmestrom zur Außenluft über die Systemlinie); Berechnung nach DIN 4108 Beiblatt 2 und DIN EN ISO 10211; berechnet mithilfe des Isothermen-Programms ZUB Argos Pro

Psi-Wert		
Te =	-5,0	°C
Ti =	20,0	°C
dT =	25,0 = Ti-Te	K
Q =	11,008	W/m
L2d =	0,44 = Q/dT	W/(mK)
Psi =	**0,051 = L2d-EnEV/GEG = 0,44 - (0,159*1,0*1,38+0,166*1,0*1,02)**	**W/(mK)**
ψ-Wert =	**0,051 W/(m · K)**	

Länge gesamt		**Σ m**	**4,20**
Lage	Länge	Anzahl	gesamt
Anbau Nord	4,200	1,00	4,20

Der ψ-Wert für das Detail 3.02 beträgt 0,051 W/(m · K). Die gesamte Länge der Wärmebrücke beläuft sich auf 4,20 m.

Berechnung des Wärmestroms zur Außenluft und zum unbeheizten Abstellraum

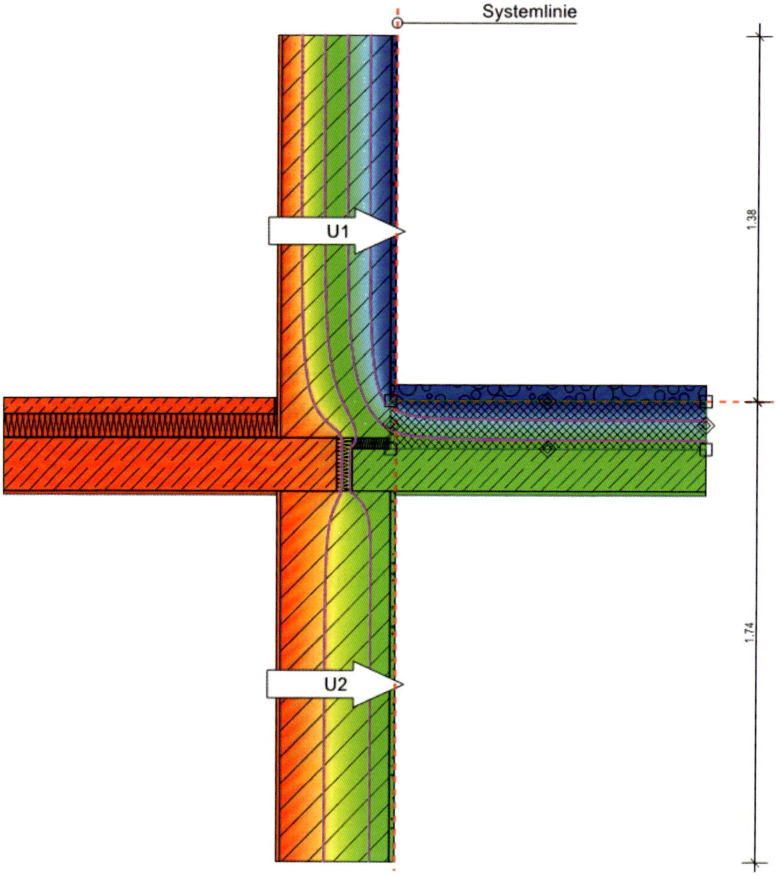

Abb. 9.45: Detail 3.04 – Wärmestrom zur Außenluft und zum unbeheizten Abstellraum über die Systemlinie; dargestellt mit dem Isothermen-Programm ZUB Argos Pro

Tabelle 9.16: Berechnungstabelle für den ψ-Wert des Details 3.04 (Wärmestrom zur Außenluft und zum unbeheizten Abstellraum über die Systemlinie); Berechnung nach DIN 4108 Beiblatt 2 und DIN EN ISO 10211; berechnet mithilfe des Isothermen-Programms ZUB Argos Pro

Psi-Wert		
Te =	-5,0	°C
Ti =	20,0	°C
dT =	25,0 = Ti-Te	K
Q =	10,341	W/m
L2d =	0,414 = Q/dT	W/(mK)
Psi =	**0,057 = L2d-EnEV/GEG = 0,414 - (0,159*1,0*1,38+0,157*0,5*1,74)**	**W/(mK)**
ψ-Wert =	**0,057 W/(m · K)**	

Länge gesamt		**Σ m**	**4,84**
Lage	Länge	Anzahl	gesamt
Anbau	3,800	1,00	3,80
	1,040	1,00	1,04

Der ψ-Wert für das Detail 3.04 beträgt 0,057 W/(m · K). Die gesamte Länge der Wärmebrücke beläuft sich auf 4,84 m.

Detail 3.05 (Abb. 9.46) – Auflager Geschossdecke (Anschluss Flachdach/Außenwand)

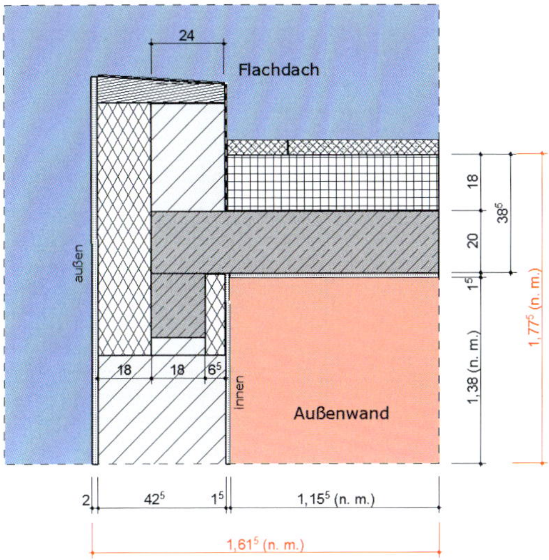

Abb. 9.46: Detail 3.05 – Auflager Geschossdecke (Anschluss Flachdach/Außenwand). Die Abmessungen in roter Schriftfarbe kennzeichnen den Außenmaßbezug (n. m. = nicht maßstäblich).

Berechnung des Wärmestroms über die Außenwand und das Flachdach zur Außenluft

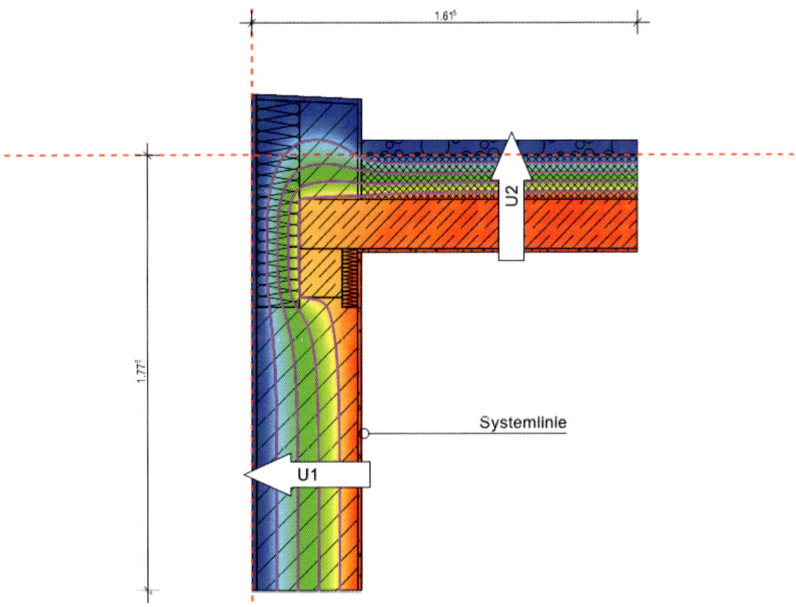

Abb. 9.47: Detail 3.05 – Wärmestrom über die Außenwand und das Flachdach zur Außenluft über die Systemlinie; dargestellt mit dem Isothermen-Programm ZUB Argos Pro

Tabelle 9.17: Berechnungstabelle für den ψ-Wert des Details 3.05 (Wärmestrom über die Außenwand und das Flachdach zur Außenluft über die Systemlinie); Berechnung nach DIN 4108 Beiblatt 2 und DIN EN ISO 10211; berechnet mithilfe des Isothermen-Programms ZUB Argos Pro

Psi-Wert		
Te =	-5,0	°C
Ti =	20,0	°C
dT =	25,0 = Ti-Te	K
Q =	15,022	W/m
L2d =	0,601 = Q/dT	W/(mK)
Psi =	**0,025 = L2d-EnEV/GEG = 0,601 - (0,159*1,0*1,775+0,182*1,0*1,615)**	**W/(mK)**
ψ-Wert =	**0,025 W/(m · K)**	

Länge gesamt		**Σ m**	**6,40**
Lage	Länge	Anzahl	gesamt
Anbau			
Ost	2,20	1,00	2,20
Nord	4,20	1,00	4,20

Der ψ-Wert für das Detail 3.05 beträgt 0,025 W/(m · K). Die gesamte Länge der Wärmebrücke beläuft sich auf 6,40 m.

Detail 3.06 (Abb. 9.48) – Auflager Geschossdecke (Anschluss Flachdach/unbeheizter Abstellraum)

Dieser Anschluss grenzt sowohl an Außenluft als auch an den unbeheizten Abstellraum.

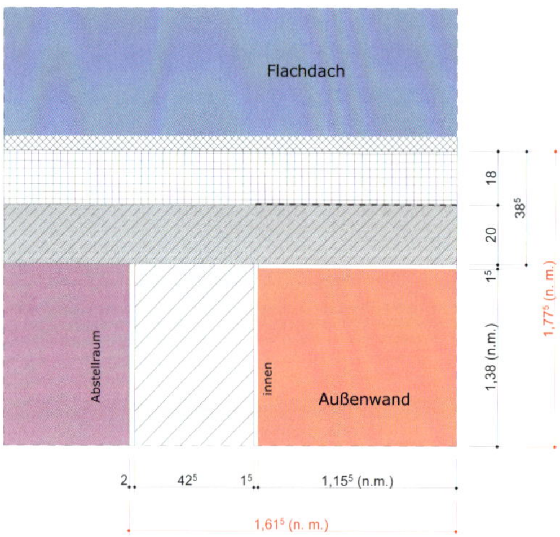

Abb. 9.48: Detail 3.06 – Auflager Geschossdecke (Anschluss Flachdach/ unbeheizter Abstellraum). Die Abmessungen in roter Schriftfarbe kennzeichnen den Außenmaßbezug (n. m. = nicht maßstäblich).

Berechnung des Wärmestroms über die Außenwand und das Flachdach zur Außenluft und zum unbeheizten Abstellraum

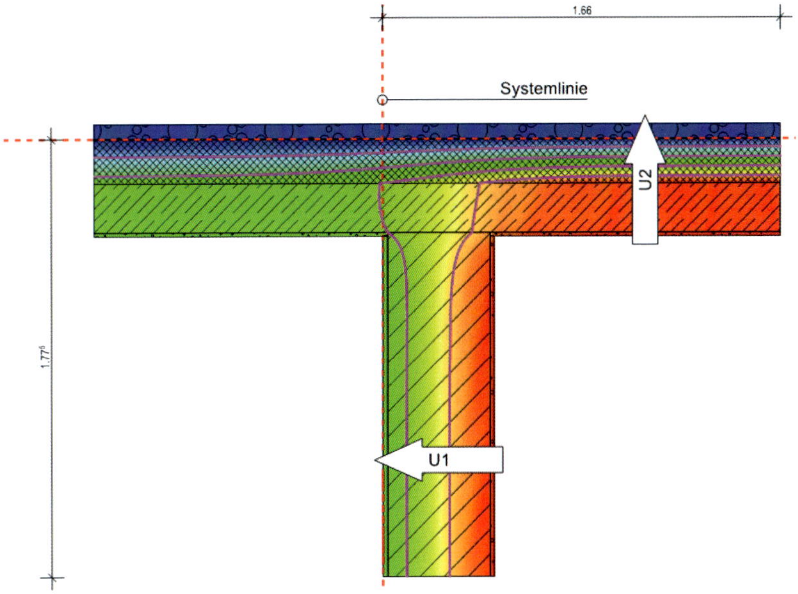

Abb. 9.49: Detail 3.06 – Wärmestrom über die Außenwand und das Flachdach zur Außenluft und zum unbeheizten Abstellraum über die Systemlinie; dargestellt mit dem Isothermen-Programm ZUB Argos Pro

Tabelle 9.18: Berechnungstabelle für den ψ-Wert des Details 3.06 (Wärmestrom über die Außenwand und das Flachdach zur Außenluft und zum unbeheizten Abstellraum über die Systemlinie); Berechnung nach DIN 4108 Beiblatt 2 und DIN EN ISO 10211; berechnet mithilfe des Isothermen-Programms ZUB Argos Pro

Psi-Wert		
Te =	-5,0	°C
Ti =	20,0	°C
dT =	25,0 = Ti-Te	K
Q =	14,876	W/m
L2d =	0,595 = Q/dT	W/(mK)
Psi =	**0,154 = L2d-EnEV/GEG = 0,595 - (0,157*0,5*1,775+0,182*1,0*1,66)**	**W/(mK)**
ψ-Wert =	**0,154 W/(m · K)**	

Länge gesamt		**Σ m**	**2,20**
Lage	Länge	Anzahl	gesamt
	2,20	1,00	2,20

Der ψ-Wert für das Detail 3.06 beträgt 0,154 W/(m · K). Die gesamte Länge der Wärmebrücke beläuft sich auf 2,20 m.

9.3.4 Wärmebrückendetails der obersten Geschossdecke

Detail 4.01 (Abb. 9.50) – Anschluss Außenwand/Traufe

Abb. 9.50: Detail 4.01 – Anschluss Außenwand/Traufe. Die Abmessungen in roter Schriftfarbe kennzeichnen den Außenmaßbezug (n. m. = nicht maßstäblich).

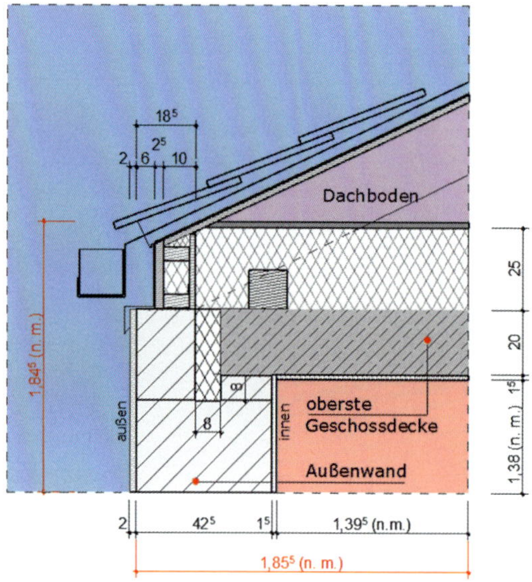

Berechnung des Wärmestroms zur Außenluft

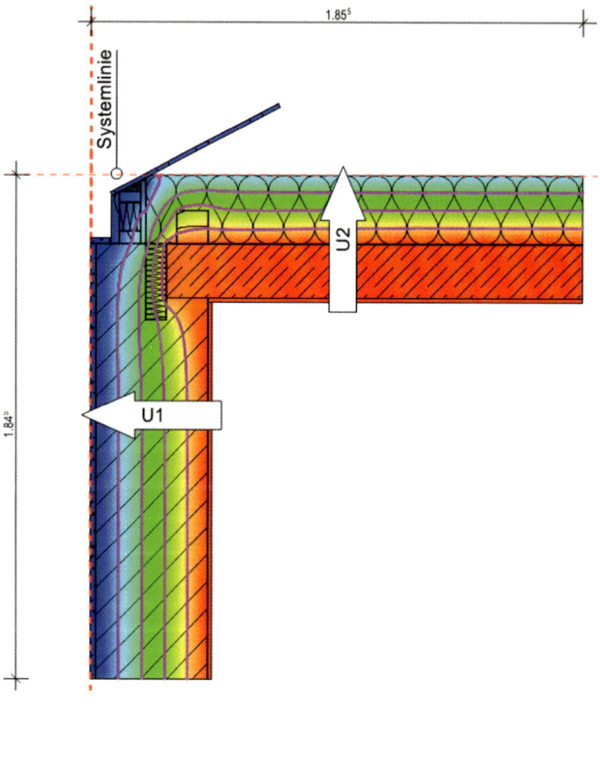

Abb. 9.51: Detail 4.01 – Wärmestrom zur Außenluft über die Systemlinie; dargestellt mit dem Isothermen-Programm ZUB Argos Pro

Tabelle 9.19: Berechnungstabelle für den ψ-Wert des Details 4.01 (Wärmestrom zur Außenluft über die Systemlinie); Berechnung nach DIN 4108 Beiblatt 2 und DIN EN ISO 10211; berechnet mithilfe des Isothermen-Programms ZUB Argos Pro

Psi-Wert		
Te =	-5,0	°C
Ti =	20,0	°C
dT =	25,0 = Ti-Te	K
Q =	11,688	W/m
L2d =	0,468 = Q/dT	W/(mK)
Psi =	**-0,026 = L2d-EnEV/GEG = 0,468 - (0,159*1,0*1,845+0,134*0,8*1,855)**	**W/(mK)**
ψ-Wert =	**-0,026 W/(m · K)**	

Länge gesamt		**Σ m**	**24,82**
Lage	Länge	Anzahl	gesamt
Süd	12,410	1,00	12,41
Nord	12,410	1,00	12,41

Der ψ-Wert für das Detail 4.01 beträgt −0,026 W/(m · K). Die gesamte Länge der Wärmebrücke beläuft sich auf 24,82 m.

Detail 4.02 (Abb. 9.52) – Anschluss Innenwand an Geschossdecke

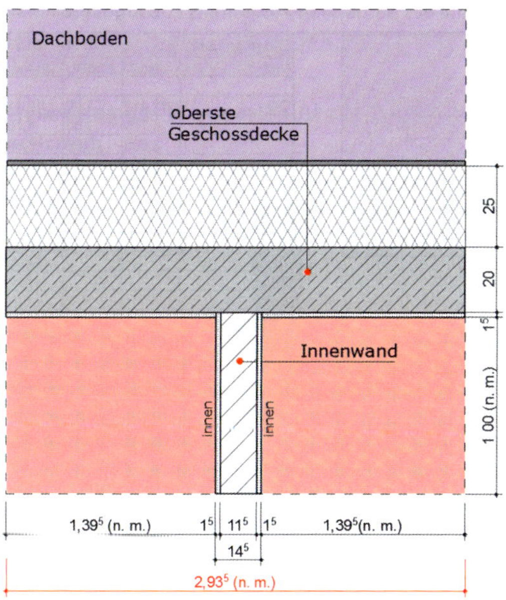

Abb. 9.52: Detail 4.02 – Anschluss Innenwand an Geschossdecke. Die Abmessungen in roter Schriftfarbe kennzeichnen den Außenmaßbezug (n. m. = nicht maßstäblich).

Detail 5.02 (Abb. 9.58) – Anschluss auf Bodenplatte (Sockeldetail – Schiebetür)

Dieser Anschluss grenzt sowohl an Außenluft als auch an das Erdreich.

Abb. 9.58: Detail 5.02 – Anschluss auf Bodenplatte (Sockeldetail). Die Abmessungen in roter Schriftfarbe kennzeichnen den Außenmaßbezug (n. m. = nicht maßstäblich).

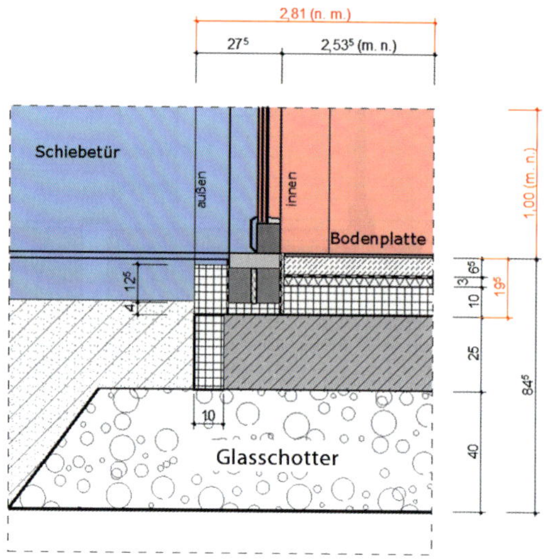

Berechnung des Wärmestroms zur Außenluft und gegen Erdreich

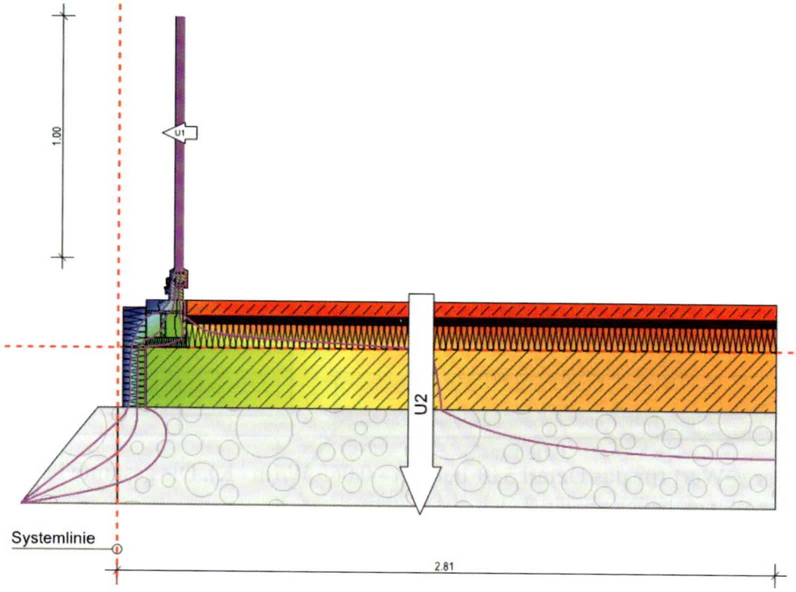

Abb. 9.59: Detail 5.02 – Wärmestrom zur Außenluft und gegen Erdreich über die Systemlinie; dargestellt mit dem Isothermen-Programm ZUB Argos Pro

Tabelle 9.23: Berechnungstabelle für den ψ-Wert des Details 5.02 (Wärmestrom zur Außenluft und gegen Erdreich über die Systemlinie); Berechnung nach DIN 4108 Beiblatt 2 und DIN EN ISO 10211; berechnet mithilfe des Isothermen-Programms ZUB Argos Pro

Psi-Wert		
Te =	-5,0	°C
Ti =	20,0	°C
dT =	25,0 = Ti-Te	K
Q =	31,513	W/m
L2d =	1,261 = Q/dT	W/(mK)
Psi =	**0,119 = L2d-EnEV/GEG = 1,261 - (1,06*1,0*1,0+0,116*0,25*2,81)**	**W/(mK)**

ψ-Wert = 0,119 W/(m · K)

Länge gesamt		**Σ m**	**7,18**
Lage	Länge	Anzahl	gesamt
Süd	4,98	1,00	4,98
West	2,20	1,00	2,20

Der ψ-Wert für das Detail 5.02 beträgt 0,119 W/(m · K). Die gesamte Länge der Wärmebrücke beläuft sich auf 7,18 m.

Detail 5.03 (Abb. 9.60) – Anschluss Fenster/Brüstung

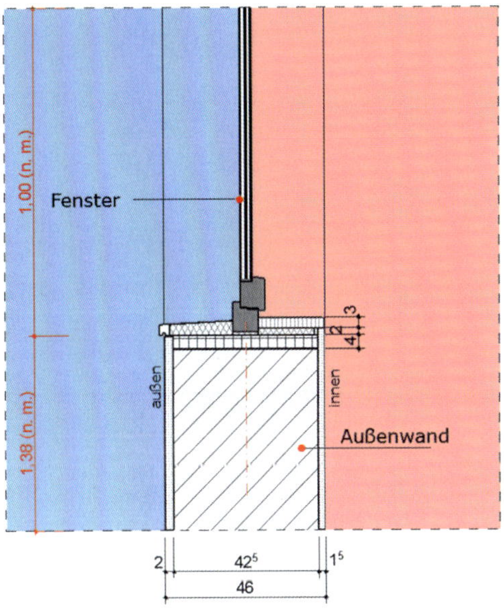

Abb. 9.60: Detail 5.03 – Anschluss Fenster/Brüstung. Die Abmessungen in roter Schriftfarbe kennzeichnen den Außenmaßbezug (n. m. = nicht maßstäblich).

Berechnung des Wärmestroms zur Außenluft

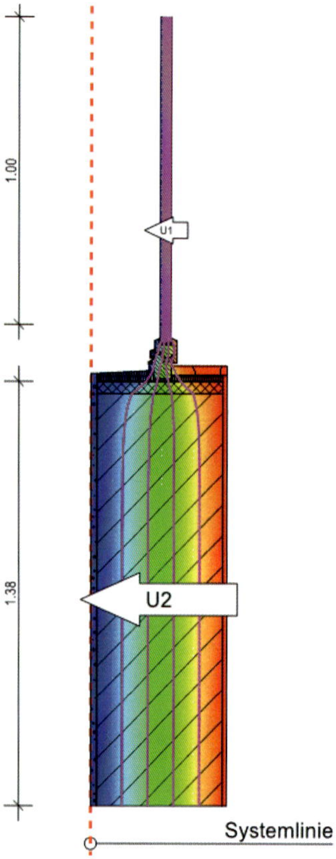

Abb. 9.61: Detail 5.03 – Wärmestrom zur Außenluft über die Systemlinie; dargestellt mit dem Isothermen-Programm ZUB Argos Pro

Tabelle 9.24: Berechnungstabelle für den ψ-Wert des Details 5.03 (Wärmestrom zur Außenluft über die Systemlinie); Berechnung nach DIN 4108 Beiblatt 2 und DIN EN ISO 10211; berechnet mithilfe des Isothermen-Programms ZUB Argos Pro

Psi-Wert		
Te =	-5,0	°C
Ti =	20,0	°C
dT =	25,0 = Ti-Te	K
Q =	31,192	W/m
L2d =	1,248 = Q/dT	W/(mK)
Psi =	**-0,032 = L2d-EnEV/GEG = 1,248 - (1,06*1,0*1,0+0,159*1,0*1,38)**	**W/(mK)**
ψ-Wert =	**-0,032 W/(m · K)**	

Länge gesamt		**Σ m**	**22,29**
Lage	Länge	Anzahl	gesamt
Süd	3,175	1,00	3,18
	3,600	1,00	3,60
West	1,375	1,00	1,38
	3,000	1,00	3,00
Nord	0,885	2,00	1,77
	2,370	1,00	2,37
Ost	2,000	3,00	6,00
	1,000	1,00	1,00

Der ψ-Wert für das Detail 5.03 beträgt –0,032 W/(m · K). Die gesamte Länge der Wärmebrücke beläuft sich auf 22,29 m.

9.3.6 Wärmebrückendetails Fenster (oberer Anschluss)

Detail 6.01 (Abb. 9.62) – Fenstersturz mit Jalousien

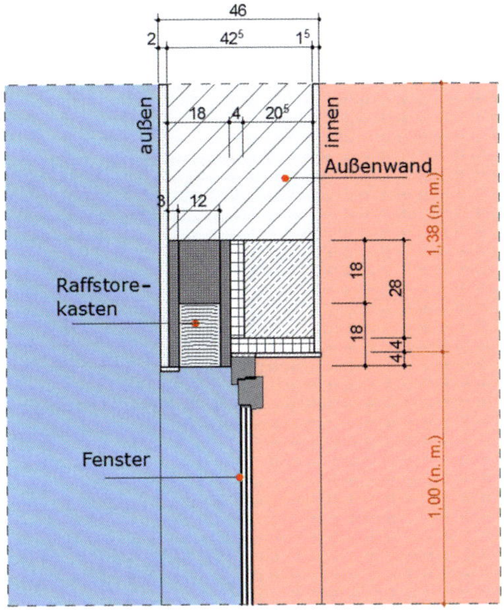

Abb. 9.62: Detail 6.01 – Anschluss Fenstersturz mit Jalousien. Die Abmessungen in roter Schriftfarbe kennzeichnen den Außenmaßbezug (n. m. = nicht maßstäblich).

Berechnung des Wärmestroms zur Außenluft

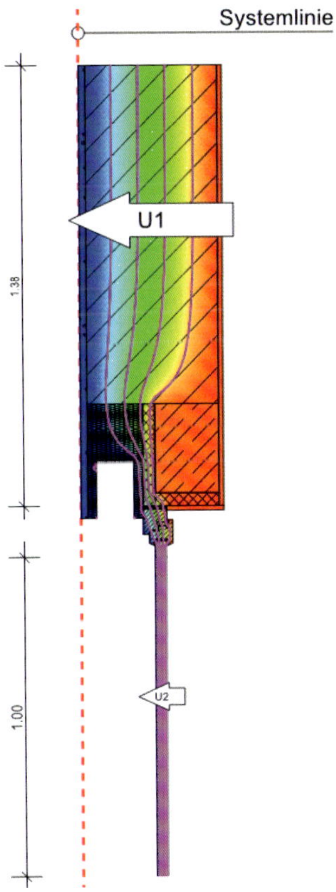

Abb. 9.63: Detail 6.01 – Wärmestrom zur Außenluft über die Systemlinie; dargestellt mit dem Isothermen-Programm ZUB Argos Pro

Tabelle 9.25: Berechnungstabelle für den ψ-Wert des Details 6.01 (Wärmestrom zur Außenluft über die Systemlinie); Berechnung nach DIN 4108 Beiblatt 2 und DIN EN ISO 10211; berechnet mithilfe des Isothermen-Programms ZUB Argos Pro

Psi-Wert		
Te =	-5,0	°C
Ti =	20,0	°C
dT =	25,0 = Ti-Te	K
Q =	32,05	W/m
L2d =	1,282 = Q/dT	W/(mK)
Psi =	**0,04 = L2d-EnEV/GEG = 1,282 - (0,159*1,0*1,38+1,022*1,0*1,0)**	**W/(mK)**
ψ-Wert =	**0,040 W/(m · K)**	

Länge gesamt		Σ m	22,54
Lage	Länge	Anzahl	gesamt
Süd	3,600	1,00	3,60
	3,175	1,00	3,18
	2,010	1,00	2,01
West	1,375	2,00	2,75
	3,000	1,00	3,00
	1,000	1,00	1,00
Ost	2,000	3,00	6,00
	1,000	1,00	1,00

Der ψ-Wert für das Detail 6.01 beträgt 0,040 W/(m · K). Die gesamte Länge der Wärmebrücke beläuft sich auf 22,54 m.

Detail 6.02 (Abb. 9.64) – Fenstersturz ohne Jalousien

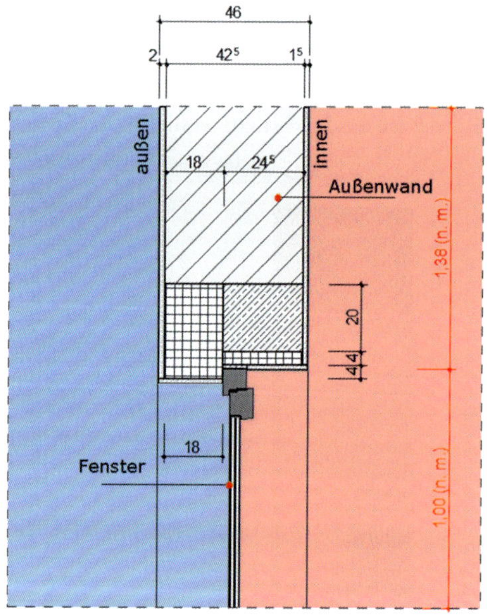

Abb. 9.64: Detail 6.02 – Anschluss Fenstersturz ohne Jalousie. Die Abmessungen in roter Schriftfarbe kennzeichnen den Außenmaßbezug (n. m. = nicht maßstäblich).

Berechnung des Wärmestroms zur Außenluft

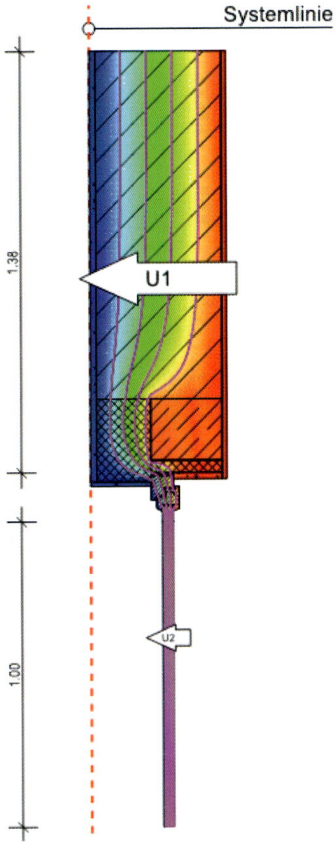

Abb. 9.65: Detail 6.02 – Wärmestrom zur Außenluft über die Systemlinie; dargestellt mit dem Isothermen-Programm ZUB Argos Pro

Tabelle 9.26: Berechnungstabelle für den ψ-Wert des Details 6.02 (Wärmestrom zur Außenluft über die Systemlinie); Berechnung nach DIN 4108 Beiblatt 2 und DIN EN ISO 10211; berechnet mithilfe des Isothermen-Programms ZUB Argos Pro

Psi-Wert

Te =	-5,0	°C
Ti =	20,0	°C
dT =	25,0 = Ti-Te	K
Q =	31,58	W/m
L2d =	1,263 = Q/dT	W/(mK)
Psi =	**0,022 = L2d-EnEV/GEG = 1,263 - (0,159*1,0*1,38+1,022*1,0*1,0)**	**W/(mK)**

ψ-Wert = 0,022 W/(m · K)

Länge gesamt		**Σ m**	**8,02**
Lage	Länge	Anzahl	gesamt
Nord	0,890	2,00	1,78
	2,370	2,00	4,74
	1,500	1,00	1,50

Der ψ-Wert für das Detail 6.02 beträgt 0,022 W/(m · K). Die gesamte Länge der Wärmebrücke beläuft sich auf 8,02 m.

Detail 6.03 (Abb. 9.66) – Fenstersturz ohne Jalousien zu unbeheiztem Abstellraum

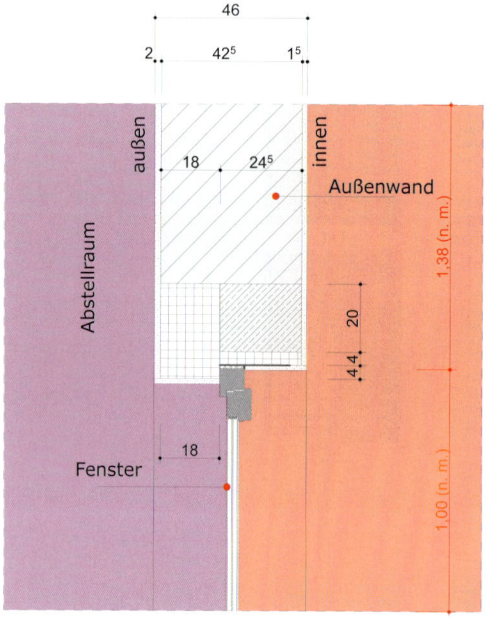

Abb. 9.66: Detail 6.03 – Anschluss Fenstersturz ohne Jalousien zu unbeheiztem Abstellraum. Die Abmessungen in roter Schriftfarbe kennzeichnen den Außenmaßbezug (n. m. = nicht maßstäblich).

Berechnung des Wärmestroms zum unbeheizten Abstellraum

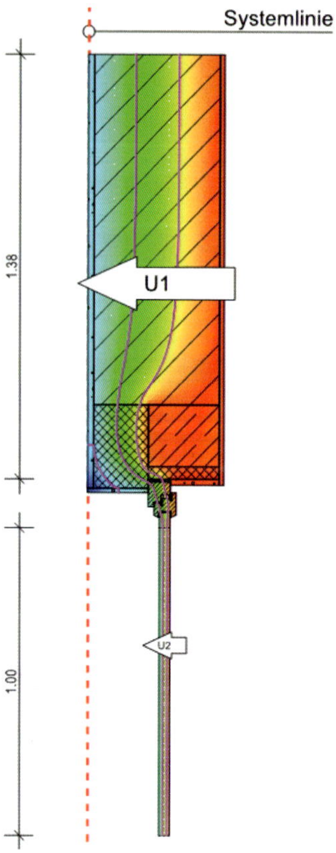

Abb. 9.67: Detail 6.03 – Wärmestrom zum unbeheizten Abstellraum über die Systemlinie; dargestellt mit dem Isothermen-Programm ZUB Argos Pro

Tabelle 9.27: Berechnungstabelle für den ψ-Wert des Details 6.03 (Wärmestrom zum unbeheizten Abstellraum über die Systemlinie); Berechnung nach DIN 4108 Beiblatt 2 und DIN EN ISO 10211; berechnet mithilfe des Isothermen-Programms ZUB Argos Pro

Psi-Wert		
Te =	-5,0	°C
Ti =	20,0	°C
dT =	25,0 = Ti-Te	K
Q =	17,794	W/m
L2d =	0,712 = Q/dT	W/(mK)
Psi =	**-0,031 = L2d-EnEV/GEG = 0,712 - (0,157*0,6*1,38+1,022*0,6*1,0)**	**W/(mK)**
ψ-Wert =	**-0,031 W/(m · K)**	

Länge gesamt		**Σ m**	**0,89**
Lage	Länge	Anzahl	gesamt
West	0,890	1,00	0,89

Der ψ-Wert für das Detail 6.03 beträgt –0,031 W/(m · K). Die gesamte Länge der Wärmebrücke beläuft sich auf 0,89 m.

9.3.7 Wärmebrückendetails Fenster (seitlicher Anschluss)

Detail 7.01 (Abb. 9.68) – Anschluss Fensterlaibung

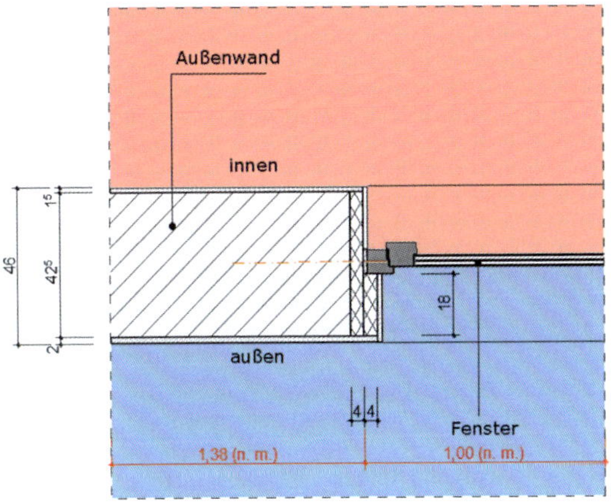

Abb. 9.68: Detail 7.01 – Anschluss Fensterlaibung. Die Abmessungen in roter Schriftfarbe kennzeichnen den Außenmaßbezug (n. m. = nicht maßstäblich).

Berechnung des Wärmestroms zur Außenluft

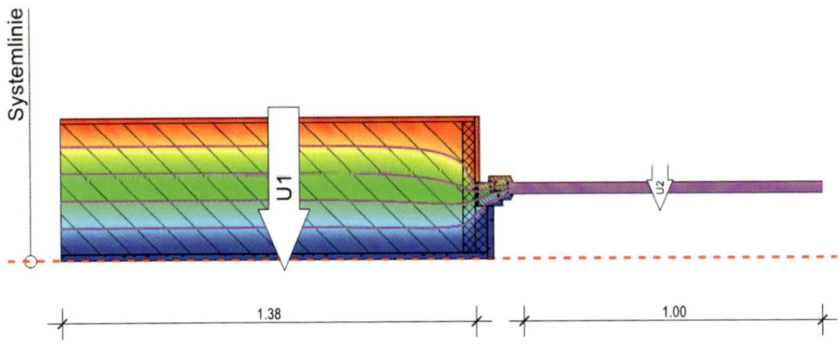

Abb. 9.69: Detail 7.01 – Wärmestrom zur Außenluft über die Systemlinie; dargestellt mit dem Isothermen-Programm ZUB Argos Pro)

Tabelle 9.28: Berechnungstabelle für den ψ-Wert des Details 7.01 (Wärmestrom zur Außenluft über die Systemlinie); Berechnung nach DIN 4108 Beiblatt 2 und DIN EN ISO 10211; berechnet mithilfe des Isothermen-Programms ZUB Argos Pro

Psi-Wert

Te =	-5,0	°C
Ti =	20,0	°C
dT =	25,0 = Ti-Te	K
Q =	30,878	W/m
L2d =	1,235 = Q/dT	W/(mK)
Psi =	**-0,007 = L2d-EnEV/GEG = 1,235 - (0,159*1,0*1,38+1,022*1,0*1,0)**	**W/(mK)**

ψ-Wert = -0,007 W/(m · K)

Länge gesamt		**Σ m**	**34,92**
Lage	Länge	Anzahl	gesamt
Süd	2,400	2,00	4,80
	1,100	3,00	3,30
West	2,400	2,00	4,80
	1,100	3,00	3,30
Nord	0,890	8,00	7,12
	2,400	2,00	4,80
Ost	1,100	4,00	4,40
	0,600	4,00	2,40

Der ψ-Wert für das Detail 7.01 beträgt –0,007 W/(m · K). Die gesamte Länge der Wärmebrücke beläuft sich auf 34,92 m.

Detail 7.02 (Abb. 9.70) – Anschluss Fensterlaibung zu unbeheiztem Abstellraum

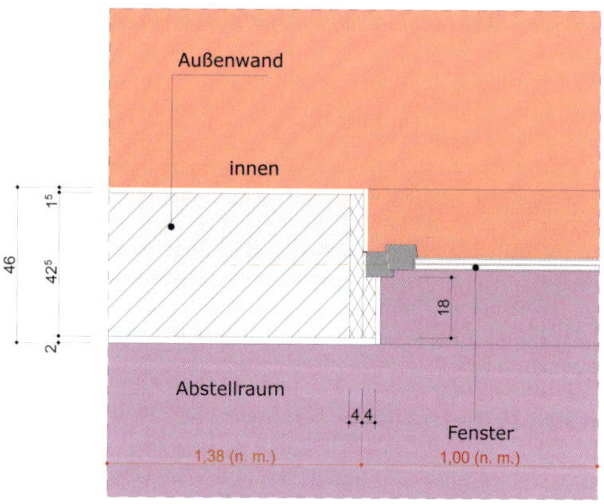

Abb. 9.70: Detail 7.02 – Anschluss Fensterlaibung zu unbeheiztem Abstellraum. Die Abmessungen in roter Schriftfarbe kennzeichnen den Außenmaßbezug (n. m. = nicht maßstäblich).

Berechnung des Wärmestroms zum unbeheizten Abstellraum

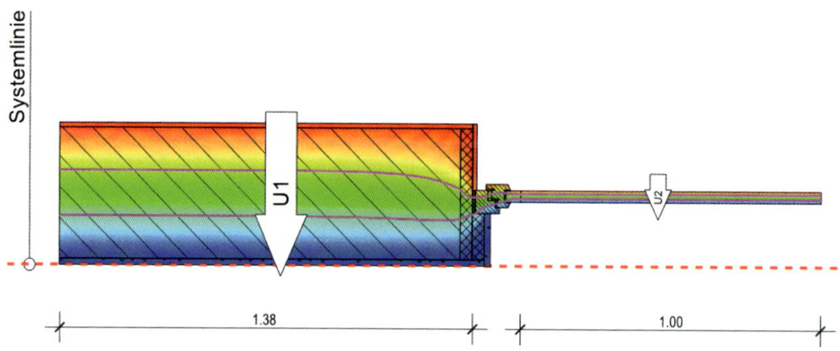

Abb. 9.71: Detail 7.02 – Wärmestrom zum unbeheizten Abstellraum über die Systemlinie; dargestellt mit dem Isothermen-Programm ZUB Argos Pro

Tabelle 9.29: Berechnungstabelle für den ψ-Wert des Details 7.02 (Wärmestrom zum unbeheizten Abstellraum über die Systemlinie); Berechnung nach DIN 4108 Beiblatt 2 und DIN EN ISO 10211; berechnet mithilfe des Isothermen-Programms ZUB Argos Pro

Psi-Wert		
Te =	-5,0	°C
Ti =	20,0	°C
dT =	25,0 = Ti-Te	K
Q =	17,396	W/m
L2d =	0,696 = Q/dT	W/(mK)
Psi =	**-0,047 = L2d-EnEV/GEG = 0,696 - (0,157*0,6*1,38+1,022*0,6*1,0)**	**W/(mK)**
ψ-Wert =	**-0,047 W/(m · K)**	

Länge gesamt		**Σ m**	**4,80**
Lage	Länge	Anzahl	gesamt
West	2,400	2,00	4,80

Der ψ-Wert für das Detail 7.02 beträgt –0,047 W/(m · K). Die gesamte Länge der Wärmebrücke beläuft sich auf 4,80 m.

Detail 7.03 (Abb. 9.72) – Fensterecke

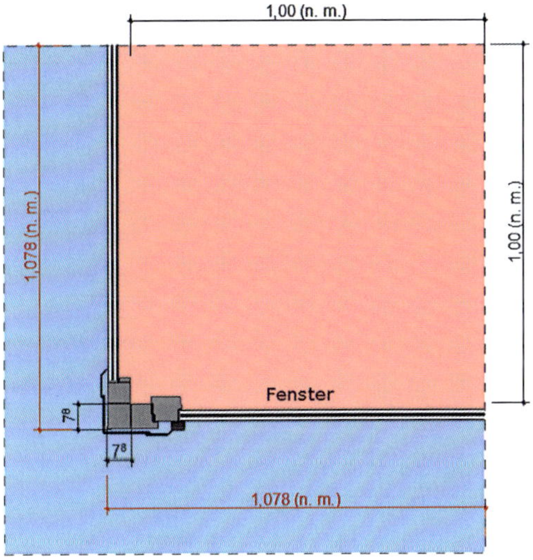

Abb. 9.72: Detail 7.03 – Anschluss Fensterecke. Die Abmessungen in roter Schriftfarbe kennzeichnen den Außenmaßbezug (n. m. = nicht maßstäblich).

Berechnung des Wärmestroms zur Außenluft

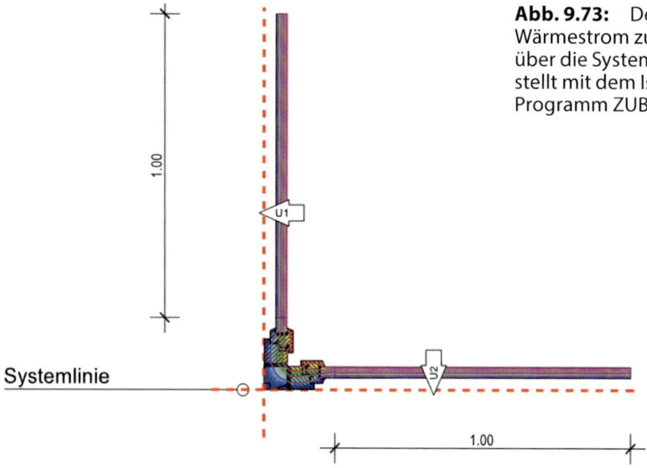

Abb. 9.73: Detail 7.03 – Wärmestrom zur Außenluft über die Systemlinie; dargestellt mit dem Isothermen-Programm ZUB Argos Pro

Tabelle 9.30: Berechnungstabelle für den ψ-Wert des Details 7.03 (Wärmestrom zur Außenluft über die Systemlinie); Berechnung nach DIN 4108 Beiblatt 2 und DIN EN ISO 10211; berechnet mithilfe des Isothermen-Programms ZUB Argos Pro

Psi-Wert		
Te =	-5,0	°C
Ti =	20,0	°C
dT =	25,0 = Ti-Te	K
Q =	51,89	W/m
L2d =	2,076 = Q/dT	W/(mK)
Psi =	**0,032 = L2d-EnEV/GEG = 2,076 - (1,022*1,0*1,0+1,022*1,0*1,0)**	**W/(mK)**
ψ-Wert =	**0,032 W/(m · K)**	

Länge gesamt		Σ m	3,50
Lage	Länge	Anzahl	gesamt
Süd/West	2,400	1,00	2,40
	1,100	1,00	1,10

Der ψ-Wert für das Detail 7.03 beträgt 0,032 W/(m · K). Die gesamte Länge der Wärmebrücke beläuft sich auf 3,50 m.

9.4 Berechnung des Wärmebrückenfaktors ΔU_{WB}

Tabelle 9.31 zeigt alle Wärmebrücken des Beispielgebäudes im Überblick; auf Grundlage der Berechnungsergebnisse aus Kapitel 9.3 werden hier die Transmissionswärmeverluste $H_{T,WB}$ nach Formel 8.1 berechnet (vgl. Kapitel 8.4).

$$H_{T,WB} = \Sigma\, l_i \cdot \psi_i \cdot F_i \qquad \text{in W/K}$$

Tabelle 9.31: Zusammenstellung der Wärmebrücken mit den Ergebnissen der y-Wert-Berechnung aus den Berechnungen gemäß Kapitel 9.3

Wärmebrücke	Bezeichnung	Länge in m	ψ-Wert in W/(m · K)	F_x-Wert	Transmissionswärmeverluste $H_{T,WB}$ nach Formel 8.1 in W/K
1.0	Bodenplatte				
1.01	Anschluss Außenwand gegen Außenluft	29,73	0,050	1,0	1,487
1.01.1	Anschluss Außenwand gegen unbeheizten Abstellraum	7,04	0,009	1,0	0,063
1.02	Anschluss Innenwand (24 cm)	15,50	0,014	1,0	0,217
1.03	Anschluss Innenwand (11,5 cm)	12,64	0,010	1,0	0,126
2.0	Außenwände				
2.01a	Außenecke gegen Außenluft	21,27	–0,106	1,0	–2,250
2.01b	Außenecke gegen unbeheizten Abstellraum	2,81	–0,052	1,0	–0,146
2.02	Innenwandanschluss (11,5 cm)	26,94	0,000	1,0	0,000
2.03a	Innenecke gegen Außenluft	3,04	0,044	1,0	0,134
2.03b	Innenecke gegen unbeheizten Abstellraum	3,04	0,021	1,0	0,064
2.04	Außenecke Abstellraum	2,81	–0,082	1,0	–0,230
2.05	Anschluss Erker an Fenster	6,07	–0,093	1,0	–0,565
2.06	Innenwandanschluss (24 cm)	6,07	–0,001	1,0	–0,006
3.0	Geschossdecke				
3.01	Auflager Außenwand	25,16	0,034	1,0	0,855
3.02	Anschluss Anbau	4,20	0,051	1,0	0,214
3.03	Anschluss Erker	7,58	0,038	1,0	0,288
3.04	Anschluss Abstellraum unbeheizt	4,84	0,057	1,0	0,276
3.05	Anschluss Flachdach (Außenwand gegen Außenluft)	6,40	0,025	1,0	0,160
3.06	Anschluss Flachdach (Außenwand gegen unbeheizten Abstellraum)	2,20	0,154	1,0	0,339
4.0	Oberste Geschossdecke				
4.01	Anschluss Außenwand/Traufe	24,82	–0,026	1,0	–0,645
4.02	Anschluss Innenwand	38,29	–0,013	1,0	–0,498
4.03	Anschluss Außenwand/Ortgang	18,00	0,002	1,0	0,036

Fortsetzung Tabelle 9.31: Zusammenstellung der Wärmebrücken mit den Ergebnissen der y-Wert-Berechnung aus den Berechnungen gemäß Kapitel 9.3

Wärme-brücke	Bezeichnung	Länge in m	ψ-Wert in W/(m · K)	F_x-Wert	Transmissions-wärmeverluste $H_{T,WB}$ nach Formel 8.1 in W/K
5.0	Fensteranschluss unten				
5.01	Anschluss auf Bodenplatte (Sockeldetail – Fenstertür)	4,50	−0,065	1,0	−0,293
5.02	Anschluss auf Bodenplatte (Sockeldetail – Schiebetür)	7,18	0,119	1,0	0,854
5.03	Brüstung	22,29	−0,032	1,0	−0,713
6.0	Fensteranschluss oben				
6.01	Fenstersturz mit Jalousien	22,54	0,040	1,0	0,901
6.02	Fenstersturz ohne Jalousien	8,02	0,022	1,0	0,176
6.03	Fenstersturz ohne Jalousien zum Abstellraum	0,89	−0,031	1,0	−0,028
7.0	Fensteranschluss Seite				
7.01	Fensterlaibung	34,92	−0,007	1,0	−0,244
7.02	Fensterlaibung zu Abstellraum	4,80	−0,047	1,0	−0,226
7.03	Fensterecke	3,50	0,032	1,0	0,112
		Summe			0,455

Die zusätzlichen Transmissionswärmeverluste über die Wärmebrücken summieren sich für das Beispielgebäude auf insgesamt 0,455 W/K (vgl. Tabelle 9.31).

Berechnung von ΔU_{WB}

Die Hüllfläche des Gebäudes beträgt 517 m². Mit der Division der Transmissionswärmeverluste über die Wärmebrücken durch die Hüllfläche errechnen sich die Wärmebrückenverluste pro m² Hüllfläche:

$$\Delta U_{WB} = 0{,}455\ \text{W/K} : 517\ \text{m}^2 = 0{,}001\ \text{W/(m}^2 \cdot \text{K)}$$

Der tatsächliche spezifische Wärmebrückenzuschlag ΔU_{WB} hat – bei einer Rundung auf 3 Nachkommastellen – einen Wert von 0,001 W/(m² · K).

Hinweis: Wenn kein detaillierter Wärmebrückennachweis durchgeführt wird, muss ein Wärmebrückenzuschlag ΔU_{WB} von 0,10 W/(m² · K) angesetzt werden.

10 Beispiel 3: Bestandsgebäude mit Wärmedämm-Verbundsystem

Nachfolgend wird die detaillierte Berechnung der Wärmebrücken und der Gleichwertigkeitsnachweis an einem sanierten Bestandsgebäude mit Wärmedämm-Verbundsystem (WDVS) dargestellt.

Hinweis: Das Gebäude wurde in unsaniertem Zustand erfasst; die energetische Berechnung der Wärmeverluste beruht auf den Maßen des unsanierten Gebäudes. Wenn nun die Wärmebrückenverluste nach Aufbringen eines WDVS berechnet und optimiert werden, muss beachtet werden, dass **die Systemgrenze nicht an der Außenkante des WDVS liegt, sondern an der Außenkante des Bestandsgebäudes.** Der sich ergebene Wärmebrückenfaktor ΔU_{WB} fällt dadurch etwas höher aus, weil die Gutschrift bei den Gebäudeecken geringer ausfällt.
Für den Gleichwertigkeitsnachweis muss die Systemgrenze nach außen verlegt werden, da die Details sonst nicht mit DIN 4108 Beiblatt 2 vergleichbar sind.
Insgesamt bessere energetische Ergebnisse im Verhältnis zum Referenzgebäude werden erreicht, wenn das sanierte Gebäude mit den neuen Außenmaßen berechnet wird. Für dieses Beispiel wurde die Systemgrenze allerdings bewusst nicht nach außen gelegt, weil dies auch oft in der Praxis so gehandhabt wird. Damit soll dargestellt werden, welchen Einfluss diese Vorgehensweise auf das Endergebnis bei der Berechnung des Wärmebrückenfaktors ΔU_{WB} hat (vgl. Kapitel 10.1.4).

Alle Wärmebrückendetails wurden mit dem Isothermen-Programm ZUB Argos Pro berechnet.

10.1 Detaillierte Berechnung des Wärmebrückenfaktors ΔU_{WB}

10.1.1 Kennzeichnung der Wärmebrückendetails in den Plänen

Für die Kennzeichnung der Wärmebrücken in den Plänen wird bei diesem Beispiel folgendermaßen durchnummeriert:

- 1.0 – alle Wärmebrücken der Kellerbodenplatte,
- 2.0 – alle Wärmebrücken der Kellerwände,
- 3.0 – alle Wärmebrücken der Kellerdecke,
- 4.0 – alle Wärmebrücken der Außenwände,
- 5.0 – alle Wärmebrücken der Geschossdecke,
- 6.0 – alle Wärmebrücken der obersten Geschossdecke,
- 7.0 – alle Fensteranschlüsse unten,
- 8.0 – alle Fensteranschlüsse oben,
- 9.0 – alle Fensteranschlüsse seitlich.

Die Abb. 10.1 bis 10.8 zeigen Pläne des Beispielgebäudes, in denen die vorhandenen Wärmebrücken gekennzeichnet und nummeriert sind.

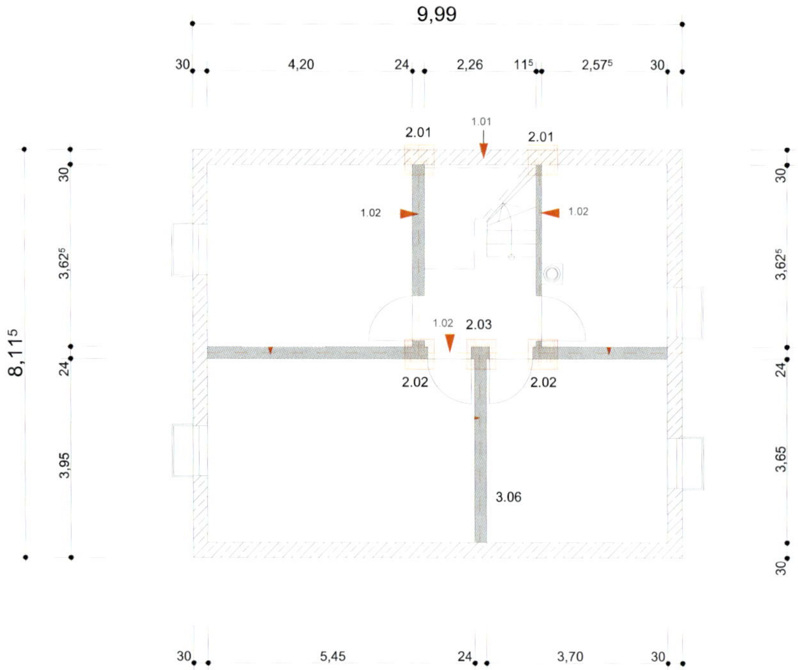

Abb. 10.6: Beispielgebäude – Grundriss Kellergeschoss

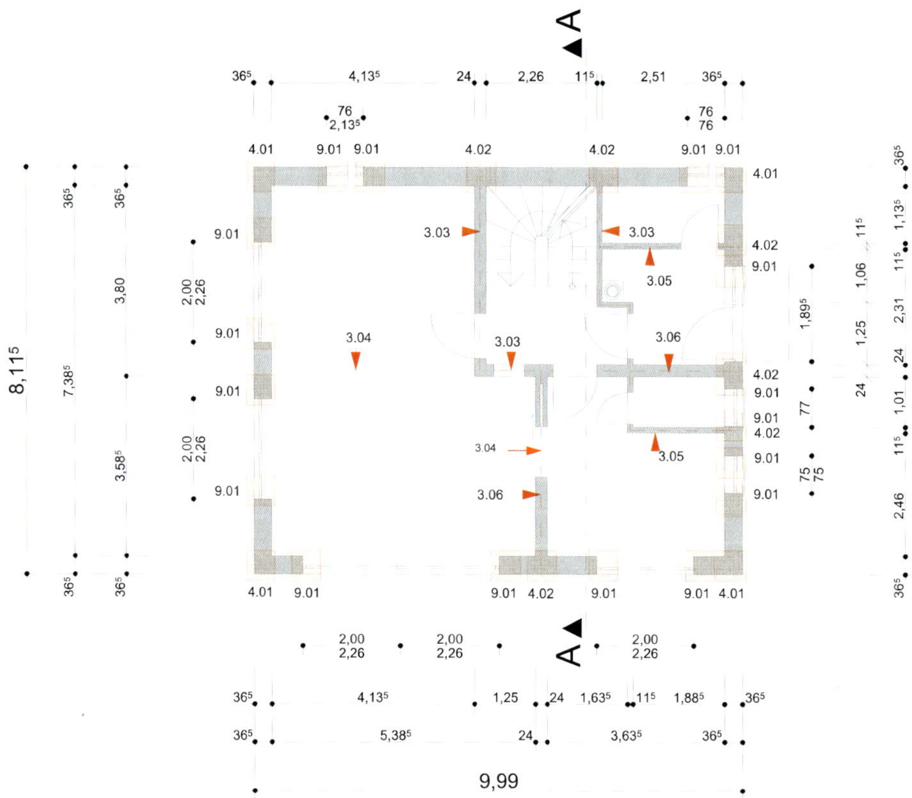

Abb. 10.7: Beispielgebäude – Grundriss Erdgeschoss

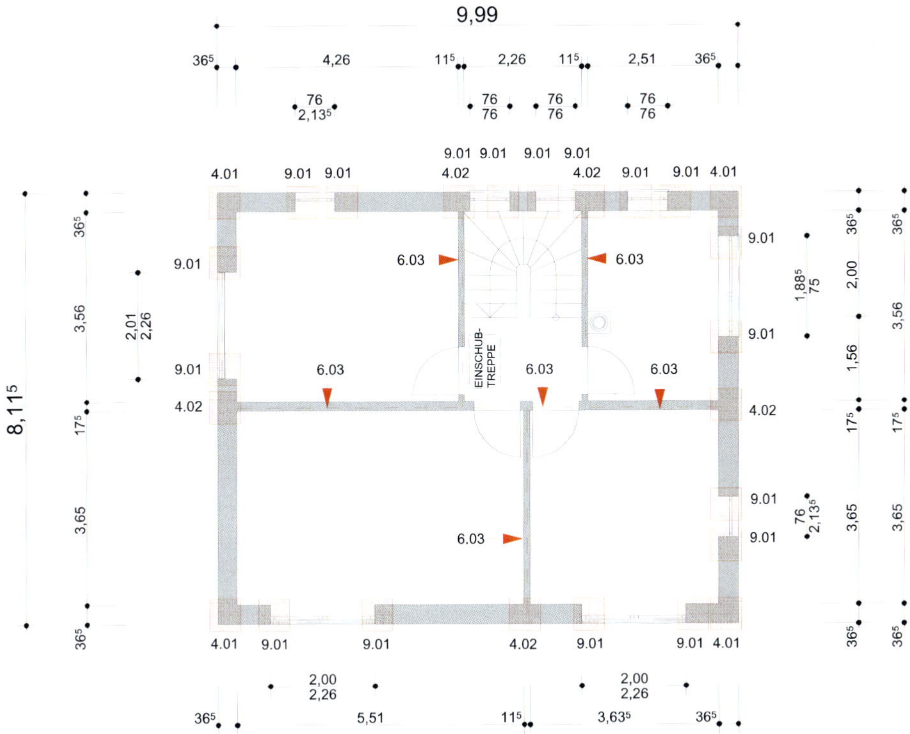

Abb. 10.8: Beispielgebäude – Grundriss Obergeschoss

10.1.2 Bestimmung der *U*-Werte für die Außenbauteile

Die Abb. 10.9 bis 10.15 stellen die Außenbauteile mit den einzelnen Schichtungen dar.

Bei Fachwerken wird der ψ-Wert immer durch die Gefache bestimmt. Die *U*-Werte der Bauteile wurden mit dem Programm ZUB Argos Pro berechnet.

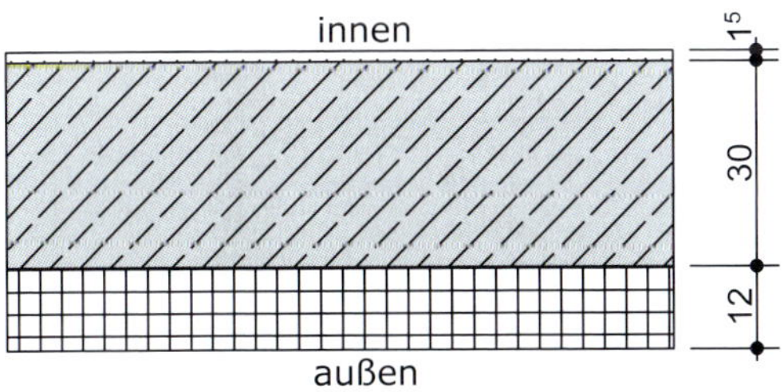

Aufbau:

- 1,5 cm Innenputz
- 30,0 cm Betonstein 0,39
- 12,0 cm Perimeterdämmung 037

***U*-Wert = 0,240 W/(m² · K)**

Abb. 10.9: Beispielgebäude – Schichtaufbau Kelleraußenwand

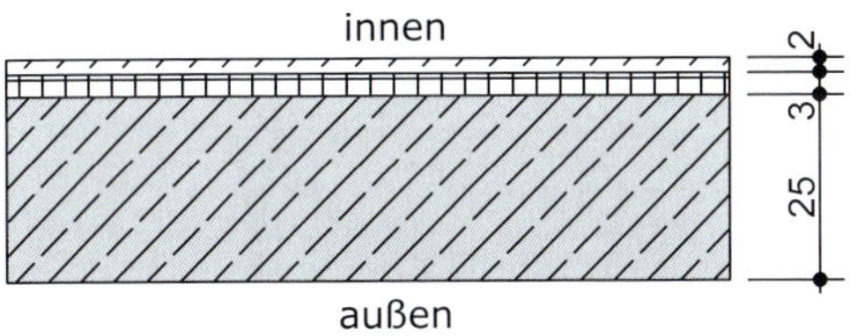

Aufbau:

- 4,0 cm Z-Estrich
- 3,0 cm Wärmedämmung 040
- 25,0 cm Stahlbeton

***U*-Wert = 0,956 W/(m² · K)**

Abb. 10.10: Beispielgebäude – Schichtaufbau Bodenplatte

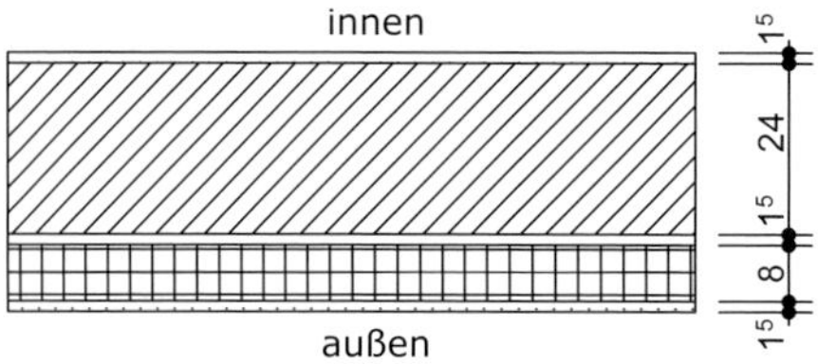

Aufbau:
- 1,5 cm Innenputz
- 24 cm Gitterziegel 0,36
- 1,5 cm Innenputz
- 8,0 cm Wärmedämmung 033
- 1,5 cm Gipsfaserplatte

***U*-Wert = 0,292 W/(m² · K)**

Abb. 10.11: Beispielgebäude – Schichtaufbau Kellerinnenwand

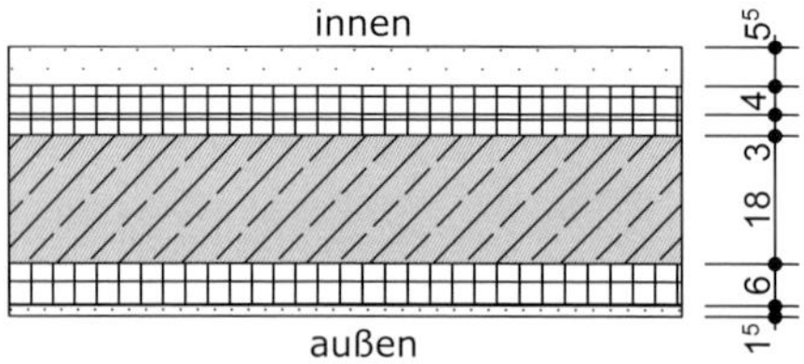

Aufbau:
- 5,5 cm Z-Estrich
- 4,0 cm Trittschalldämmung 045
- 3,0 cm Wärmedämmung 045
- 18 cm Stahlbeton
- 6,0 cm Wärmedämmung 033
- 1,5 cm Gipsfaserplatten

***U*-Wert = 0,260 W/(m² · K)**

Abb. 10.12: Beispielgebäude – Schichtaufbau Kellerdecke

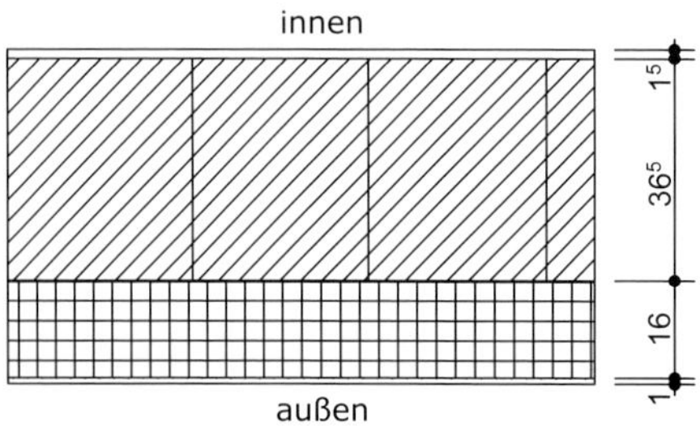

Aufbau:
- 1,5 cm Innenputz
- 36,5 cm Leichthochlochziegel 0,36
- 2,5 cm Außenputz
- 16 cm Wärmedämmung 033
- 1,0 cm Außenputz

***U*-Wert = 0,165 W/(m² · K)**

Abb. 10.13: Beispielgebäude – Schichtaufbau Außenwand

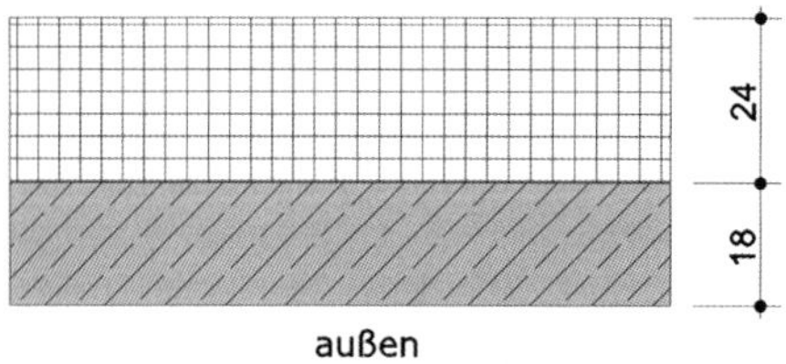

Aufbau:
- 18 cm Stahlbeton
- 24 cm Wärmedämmung 040

***U*-Wert = 0,161 W/(m² · K)**

Abb. 10.14: Beispielgebäude – Schichtaufbau oberste Geschossdecke

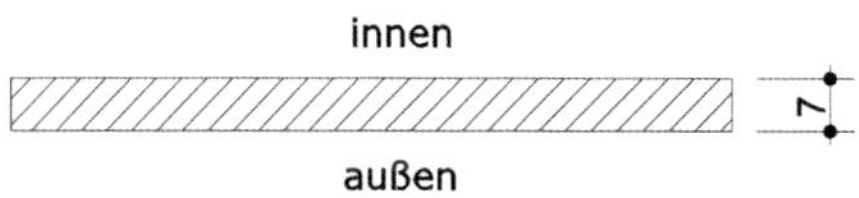

Aufbau:
- 7,0 cm Holzriegel

***U*-Wert = 1,41 W/(m² · K)**

Abb. 10.15: Beispielgebäude – Fenster; vereinfacht dargestellt nach DIN 4108 Beiblatt 2

10.1.3 Berechnung der ψ-Werte

In den nachfolgenden Abbildungen und Tabellen wird dargestellt, wie der ψ-Wert für die einzelnen Details zu berechnen ist. In den Detailplänen sind alle notwendigen Maße für die Berechnung rot gekennzeichnet. Wie ψ-Werte berechnet werden, wird in den Kapiteln 1.2, 2.2 und 7 ausführlich erläutert.

10.1.3.1 Wärmebrückendetails der Kellerbodenplatte

Detail 1.01 (Abb. 10.16) – Anschluss Kelleraußenwand auf Bodenplatte

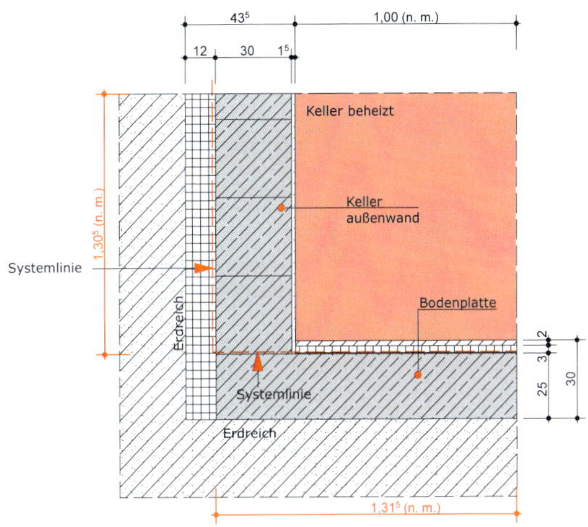

Abb. 10.16: Detail 1.01 – Anschluss Kelleraußenwand auf Bodenplatte. Die Abmessungen in roter Schriftfarbe kennzeichnen den Außenmaßbezug; die Systemlinie läuft entlang der Bestandswand und auf der Bodenplatte (n. m. = nicht maßstäblich).

Berechnung des Wärmestroms zum Erdreich

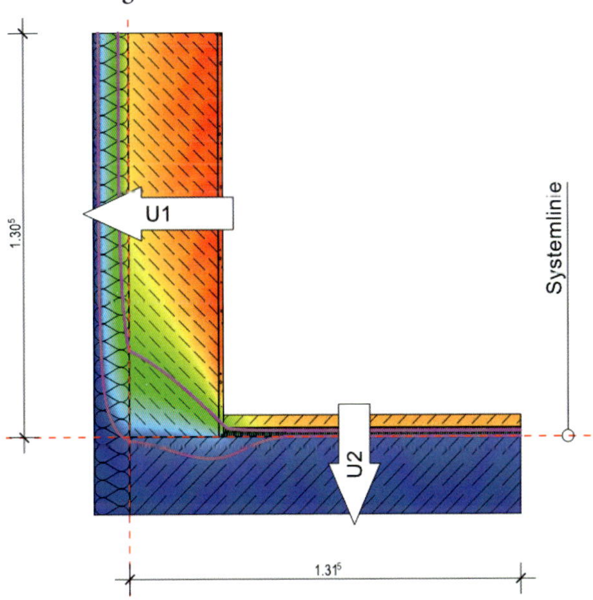

Abb. 10.17: Detail 1.01 – Wärmestrom zum Erdreich über die Systemlinie; dargestellt mit dem Isothermen-Programm ZUB Argos Pro

Tabelle 10.1: Berechnungstabelle für den ψ-Wert des Details 1.01 (Wärmestrom zum Erdreich über die Systemlinie); Berechnung nach DIN 4108 Beiblatt 2 und DIN EN ISO 10211; berechnet mithilfe des Isothermen-Programms ZUB Argos Pro

Psi-Wert

Te =	-5,0	°C
Ti =	20,0	°C
dT =	25,0 = Ti-Te	K
Q =	18,796	W/m
L2d =	0,752 = Q/dT	W/(mK)
Psi =	**0,051 = L2d-EnEV/GEG = 0,752 - (0,24*0,45*1,305+0,946*0,45*1,315)**	**W/(mK)**

ψ-Wert = 0,051 W/(m · K)

Länge gesamt		**Σ m**	**2,62**
Lage	Länge	Anzahl	gesamt
KG	2,620	1,00	2,62

Der ψ-Wert für das Detail 1.01 beträgt 0,051 W/(m · K). Die gesamte Länge der Wärmebrücke beläuft sich auf 2,62 m.

Detail 1.02 (Abb. 10.18) – Anschluss Innenwand (24 cm) auf Bodenplatte

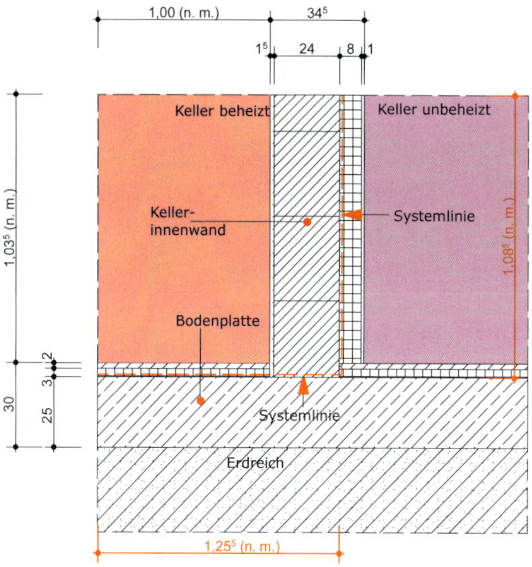

Abb. 10.18: Detail 1.02 – Anschluss Innenwand (24 cm) auf Bodenplatte. Die Abmessungen in roter Schriftfarbe kennzeichnen den Außenmaßbezug; die Systemlinie läuft entlang der Bestandswand und auf der Bodenplatte (n. m. = nicht maßstäblich).

Berechnung des Wärmestroms zum Erdreich und zum unbeheizten Kellerraum

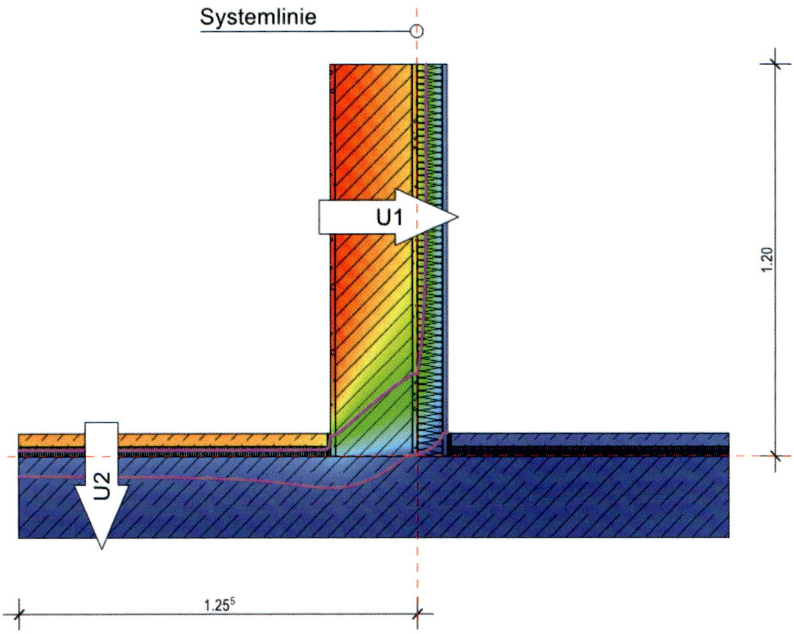

Abb. 10.19: Detail 1.02 – Wärmestrom zum Erdreich und zum unbeheizten Kellerraum über die Systemlinie; dargestellt mit dem Isothermen-Programm ZUB Argos Pro

Tabelle 10.2: Berechnungstabelle für den ψ-Wert des Details 1.02 (Wärmestrom zum Erdreich und zum unbeheizten Kellerraum über die Systemlinie); Berechnung nach DIN 4108 Beiblatt 2 und DIN EN ISO 10211; berechnet mithilfe des Isothermen-Programms ZUB Argos Pro

Psi-Wert		
Te =	-5,0	°C
Ti =	20,0	°C
dT =	25,0 = Ti-Te	K
Q =	17,443	W/m
L2d =	0,698 = Q/dT	W/(mK)
Psi =	**0,044 = L2d-EnEV/GEG = 0,698 - (0,291*0,4*1,2+0,911*0,45*1,255)**	**W/(mK)**
ψ-Wert =	**0,044 W/(m · K)**	

Länge gesamt		Σ m	10,96
Lage	Länge	Anzahl	gesamt
KG	4,170	2,00	8,34
	2,620	1,00	2,62

Der ψ-Wert für das Detail 1.02 beträgt 0,044 W/(m · K). Die gesamte Länge der Wärmebrücke beläuft sich auf 10,96 m.

10.1.3.2 Wärmebrückendetails der Kellerwände

Detail 2.01 (Abb. 10.20) – Anschluss Innenwand (24 cm) an Außenwand

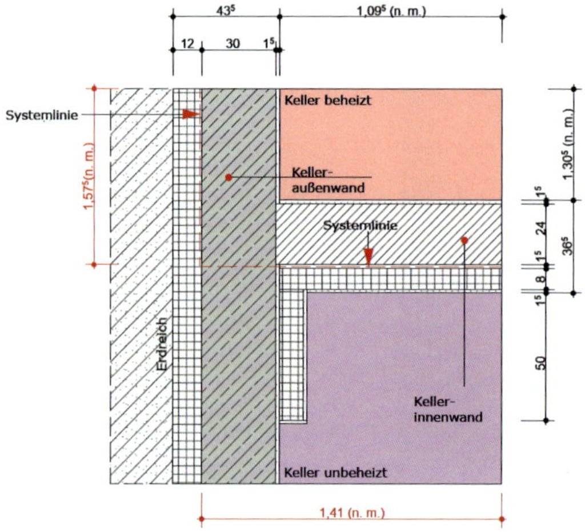

Abb. 10.20: Detail 2.01 – Anschluss Innenwand (24 cm) an Außenwand. Die Abmessungen in roter Schriftfarbe kennzeichnen den Außenmaßbezug; die Systemlinie läuft entlang der Bestandswand (n. m. = nicht maßstäblich).

Berechnung des Wärmestroms zum Erdreich und zum unbeheizten Kellerraum

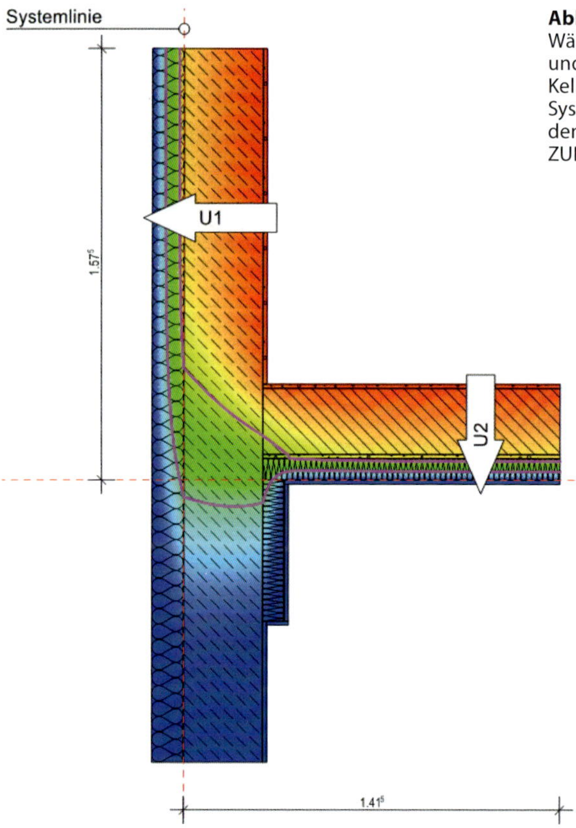

Abb. 10.21: Detail 2.01 – Wärmestrom zum Erdreich und zum unbeheizten Kellerraum über die Systemlinie; dargestellt mit dem Isothermen-Programm ZUB Argos Pro

Tabelle 10.3: Berechnungstabelle für den ψ-Wert des Details 2.01 (Wärmestrom zum Erdreich und zum unbeheizten Kellerraum über die Systemlinie); Berechnung nach DIN 4108 Beiblatt 2 und DIN EN ISO 10211; berechnet mithilfe des Isothermen-Programms ZUB Argos Pro

Psi-Wert

Te =	-5,0	°C
Ti =	20,0	°C
dT =	25,0 = Ti-Te	K
Q =	11,429	W/m
L2d =	0,457 = Q/dT	W/(mK)
Psi =	**-0,014 = L2d-EnEV/GEG = 0,457 - (0,238*0,6*1,575+0,291*0,6*1,415)**	**W/(mK)**

ψ-Wert = -0,014 W/(m · K)

Länge gesamt		**Σ m**	**5,12**
Lage	Länge	Anzahl	gesamt
KG	2,560	2,00	5,12

Der ψ-Wert für das Detail 2.01 beträgt –0,014 W/(m · K). Die gesamte Länge der Wärmebrücke beläuft sich auf 5,12 m.

Detail 2.02 (Abb. 10.22) – innere Außenecke Kellertreppenhaus

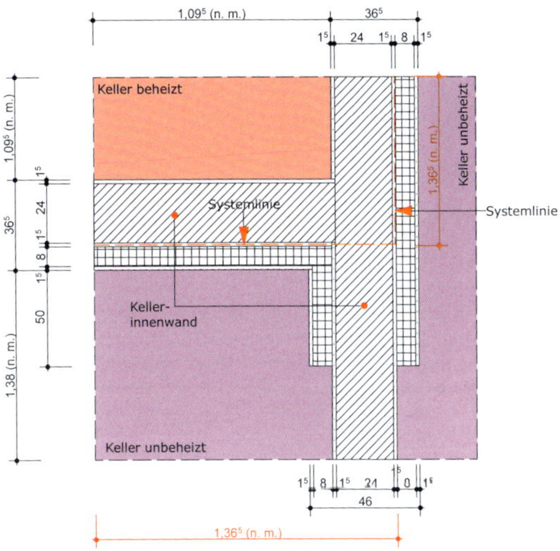

Abb. 10.22: Detail 2.02 – innere Außenecke gegen unbeheizten Kellerraum. Die Abmessungen in roter Schriftfarbe kennzeichnen den Außenmaßbezug; die Systemlinie läuft entlang der Bestandswand (n. m. = nicht maßstäblich).

Berechnung des Wärmestroms zum unbeheizten Kellerraum

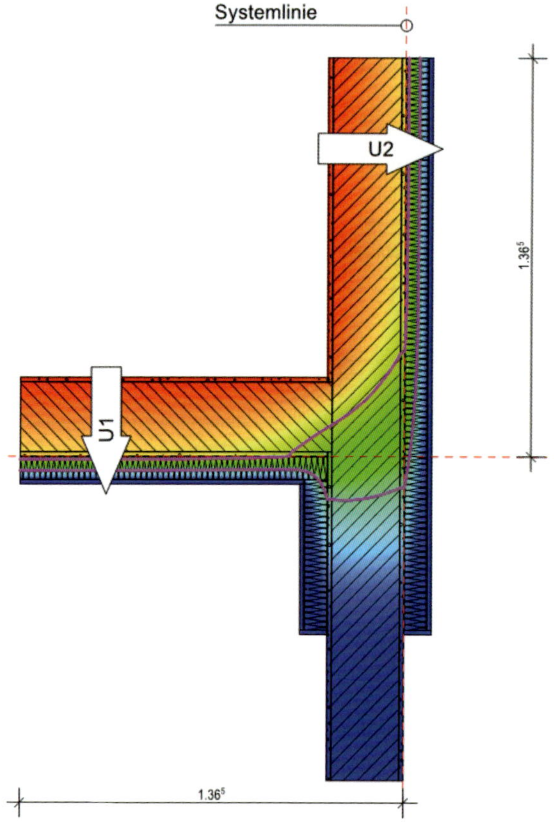

Abb. 10.23: Detail 2.02 – Wärmestrom zum unbeheizten Kellerraum über die Systemlinie; dargestellt mit dem Isothermen-Programm ZUB Argos Pro

Tabelle 10.4: Berechnungstabelle für den ψ-Wert des Details 2.02 (Wärmestrom zum unbeheizten Kellerraum über die Systemlinie); Berechnung nach DIN 4108 Beiblatt 2 und DIN EN ISO 10211; berechnet mithilfe des Isothermen-Programms ZUB Argos Pro

Psi-Wert		
Te =	-5,0	°C
Ti =	20,0	°C
dT =	25,0 = Ti-Te	K
Q =	11,893	W/m
L2d =	0,476 = Q/dT	W/(mK)
Psi =	**-0,0 = L2d-EnEV/GEG = 0,476 - (0,291*0,6*1,365+0,291*0,6*1,365)**	**W/(mK)**
ψ-Wert =	0,00 W/(m · K)	

Länge gesamt		**Σ m**	**5,12**
Lage	Länge	Anzahl	gesamt
KG	2,560	2,00	5,12

Der ψ-Wert für das Detail 2.02 beträgt 0,00 W/(m · K). Die gesamte Länge der Wärmebrücke beläuft sich auf 5,12 m.

Detail 2.03 (Abb. 10.24) – Kellerinnenwand an Kellerinnenwand

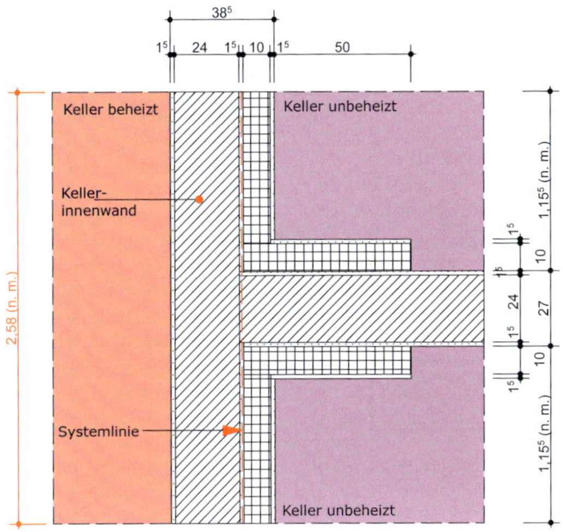

Abb. 10.24: Detail 2.03 – Kellerinnenwand an Kellerinnenwand. Die Abmessungen in roter Schriftfarbe kennzeichnen den Außenmaßbezug; die Systemlinie läuft entlang der Bestandswand (n. m. = nicht maßstäblich).

Berechnung des Wärmestroms zum unbeheizten Kellerraum

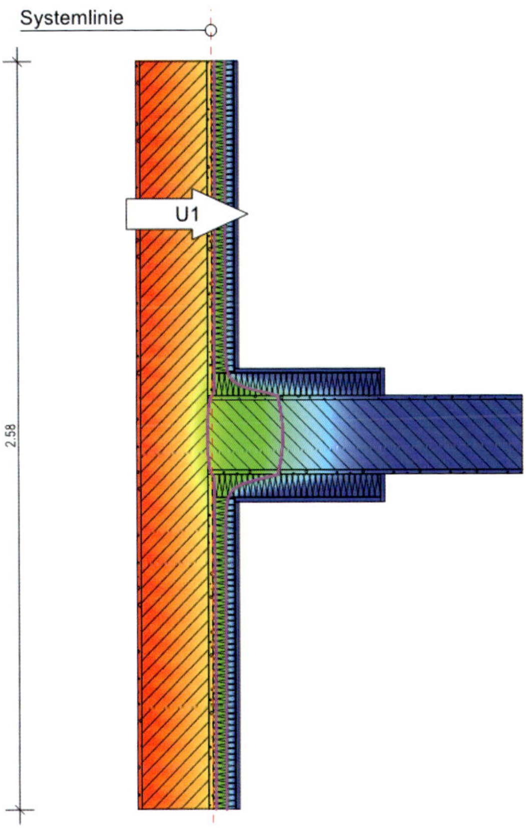

Abb. 10.25: Detail 2.03 – Wärmestrom zum unbeheizten Kellerraum über die Systemlinie; dargestellt mit dem Isothermen-Programm ZUB Argos Pro

Tabelle 10.5: Berechnungstabelle für den ψ-Wert des Details 2.03 (Wärmestrom zum unbeheizten Kellerraum über die Systemlinie); Berechnung nach DIN 4108 Beiblatt 2 und DIN EN ISO 10211; berechnet mithilfe des Isothermen-Programms ZUB Argos Pro

Psi-Wert

Te =	-5,0	°C
Ti =	20,0	°C
dT =	25,0 = Ti-Te	K
Q =	12,167	W/m
L2d =	0,487 = Q/dT	W/(mK)
Psi =	**0,037 = L2d-EnEV/GEG = 0,487 - (0,291*0,6*2,58)**	**W/(mK)**

ψ-Wert = 0,037 W/(m · K)

Länge gesamt		Σ m	5,12
Lage	Länge	Anzahl	gesamt
KG	2,560	2,00	5,12

Der ψ-Wert für das Detail 2.03 beträgt 0,037 W/(m · K). Die gesamte Länge der Wärmebrücke beläuft sich auf 5,12 m.

10.1.3.3 Wärmebrückendetails der Kellerdecke

Detail 3.01 (Abb. 10.26) – Sockeldetail

Das Detail 3.01 grenzt sowohl an Außenluft als auch an den unbeheizten Kellerraum.

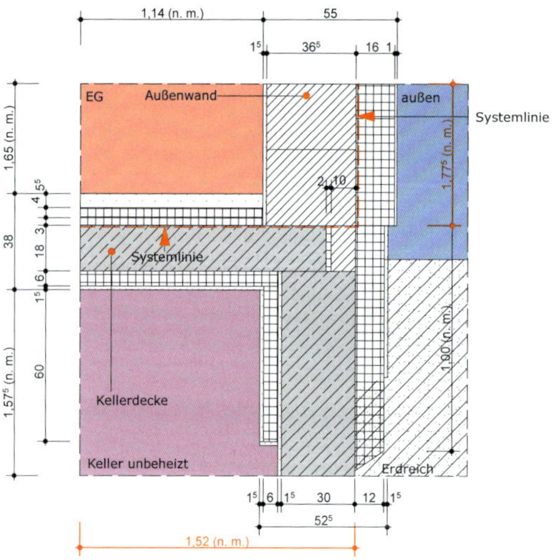

Abb. 10.26: Detail 3.01 – Sockel gegen Außenluft und unbeheizten Kellerraum. Die Abmessungen in roter Schriftfarbe kennzeichnen den Außenmaßbezug; die Systemlinie läuft entlang der Bestandswand (n. m. = nicht maßstäblich).

Berechnung des Wärmestroms zur Außenluft und zum unbeheizten Kellerraum

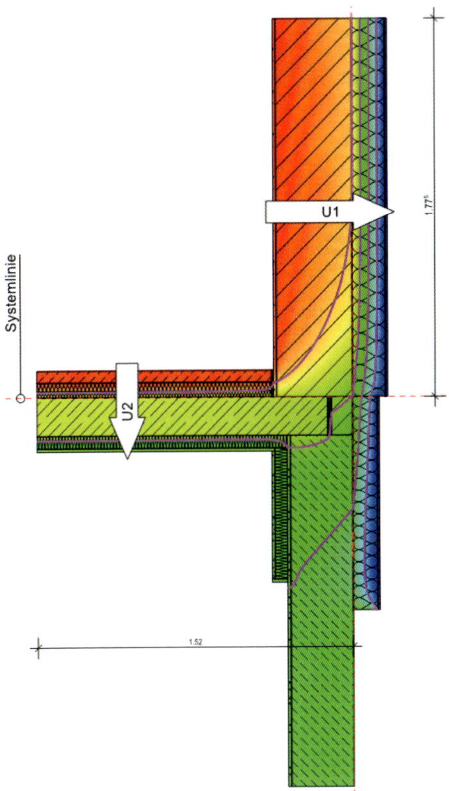

Abb. 10.27: Detail 3.01 – Wärmestrom zur Außenluft und zum unbeheizten Kellerraum über die Systemlinie; dargestellt mit dem Isothermen-Programm ZUB Argos Pro

Tabelle 10.6: Berechnungstabelle für den ψ-Wert des Details 3.01 (Wärmestrom zur Außenluft und zum unbeheizten Kellerraum); Berechnung nach DIN 4108 Beiblatt 2 und DIN EN ISO 10211; berechnet mithilfe des Isothermen-Programms ZUB Argos Pro

Psi-Wert		
Te =	-5,0	°C
Ti =	20,0	°C
dT =	25,0 = Ti-Te	K
Q =	14,581	W/m
L2d =	0,583 = Q/dT	W/(mK)
Psi =	**0,054 = L2d-EnEV/GEG = 0,583 - (0,165*1,0*1,775+0,26*0,6*1,518)**	**W/(mK)**
ψ-Wert =	**0,054 W/(m · K)**	

Länge gesamt		**Σ m**	**20,94**
Lage	Länge	Anzahl	gesamt
KG	9,99	2,00	19,98
	8,120	2,00	16,24
Abzug			
Treppenhaus	2,620	-1,00	-2,62
Abzug			
Fenster			
Nord	0,760	-1,00	-0,76
Ost	1,900	-1,00	-1,90
Süd	2,000	-1,00	-2,00
	4,000	-1,00	-4,00
West	2,000	-1,00	-2,00
	2,000	-1,00	-2,00

Der ψ-Wert für das Detail 3.01 beträgt 0,054 W/(m · K). Die gesamte Länge der Wärmebrücke beläuft sich auf 20,94 m.

Detail 3.02 (Abb. 10.28) – Sockel, Bereich Treppenhaus

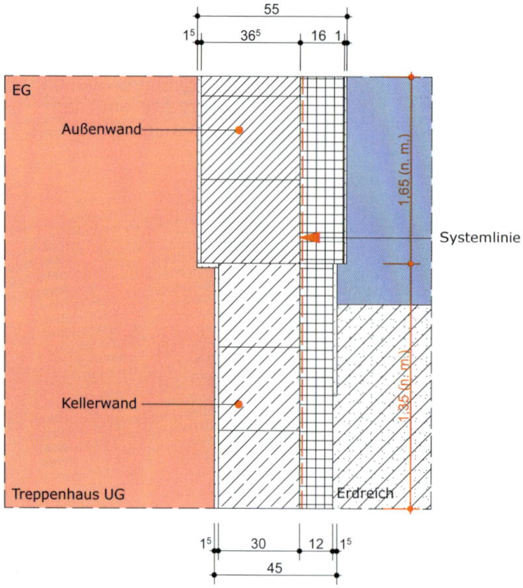

Abb. 10.28: Detail 3.02 – Sockel, Bereich Treppenhaus. Die Abmessungen in roter Schriftfarbe kennzeichnen den Außenmaßbezug; die Systemlinie läuft entlang der Bestandswand (n. m. = nicht maßstäblich).

Berechnung des Wärmestroms zur Außenluft

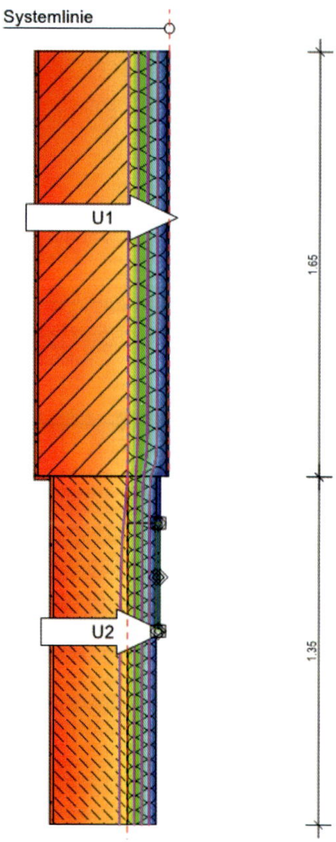

Abb. 10.29: Detail 3.02 – Wärmestrom zur Außenluft über die Systemlinie; dargestellt mit dem Isothermen-Programm ZUB Argos Pro

Tabelle 10.7: Berechnungstabelle für den ψ-Wert des Details 3.02 (Wärmestrom zur Außenluft über die Systemlinie); Berechnung nach DIN 4108 Beiblatt 2 und DIN EN ISO 10211; berechnet mithilfe des Isothermen-Programms ZUB Argos Pro

Psi-Wert		
Te =	-5,0	°C
Ti =	20,0	°C
dT =	25,0 = Ti-Te	K
Q =	14,779	W/m
L2d =	0,591 = Q/dT	W/(mK)
Psi =	**-0,002 = L2d-EnEV/GEG = 0,591 - (0,165*1,0*1,65+0,238*1,0*1,35)**	**W/(mK)**
ψ-Wert =	**-0,002 W/(m · K)**	

Länge gesamt		**Σ m**	**2,62**
Lage	Länge	Anzahl	gesamt
KG	2,620	1,00	2,62

Der ψ-Wert für das Detail 3.02 beträgt –0,002 W/(m · K). Die gesamte Länge der Wärmebrücke beläuft sich auf 2,62 m.

Detail 3.03 (Abb. 10.30) – Kellerdecke, Treppenhaus gegen unbeheizten Kellerraum

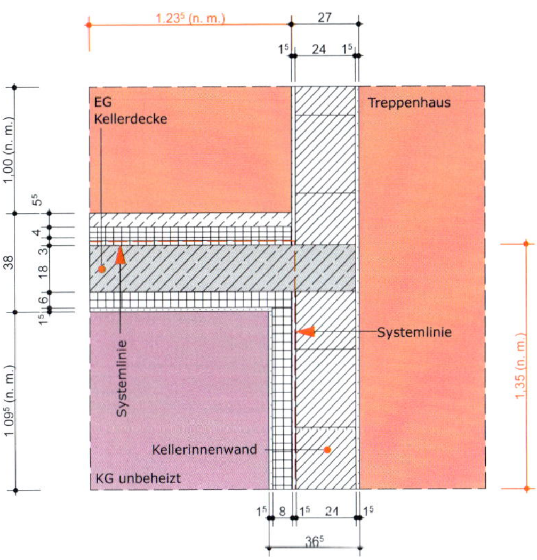

Abb. 10.30: Detail 3.03 – Kellertreppe, Treppenhaus gegen unbeheizten Kellerraum. Die Abmessungen in roter Schriftfarbe kennzeichnen den Außenmaßbezug; die Systemlinie läuft entlang der Bestandswand (n. m. = nicht maßstäblich).

Berechnung des Wärmestroms zum unbeheizten Kellerraum

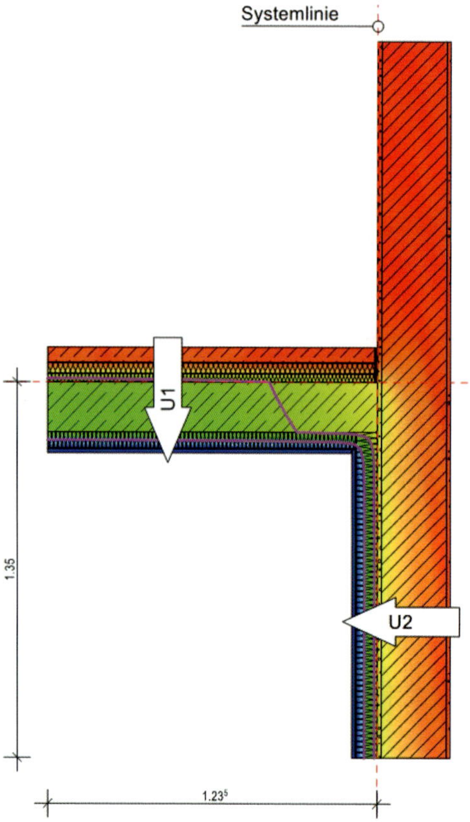

Abb. 10.31: Detail 3.03 – Wärmestrom zum unbeheizten Kellerraum über die Systemlinie; dargestellt mit dem Isothermen-Programm ZUB Argos Pro

Tabelle 10.8: Berechnungstabelle für den ψ-Wert des Details 3.03 (Wärmestrom zum unbeheizten Kellerraum über die Systemlinie); Berechnung nach DIN 4108 Beiblatt 2 und DIN EN ISO 10211; berechnet mithilfe des Isothermen-Programms ZUB Argos Pro

Psi-Wert

Te =	-5,0	°C
Ti =	20,0	°C
dT =	25,0 = Ti-Te	K
Q =	10,389	W/m
L2d =	0,416 = Q/dT	W/(mK)
Psi =	**-0,012 = L2d-EnEV/GEG = 0,416 - (0,26*0,6*1,235+0,291*0,6*1,35)**	**W/(mK)**

ψ-Wert = -0,012 W/(m · K)

Länge gesamt		**Σ m**	**9,71**
Lage	Länge	Anzahl	gesamt
KG	4,170	2,00	8,34
	2,620	1,00	2,62
	1,250	-1,00	-1,25

Der ψ-Wert für das Detail 3.03 beträgt –0,012 W/(m · K). Die gesamte Länge der Wärmebrücke beläuft sich auf 9,71 m.

Detail 3.04 (Abb. 10.32) – Kellerdecke, Anschluss Kellerinnenwand (unten)

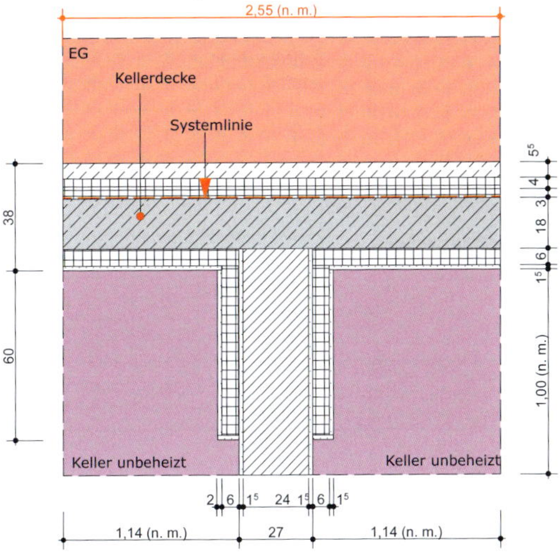

Abb. 10.32: Detail 3.04 – Kellerdecke, Anschluss Kellerinnenwand (unten). Die Abmessungen in roter Schriftfarbe kennzeichnen den Außenmaßbezug; die Systemlinie läuft auf der Kellerdecke (n. m. = nicht maßstäblich).

Berechnung des Wärmestroms zum unbeheizten Kellerraum

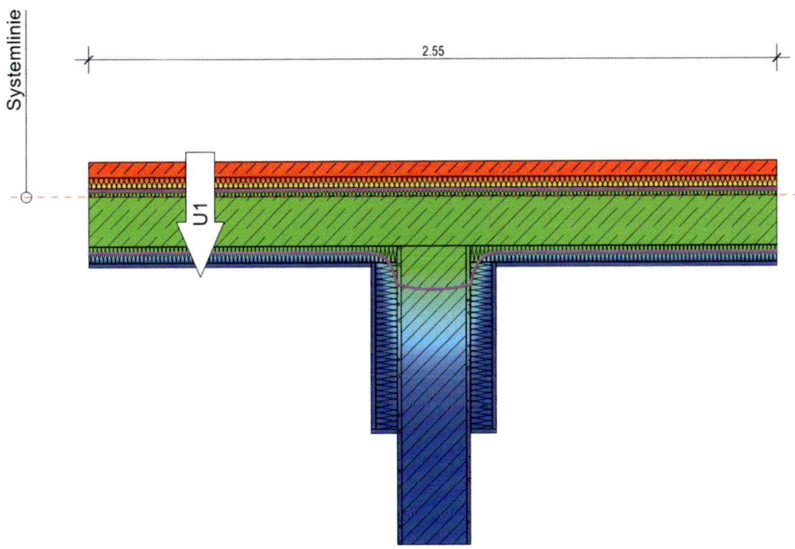

Abb. 10.33: Detail 3.04 – Wärmestrom zum unbeheizten Kellerraum über die Systemlinie; dargestellt mit dem Isothermen-Programm ZUB Argos Pro

Tabelle 10.9: Berechnungstabelle für den ψ-Wert des Details 3.04 (Wärmestrom zum unbeheizten Kellerraum über die Systemlinie); Berechnung nach DIN 4108 Beiblatt 2 und DIN EN ISO 10211; berechnet mithilfe des Isothermen-Programms ZUB Argos Pro

Psi-Wert		
Te =	-5,0	°C
Ti =	20,0	°C
dT =	25,0 = Ti-Te	K
Q =	10,254	W/m
L2d =	0,41 = Q/dT	W/(mK)
Psi =	**0,013 = L2d-EnEV/GEG = 0,41 - (0,26*0,6*2,55)**	**W/(mK)**

ψ-Wert = 0,013 W/(m · K)

Länge gesamt		**Σ m**	**5,39**
Lage	Länge	Anzahl	gesamt
KG	4,500	1,00	4,50
Türen	0,890	1,00	0,89

Der ψ-Wert für das Detail 3.04 beträgt 0,013 W/(m · K). Die gesamte Länge der Wärmebrücke beläuft sich auf 5,39 m.

Detail 3.05 (Abb. 10.34) – Kellerdecke, Anschluss Innenwand (oben)

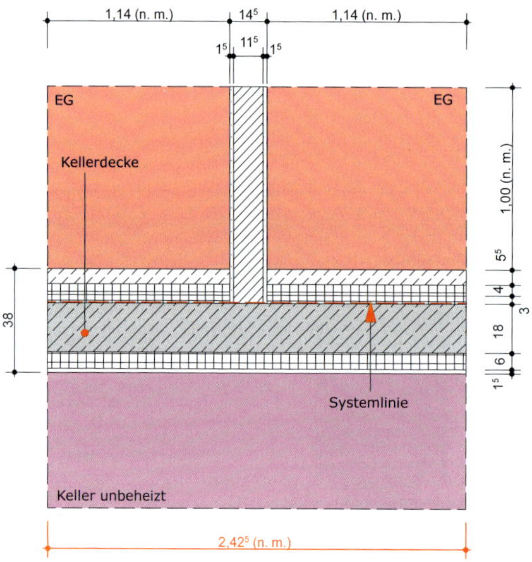

Abb. 10.34: Detail 3.05 – Kellerdecke, Anschluss Innenwand (oben). Die Abmessungen in roter Schriftfarbe kennzeichnen den Außenmaßbezug; die Systemlinie läuft auf der Kellerdecke (n. m. = nicht maßstäblich).

Berechnung des Wärmestroms zum unbeheizten Kellerraum

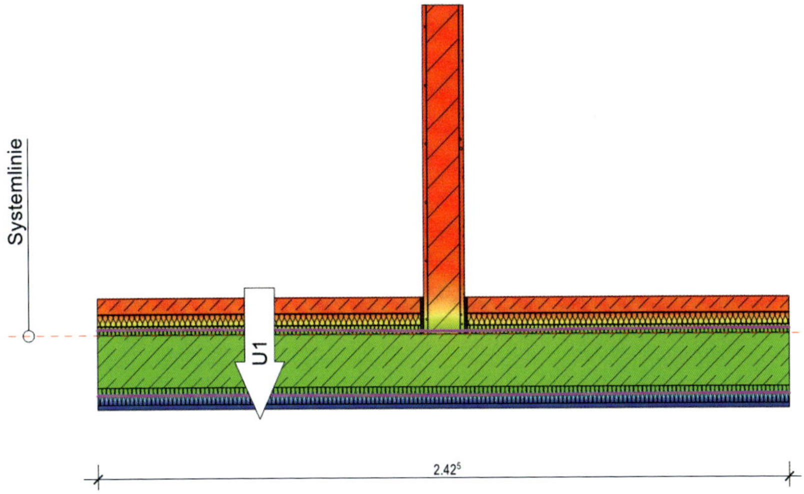

Abb. 10.35: Detail 3.05 – Wärmestrom zum unbeheizten Kellerraum über die Systemlinie; dargestellt mit dem Isothermen-Programm ZUB Argos Pro

Tabelle 10.10: Berechnungstabelle für den ψ-Wert des Details 3.05 (Wärmestrom zum unbeheizten Kellerraum über die Systemlinie); Berechnung nach DIN 4108 Beiblatt 2 und DIN EN ISO 10211; berechnet mithilfe des Isothermen-Programms ZUB Argos Pro

Psi-Wert		
Te =	-5,0	°C
Ti =	20,0	°C
dT =	25,0 = Ti-Te	K
Q =	10,265	W/m
L2d =	0,411 = Q/dT	W/(mK)
Psi =	**0,033 = L2d-EnEV/GEG = 0,411 - (0,26*0,6*2,425)**	**W/(mK)**
ψ-Wert =	**0,033 W/(m · K)**	

Länge gesamt		**Σ m**	**5,60**
Lage	Länge	Anzahl	gesamt
EG	2,880	1,00	2,88
	1,010	1,00	1,01
	2,370	1,00	2,37
	1,250	1,00	1,25
	0,500	1,00	0,50
Abzug			
Türen	0,760	-2,00	-1,52
	0,890	-1,00	-0,89

Der ψ-Wert für das Detail 3.05 beträgt 0,033 W/(m · K). Die gesamte Länge der Wärmebrücke beläuft sich auf 5,60 m.

Detail 3.06 (Abb. 10.36) – Kellerdecke, Anschluss Innenwand (oben/unten)

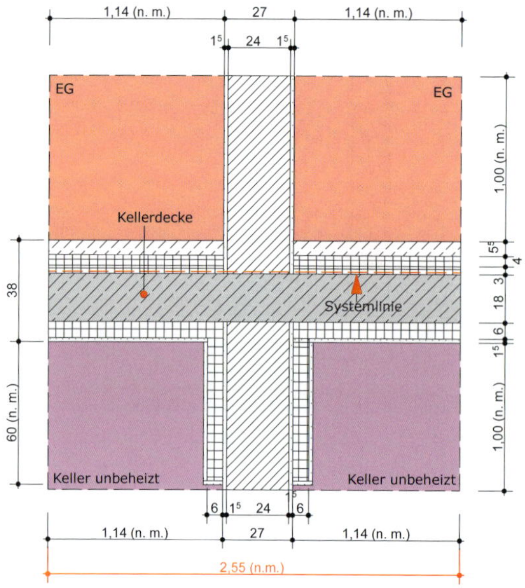

Abb. 10.36: Detail 3.06 – Kellerdecke, Anschluss Innenwand (oben/unten). Die Abmessungen in roter Schriftfarbe kennzeichnen den Außenmaßbezug; die Systemlinie läuft auf der Kellerdecke (n. m. = nicht maßstäblich).

Berechnung des Wärmestroms zum unbeheizten Kellerraum

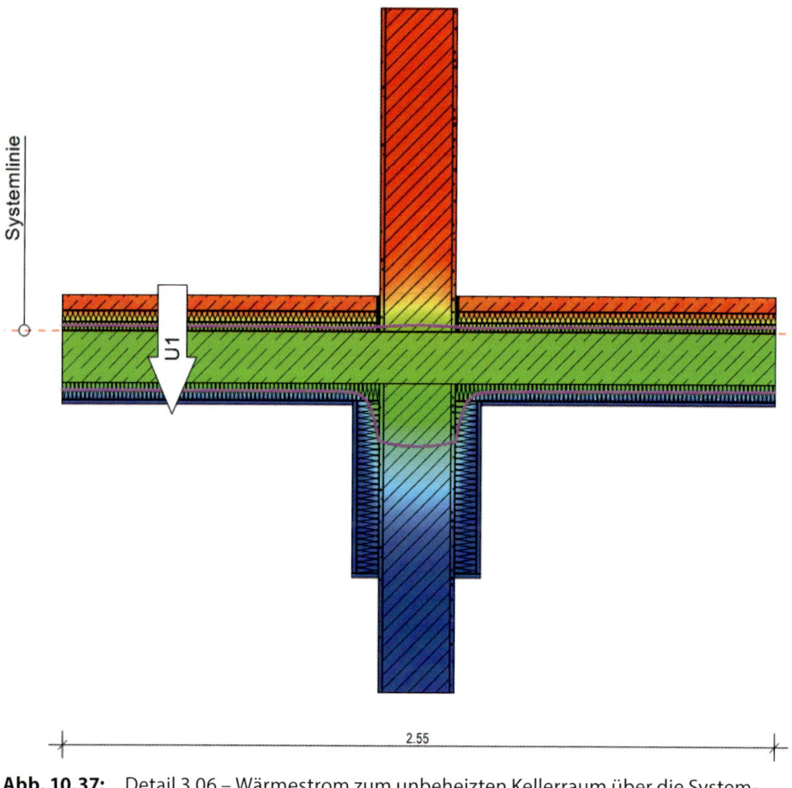

Abb. 10.37: Detail 3.06 – Wärmestrom zum unbeheizten Kellerraum über die Systemlinie; dargestellt mit dem Isothermen-Programm ZUB Argos Pro

Tabelle 10.11: Berechnungstabelle für den ψ-Wert des Details 3.06 (Wärmestrom zum unbeheizten Kellerraum über die Systemlinie); Berechnung nach DIN 4108 Beiblatt 2 und DIN EN ISO 10211; berechnet mithilfe des Isothermen-Programms ZUB Argos Pro

Psi-Wert

Te =	-5,0	°C
Ti =	20,0	°C
dT =	25,0 = Ti-Te	K
Q =	11,402	W/m
L2d =	0,456 = Q/dT	W/(mK)
Psi =	**0,059 = L2d-EnEV/GEG = 0,456 - (0,26*0,6*2,55)**	**W/(mK)**

ψ-Wert = 0,059 W/(m · K)

Länge gesamt		**Σ m**	**5,31**
Lage	Länge	Anzahl	gesamt
EG	2,250	1,00	2,25
	3,950	1,00	3,95
Abzug			
Türen	0,890	-1,00	-0,89

Der ψ-Wert für das Detail 3.06 beträgt 0,059 W/(m · K). Die gesamte Länge der Wärmebrücke beläuft sich auf 5,31 m.

10.1.3.4 Wärmebrückendetails der Außenwand

Detail 4.01 (Abb. 10.38) – Außenecke Außenwand

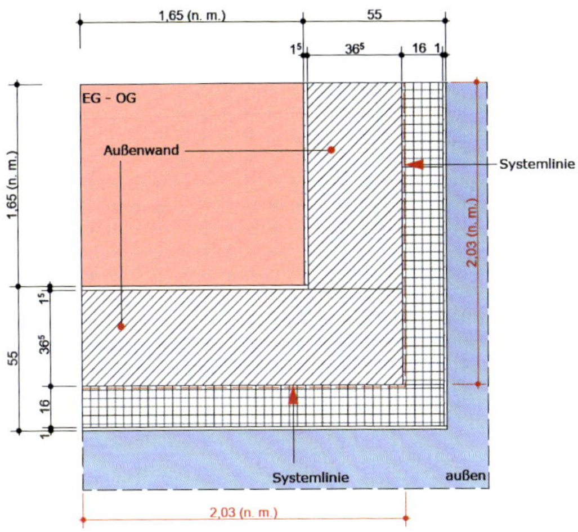

Abb. 10.38: Detail 4.01 – Außenecke Außenwand. Die Abmessungen in roter Schriftfarbe kennzeichnen den Außenmaßbezug; die Systemlinie läuft entlang der Bestandswand (n. m. = nicht maßstäblich).

Berechnung des Wärmestroms zur Außenluft

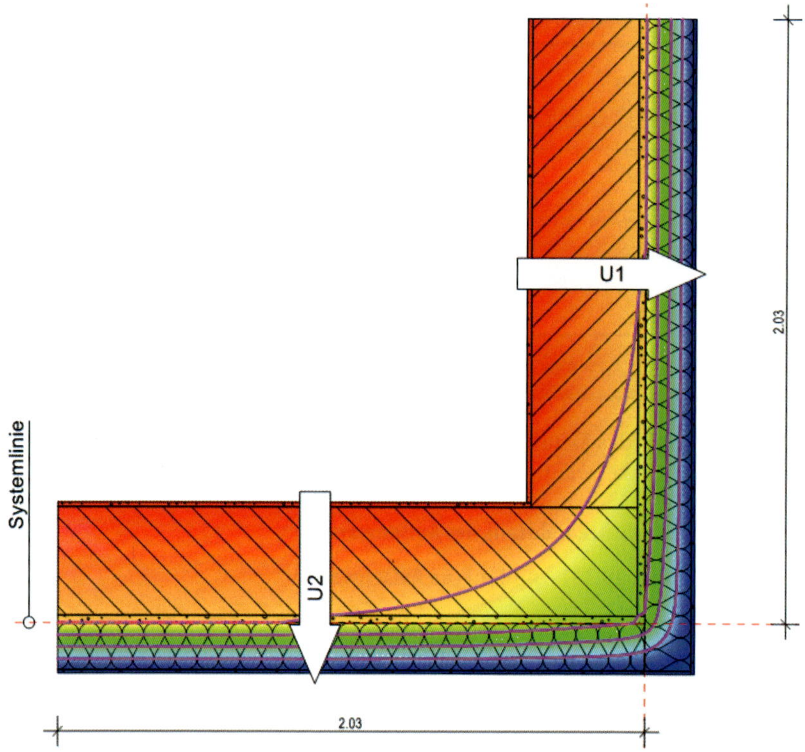

Abb. 10.39: Detail 4.01 – Wärmestrom zur Außenluft über die Systemlinie; dargestellt mit dem Isothermen-Programm ZUB Argos Pro

Tabelle 10.12: Berechnungstabelle für den ψ-Wert des Details 4.01 (Wärmestrom zur Außenluft über die Systemlinie); Berechnung nach DIN 4108 Beiblatt 2 und DIN EN ISO 10211; berechnet mithilfe des Isothermen-Programms ZUB Argos Pro

Psi-Wert		
Te =	-5,0	°C
Ti =	20,0	°C
dT =	25,0 = Ti-Te	K
Q =	16,033	W/m
L2d =	0,641 = Q/dT	W/(mK)
Psi =	**-0,026 = L2d-EnEV/GEG = 0,641 - (0,164*1,0*2,03+0,164*1,0*2,03)**	**W/(mK)**
ψ-Wert =	**-0,026 W/(m · K)**	

Länge gesamt		Σ m	22,44
Lage	Länge	Anzahl	gesamt
EG / OG	5,610	4,00	22,44

Der ψ-Wert für das Detail 4.01 beträgt –0,026 W/(m · K). Die gesamte Länge der Wärmebrücke beläuft sich auf 22,44 m.

Detail 4.02 (Abb. 10.40) – Innenwandanschluss an Außenwand

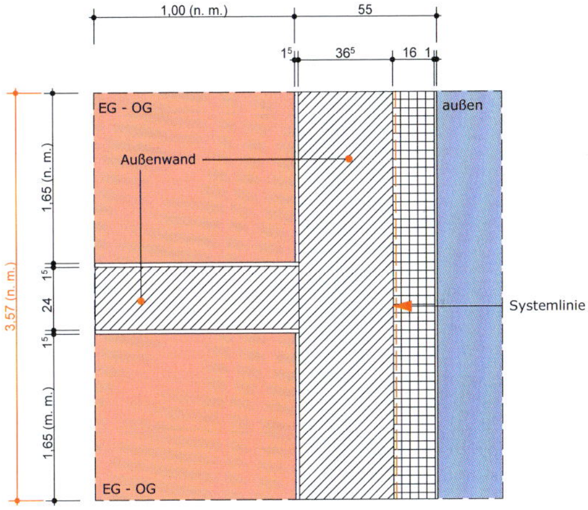

Abb. 10.40: Detail 4.02 – Innenwandanschluss an Außenwand. Die Abmessungen in roter Schriftfarbe kennzeichnen den Außenmaßbezug; die Systemlinie läuft entlang der Bestandswand (n. m. = nicht maßstäblich).

Berechnung des Wärmestroms zur Außenluft

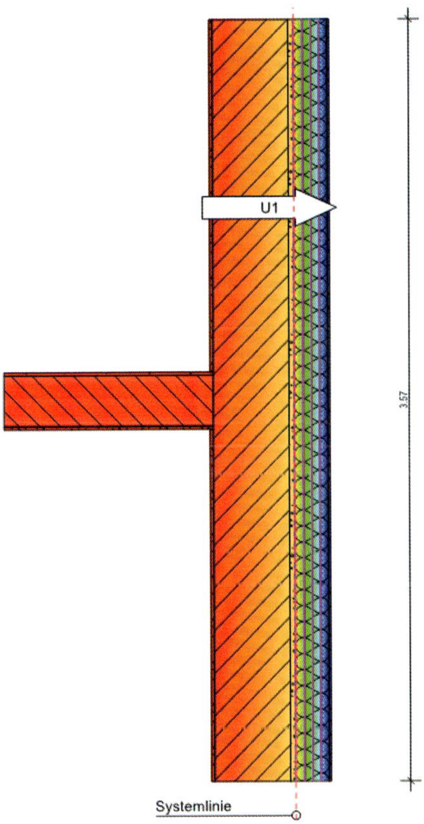

Abb. 10.41: Detail 4.02 – Wärmestrom zur Außenluft über die Systemlinie; dargestellt mit dem Isothermen-Programm ZUB Argos Pro

Tabelle 10.13: Berechnungstabelle für den ψ-Wert des Details 4.02 (Wärmestrom zur Außenluft über die Systemlinie); Berechnung nach DIN 4108 Beiblatt 2 und DIN EN ISO 10211; berechnet mithilfe des Isothermen-Programms ZUB Argos Pro

Psi-Wert

Te =	-5,0	°C
Ti =	20,0	°C
dT =	25,0 = Ti-Te	K
Q =	14,652	W/m
L2d =	0,586 = Q/dT	W/(mK)
Psi =	**-0,001 = L2d-EnEV/GEG = 0,586 - (0,164*1,0*3,57)**	**W/(mK)**

ψ-Wert = -0,001 W/(m · K)

Länge gesamt		**Σ m**	**22,44**
Lage	Länge	Anzahl	gesamt
EG	2,830	4,00	11,32
OG	2,780	4,00	11,12

Der ψ-Wert für das Detail 4.02 beträgt –0,001 W/(m · K). Die gesamte Länge der Wärmebrücke beläuft sich auf 22,44 m.

10.1.3.5 Wärmebrückendetails der Geschossdecke

Detail 5.01 (Abb. 10.42) – Auflager Geschossdecke/Außenwand

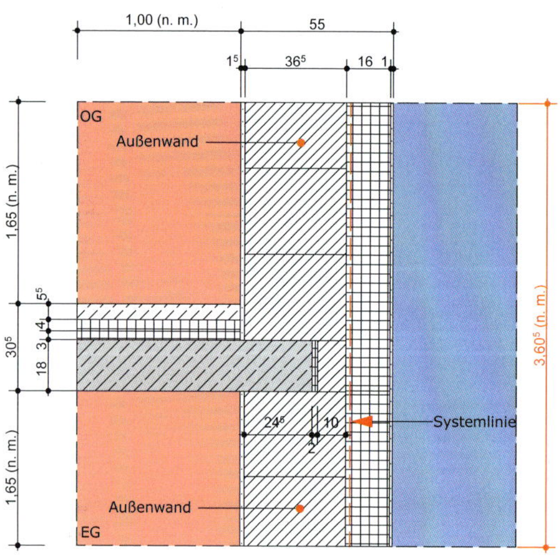

Abb. 10.42: Detail 5.01 – Auflager Geschossdecke/Außenwand. Die Abmessungen in roter Schriftfarbe kennzeichnen den Außenmaßbezug; die Systemlinie läuft entlang der Bestandswand (n. m. = nicht maßstäblich).

Berechnung des Wärmestroms zur Außenluft

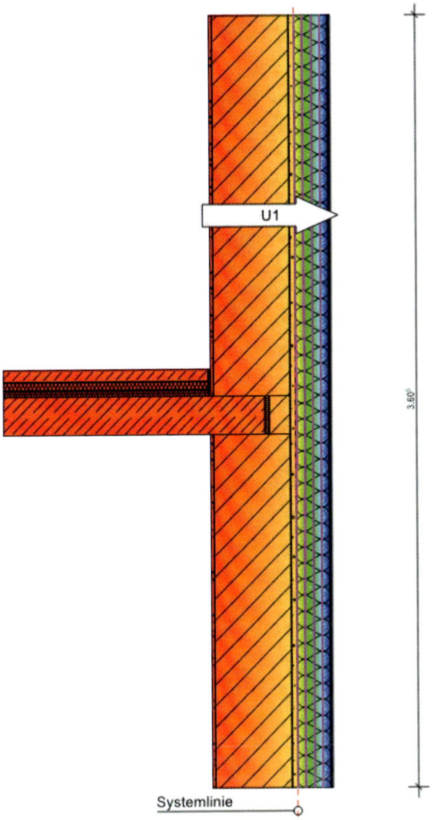

Abb. 10.43: Detail 5.01 – Wärmestrom zur Außenluft über die Systemlinie; dargestellt mit dem Isothermen-Programm ZUB Argos Pro

Tabelle 10.14: Berechnungstabelle für den ψ-Wert des Details 5.01 (Wärmestrom zur Außenluft über die Systemlinie); Berechnung nach DIN 4108 Beiblatt 2 und DIN EN ISO 10211; berechnet mithilfe des Isothermen-Programms ZUB Argos Pro

Psi-Wert		
Te =	-5,0	°C
Ti =	20,0	°C
dT =	25,0 = Ti-Te	K
Q =	14,92	W/m
L2d =	0,597 = Q/dT	W/(mK)
Psi =	**0,004 = L2d-EnEV/GEG = 0,597 - (0,164*1,0*3,605)**	**W/(mK)**
ψ-Wert =	**0,004 W/(m · K)**	

Länge gesamt		**Σ m**	**33,60**
Lage	Länge	Anzahl	gesamt
	9,990	2,00	19,98
	8,120	2,00	16,24
Abzug			
Treppenhaus	2,620	-1,00	-2,62

Der ψ-Wert für das Detail 5.01 beträgt 0,004 W/(m · K). Die gesamte Länge der Wärmebrücke beläuft sich auf 33,60 m.

10.1.3.6 Wärmebrückendetails der obersten Geschossdecke

Detail 6.01 (Abb. 10.44) – Anschluss Außenwand/Traufe gegen Außenluft und gegen unbeheizten Dachraum

Das Detail 6.01 grenzt sowohl an Außenluft als auch an den unbeheizten Dachraum.

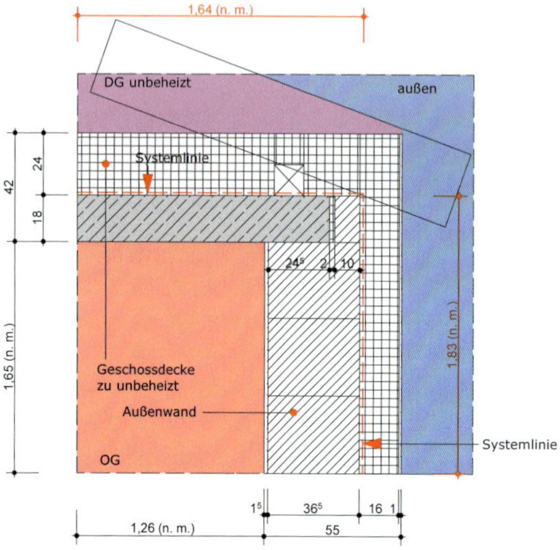

Abb. 10.44: Detail 6.01 – Anschluss Außenwand/Traufe gegen Außenluft und unbeheizten Dachraum. Die Abmessungen in roter Schriftfarbe kennzeichnen den Außenmaßbezug; die Systemlinie läuft entlang der Bestandswand und auf der Rohdecke (n. m. = nicht maßstäblich).

Berechnung des Wärmestroms zur Außenluft und zum unbeheizten Dachraum

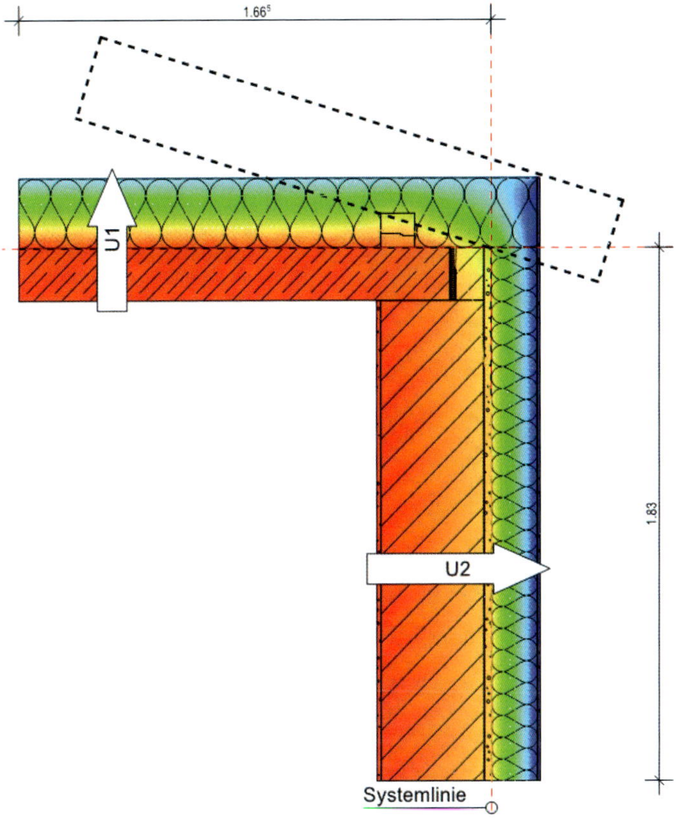

Abb. 10.45: Detail 6.01 – Wärmestrom zur Außenluft und zum unbeheizten Dachraum über die Systemlinie; dargestellt mit dem Isothermen-Programm ZUB Argos Pro

Tabelle 10.15: Berechnungstabelle für den ψ-Wert des Details 6.01 (Wärmestrom zur Außenluft und zum unbeheizten Dachraum über die Systemlinie); Berechnung nach DIN 4108 Beiblatt 2 und DIN EN ISO 10211; berechnet mithilfe des Isothermen-Programms ZUB Argos Pro

Psi-Wert

Te =	-5,0	°C
Ti =	20,0	°C
dT =	25,0 = Ti-Te	K
Q =	13,166	W/m
L2d =	0,527 = Q/dT	W/(mK)
Psi =	**0,014 = L2d-EnEV/GEG = 0,527 - (0,159*0,8*1,665+0,164*1,0*1,83)**	**W/(mK)**

ψ-Wert = 0,014 W/(m · K)

Länge gesamt		**Σ m**	**19,98**
Lage	Länge	Anzahl	gesamt
OG	9,990	2,00	19,98

Der ψ-Wert für das Detail 6.01 beträgt 0,014 W/(m · K). Die gesamte Länge der Wärmebrücke beläuft sich auf 19,98 m.

Detail 6.02 (Abb. 10.46) – Anschluss oberste Geschossdecke/Giebel gegen Außenluft und gegen unbeheizten Dachraum

Das Detail 6.02 grenzt sowohl an Außenluft als auch an den unbeheizten Dachraum.

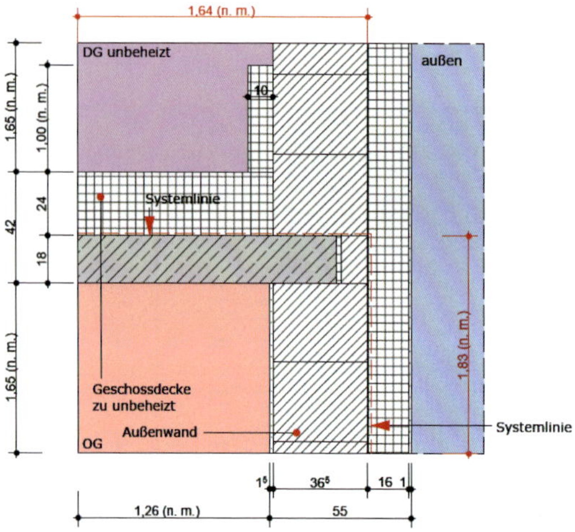

Abb. 10.46: Detail 6.02 – Anschluss oberste Geschossdecke/Giebel gegen Außenluft und unbeheizten Dachraum. Die Abmessungen in roter Schriftfarbe kennzeichnen den Außenmaßbezug; die Systemlinie läuft entlang der Bestandswand und auf der Rohdecke (n. m. = nicht maßstäblich).

Berechnung des Wärmestroms zur Außenluft und zum unbeheizten Dachraum

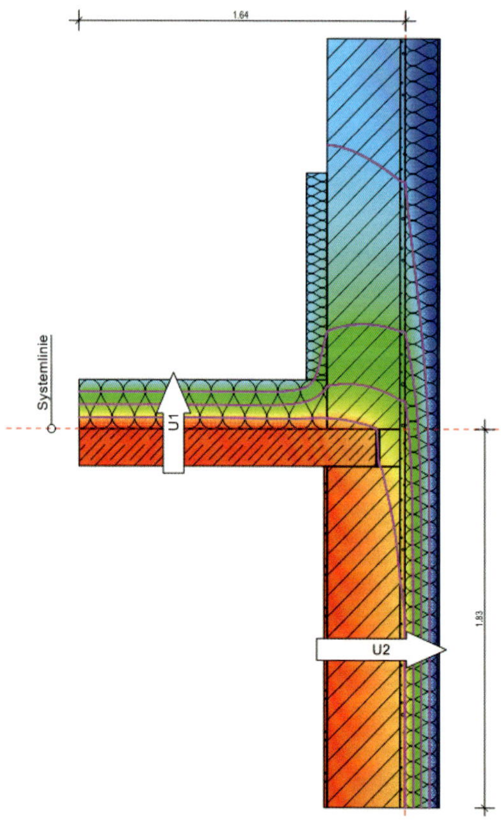

Abb. 10.47: Detail 6.02 – Wärmestrom zur Außenluft und zum unbeheizten Dachraum über die Systemlinie; dargestellt mit dem Isothermen-Programm ZUB Argos Pro

Tabelle 10.16: Berechnungstabelle für den ψ-Wert des Details 6.02 (Wärmestrom zur Außenluft und zum unbeheizten Dachraum über die Systemlinie); Berechnung nach DIN 4108 Beiblatt 2 und DIN EN ISO 10211; berechnet mithilfe des Isothermen-Programms ZUB Argos Pro

Psi-Wert		
Te =	-5,0	°C
Ti =	20,0	°C
dT =	25,0 = Ti-Te	K
Q =	15,203	W/m
L2d =	0,608 = Q/dT	W/(mK)
Psi =	**0,098 = L2d-EnEV/GEG = 0,608 - (0,159*0,8*1,64+0,164*1,0*1,83)**	**W/(mK)**
ψ-Wert =	**0,098 W/(m · K)**	

Länge gesamt		**Σ m**	**16,24**
Lage	Länge	Anzahl	gesamt
OG	8,120	2,00	16,24

Der ψ-Wert für das Detail 6.02 beträgt 0,098 W/(m · K). Die gesamte Länge der Wärmebrücke beläuft sich auf 16,24 m.

Detail 6.03 (Abb. 10.48) – Anschluss Innenwand an Geschossdecke

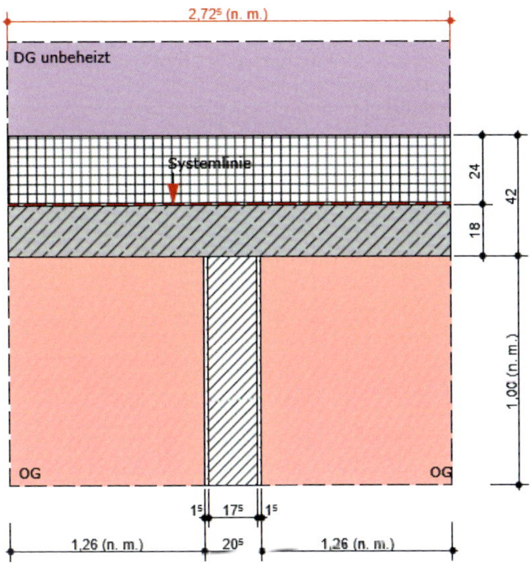

Abb. 10.48: Detail 6.03 – Anschluss Innenwand an Geschossdecke. Die Abmessungen in roter Schriftfarbe kennzeichnen den Außenmaßbezug; die Systemlinie läuft auf der Rohdecke (n. m. = nicht maßstäblich).

Berechnung des Wärmestroms zum unbeheizten Dachraum

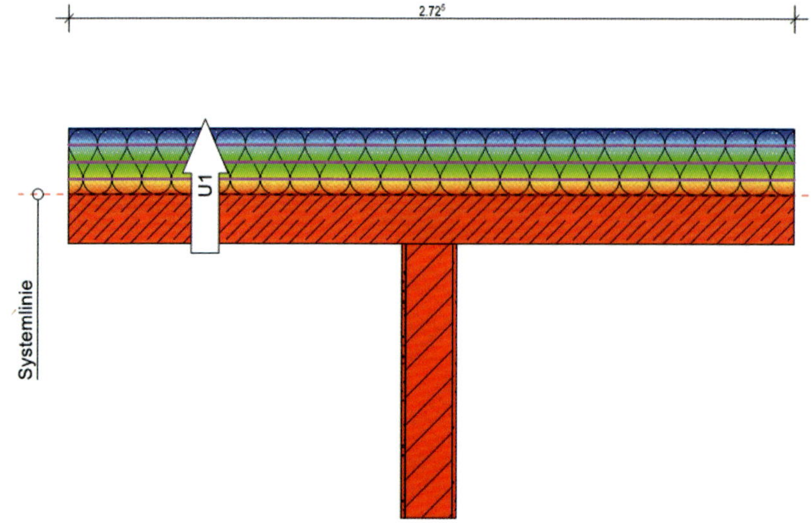

Abb. 10.49: Detail 6.03 – Wärmestrom zum unbeheizten Dachraum über die Systemlinie; dargestellt mit dem Isothermen-Programm ZUB Argos Pro

Tabelle 10.17: Berechnungstabelle für den ψ-Wert des Details 6.03 (Wärmestrom zum unbeheizten Dachraum über die Systemlinie); Berechnung nach DIN 4108 Beiblatt 2 und DIN EN ISO 10211; berechnet mithilfe des Isothermen-Programms ZUB Argos Pro

Psi-Wert		
Te =	-5,0	°C
Ti =	20,0	°C
dT =	25,0 = Ti-Te	K
Q =	8,674	W/m
L2d =	0,347 = Q/dT	W/(mK)
Psi =	**-0,0 = L2d-EnEV/GEG = 0,347 - (0,159*0,8*2,725)**	**W/(mK)**
ψ-Wert =	**0,000 W/(m · K)**	

Länge gesamt		Σ m	22,21
Lage	Länge	Anzahl	gesamt
OG	9,990	1,00	9,99
	8,120	1,00	8,12
	4,100	1,00	4,10

Der ψ-Wert für das Detail 6.03 beträgt 0,000 W/(m · K). Die gesamte Länge der Wärmebrücke beläuft sich auf 22,21 m.

10.1.3.7 Wärmebrückendetails Fenster (unterer Anschluss)

Detail 7.01 (Abb. 10.50) – Anschluss auf Kellerdecke

Dieser Anschluss grenzt sowohl an Außenluft als auch an den unbeheizten Keller.

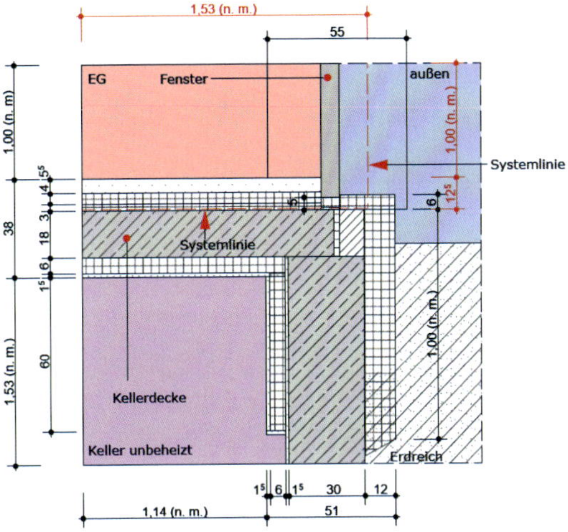

Abb. 10.50: Detail 7.01 – Anschluss auf Kellerdecke gegen Außenluft und unbeheizten Kellerraum. Die Abmessungen in roter Schriftfarbe kennzeichnen den Außenmaßbezug; die Systemlinie läuft entlang der Bestandswand (n. m. = nicht maßstäblich).

Berechnung des Wärmestroms zur Außenluft und zum unbeheizten Kellerraum

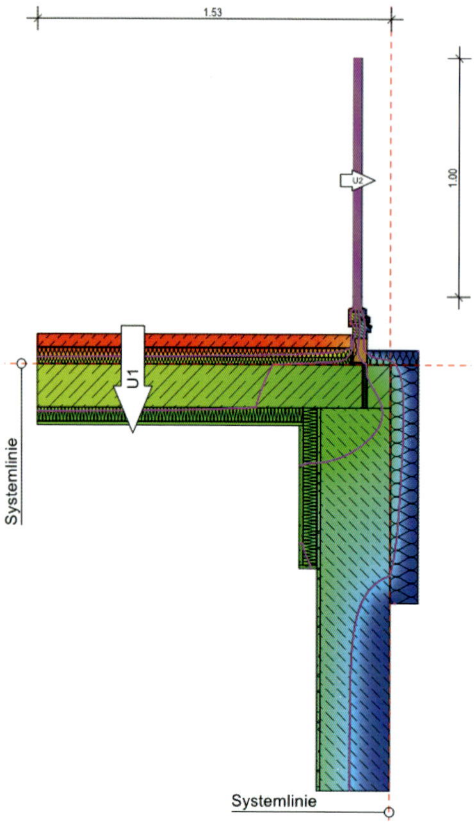

Abb. 10.51: Detail 7.01 – Wärmestrom zur Außenluft und zum unbeheizten Kellerraum über die Systemlinie; dargestellt mit dem Isothermen-Programm ZUB Argos Pro

Tabelle 10.18: Berechnungstabelle für den ψ-Wert des Details 7.01 (Wärmestrom zur Außenluft und zum unbeheizten Kellerraum über die Systemlinie); Berechnung nach DIN 4108 Beiblatt 2 und DIN EN ISO 10211; berechnet mithilfe des Isothermen-Programms ZUB Argos Pro

Psi-Wert		
Te =	-5,0	°C
Ti =	20,0	°C
dT =	25,0 = Ti-Te	K
Q =	34,608	W/m
L2d =	1,384 = Q/dT	W/(mK)
Psi =	**-0,003 = L2d-EnEV/GEG = 1,384 - (0,26*0,6*1,53+1,149*1,0*1,0)**	**W/(mK)**

Länge gesamt		**Σ m**	**12,66**
Lage	Länge	Anzahl	gesamt
West	2,000	2,00	4,00
Ost	1,900	1,00	1,90
Süd	2,000	3,00	6,00
Nord	0,760	1,00	0,76

ψ-Wert = -0,003 W/(m · K)

Der ψ-Wert für das Detail 7.01 beträgt –0,003 W/(m · K). Die gesamte Länge der Wärmebrücke beläuft sich auf 12,66 m.

Detail 7.02 (Abb. 10.52) – Anschluss Geschossdecke (oben/unten) mit Rollladenkasten

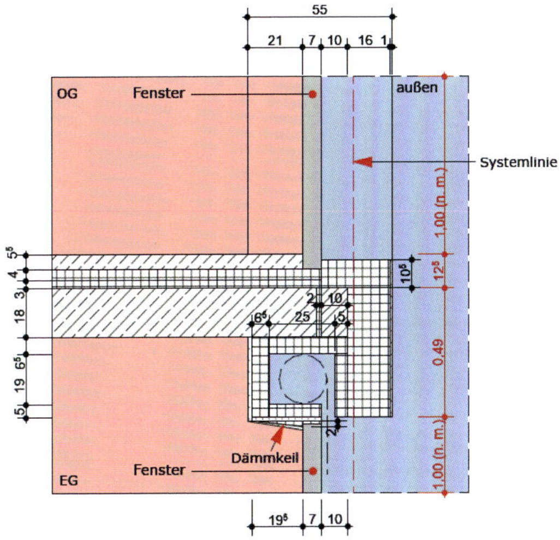

Abb. 10.52: Detail 7.02 – Anschluss Geschossdecke (oben/unten) mit Rollladenkasten. Die Abmessungen in roter Schriftfarbe kennzeichnen den Außenmaßbezug; die Systemlinie läuft entlang der Bestandswand (n. m. = nicht maßstäblich).

Berechnung des Wärmestroms zur Außenluft

Abb. 10.53: Detail 7.02 – Wärmestrom zur Außenluft über die Systemlinie; dargestellt mit dem Isothermen-Programm ZUB Argos Pro

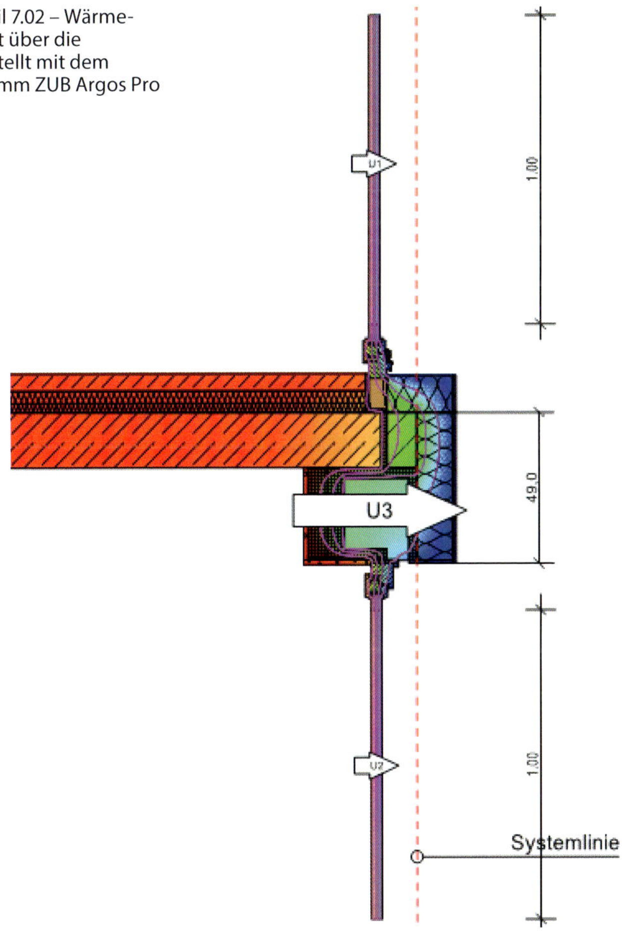

Tabelle 10.19: Berechnungstabelle für den ψ-Wert des Details 7.02 (Wärmestrom zur Außenluft über die Systemlinie); Berechnung nach DIN 4108 Beiblatt 2 und DIN EN ISO 10211; berechnet mithilfe des Isothermen-Programms ZUB Argos Pro

Psi-Wert

Te =	-5,0	°C
Ti =	20,0	°C
dT =	25,0 = Ti-Te	K
Q =	59,856	W/m
L2d =	2,394 = Q/dT	W/(mK)
Psi =	**0,145 = L2d-EnEV/GEG = 2,394 - (1,149*1,0*1,0+1,022*1,0*1,0+0,16*1,0*0,49)**	**W/(mK)**

ψ-Wert = 0,145 W/(m · K)

Länge gesamt		**Σ m**	**7,53**
Lage	Länge	Anzahl	gesamt
West	2,010	1,00	2,01
Ost	0,760	1,00	0,76
Süd	2,000	2,00	4,00
Nord	0,760	1,00	0,76

Der ψ-Wert für das Detail 7.02 beträgt 0,145 W/(m · K). Die gesamte Länge der Wärmebrücke beläuft sich auf 7,53 m.

Detail 7.03 (Abb. 10.54) – Anschluss Fenster/Brüstung

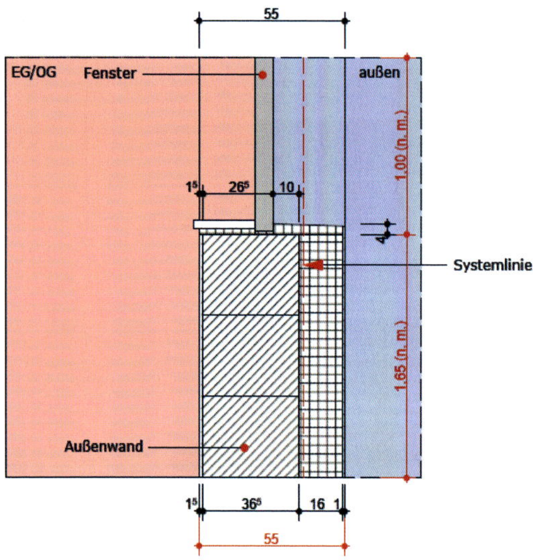

Abb. 10.54: Detail 7.03 – Anschluss Fenster/Brüstung. Die Abmessungen in roter Schriftfarbe kennzeichnen den Außenmaßbezug; die Systemlinie läuft entlang der Bestandswand (n. m. = nicht maßstäblich).

Berechnung des Wärmestroms zur Außenluft

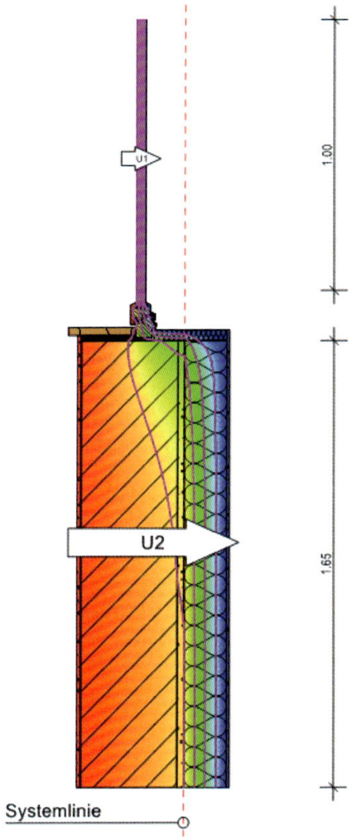

Abb. 10.55: Detail 7.03 – Wärmestrom zur Außenluft über die Systemlinie; dargestellt mit dem Isothermen-Programm ZUB Argos Pro

Tabelle 10.20: Berechnungstabelle für den ψ-Wert des Details 7.03 (Wärmestrom zur Außenluft über die Systemlinie); Berechnung nach DIN 4108 Beiblatt 2 und DIN EN ISO 10211; berechnet mithilfe des Isothermen-Programms ZUB Argos Pro

Psi-Wert		
Te =	-5,0	°C
Ti =	20,0	°C
dT =	25,0 = Ti-Te	K
Q =	33,941	W/m
L2d =	1,358 = Q/dT	W/(mK)
Psi =	**0,026 = L2d-EnEV/GEG = 1,358 - (1,06*1,0*1,0+0,164*1,0*1,65)**	**W/(mK)**
ψ-Wert =	**0,026 W/(m · K)**	

Länge gesamt		**Σ m**	**6,45**
Lage	Länge	Anzahl	gesamt
OG Ost	1,890	1,00	1,89
OG Nord	0,760	3,00	2,28
EG Nord	0,760	1,00	0,76
EG Ost	0,760	2,00	1,52

Der ψ-Wert für das Detail 7.03 beträgt 0,026 W/(m · K). Die gesamte Länge der Wärmebrücke beläuft sich auf 6,45 m.

10.1.3.8 Wärmebrückendetails Fenster (oberer Anschluss)

Detail 8.01 (Abb. 10.56) – Fenstersturz mit Rollladenkasten

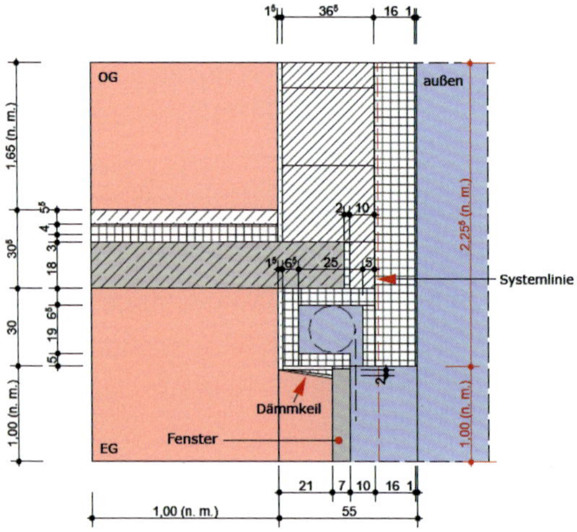

Abb. 10.56: Detail 8.01 – Fenstersturz mit Rollladenkasten. Die Abmessungen in roter Schriftfarbe kennzeichnen den Außenmaßbezug; die Systemlinie läuft entlang der Bestandswand (n. m. = nicht maßstäblich).

Berechnung des Wärmestroms zur Außenluft

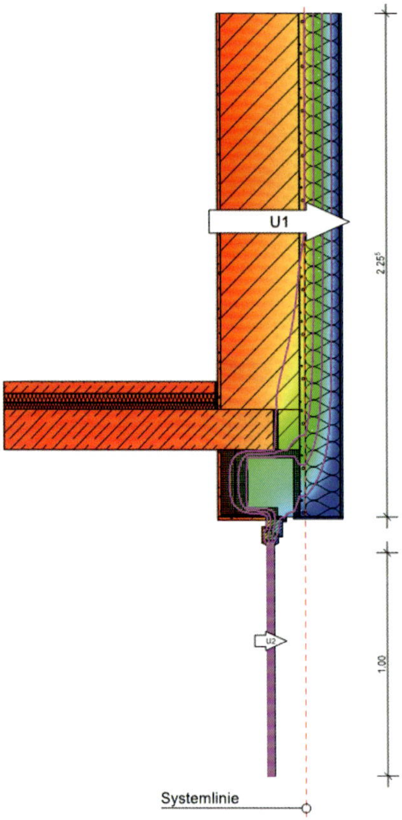

Abb. 10.57: Detail 8.01 – Wärmestrom zur Außenluft über die Systemlinie; dargestellt mit dem Isothermen-Programm ZUB Argos Pro

Tabelle 10.21: Berechnungstabelle für den ψ-Wert des Details 8.01 (Wärmestrom zur Außenluft über die Systemlinie); Berechnung nach DIN 4108 Beiblatt 2 und DIN EN ISO 10211; berechnet mithilfe des Isothermen-Programms ZUB Argos Pro

Psi-Wert		
Te =	-5,0	°C
Ti =	20,0	°C
dT =	25,0 = Ti-Te	K
Q =	40,082	W/m
L2d =	1,603 = Q/dT	W/(mK)
Psi =	**0,22 = L2d-EnEV/GEG = 1,603 - (0,164*1,0*2,196+1,022*1,0*1,0)**	**W/(mK)**
ψ-Wert =	**0,220 W/(m · K)**	

Länge gesamt		**Σ m**	**5,52**
Lage	Länge	Anzahl	gesamt
EG Ost	0,760	1,00	0,76
EG West	2,000	1,00	2,00
EG Süd	2,000	1,00	2,00
EG Nord	0,760	1,00	0,76

Der ψ-Wert für das Detail 8.01 beträgt 0,220 W/(m · K). Die gesamte Länge der Wärmebrücke beläuft sich auf 5,52 m.

Detail 8.02 (Abb. 10.58) – Fenstersturz mit Rollladenkasten (Giebelbereich)

Dieser Anschluss grenzt sowohl an Außenluft als auch an das unbeheizte Dachgeschoss.

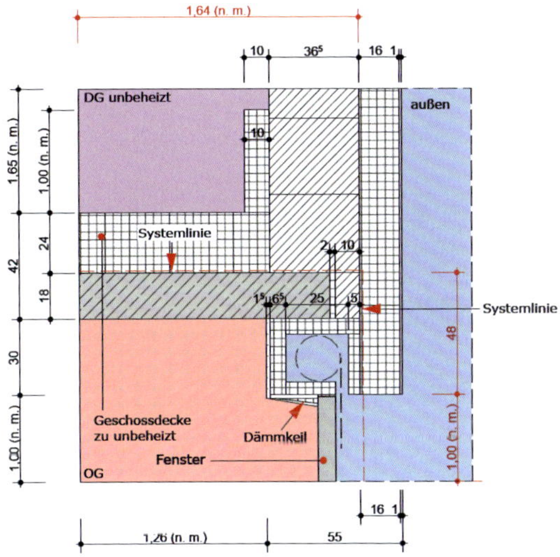

Abb. 10.58: Detail 8.02 – Anschluss Fenstersturz mit Rollladenkasten (Giebelbereich) gegen Außenluft und unbeheiztes Dachgeschoss. Die Abmessungen in roter Schriftfarbe kennzeichnen den Außenmaßbezug; die Systemlinie läuft entlang der Bestandswand (n. m. = nicht maßstäblich).

Berechnung des Wärmestroms zur Außenluft und zum unbeheizten Dachgeschoss

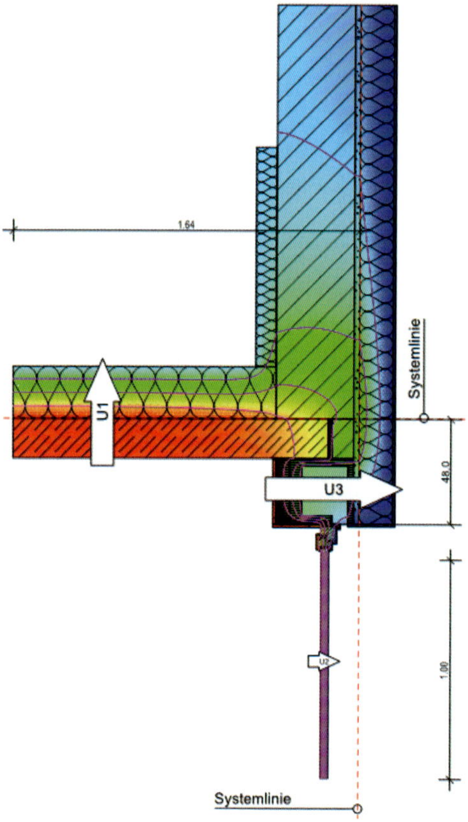

Abb. 10.59: Detail 8.02 – Wärmestrom zur Außenluft und zum unbeheizten Dachgeschoss über die Systemlinie; dargestellt mit dem Isothermen-Programm ZUB Argos Pro

Tabelle 10.22: Berechnungstabelle für den ψ-Wert des Details 8.02 (Wärmestrom zur Außenluft und zum unbeheizten Dachgeschoss über die Systemlinie); Berechnung nach DIN 4108 Beiblatt 2 und DIN EN ISO 10211; berechnet mithilfe des Isothermen-Programms ZUB Argos Pro

Psi-Wert		
Te =	-5,0	°C
Ti =	20,0	°C
dT =	25,0 = Ti-Te	K
Q =	39,293	W/m
L2d =	1,572 = Q/dT	W/(mK)
Psi =	**0,259 = L2d-EnEV/GEG = 1,572 - (0,159*0,8*1,675+1,022*1,0*1,0+0,16*1,0*0,48)**	**W/(mK)**
ψ-Wert =	**0,259 W/(m · K)**	

Länge gesamt		Σ m	4,66
Lage	Länge	Anzahl	gesamt
OG Ost	1,890	1,00	1,89
	0,760	1,00	0,76
OG West	2,010	1,00	2,01

Der ψ-Wert für das Detail 8.02 beträgt 0,259 W/(m · K). Die gesamte Länge der Wärmebrücke beläuft sich auf 4,66 m.

Detail 8.03 (Abb. 10.60) – Fenstersturz mit Rollladenkasten (Traufbereich)

Dieser Anschluss grenzt sowohl an Außenluft als auch an das unbeheizte Dachgeschoss.

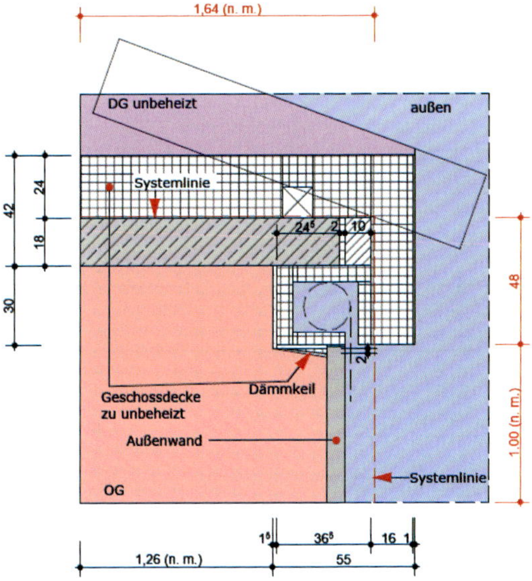

Abb. 10.60: Detail 8.03 – Fenstersturz mit Rollladenkasten (Traufbereich) gegen Außenluft und unbeheiztes Dachgeschoss. Die Abmessungen in roter Schriftfarbe kennzeichnen den Außenmaßbezug; die Systemlinie läuft entlang der Bestandswand (n. m. = nicht maßstäblich).

Berechnung des Wärmestroms zur Außenluft und zum unbeheizten Dachgeschoss

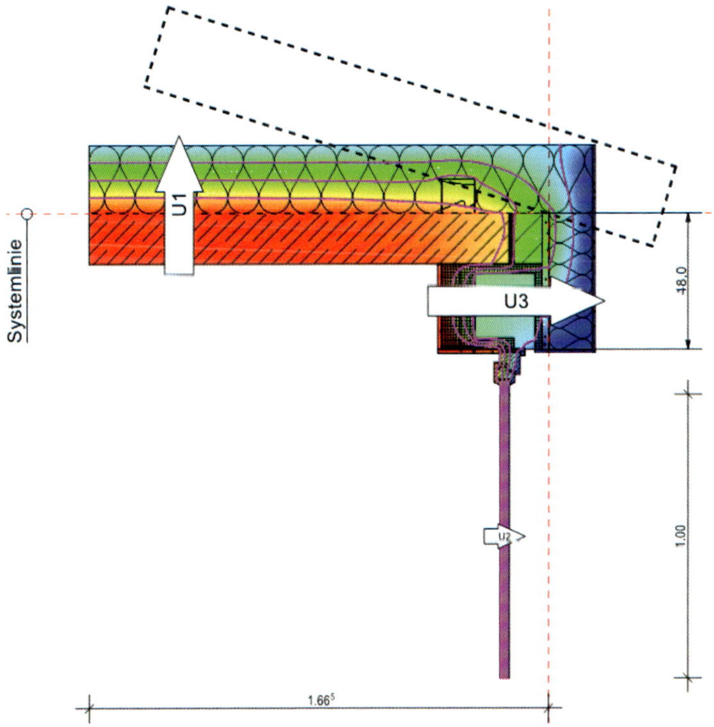

Abb. 10.61: Detail 8.03 – Wärmestrom zur Außenluft und zum unbeheizten Dachgeschoss über die Systemlinie; dargestellt mit dem Isothermen-Programm ZUB Argos Pro

Tabelle 10.23: Berechnungstabelle für den ψ-Wert des Details 8.03 (Wärmestrom zur Außenluft und zum unbeheizten Dachgeschoss über die Systemlinie); Berechnung nach DIN 4108 Beiblatt 2 und DIN EN ISO 10211; berechnet mithilfe des Isothermen-Programms ZUB Argos Pro

Psi-Wert

Te =	-5,0	°C
Ti =	20,0	°C
dT =	25,0 = Ti-Te	K
Q =	37,566	W/m
L2d =	1,503 = Q/dT	W/(mK)
Psi =	**0,192 = L2d-EnEV/GEG = 1,503 - (0,159*0,8*1,665+1,022*1,0*1,0+0,16*1,0*0,48)**	**W/(mK)**

ψ-Wert = 0,192 W/(m · K)

Länge gesamt		**Σ m**	**7,04**
Lage	Länge	Anzahl	gesamt
OG Süd	2,000	2,00	4,00
OG Nord	0,760	4,00	3,04

Der ψ-Wert für das Detail 8.03 beträgt 0,192 W/(m · K). Die gesamte Länge der Wärmebrücke beläuft sich auf 7,04 m.

Detail 8.04 (Abb. 10.62) – Fenstersturz ohne Rollladenkasten an Geschossdecke

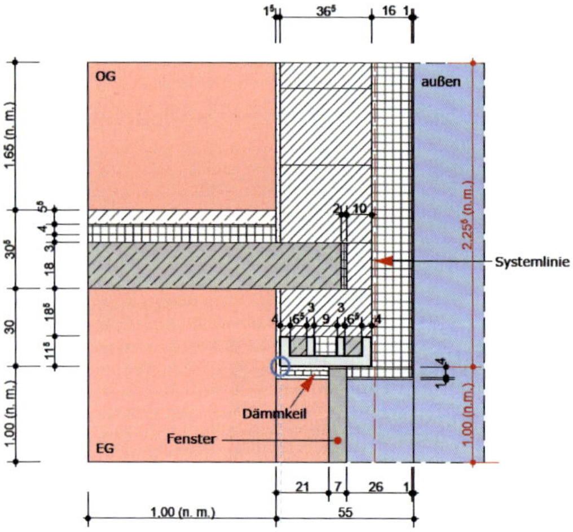

Abb. 10.62: Detail 8.04 – Fenstersturz ohne Rollladenkasten an Geschossdecke. Die Abmessungen in roter Schriftfarbe kennzeichnen den Außenmaßbezug; die Systemlinie läuft entlang der Bestandswand (n. m. = nicht maßstäblich).

Berechnung des Wärmestroms zur Außenluft

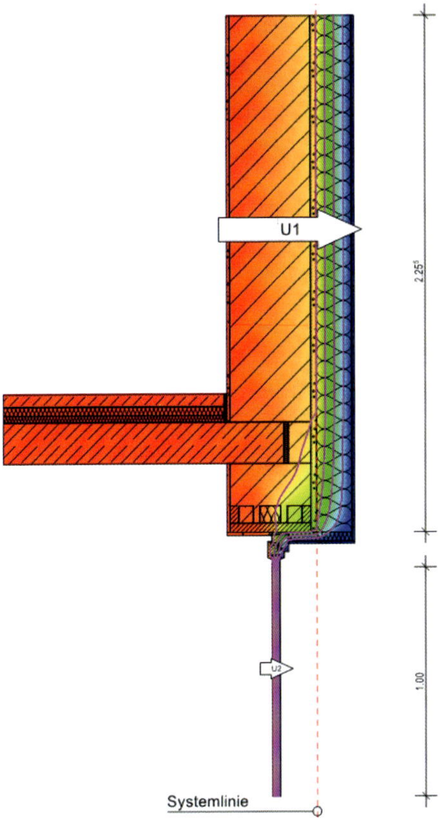

Abb. 10.63: Detail 8.04 – Wärmestrom zur Außenluft über die Systemlinie; dargestellt mit dem Isothermen-Programm ZUB Argos Pro

Tabelle 10.24: Berechnungstabelle für den ψ-Wert des Details 8.04 (Wärmestrom zur Außenluft über die Systemlinie); Berechnung nach DIN 4108 Beiblatt 2 und DIN EN ISO 10211; berechnet mithilfe des Isothermen-Programms ZUB Argos Pro

Psi-Wert		
Te =	-5,0	°C
Ti =	20,0	°C
dT =	25,0 = Ti-Te	K
Q =	34,271	W/m
L2d =	1,371 = Q/dT	W/(mK)
Psi =	**-0,022 = L2d-EnEV/GEG = 1,371 - (0,164*1,0*2,255+1,022*1,0*1,0)**	**W/(mK)**
ψ-Wert =	-0,022 W/(m · K)	

Länge gesamt		Σ m	1,90
Lage	Länge	Anzahl	gesamt
EG Ost	1,900	1,00	1,90

Der ψ-Wert für das Detail 8.04 beträgt –0,022 W/(m · K). Die gesamte Länge der Wärmebrücke beläuft sich auf 1,90 m.

10.1.3.9 Wärmebrückendetails Fenster (seitlicher Anschluss)

Detail 9.01 (Abb. 10.64) – Anschluss Fensterlaibung

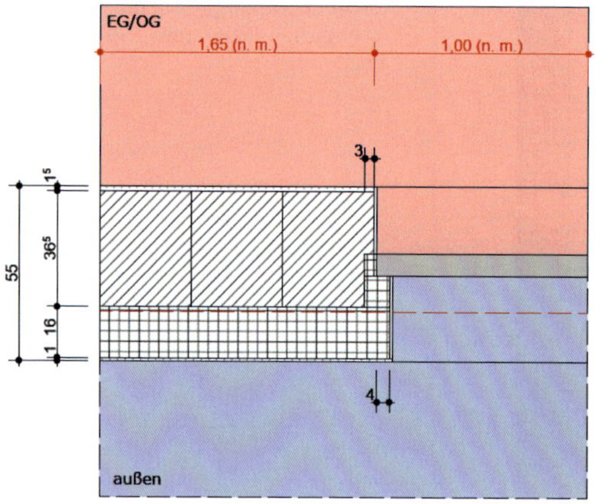

Abb. 10.64: Detail 9.01 – Anschluss Fensterlaibung. Die Abmessungen in roter Schriftfarbe kennzeichnen den Außenmaßbezug; die Systemlinie läuft entlang der Bestandswand (n. m. = nicht maßstäblich).

Berechnung des Wärmestroms zur Außenluft

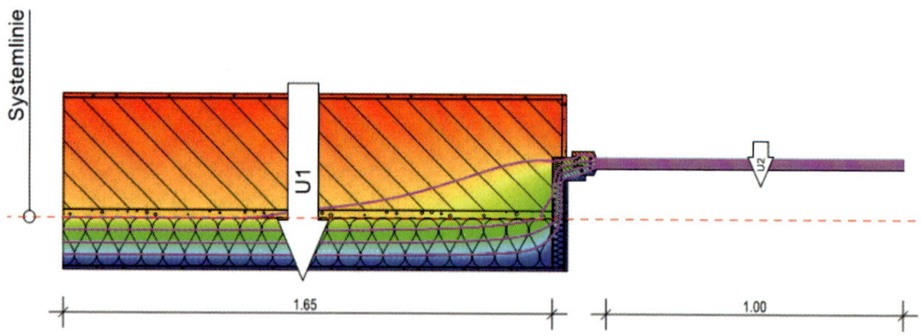

Abb. 10.65: Detail 9.01 – Wärmestrom zur Außenluft über die Systemlinie; dargestellt mit dem Isothermen-Programm ZUB Argos Pro

Tabelle 10.25: Berechnungstabelle für den ψ-Wert des Details 9.01 (Wärmestrom zur Außenluft über die Systemlinie); Berechnung nach DIN 4108 Beiblatt 2 und DIN EN ISO 10211; berechnet mithilfe des Isothermen-Programms ZUB Argos Pro

Psi-Wert		
Te =	-5,0	°C
Ti =	20,0	°C
dT =	25,0 = Ti-Te	K
Q =	34,16	W/m
L2d =	1,366 = Q/dT	W/(mK)
Psi =	**0,056 = L2d-EnEV/GEG = 1,366 - (0,164*1,0*1,65+1,039*1,0*1,0)**	**W/(mK)**
ψ-Wert =	**0,056 W/(m · K)**	

Länge gesamt		**Σ m**	**59,40**
Lage	Länge	Anzahl	gesamt
OG Nord	2,140	2,00	4,28
	0,760	6,00	4,56
EG Nord	2,140	2,00	4,28
	0,760	2,00	1,52
OG Ost	2,140	2,00	4,28
	0,760	2,00	1,52
EG Ost	0,760	4,00	3,04
	2,140	2,00	4,28
OG Süd	2,260	4,00	9,04
EG Süd	2,260	4,00	9,04
OG West	2,260	2,00	4,52
EG West	2,260	4,00	9,04

Der ψ-Wert für das Detail 9.01 beträgt 0,056 W/(m · K). Die gesamte Länge der Wärmebrücke beläuft sich auf 59,40 m.

10.1.4 Berechnung des Wärmebrückenfaktors ΔU_{WB}

Tabelle 10.26 zeigt alle Wärmebrücken des Beispielgebäudes im Überblick; auf Grundlage der Berechnungsergebnisse aus Kapitel 10.1.3 werden hier die Transmissionswärmeverluste $H_{T,WB}$ nach Formel 8.1 berechnet:

$$H_{T,WB} = \sum l_i \cdot \psi_i \cdot F_i \qquad \text{in W/K}$$

Tabelle 10.26: Zusammenstellung der Wärmebrücken mit den Ergebnissen der ψ-Wert-Berechnung aus den Berechnungen gemäß Kapitel 10.1.3

Wärme-brücke	Bezeichnung	Länge in m	ψ-Wert in W/(m · K)	F_x-Wert	Transmissions-wärmeverluste $H_{T,WB}$ nach Formel 8.1 in W/K
1.0	Kellerbodenplatte				
1.01	Anschluss Kelleraußenwand auf Bodenplatte	2,62	0,051	1,0	0,134
1.02	Anschluss Innenwand (24 cm) auf Bodenplatte	10,96	0,044	1,0	0,482
2.0	Kellerwände				
2.01	Anschluss Innenwand (24 cm) an Außenwand	5,12	−0,014	1,0	−0,072
2.02	Innere Außenecke Kellertreppenhaus	5,12	0,000	1,0	0,000
2.03	Kellerinnenwand an Kellerinnenwand	5,12	0,037	1,0	0,189
3.0	Kellerdecke				
3.01	Sockeldetail	20,94	0,054	1,0	1,131
3.02	Sockel, Bereich Treppenhaus	2,62	−0,002	1,0	−0,005
3.03	Kellerdecke, Treppenhaus gegen unbeheizten Kellerraum	9,71	−0,012	1,0	−0,117
3.04	Kellerdecke, Anschluss Kellerinnenwand (unten)	5,39	0,013	1,0	0,070
3.05	Kellerdecke, Anschluss Innenwand (oben)	5,60	0,033	1,0	0,185
3.06	Kellerdecke, Anschluss Innenwand (oben/unten)	5,31	0,059	1,0	0,313
4.0	Außenwände				
4.01	Außenecke Außenwand	22,44	−0,026	1,0	0,583
4.02	Innenwandanschluss an Außenwand	22,44	−0,001	1,0	−0,022
5.0	Geschossdecke				
5.01	Auflager Geschossdecke/Außenwand	33,60	0,004	1,0	0,134
6.0	Oberste Geschossdecke				
6.01	Anschluss Außenwand/Traufe	19,98	0,014	1,0	0,280
6.02	Anschluss oberste Geschossdecke an Giebelwand	16,24	0,098	1,0	1,592
6.03	Anschluss Innenwand an Geschossdecke	22,21	0,000	1,0	0,000

Fortsetzung Tabelle 10.26: Zusammenstellung der Wärmebrücken mit den Ergebnissen der ψ-Wert-Berechnung aus den Berechnungen gemäß Kapitel 10.1.3

Wärme-brücke	Bezeichnung	Länge in m	ψ-Wert in W/(m · K)	F_x-Wert	Transmissions-wärmeverluste $H_{T,WB}$ nach Formel 8.1 in W/K
7.0	Fensteranschluss unten				
7.01	Anschluss auf Kellerdecke	12,66	-0,003	1,0	-0,038
7.02	Anschluss Geschossdecke (oben/unten) mit Rollladenkasten	7,53	0,145	1,0	1,092
7.03	Anschluss Fenster/Brüstung	6,45	0,026	1,0	0,168
8.0	Fensteranschluss oben				
8.01	Fenstersturz mit Rollladenkasten	5,52	0,220	1,0	1,214
8.02	Fenstersturz mit Rollladenkasten/Giebelbereich	4,66	0,259	1,0	1,207
8.03	Fenstersturz mit Rollladenkasten/Traufbereich	7,04	0,192	1,0	1,352
8.04	Fenstersturz ohne Rollladenkasten	1,90	-0,022	1,0	-0,042
9.0	Fensteranschluss Seite				
9.01	Anschluss Fensterlaibung	59,40	0,056	1,0	3,326
		Summe			11,990

Die zusätzlichen Transmissionswärmeverluste über die Wärmebrücken summieren sich für das Beispielgebäude auf insgesamt 11,990 W/K (vgl. Tabelle 10.26).

Berechnung von ΔU_{WB}

Die Hüllfläche des Gebäudes beträgt 400 m². Mit der Division der Transmissionswärmeverluste über die Wärmebrücken durch die Hüllfläche errechnen sich die Wärmebrückenverluste pro m² Hüllfläche:

$$\Delta U_{WB} = 11{,}990 \text{ W/K} : 400 \text{ m}^2 = 0{,}030 \text{ W/(m}^2 \cdot \text{K)}$$

Der tatsächliche spezifische Wärmebrückenfaktor ΔU_{WB} hat – bei einer Rundung auf 3 Nachkommastellen – einen Wert von 0,030 W/(m² · K).

Wesentlich verringert werden können die Wärmeverluste über die Wärmebrücken, wenn die vorhandenen Rollladenkästen mit Dämmung ausgefüllt und neue Rollladen außen auf die Fassade aufgebracht werden. Die Wärmebrückenverluste über die Rollladenkästen betragen fast die Hälfte der berechneten Wärmeverluste über die Wärmebrücken. Durch das Verlegen der Rollladen nach außen kann der Wärmebrückenfaktor ΔU_{WB} auf ca. 0,022 W/(m² · K) gesenkt werden.

Wenn die Systemlinie an die Außenkante des Gebäudes verlegt wird (vgl. den Hinweis am Anfang von Kapitel 10), so wie es das GEG eigentlich vorschreibt, ergibt sich ein höherer Transmissionswärmeverlust (im Buch nicht dargestellt), aber auch ein niedrigerer Wärmebrückenfaktor ΔU_{WB}, sodass der gesamte Transmissionswärmeverlust einschließlich der Wärmebrückenverluste gleich bleibt. Wenn die Systemlinie an die Außenkante verschoben wird, ergibt sich ein ΔU_{WB} von 0,020 W/(m² · K) anstelle des oben berechneten Werts von 0,030 W/(m² · K).

Hinweis: Wenn kein detaillierter Wärmebrückennachweis durchgeführt wird, muss ein Wärmebrückenzuschlag ΔU_{WB} von 0,10 W/(m² · K) angesetzt werden.

10.2 Gleichwertigkeitsnachweis

Nachfolgend wird für das Beispiel aus Kapitel 10.1 ein Gleichwertigkeitsnachweis nach DIN 4108 Beiblatt 2 durchgeführt (vgl. auch Kapitel 6).

Für den Gleichwertigkeitsnachweis muss den einzelnen Details ein konstruktiv ähnliches Bild aus DIN 4108 Beiblatt 2 zugeordnet werden. Anschließend ist zu überprüfen, ob das vorhandene Detail gleichwertig ist. Der Gleichwertigkeitsnachweis wird mit den zulässigen Verfahren nach DIN 4108 Beiblatt 2 durchgeführt (vgl. Kapitel 6.3).

Hinweis: Für den Nachweis der Gleichwertigkeit gemäß DIN 4108 Beiblatt 2 über die ψ-Werte muss die Systemlinie für das Beispiel aus Kapitel 10.1 an die Außenkante der Bauteile verschoben werden, so wie es in DIN 4108 Beiblatt 2, Abschnitt 8, vorgeschrieben wird. Bei den geometrischen Wärmebrücken ergeben sich dann etwas niedrigere ψ-Werte als die in Kapitel 10.1.3 berechneten.
Im Folgenden wird die Berechnung der ψ-Werte für den Gleichwertigkeitsnachweis nicht dargestellt.

10.2.1 Auflistung der nachzuweisenden Details

Da beim Gleichwertigkeitsnachweis nicht alle Details überprüft werden müssen (vgl. Kapitel 6.3.1), sind als Erstes die Details zu definieren, die nach DIN 4108 Beiblatt 2 nachzuweisen sind.

In Tabelle 10.27 sind alle Wärmebrückendetails des Beispielhauses aufgelistet; für jedes Detail wurde definiert, ob es nach DIN 4108 Beiblatt 2 nachzuweisen ist oder vernachlässigt werden darf. In der Praxis ist es ausreichend, wenn nur die Details aufgelistet werden, die auch nachzuweisen sind.

Tabelle 10.27: Auflistung aller Wärmebrückendetails aus Kapitel 10.1 mit Festlegung der Nachweisführung nach DIN 4108 Beiblatt 2

Wärme-brücke	Bezeichnung	nachzuweisen nach DIN 4108 Beiblatt 2	Begründung
1.0	Kellerbodenplatte		
1.01	Anschluss Kelleraußenwand auf Bodenplatte	ja	
1.02	Anschluss Innenwand (24 cm) auf Bodenplatte	ja	
2.0	Kellerwände		
2.01	Anschluss Innenwand (24 cm) an Außenwand	ja	
2.02	Innere Außenecke Kellertreppenhaus	ja	
2.03	Kellerinnenwand an Kellerinnenwand	ja	
3.0	Kellerdecke		
3.01	Sockel	ja	
3.02	Sockel, Bereich Treppenhaus	ja	
3.03	Kellerdecke, Treppenhaus gegen unbeheizten Keller	ja	
3.04	Kellerdecke, Anschluss Kellerinnenwand (unten)	ja	
3.05	Kellerdecke, Anschluss Innenwand (oben)	ja	
3.06	Kellerdecke, Anschluss Innenwand (oben/unten)	ja	
4.0	Außenwände		
4.01	Außenecke Außenwand	nein	Außenecke
4.02	Innenwandanschluss an Außenwand	nein	außen liegende Dämmebene R-Wert > 2,5 $m^2 \cdot K/W$
5.0	Geschossdecke		
5.01	Auflager Geschossdecke/Außenwand	nein	außen liegende Dämmebene R-Wert > 2,5 $m^2 \cdot K/W$
6.0	Oberste Geschossdecke		
6.01	Anschluss Außenwand/Traufe	ja	
6.02	Anschluss oberste Geschossdecke/Giebel	ja	
6.03	Anschluss Innenwand an Geschossdecke	nein	außen liegende Dämmebene R-Wert > 2,5 $m^2 \cdot K/W$
7.0	Fensteranschluss unten		
7.01	Anschluss auf Kellerdecke	ja	
7.02	Anschluss Geschossdecke (oben/unten) mit Rollladenkasten	ja	
7.03	Anschluss Fenster/Brüstung	ja	

Fortsetzung Tabelle 10.27: Auflistung aller Wärmebrückendetails aus Kapitel 10.1 mit Festlegung der Nachweisführung nach DIN 4108 Beiblatt 2

Wärmebrücke	Bezeichnung	nachzuweisen nach DIN 4108 Beiblatt 2	Begründung
8.0	Fensteranschluss oben		
8.01	Fenstersturz mit Rolladenkasten	ja	
8.02	Fenstersturz mit Rollladenkasten/Giebelbereich	ja	
8.03	Fenstersturz mit Rollladenkasten/Traufbereich	ja	
8.04	Fenstersturz ohne Rolladenkasten	ja	
9.0	Fensteranschluss Seite		
9.01	Anschluss Fensterlaibung	ja	

10.2.2 Kennzeichnung der Wärmebrückendetails in den Plänen

Alle Details aus der Tabelle 10.27 sind in den Plänen zu kennzeichnen. An dieser Stelle wird auf die Darstellung der Details verzichtet, da dies schon in Kapitel 10.1.1 erfolgt ist (vgl. Abb. 10.1 bis 10.8); von den in den dort abgebildeten Plänen gekennzeichneten Details dürfen nun diejenigen Details weggelassen werden, für die kein Gleichwertigkeitsnachweis geführt werden muss.

10.2.3 Überprüfung der nachzuweisenden Details

Nachfolgend wird für die in Tabelle 10.27 aufgelisteten Details die Gleichwertigkeit gemäß dem in Kapitel 6 angeführten Verfahren geprüft.

10.2.3.1 Wärmebrückendetails der Kellerbodenplatte

Detail 1.01 – Anschluss Kelleraußenwand auf Bodenplatte (Abb. 10.66)

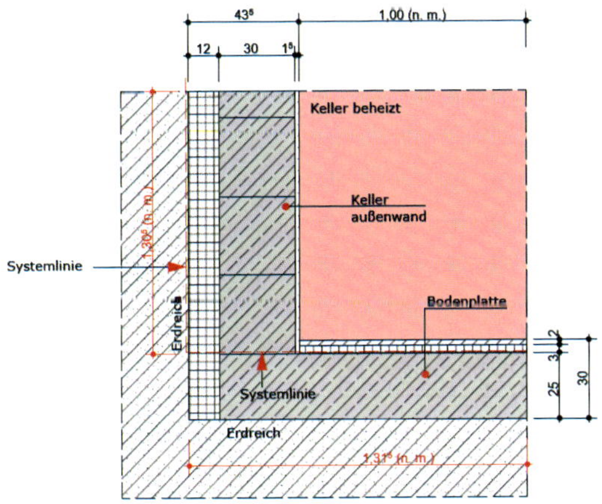

Abb. 10.66: Detail 1.01 aus Kapitel 10.1.3. Die Systemlinie läuft hier entlang der Außenkante Wärmedämmung Außenwand und auf der Bodenplatte (n. m. = nicht maßstäblich).

Das Detail 1.01 entspricht dem Bild 6 (Kategorie A) und dem Bild 7 (Kategorie B) aus DIN 4108 Beiblatt 2.

Tabelle 10.30: Überprüfung von Detail 2.01 (Abb. 10.68) auf Gleichwertigkeit (Gleichwertigkeitsbetrachtung)

Nachweisverfahren	**Vergleich mit DIN 4108 Beiblatt 2**	**Gleichwertigkeit**
konstruktives Grundprinzip: • Wärmedämmung Außenwand $d = 12$ cm Wärmeleitfähigkeit $\lambda = 0{,}037$ W/(m · K) • Wärmedämmung Innenwand $d = 8$ cm Wärmeleitfähigkeit $\lambda = 0{,}033$ W/(m · K)	DIN 4108 Beiblatt 2, Bild 42: • Wärmedämmung Außenwand $d \geq 10$ cm Wärmeleitfähigkeit $\lambda = 0{,}040$ W/(m · K) • Wärmedämmung Innenwand $d \geq 6$ cm Wärmeleitfähigkeit $\lambda = 0{,}035$ W/(m · K)	ja nein ja nein
R-Werte: • Wärmedämmung Außenwand: 0,12 m : 0,037 W/(m · K) $R = 3{,}42$ m² · K/W • Wärmedämmung Innenwand: 0,08 m : 0,033 W/(m · K) $R = 2{,}42$ m² · K/W	DIN 4108 Beiblatt 2, Bild 42: • einzuhaltender R-Wert Außenwand: 0,10 m : 0,040 W/(m · K) $R \geq 2{,}50$ m² · K/W • einzuhaltender R-Wert Innenwand: 0,06 m : 0,035 W/(m · K) $R \geq 1{,}71$ m² · K/W	ja (Kategorie B)
ψ-Wert nach eigener Berechnung:[1)] • $\psi_{2.01} = -0{,}035$ W/(m · K)	DIN 4108 Beiblatt 2, Bild 42: • zulässiger ψ-Wert $\leq 0{,}23$ W/(m · K)	ja (Kategorie B)

1) Aufgrund der verschobenen Systemlinien weichen die berechneten ψ-Werte von denen in Kapitel 10.1.3 ab.

Die Gleichwertigkeit von Detail 2.01 kann nach DIN 4108 Beiblatt 2 über den R-Wert und über den ψ-Wert nachgewiesen werden (vgl. Tabelle 10.30).

Das Detail ist somit gleichwertig nach DIN 4108 Beiblatt 2. Das Detail entspricht der Kategorie B nach Bild 42.

Detail 2.02 – innere Außenecke Kellertreppenhaus (Abb. 10.69)

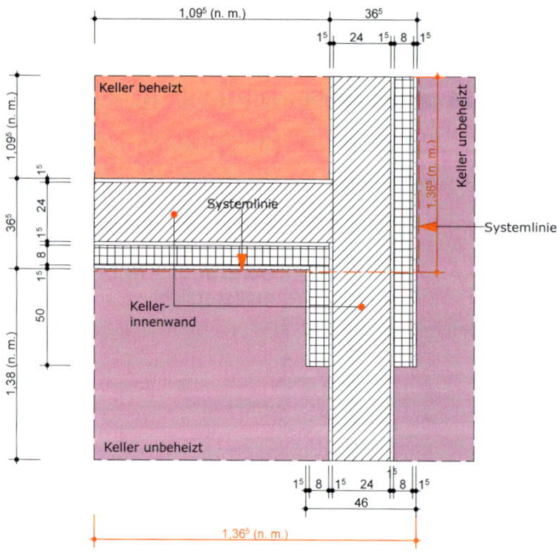

Abb. 10.69: Detail 2.02 aus Kapitel 10.1.3. Die Systemlinie läuft hier entlang der Außenkante Wärmedämmung Treppenhauswand (n. m. = nicht maßstäblich).

Für das Detail 2.02 gibt es kein vergleichbares Detail in DIN 4108 Beiblatt 2. Wenn kein vergleichbares Detail in DIN 4108 Beiblatt 2 vorhanden ist, muss der gesamte zusätzliche Wärmestrom über dieses Detail berechnet und auf den ΔU_{WB} 0,03 bzw. 0,05 W/(m² · K) aufaddiert werden (vgl. Kapitel 6.2.2).

Zu berücksichtigender Wärmestrom $H_{T,WB}$ für das Detail 2.02:

$$H_{T,WB2.02} = \psi_{AW2.02} \cdot l_{WB2.02} \quad \text{in W/K}$$

- $\psi_{AW2.02} = -0{,}033$ W/(m · K) (aus eigener Berechnung)
- $l_{WB2.02} = 5{,}12$ m (aus Tabelle 10.4)

$$H_{T,WB2.02} = -0{,}033 \text{ W/(m} \cdot \text{K)} \cdot 5{,}12 \text{ m}$$
$$H_{T,WB2.02} = -0{,}17 \text{ W/K}$$

Für alle Wärmebrücken, die nicht in DIN 4108 Beiblatt 2 enthalten sind, ist der Wärmestrom $H_{T,WB}$ zu berechnen. Die Summe aller zusätzlich zu berücksichtigenden Wärmeströme ist nach Durchführung des Gleichwertigkeitsnachweises zu berechnen, durch die Hüllfläche zu teilen und auf den angestrebten ΔU_{WB}-Wert aufzuaddieren (vgl. Kapitel 6.2.2, Formel 6.2).

Detail 2.03 – Kellerinnenwand an Kellerinnenwand (Abb. 10.70)

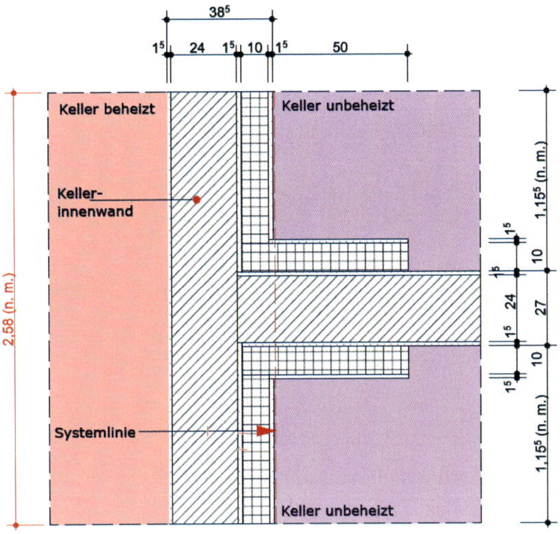

Abb. 10.70: Detail 2.03 aus Kapitel 10.1.3. Die Systemlinie läuft hier entlang der Außenkante Wärmedämmung Kellerwand (n. m. = nicht maßstäblich).

Für das Detail 2.03 gibt es kein vergleichbares Detail in DIN 4108 Beiblatt 2. Wenn kein vergleichbares Detail in DIN 4108 Beiblatt 2 vorhanden ist, muss der gesamte zusätzliche Wärmestrom über dieses Detail berechnet und auf den ΔU_{WB} 0,03 bzw. 0,05 W/(m² · K) aufaddiert werden (vgl. Kapitel 6.2.2).

Zu berücksichtigender Wärmestrom $H_{T,WB}$ für das Detail 2.03:

$$H_{T,WB2.03} = \psi_{AW2.03} \cdot l_{WB2.03} \quad \text{in W/K}$$

- $\psi_{AW2.03} = 0{,}037$ W/(m · K)
- $l_{WB2.03} = 5{,}12$ m (aus Tabelle 10.5)

$$H_{T,WB2.03} = 0{,}037 \text{ W/(m} \cdot \text{K)} \cdot 5{,}12 \text{ m}$$
$$H_{T,WB2.03} = 0{,}19 \text{ W/K}$$

Für alle Wärmebrücken, die nicht in DIN 4108 Beiblatt 2 enthalten sind, ist der Wärmestrom $H_{T,WB}$ zu berechnen. Die Summe aller zusätzlich zu berücksichtigenden Wärmeströme ist nach Durchführung des Gleichwertigkeitsnachweises zu berechnen, durch die Hüllfläche zu teilen und auf den angestrebten ΔU_{WB}-Wert aufzuaddieren (vgl. Kapitel 6.2.2, Formel 6.2).

10.2.3.3 Wärmebrückendetails der Kellerdecke

Detail 3.01 – Sockel (Abb. 10.71)

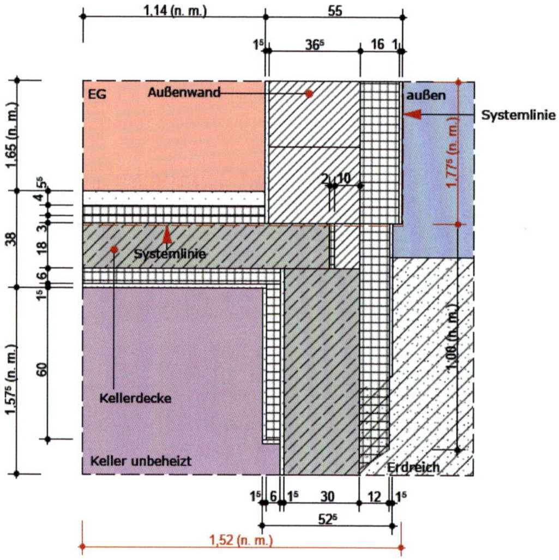

Abb. 10.71: Detail 3.01 aus Kapitel 10.1.3. Die Systemlinie läuft hier entlang der Außenkante Wärmedämmung Außenwand und auf der Kellerdecke (n. m. = nicht maßstäblich).

Das Detail 3.01 entspricht dem Bild 49 (Kategorie A) und dem Bild 50 (Kategorie B) aus DIN 4108 Beiblatt 2.

Tabelle 10.31: Überprüfung von Detail 3.01 (Abb. 10.71) auf Gleichwertigkeit (Gleichwertigkeitsbetrachtung)

Nachweisverfahren	**Vergleich mit DIN 4108 Beiblatt 2**	**Gleichwertigkeit**
konstruktives Grundprinzip: • Wärmedämmung Außenwand $d = 16$ cm Wärmeleitfähigkeit $\lambda = 0{,}033$ W/(m · K) • Wärmedämmung auf der Kellerdecke $d = 7$ cm Wärmeleitfähigkeit $\lambda = 0{,}045$ W/(m · K) • Wärmedämmung unter der Kellerdecke $d = 6$ cm Wärmeleitfähigkeit $\lambda = 0{,}033$ W/(m · K)	DIN 4108 Beiblatt 2, Bild 49: • Wärmedämmung Außenwand $d \geq 10$ cm Wärmeleitfähigkeit $\lambda = 0{,}035$ W/(m · K) • Wärmedämmung auf der Kellerdecke $d \geq 6$ cm Wärmeleitfähigkeit $\lambda = 0{,}035$ W/(m · K) • Wärmedämmung unter der Kellerdecke $d \geq 4$ cm Wärmeleitfähigkeit $\lambda = 0{,}035$ W/(m · K)	ja nein ja nein ja nein
R-Werte: • Wärmedämmung Außenwand: 0,16 m : 0,033 W/(m · K) $R = 4{,}84$ m² · K/W • Wärmedämmung auf der Kellerdecke: 0,07 m : 0,045 W/(m · K) $R = 1{,}55$ m² · K/W • Wärmedämmung unter der Kellerdecke: 0,06 m : 0,033 W/(m · K) $R = 1{,}82$ m² · K/W	DIN 4108 Beiblatt 2, Bild 49: • einzuhaltender R-Wert Außenwand: 0,10 m : 0,035 W/(m · K) $R \geq 2{,}86$ m² · K/W • einzuhaltender R-Wert auf der Kellerdecke: 0,06 m : 0,035 W/(m · K) $R \geq 1{,}71$ m² · K/W • einzuhaltender R-Wert unter der Kellerdecke: 0,04 m : 0,035 W/(m · K) $R \geq 1{,}14$ m² · K/W	ja nein ja
ψ-Wert nach eigener Berechnung:[1)] • $\psi_{3.01} = 0{,}027$ W/(m · K)	DIN 4108 Beiblatt 2, Bild 49: • zulässiger ψ-Wert $\leq 0{,}42$ W/(m · K) DIN 4108 Beiblatt 2, Bild 50: • zulässiger ψ-Wert $\leq 0{,}29$ W/(m · K)	ja (Kategorie A) ja (Kategorie B)

1) Aufgrund der verschobenen Systemlinien weichen die berechneten ψ-Werte von denen in Kapitel 10.1.3 ab.

Die Gleichwertigkeit von Detail 3.01 kann nach DIN 4108 Beiblatt 2 über den ψ-Wert nachgewiesen werden (vgl. Tabelle 10.31).

Das Detail ist somit gleichwertig nach DIN 4108 Beiblatt 2. Das Detail entspricht der Kategorie B nach Bild 50.

Detail 3.02 – Sockel, Bereich Treppenhaus (Abb. 10.72)

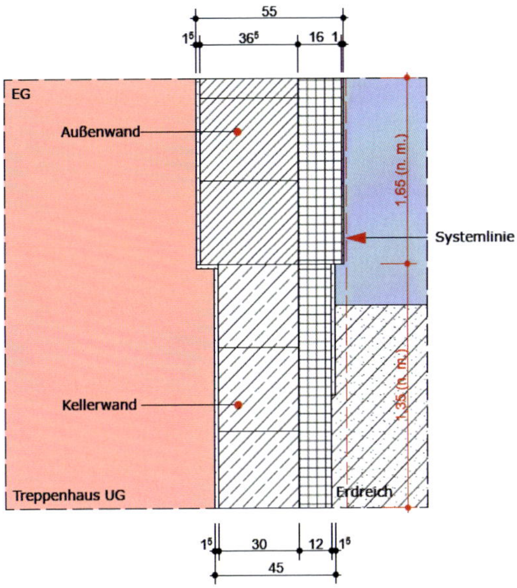

Abb. 10.72: Detail 3.02 aus Kapitel 10.1.3. Die Systemlinie läuft hier entlang der Außenkante Wärmedämmung Außenwand (n. m. = nicht maßstäblich).

Für das Detail 3.02 gibt es kein vergleichbares Detail in DIN 4108 Beiblatt 2. Wenn kein vergleichbares Detail in DIN 4108 Beiblatt 2 vorhanden ist, muss der gesamte zusätzliche Wärmestrom über dieses Detail berechnet und auf den ΔU_{WB} 0,03 bzw. 0,05 W/(m² · K) aufaddiert werden (vgl. Kapitel 6.2.2).

Zu berücksichtigender Wärmestrom $H_{T,WB}$ für das Detail 3.02:

$$H_{T,WB3.02} = \psi_{AW3.02} \cdot l_{WB3.02} \quad \text{in W/K}$$

- $\psi_{AW3.02} = -0{,}002$ W/(m · K)
- $l_{WB3.02} = 2{,}62$ m (aus Tabelle 10.7)

$$H_{T,WB3.02} = -0{,}002 \text{ W/(m} \cdot \text{K)} \cdot 2{,}62 \text{ m}$$
$$H_{T,WB3.02} = -0{,}0052 \text{ W/K}$$

Für alle Wärmebrücken, die nicht in DIN 4108 Beiblatt 2 enthalten sind, ist der Wärmestrom $H_{T,WB}$ zu berechnen. Die Summe aller zusätzlich zu berücksichtigenden Wärmeströme ist nach Durchführung des Gleichwertigkeitsnachweises zu berechnen, durch die Hüllfläche zu teilen und auf den angestrebten ΔU_{WB}-Wert aufzuaddieren (vgl. Kapitel 6.2.2, Formel 6.2).

Detail 3.03 – Kellerdecke, Treppenhaus gegen unbeheizten Keller (Abb. 10.73)

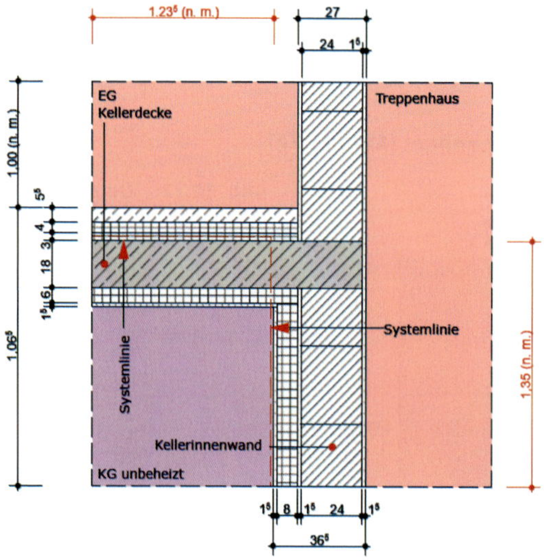

Abb. 10.73: Detail 3.03 aus Kapitel 10.1.3. Die Systemlinie läuft hier entlang der Außenkante Wärmedämmung Kellerwand und auf der Kellerdecke (n. m. = nicht maßstäblich).

Für das Detail 3.03 gibt es kein vergleichbares Detail in DIN 4108 Beiblatt 2. Wenn kein vergleichbares Detail in DIN 4108 Beiblatt 2 vorhanden ist, muss der gesamte zusätzliche Wärmestrom über dieses Detail berechnet und auf den ΔU_{WB} 0,03 bzw. 0,05 W/(m² · K) aufaddiert werden (vgl. Kapitel 6.2.2).

Zu berücksichtigender Wärmestrom $H_{T,WB}$ für das Detail 3.03:

$$H_{T,WB3.03} = \psi_{AW3.03} \cdot l_{WB3.03} \qquad \text{in W/K}$$

- $\psi_{AW3.03}$ = 0,003 W/(m · K) (aus eigener Berechnung)
- $l_{WB3.03}$ = 9,71 m (aus Tabelle 10.8)

$$H_{T,WB3.03} = 0{,}003 \text{ W/(m} \cdot \text{K)} \cdot 9{,}71 \text{ m}$$
$$H_{T,WB3.03} = 0{,}29 \text{ W/K}$$

Für alle Wärmebrücken, die nicht in DIN 4108 Beiblatt 2 enthalten sind, ist der Wärmestrom $H_{T,WB}$ zu berechnen. Die Summe aller zusätzlich zu berücksichtigenden Wärmeströme ist nach Durchführung des Gleichwertigkeitsnachweises zu berechnen, durch die Hüllfläche zu teilen und auf den angestrebten ΔU_{WB}-Wert aufzuaddieren (vgl. Kapitel 6.2.2, Formel 6.2).

Detail 3.04 – Kellerdecke, Anschluss Kellerinnenwand unten (Abb. 10.74)

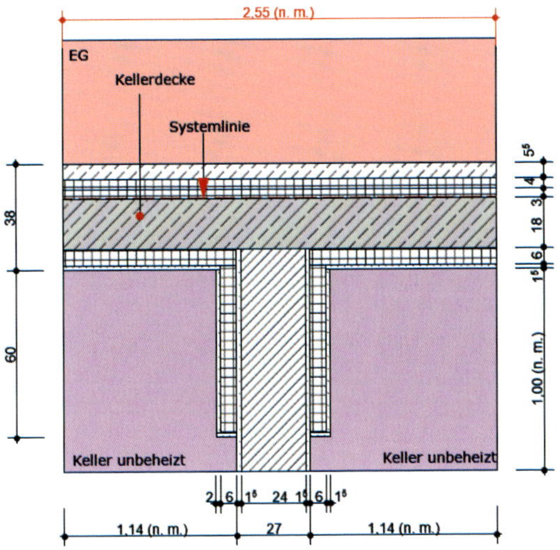

Abb. 10.74: Detail 3.04 aus Kapitel 10.1.3. Die Systemlinie läuft hier auf der Kellerdecke (n. m. = nicht maßstäblich).

Das Detail 3.04 entspricht annähernd dem Bild 106 (Kategorie A) und dem Bild 107 (Kategorie B) aus DIN 4108 Beiblatt 2; obwohl in Bild 106 und in Bild 107 oben und unten eine Wand eingezeichnet ist, dürften die Anforderungen an den zulässigen ψ-Wert aber dennoch die gleichen sein.

Tabelle 10.32: Überprüfung von Detail 3.04 (Abb. 10.74) auf Gleichwertigkeit (Gleichwertigkeitsbetrachtung)

Nachweisverfahren	Vergleich mit DIN 4108 Beiblatt 2	Gleichwertigkeit
konstruktives Grundprinzip: • Wärmedämmung auf Kellerdecke $d = 7$ cm Wärmeleitfähigkeit $\lambda = 0{,}045$ W/(m · K) • Wärmedämmung unter der Kellerdecke $d = 6$ cm Wärmeleitfähigkeit $\lambda = 0{,}033$ W/(m · K)	DIN 4108 Beiblatt 2, Bild 106: • Wärmedämmung auf Kellerdecke $d \geq 6$ cm Wärmeleitfähigkeit $\lambda = 0{,}035$ W/(m · K) • Wärmedämmung unter der Kellerdecke $d \geq 4$ cm Wärmeleitfähigkeit $\lambda = 0{,}035$ W/(m · K)	ja nein ja nein
R-Werte: • Wärmedämmung auf Kellerdecke: 0,07 m : 0,045 W/(m · K) R-Wert Wärmedämmung = 1,55 m² · K/W • Wärmedämmung unter der Kellerdecke: 0,06 m : 0,033 W/(m · K) R-Wert Wärmedämmung = 1,82 m² · K/W	DIN 4108 Beiblatt 2, Bild 106: • einzuhaltender R-Wert auf der Kellerdecke: $R \geq 0{,}06$ m : 0,035 W/(m · K) R-Wert ≥ 1,71 m² · K/W • einzuhaltender R-Wert unter der Kellerdecke: $R \geq 0{,}04$ m : 0,035 W/(m · K) R-Wert ≥ 1,14 m² · K/W	nein ja
ψ-Wert nach eigener Berechnung: • $\psi_{3.04} = 0{,}013$ W/(m · K) über die Kellerdecke	DIN 4108 Beiblatt 2, Bild 106: • zulässiger ψ-Wert ≤ 0,27 W/(m · K) DIN 4108 Beiblatt 2, Bild 107: • zulässiger ψ-Wert ≤ 0,19 W/(m · K)	ja (Kategorie A) ja (Kategorie B)

Die Gleichwertigkeit von Detail 3.04 kann nach DIN 4108 Beiblatt 2 über den ψ-Wert nachgewiesen werden (vgl. Tabelle 10.32).

Das Detail ist somit gleichwertig nach DIN 4108 Beiblatt 2. Das Detail entspricht der Kategorie B nach Bild 107.

Detail 3.05 – Kellerdecke, Anschluss Innenwand oben (Abb. 10.75)

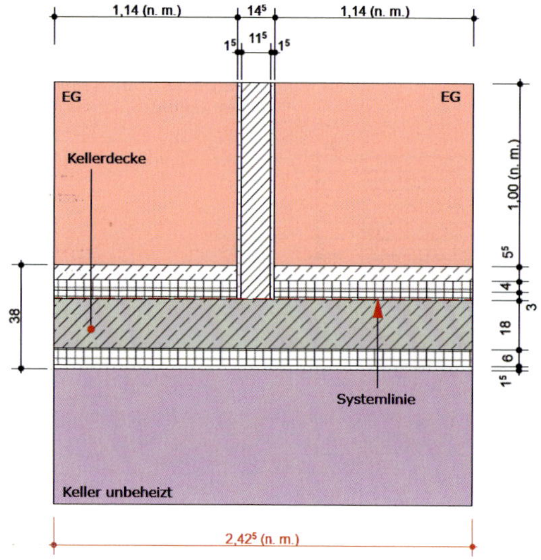

Abb. 10.75: Detail 3.05 aus Kapitel 10.1.3. Die Systemlinie läuft hier auf der Kellerdecke (n. m. = nicht maßstäblich).

Bei einer durchlaufenden, außen liegenden Dämmung kann die Wärmebrücke vernachlässigt werden, wenn der *R*-Wert der außen liegenden Dämmschicht $\geq 2{,}5\ m^2 \cdot K/W$ ist.

Der vorhandene *R*-Wert der Dämmschicht unter der Kellerdecke berechnet sich wie folgt:

$$R = d : \lambda \qquad \text{in } m^2 \cdot K/W$$

- $R = 0{,}06\ m : 0{,}033\ m \cdot K/W$
- $R = 1{,}82\ m^2 \cdot K/W < 2{,}5\ m^2 \cdot K/W$

Das Detail muss also beim Gleichwertigkeitsnachweis berücksichtigt werden.

Das Detail 3.05 entspricht annähernd dem Bild 106 (Kategorie A) und dem Bild 107 (Kategorie B) aus DIN 4108 Beiblatt 2; obwohl in Bild 106 und in Bild 107 oben und unten eine Wand eingezeichnet ist, dürften die Anforderungen an den zulässigen ψ-Wert aber dennoch die gleichen sein.

Tabelle 10.33: Überprüfung von Detail 3.05 (Abb. 10.75) auf Gleichwertigkeit (Gleichwertigkeitsbetrachtung)

Nachweisverfahren	Vergleich mit DIN 4108 Beiblatt 2	Gleichwertigkeit
konstruktives Grundprinzip: • Wärmedämmung auf Kellerdecke $d = 7$ cm Wärmeleitfähigkeit $\lambda = 0{,}045$ W/(m · K) • Wärmedämmung unter der Kellerdecke $d = 6$ cm Wärmeleitfähigkeit $\lambda = 0{,}033$ W/(m · K)	DIN 4108 Beiblatt 2, Bild 106: • Wärmedämmung auf Kellerdecke $d \geq 6$ cm Wärmeleitfähigkeit $\lambda = 0{,}035$ W/(m · K) • Wärmedämmung unter der Kellerdecke $d \geq 4$ cm Wärmeleitfähigkeit $\lambda = 0{,}035$ W/(m · K)	ja nein ja nein
R-Werte: • Wärmedämmung auf Kellerdecke: 0,07 m : 0,045 W/(m · K) *R*-Wert Wärmedämmung = 1,55 m² · K/W • Wärmedämmung unter der Kellerdecke: 0,06 m : 0,033 W/(m · K) *R*-Wert Wärmedämmung = 1,82 m² · K/W	DIN 4108 Beiblatt 2, Bild 106: • einzuhaltender *R*-Wert auf der Kellerdecke: $R \geq 0{,}06$ m : 0,035 W/(m · K) *R*-Wert ≥ 1,71 m² · K/W • einzuhaltender *R*-Wert unter der Kellerdecke: $R \geq 0{,}04$ m : 0,035 W/(m · K) *R*-Wert ≥ 1,14 m² · K/W	nein ja
ψ-Wert nach eigener Berechnung: • $\psi_{3.05} = 0{,}033$ W/(m · K) über die Kellerdecke	DIN 4108 Beiblatt 2, Bild 106: • zulässiger ψ-Wert ≤ 0,27 W/(m · K) DIN 4108 Beiblatt 2, Bild 107: • zulässiger ψ-Wert ≤ 0,19 W/(m · K)	ja (Kategorie A) ja (Kategorie B)

Die Gleichwertigkeit von Detail 3.05 kann nach DIN 4108 Beiblatt 2 über den ψ-Wert nachgewiesen werden (vgl. Tabelle 10.33).

Das Detail ist somit gleichwertig mit DIN 4108 Beiblatt 2. Das Detail entspricht über den ψ-Wert-Vergleich der Kategorie B nach Bild 107.

Detail 3.06 – Kellerdecke, Anschluss Innenwand oben/unten (Abb. 10.76)

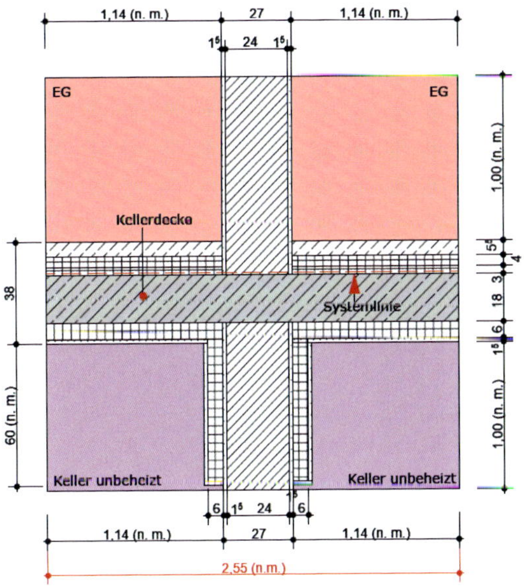

Abb. 10.76: Detail 3.06 aus Kapitel 10.1.3. Die Systemlinie läuft hier auf der Kellerdecke (n. m. = nicht maßstäblich).

Das Detail 3.06 entspricht dem Bild 106 (Kategorie A) und dem Bild 107 (Kategorie B) aus DIN 4108 Beiblatt 2.

Tabelle 10.34: Überprüfung von Detail 3.06 (Abb. 10.76) auf Gleichwertigkeit (Gleichwertigkeitsbetrachtung)

Nachweisverfahren	Vergleich mit DIN 4108 Beiblatt 2	Gleichwertigkeit
konstruktives Grundprinzip: • Wärmedämmung auf Kellerdecke $d = 7$ cm Wärmeleitfähigkeit $\lambda = 0{,}045$ W/(m · K) • Wärmedämmung unter der Kellerdecke $d = 6$ cm Wärmeleitfähigkeit $\lambda = 0{,}033$ W/(m · K)	DIN 4108 Beiblatt 2, Bild 106: • Wärmedämmung auf Kellerdecke $d \geq 6$ cm Wärmeleitfähigkeit $\lambda = 0{,}035$ W/(m · K) • Wärmedämmung unter der Kellerdecke $d \geq 4$ cm Wärmeleitfähigkeit $\lambda = 0{,}035$ W/(m · K)	ja nein ja nein
R-Werte: • Wärmedämmung auf Kellerdecke: 0,07 m : 0,045 W/(m · K) *R*-Wert Wärmedämmung = 1,55 m² · K/W • Wärmedämmung unter der Kellerdecke: 0,06 m : 0,033 W/(m · K) *R*-Wert Wärmedämmung = 1,82 m² · K/W	DIN 4108 Beiblatt 2, Bild 106: • einzuhaltender *R*-Wert auf der Kellerdecke: $R \geq 0{,}06$ m : 0,035 W/(m · K) *R*-Wert ≥ 1,71 m² · K/W • einzuhaltender *R*-Wert unter der Kellerdecke: $R \geq 0{,}04$ m : 0,035 W/(m · K) *R*-Wert ≥ 1,14 m² · K/W	nein ja
ψ-Wert nach eigener Berechnung: • $\psi_{3.06} = 0{,}059$ W/(m · K) über die Kellerdecke	DIN 4108 Beiblatt 2, Bild 106: • zulässiger ψ-Wert ≤ 0,27 W/(m · K) DIN 4108 Beiblatt 2, Bild 107: • zulässiger ψ-Wert ≤ 0,19 W/(m · K)	ja (Kategorie A) ja (Kategorie B)

Die Gleichwertigkeit von Detail 3.06 kann nach DIN 4108 Beiblatt 2 über den ψ-Wert nachgewiesen werden (vgl. Tabelle 10.34).

Das Detail ist somit gleichwertig nach DIN 4108 Beiblatt 2. Das Detail entspricht über den ψ-Wert-Vergleich der Kategorie B nach Bild 107.

10.2.3.4 Wärmebrückendetails der Außenwand

Detail 4.01 – Außenecke Außenwand (Abb. 10.77)

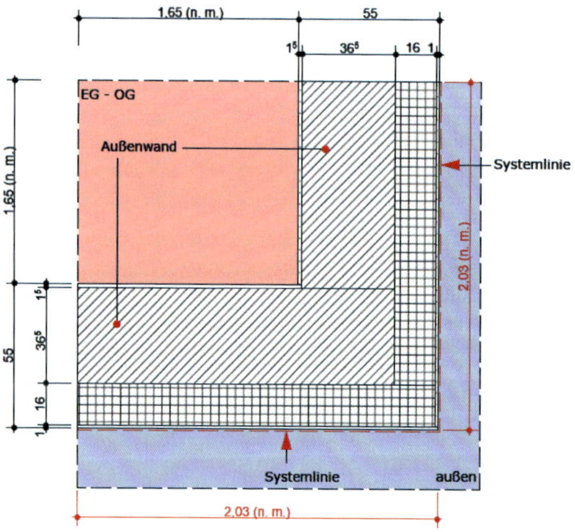

Abb. 10.77: Detail 4.01 aus Kapitel 10.1.3. Die Systemlinie läuft hier entlang der Außenkante Wärmedämmung Außenwand (n. m. = nicht maßstäblich).

Das Detail 4.01 muss gemäß DIN 4108 Beiblatt 2, Abschnitt 5.5, nicht auf Gleichwertigkeit untersucht werden, da es sich hier um eine Außenecke handelt (vgl. auch Kapitel 6.3.1).

Es ist somit kein Gleichwertigkeitsnachweis notwendig.

Detail 4.02 – Innenwandanschluss an Außenwand (Abb. 10.78)

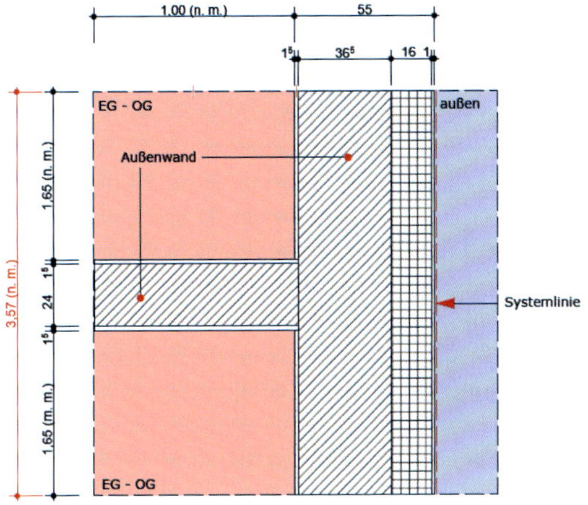

Abb. 10.78: Detail 4.02 aus Kapitel 10.1.3. Die Systemlinie läuft hier entlang der Außenkante Wärmedämmung Außenwand (n. m. = nicht maßstäblich).

Bei einer durchlaufenden, außen liegenden Dämmung kann die Wärmebrücke vernachlässigt werden, wenn der *R*-Wert der außen liegenden Dämmschicht $\geq 2{,}5\ \text{m}^2 \cdot \text{K/W}$ ist.

Der vorhandene *R*-Wert der Dämmschicht an der Außenwand berechnet sich wie folgt:

$$R = d : \lambda \qquad \text{in } \text{m}^2 \cdot \text{K/W}$$

- $R = 0{,}16\ \text{m} : 0{,}033\ \text{m} \cdot \text{K/W}$
- $R = 4{,}85\ \text{m}^2 \cdot \text{K/W} > 2{,}5\ \text{m}^2 \cdot \text{K/W}$

Da der *R*-Wert größer als $2{,}5\ \text{m}^2 \cdot \text{K/W}$ ist, braucht das Detail 4.02 nicht weiter auf Gleichwertigkeit überprüft zu werden.

Es ist somit kein Gleichwertigkeitsnachweis notwendig.

10.2.3.5 Wärmebrückendetails der Geschossdecke

Detail 5.01 – Auflager Geschossdecke/Außenwand (Abb. 10.79)

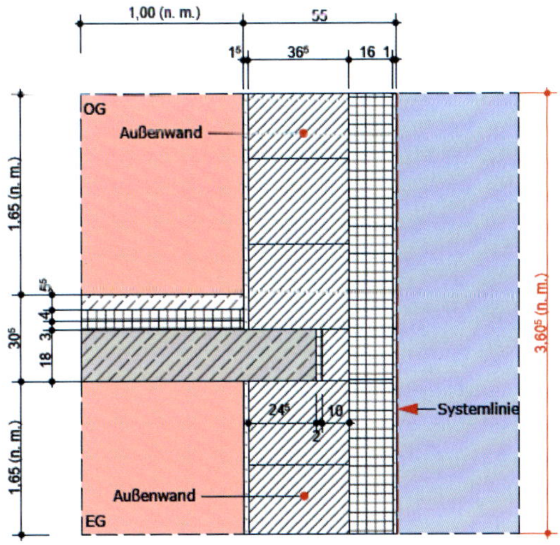

Abb. 10.79: Detail 5.01 aus Kapitel 10.1.3. Die Systemlinie läuft hier entlang der Außenkante Wärmedämmung Außenwand (n. m. = nicht maßstäblich).

Bei einer durchlaufenden, außen liegenden Dämmung kann die Wärmebrücke vernachlässigt werden, wenn der *R*-Wert der außen liegenden Dämmschicht $\geq 2{,}5\ m^2 \cdot K/W$ ist.

Der vorhandene *R*-Wert der Dämmschicht an der Außenwand berechnet sich wie folgt:

$$R = d : \lambda \qquad \text{in } m^2 \cdot K/W$$

- $R = 0{,}16\ m : 0{,}033\ m \cdot K/W$
- $R = 4{,}85\ m^2 \cdot K/W > 2{,}5\ m^2 \cdot K/W$

Da der *R*-Wert größer als $2{,}5\ m^2 \cdot K/W$ ist, braucht das Detail 5.01 nicht weiter auf Gleichwertigkeit überprüft zu werden.

Es ist somit kein Gleichwertigkeitsnachweis notwendig.

10.2.3.6 Wärmebrückendetails der obersten Geschossdecke

Detail 6.01 – Anschluss Außenwand/Traufe (Abb. 10.80)

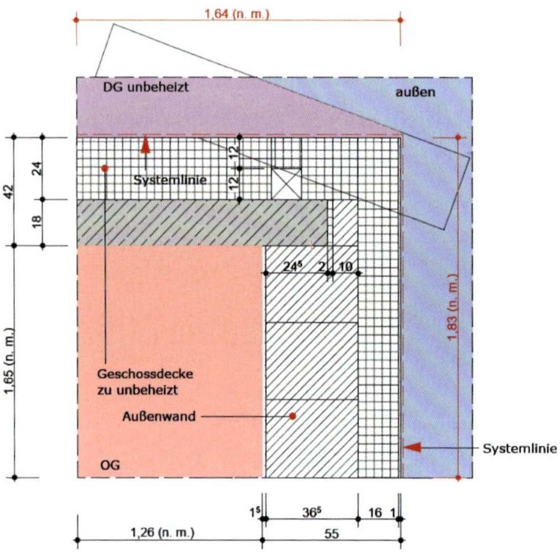

Abb. 10.80: Detail 6.01 aus Kapitel 10.1.3. Die Systemlinie läuft hier entlang der Oberkante Deckendämmung und der Außenkante Wanddämmung Außenwand (n. m. = nicht maßstäblich).

Das Detail 6.01 entspricht dem Bild 355 (Kategorie B) aus DIN 4108 Beiblatt 2.

Tabelle 10.35: Überprüfung von Detail 6.01 (Abb. 10.80) auf Gleichwertigkeit (Gleichwertigkeitsbetrachtung)

Nachweisverfahren	**Vergleich mit DIN 4108 Beiblatt 2**	**Gleichwertigkeit**
konstruktives Grundprinzip: • Wärmedämmung Außenwand $d = 16$ cm Wärmeleitfähigkeit $\lambda = 0{,}033$ W/(m · K) • Wämedämmung oberste Geschossdecke Traufbereich: 0,12 m über Fußpfette gesamt: 0,20 m Wärmeleitfähigkeit $\lambda = 0{,}040$ W/(m · K)	DIN 4108 Beiblatt 2, Bild 355: • Wärmedämmung Außenwand $d \geq 10$ cm Wärmeleitfähigkeit $\lambda = 0{,}035$ W/(m · K) • Wämedämmung oberste Geschossdecke Traufbereich: ≥ 0,05 m über Fußpfette gesamt: ≥ 0,12 m Wärmeleitfähigkeit $\lambda = 0{,}035$ W/(m · K)	 ja nein ja ja nein
R-Werte: • Wärmedämmung Außenwand: 0,16 m : 0,033 W/(m · K) *R*-Wert Wärmedämmung = 4,85 m² · K/W • Wärmedämmung oberste Geschossdecke: Traufbereich: 0,12 m : 0,04 W/(m · K) *R*-Wert Traufbereich = 3,00 m² · K/W gesamt: 0,24 m : 0,04 W/(m · K) *R*-Wert Wärmedämmung gesamt = 6,00 m² · K/W	DIN 4108 Beiblatt 2, Bild 355: • zulässiger *R*-Wert Außenwand: 0,10 m : 0,035 W/(m · K) *R*-Wert ≥ 2,86 m² · K/W • zulässiger *R*-Wert oberste Geschossdecke: Traufbereich: 0,05 m : 0,035 W/(m · K) *R*-Wert Traufbereich ≥ 1,42 m² · K/W gesamt: 0,12 m : 0,035 W/(m · K) *R*-Wert gesamt ≥ 3,42 m² · K/W	ja (Kategorie B)
ψ-Wert nach eigener Berechnung:[1)] • $\psi_{6.01} = -0{,}046$ W/(m · K)	DIN 4108 Beiblatt 2, Bild 355: • zulässiger ψ-Wert ≤ 0,05 W/(m · K)	ja (Kategorie B)

1) Aufgrund der verschobenen Systemlinien weichen die berechneten ψ-Werte von denen in Kapitel 10.1.3 ab.

Die Gleichwertigkeit von Detail 6.01 kann nach DIN 4108 Beiblatt 2 über den *R*-Wert und über den ψ-Wert nachgewiesen werden (vgl. Tabelle 10.35).

Das Detail ist somit gleichwertig nach DIN 4108 Beiblatt 2. Das Detail entspricht über den *R*-Wert-Vergleich und den ψ-Wert-Vergleich der Kategorie B nach Bild 355.

Detail 6.02 – Anschluss oberste Geschossdecke/Giebel (Abb. 10.81)

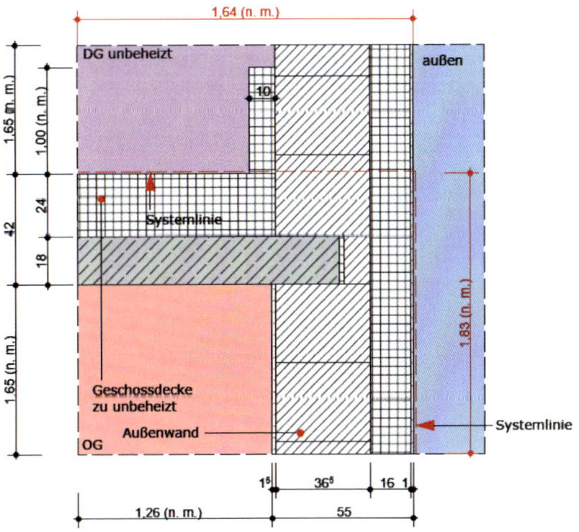

Abb. 10.81: Detail 6.02 aus Kapitel 10.1.3. Die Systemlinie läuft hier entlang der Oberkante Deckendämmung und der Außenkante Wanddämmung Außenwand (n. m. = nicht maßstäblich).

Das Detail 6.02 entspricht dem Bild 301 (Kategorie A) und dem Bild 302 (Kategorie B) aus DIN 4108 Beiblatt 2.

Tabelle 10.36: Überprüfung von Detail 6.02 (Abb. 10.81) auf Gleichwertigkeit (Gleichwertigkeitsbetrachtung)

Nachweisverfahren	Vergleich mit DIN 4108 Beiblatt 2	Gleichwertigkeit
konstruktives Grundprinzip: • Wärmedämmung Außenwand d = 16 cm Wärmeleitfähigkeit λ = 0,033 W/(m · K) • Wärmedämmung Geschossdecke d = 24 cm Wärmeleitfähigkeit λ = 0,04 W/(m · K)	DIN 4108 Beiblatt 2, Bild 301: • Wärmedämmung Außenwand $d \geq$ 10 cm Wärmeleitfähigkeit λ = 0,035 W/(m · K) • Wärmedämmung Geschossdecke $d \geq$ 12 cm Wärmeleitfähigkeit λ = 0,035 W/(m · K)	ja nein ja nein
R-Werte: • Wärmedämmung Außenwand: 0,16 m : 0,033 W/(m · K) R-Wert Wärmedämmung = 4,85 m² · K/W • Wärmedämmung Geschossdecke: 0,24 m : 0,040 W/(m · K) R-Wert Wärmedämmung = 6,0 m² · K/W	DIN 4108 Beiblatt 2, Bild 301: • zulässiger R-Wert Außenwand: 0,10 m : 0,035 W/(m · K) R-Wert ≥ 2,86 m² · K/W • zulässiger R-Wert Geschossdecke: 0,12 m : 0,035 W/(m · K) R-Wert ≥ 3,42 m² · K/W	ja
ψ-Wert nach eigener Berechnung:[1)] • $\psi_{6.02}$ = 0,037 W/(m · K)	DIN 4108 Beiblatt 2, Bild 301: • zulässiger ψ-Wert ≤ 0,35 W/(m · K) DIN 4108 Beiblatt 2, Bild 302: • zulässiger ψ-Wert ≤ 0,17 W/(m · K)	ja (Kategorie A) ja (Kategorie B)

1) Aufgrund der verschobenen Systemlinien weichen die berechneten ψ-Werte von denen in Kapitel 10.1.3 ab.

Die Gleichwertigkeit von Detail 6.02 kann nach DIN 4108 Beiblatt 2 über den R-Wert und über den ψ-Wert nachgewiesen werden (vgl. Tabelle 10.36).

Das Detail ist somit gleichwertig nach DIN 4108 Beiblatt 2. Das Detail entspricht über den ψ-Wert-Wert-Vergleich der Kategorie B nach Bild 302.

Detail 6.03 – Anschluss Innenwand an Geschossdecke (Abb. 10.82)

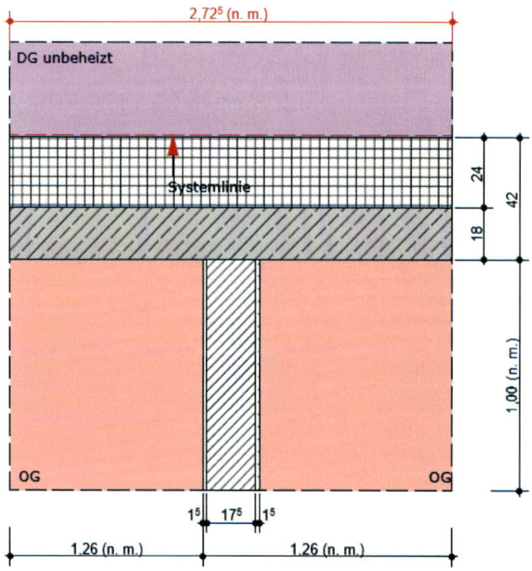

Abb. 10.82: Detail 6.03 aus Kapitel 10.1.3. Die Systemlinie läuft hier entlang der Oberkante Deckendämmung (n. m. = nicht maßstäblich).

Bei einer durchlaufenden, außen liegenden Dämmung kann die Wärmebrücke vernachlässigt werden, wenn der R-Wert der außen liegenden Dämmschicht ≥ 2,5 m² · K/W ist.

Der vorhandene R-Wert der Dämmschicht auf der Geschossdecke berechnet sich wie folgt:

$$R = d : \lambda \qquad \text{in m}^2 \cdot \text{K/W}$$

- $R = 0{,}24\ \text{m} : 0{,}04\ \text{m} \cdot \text{K/W}$
- $R = 6{,}0\ \text{m}^2 \cdot \text{K/W} > 2{,}5\ \text{m}^2 \cdot \text{K/W}$

Da der R-Wert größer als 2,5 m² · K/W ist, braucht das Detail 6.03 nicht weiter auf Gleichwertigkeit überprüft zu werden.

Es ist somit kein Gleichwertigkeitsnachweis notwendig.

10.2.3.7 Wärmebrückendetails Fenster (unterer Anschluss)

Detail 7.01 – Anschluss auf Kellerdecke (Abb. 10.83)

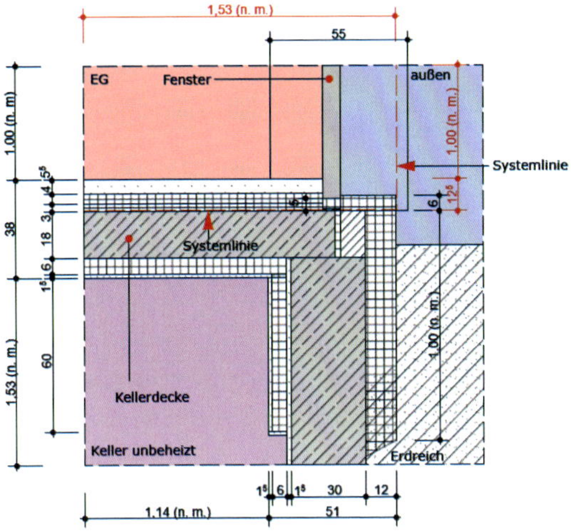

Abb. 10.83: Detail 7.01 aus Kapitel 10.1.3. Die Systemlinie läuft hier entlang der Oberkante Kellerdecke und der Außenkante Wanddämmung Außenwand (n. m. = nicht maßstäblich).

Das Detail 7.01 entspricht Bild 178 (Kategorie B) aus DIN 4108 Beiblatt 2.

Tabelle 10.37: Überprüfung von Detail 7.01 (Abb. 10.83) auf Gleichwertigkeit (Gleichwertigkeitsbetrachtung)

Nachweisverfahren	Vergleich mit DIN 4108 Beiblatt 2	Gleichwertigkeit
konstruktives Grundprinzip: • Wärmedämmung auf der Geschossdecke $d = 7$ cm Wärmeleitfähigkeit $\lambda = 0{,}045$ W/(m · K)	DIN 4108 Beiblatt 2, Bild 178: • Wärmedämmung auf der Geschossdecke $d \geq 6$ cm Wärmeleitfähigkeit $\lambda = 0{,}035$ W/(m · K)	ja nein
R-Werte: • Wärmedämmung auf der Geschossdecke: 0,07 m : 0,045 W/(m · K) R-Wert Wärmedämmung = 1,55 m² · K/W • Wärmedämmung unter der Geschossdecke: 0,06 m : 0,033 W/(m · K) R-Wert Wärmedämmung = 1,81 m² · K/W	DIN 4108 Beiblatt 2, Bild 178: • zulässiger R-Wert auf der Geschossdecke: 0,06 m : 0,035 W/(m · K) R-Wert ≥ 1,71 m² · K/W • zulässiger R-Wert unter der Geschossdecke: 0,04 m : 0,035 W/(m · K) R-Wert ≥ 1,14 m² · K/W	nein ja
ψ-Wert nach eigener Berechnung:[1] • $\psi_{7{,}01} = -0{,}022$ W/(m · K) Fenster detailliert berücksichtigt	DIN 4108 Beiblatt 2, Bild 178: • zulässiger $\psi_{ref,det}$-Wert ≤ −0,02 W/(m · K)	ja (Kategorie B)

1) Aufgrund der verschobenen Systemlinien weichen die berechneten ψ-Werte von denen in Kapitel 10.1.3 ab.

Die Gleichwertigkeit von Detail 7.01 kann nach DIN 4108 Beiblatt 2 über den ψ-Wert nachgewiesen werden (vgl. Tabelle 10.37).

Das Detail ist somit gleichwertig nach DIN 4108 Beiblatt 2. Das Detail entspricht über den ψ-Wert-Vergleich der Kategorie B nach Bild 178.

Detail 7.02 – Anschluss Geschossdecke (oben/unten) mit Rollladenkasten (Abb. 10.84)

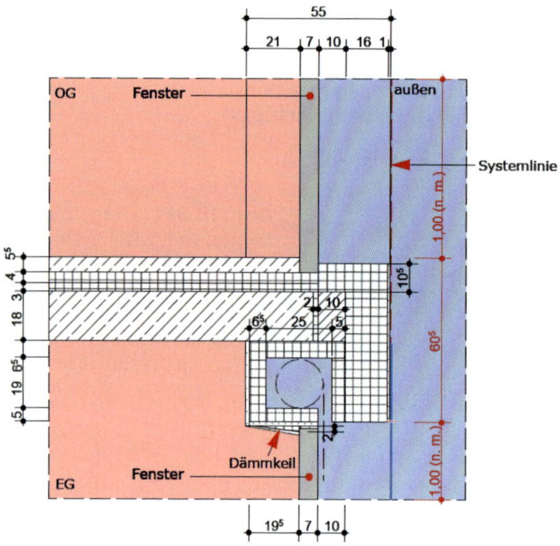

Abb. 10.84: Detail 7.02 aus Kapitel 10.1.3. Die Systemlinie läuft hier entlang der Außenkante Wärmedämmung Außenwand (n. m. = nicht maßstäblich).

Für das Detail 7.02 gibt es kein vergleichbares Detail in DIN 4108 Beiblatt 2. Wenn kein vergleichbares Detail in DIN 4108 Beiblatt 2 vorhanden ist, muss der gesamte zusätzliche Wärmestrom über dieses Detail berechnet und auf den ΔU_{WB} 0,03 bzw. 0,05 W/(m² · K) aufaddiert werden (vgl. Kapitel 6.2.2).

Zu berücksichtigender Wärmestrom $H_{T,WB}$ für das Detail 7.02:

$$H_{T,WB7.02} = \psi_{AW7.02} \cdot l_{WB7.02} \quad \text{in W/K}$$

- $\psi_{AW7.02} = 0{,}145$ W/(m · K)
- $l_{WB7.02} = 7{,}53$ m (aus Tabelle 10.19)

$$H_{T,WB7.02} = 0{,}145 \text{ W/(m} \cdot \text{K)} \cdot 7{,}53 \text{ m}$$
$$H_{T,WB7.02} = 1{,}092 \text{ W/K}$$

Für alle Wärmebrücken, die nicht in DIN 4108 Beiblatt 2 enthalten sind, ist der Wärmestrom $H_{T,WB}$ zu berechnen. Die Summe aller zusätzlich zu berücksichtigenden Wärmeströme ist nach Durchführung des Gleichwertigkeitsnachweises zu berechnen, durch die Hüllfläche zu teilen und auf den angestrebten ΔU_{WB}-Wert aufzuaddieren (vgl. Kapitel 6.2.2, Formel 6.2).

Detail 7.03 – Anschluss Fenster/Brüstung (Abb. 10.85)

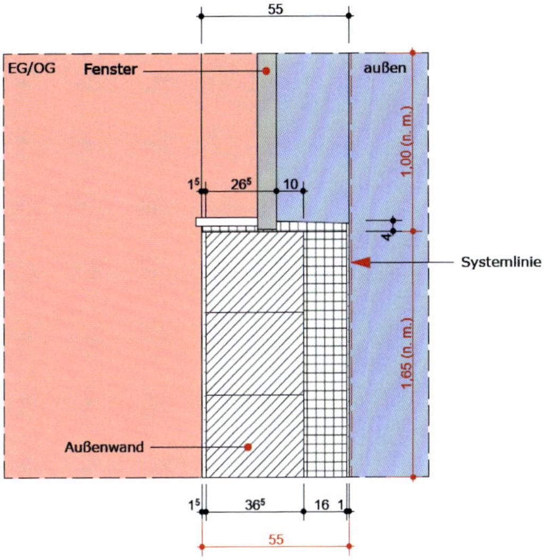

Abb. 10.85: Detail 7.03 aus Kapitel 10.1.3. Die Systemlinie läuft hier entlang der Außenkante Wanddämmung Außenwand (n. m. = nicht maßstäblich).

Das Detail 7.03 entspricht dem Bild 220 (Kategorie A) und dem Bild 221 (Kategorie B) aus DIN 4108 Beiblatt 2.

Tabelle 10.38: Überprüfung von Detail 7.03 (Abb. 10.85) auf Gleichwertigkeit (Gleichwertigkeitsbetrachtung)

Nachweisverfahren	**Vergleich mit DIN 4108 Beiblatt 2**	**Gleichwertigkeit**
konstruktives Grundprinzip: • Wärmedämmung Außenwand $d = 16$ cm Wärmeleitfähigkeit $\lambda = 0{,}033$ W/(m · K)	DIN 4108 Beiblatt 2, Bild 220: • Wärmedämmung Außenwand $d \geq 10$ cm Wärmeleitfähigkeit $\lambda = 0{,}035$ W/(m · K)	ja nein
R-Werte: • Wärmedämmung Außenwand: 0,16 m : 0,033 W/(m · K) *R*-Wert Wärmedämmung = 4,85 m² · K/W	DIN 4108 Beiblatt 2, Bild 220: • einzuhaltender *R*-Wert: 0,10 m : 0,035 W/(m · K) *R*-Wert ≥ 2,86 m² · K/W	ja
ψ-Wert nach eigener Berechnung: • $\psi_{7.03} = 0{,}026$ W/(m · K) Fenster detailliert berücksichtigt	DIN 4108 Beiblatt 2, Bild 220: • zulässiger $\psi_{ref,det}$-Wert ≤ 0,25 W/(m · K) DIN 4108 Beiblatt 2, Bild 221: • zulässiger $\psi_{ref,det}$-Wert ≤ 0,10 W/(m · K)	ja (Kategorie A) ja (Kategorie B)

Die Gleichwertigkeit von Detail 7.03 kann nach DIN 4108 Beiblatt 2 über den *R*-Wert und über den ψ-Wert nachgewiesen werden (vgl. Tabelle 10.38).

Das Detail ist somit gleichwertig nach DIN 4108 Beiblatt 2. Das Detail entspricht über den ψ-Wert-Vergleich der Kategorie B nach Bild 221.

10.2.3.8 Wärmebrückendetails Fenster (oberer Anschluss)

Detail 8.01 – Fenstersturz mit Rollladenkasten (Abb. 10.86)

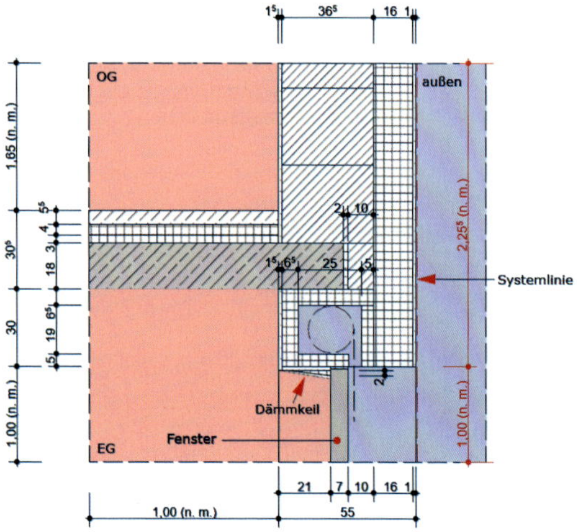

Abb. 10.86: Detail 8.01 aus Kapitel 10.1.3. Die Systemlinie läuft hier entlang der Außenkante Wanddämmung Außenwand (n. m. = nicht maßstäblich).

Das Detail 8.01 entspricht Bild 253 (Kategorie B) aus DIN 4108 Beiblatt 2.

Tabelle 10.39: Überprüfung von Detail 8.01 (Abb. 10.86) auf Gleichwertigkeit (Gleichwertigkeitsbetrachtung)

Nachweisverfahren	**Vergleich mit DIN 4108 Beiblatt 2**	**Gleichwertigkeit**
konstruktives Grundprinzip: • Wärmedämmung Außenwand $d = 16$ cm Wärmeleitfähigkeit $\lambda = 0{,}033$ W/(m · K)	DIN 4108 Beiblatt 2, Bild 253: • Wärmedämmung Außenwand $d \geq 10$ cm Wärmeleitfähigkeit $\lambda = 0{,}035$ W/(m · K)	ja nein
R-Werte: • Wärmedämmung Außenwand: 0,16 m : 0,033 W/(m · K) *R*-Wert Wärmedämmung = 4,85 m² · K/W	DIN 4108 Beiblatt 2, Bild 253: • einzuhaltender *R*-Wert: 0,10 m : 0,035 W/(m · K) *R*-Wert ≥ 2,86 m² · K/W	ja (Kategorie B)
ψ-Wert nach eigener Berechnung: • $\psi_{8.01} = 0{,}22$ W/(m · K) Fenster detailliert berücksichtigt	DIN 4108 Beiblatt 2, Bild 253: • zulässiger $\psi_{ref,det}$-Wert ≤ 0,23 W/(m · K)	ja (Kategorie B)

Die Gleichwertigkeit von Detail 8.01 kann nach DIN 4108 Beiblatt 2 über den *R*-Wert und über den ψ-Wert nachgewiesen werden (vgl. Tabelle 10.39).

Das Detail ist somit gleichwertig nach DIN 4108 Beiblatt 2. Das Detail entspricht über den *R*-Wert-Vergleich und den ψ-Wert-Vergleich der Kategorie B nach Bild 253.

Detail 8.02 – Fenstersturz mit Rollladenkasten, Giebelbereich (Abb. 10.87)

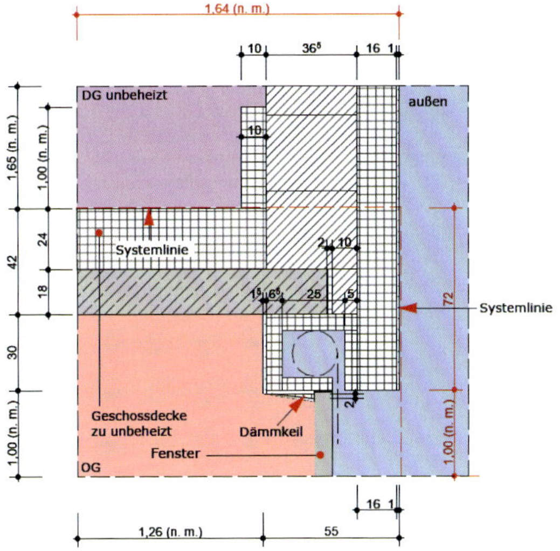

Abb. 10.87: Detail 8.02 aus Kapitel 10.1.3. Die Systemlinie läuft hier entlang der Außenkante Wärmedämmung Außenwand und auf der Wärmedämmung Geschossdecke (n. m. = nicht maßstäblich).

Für das Detail 8.02 gibt es kein vergleichbares Detail in DIN 4108 Beiblatt 2. Wenn kein vergleichbares Detail in DIN 4108 Beiblatt 2 vorhanden ist, muss der gesamte zusätzliche Wärmestrom über dieses Detail berechnet und auf den ΔU_{WB} 0,03 bzw. 0,05 W/(m² · K) aufaddiert werden (vgl. Kapitel 6.2.2).

Zu berücksichtigender Wärmestrom $H_{T,WB}$ für das Detail 8.02:

$$H_{T,WB8.02} = \psi_{AW8.02} \cdot l_{WB8.02} \quad \text{in W/K}$$

- $\psi_{AW8.02} = 0{,}204$ W/(m · K) (aus eigener Berechnung)
- $l_{WB8.02} = 4{,}66$ m (aus Tabelle 10.22)

$$H_{T,WB8.02} = 0{,}204 \text{ W/(m} \cdot \text{K)} \cdot 4{,}66 \text{ m}$$
$$H_{T,WB8.02} = 0{,}95 \text{ W/K}$$

Für alle Wärmebrücken, die nicht in DIN 4108 Beiblatt 2 enthalten sind, ist der Wärmestrom $H_{T,WB}$ zu berechnen. Die Summe aller zusätzlich zu berücksichtigenden Wärmeströme ist nach Durchführung des Gleichwertigkeitsnachweises zu berechnen, durch die Hüllfläche zu teilen und auf den angestrebten ΔU_{WB}-Wert aufzuaddieren (vgl. Kapitel 6.2.2, Formel 6.2).

Detail 8.03 – Fenstersturz mit Rollladenkasten, Traufbereich (Abb. 10.88)

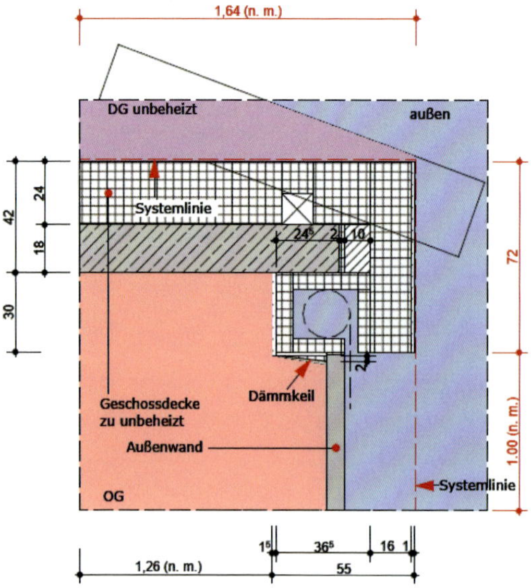

Abb. 10.88: Detail 8.03 aus Kapitel 10.1.3. Die Systemlinie läuft hier entlang der Außenkante Wärmedämmung Außenwand und auf der Wärmedämmung Geschossdecke (n. m. = nicht maßstäblich).

Dieses Detail ist so nicht in DIN 4108 Beiblatt 2 abgebildet. Alternativ kann das Detail 273 (Kategorie B) aus DIN 4108 Beiblatt 2 verwendet werden. In Detail 273 aus DIN 4108 Beiblatt 2 grenzt die Geschossdecke an Außenluft, was einen ungünstigeren Fall darstellt.

Hinweis: Diese Vorgehensweise entspricht der Auffassung der Autoren.

Tabelle 10.40: Überprüfung von Detail 8.03 (Abb. 10.88) auf Gleichwertigkeit (Gleichwertigkeitsbetrachtung)

Nachweisverfahren	Vergleich mit DIN 4108 Beiblatt 2	Gleichwertigkeit
konstruktives Grundprinzip: • Wärmedämmung Außenwand $d = 16$ cm Wärmeleitfähigkeit $\lambda = 0{,}033$ W/(m · K) • Wärmedämmung Geschossdecke $d = 24$ cm Wärmeleitfähigkeit $\lambda = 0{,}040$ W/(m · K)	DIN 4108 Beiblatt 2, Bild 273: • Wärmedämmung Außenwand $d \geq 10$ cm Wärmeleitfähigkeit $\lambda = 0{,}035$ W/(m · K) • Wärmedämmung Geschossdecke $d \geq 14$ cm Wärmeleitfähigkeit $\lambda = 0{,}035$ W/(m · K)	ja nein ja nein
R-Werte: • Wärmedämmung Außenwand: 0,16 m : 0,033 W/(m · K) *R*-Wert Wärmedämmung = 4,85 m² · K/W • Wärmedämmung Geschossdecke: 0,24 m : 0,040 W/(m · K) *R*-Wert Wärmedämmung = 6 m² · K/W	DIN 4108 Beiblatt 2, Bild 273: • einzuhaltender *R*-Wert Außenwand: 0,10 m : 0,035 W/(m · K) *R*-Wert ≥ 2,86 m² · K/W • einzuhaltender *R*-Wert Geschossdecke: 0,14 m : 0,035 W/(m · K) *R*-Wert ≥ 4 m² · K/W	ja (Kategorie B)
ψ-Wert nach eigener Berechnung:[1)] • $\psi_{8.03} = 0{,}133$ W/(m · K) Fenster detailliert berücksichtigt	DIN 4108 Beiblatt 2, Bild 273: • zulässiger $\psi_{ref,det}$-Wert ≤ 0,33 W/(m · K)	ja (Kategorie B)

1) Aufgrund der verschobenen Systemlinien weichen die berechneten ψ-Werte von denen in Kapitel 10.1.3 ab.

Die Gleichwertigkeit von Detail 8.03 kann nach DIN 4108 Beiblatt 2 über den *R*-Wert und über den ψ-Wert nachgewiesen werden (vgl. Tabelle 10.40).

Das Detail ist somit gleichwertig nach DIN 4108 Beilblatt 2. Das Detail entspricht über den *R*-Wert-Vergleich und den ψ-Wert-Vergleich der Kategorie B nach Bild 273.

Detail 8.04 – Fenstersturz ohne Rollladenkasten an Geschossdecke (Abb. 10.89)

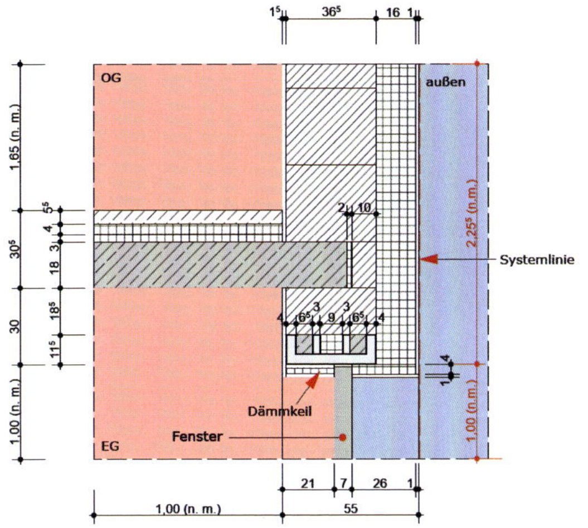

Abb. 10.89: Detail 8.04 aus Kapitel 10.1.3. Die Systemlinie läuft hier entlang der Außenkante Wanddämmung Außenwand (n. m. = nicht maßstäblich).

Das Detail 8.04 entspricht dem Bild 235 (Kategorie A) und dem Bild 236 (Kategorie B) aus DIN 4108 Beiblatt 2.

Tabelle 10.41: Überprüfung von Detail 8.04 (Abb. 10.89) auf Gleichwertigkeit (Gleichwertigkeitsbetrachtung)

Nachweisverfahren	Vergleich mit DIN 4108 Beiblatt 2	Gleichwertigkeit
konstruktives Grundprinzip: • Wärmedämmung Außenwand $d = 16$ cm Wärmeleitfähigkeit $\lambda = 0{,}033$ W/(m · K)	DIN 4108 Beiblatt 2, Bild 235: • Wärmedämmung Außenwand $d \geq 10$ cm Wärmeleitfähigkeit $\lambda = 0{,}035$ W/(m · K)	ja nein
R-Werte: • Wärmedämmung Außenwand: 0,16 m : 0,033 W/(m · K) *R*-Wert Wärmedämmung = 4,85 m² · K/W	DIN 4108 Beiblatt 2, Bild 235: • einzuhaltender *R*-Wert Außenwand: 10 m : 0,035 W/(m · K) *R*-Wert ≥ 2,86 m² · K/W	ja
ψ-Wert nach eigener Berechnung: • $\psi_{8.04} = -0{,}022$ W/(m · K) Fenster detailliert berücksichtigt	DIN 4108 Beiblatt 2, Bild 235: • zulässiger $\psi_{ref,det}$-Wert ≤ 0,18 W/(m · K) DIN 4108 Beiblatt 2, Bild 236: • zulässiger $\psi_{ref,det}$-Wert ≤ 0,10 W/(m · K)	ja (Kategorie A) ja (Kategorie B)

Die Gleichwertigkeit von Detail 8.04 kann nach DIN 4108 Beiblatt 2 über den *R*-Wert und über den ψ-Wert nachgewiesen werden (vgl. Tabelle 10.41).

Das Detail ist somit gleichwertig nach DIN 4108 Beilblatt 2. Das Detail entspricht über den ψ-Wert-Vergleich der Kategorie B nach Bild 236.

10.2.3.9 Wärmebrückendetails Fenster (seitlicher Anschluss)

Detail 9.01 – Anschluss Fensterlaibung (Abb. 10.90)

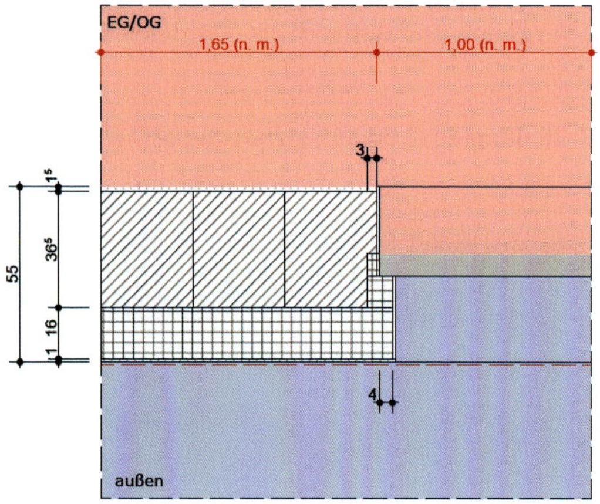

Abb. 10.90: Detail 9.01 aus Kapitel 10.1.3. Die Systemlinie läuft hier entlang der Außenkante Wanddämmung Außenwand (n. m. = nicht maßstäblich).

Das Detail 9.01 entspricht dem Bild 226 (Kategorie A) und dem Bild 227 (Kategorie B) aus DIN 4108 Beiblatt 2.

Tabelle 10.42: Überprüfung von Detail 9.01 (Abb. 10.90) auf Gleichwertigkeit (Gleichwertigkeitsbetrachtung)

Nachweisverfahren	Vergleich mit DIN 4108 Beiblatt 2	Gleichwertigkeit
konstruktives Grundprinzip: • Wärmedämmung Außenwand $d = 16$ cm Wärmeleitfähigkeit $\lambda = 0{,}033$ W/(m · K)	DIN 4108 Beiblatt 2, Bild 226: • Wärmedämmung Außenwand $d \geq 10$ cm Wärmeleitfähigkeit $\lambda = 0{,}035$ W/(m · K)	ja nein
R-Werte: • Wärmedämmung Außenwand: 0,16 m : 0,033 W/(m · K) *R*-Wert Wärmedämmung = 4,85 m² · K/W	DIN 4108 Beiblatt 2, Bild 226: • einzuhaltender *R*-Wert Außenwand: 0,10 m : 0,035 W/(m · K) *R*-Wert ≥ 2,86 m² · K/W	ja
ψ-Wert nach eigener Berechnung: • $\psi_{9.01} = 0{,}056$ W/(m · K) Fenster detailliert berücksichtigt	DIN 4108 Beiblatt 2, Bild 226: • zulässiger $\psi_{ref,det}$-Wert ≤ 0,18 W/(m · K) DIN 4108 Beiblatt 2, Bild 227: • zulässiger $\psi_{ref,det}$-Wert ≤ 0,07 W/(m · K)	ja (Kategorie A) ja (Kategorie B)

Die Gleichwertigkeit von Detail 9.01 kann nach DIN 4108 Beiblatt 2 über den *R*-Wert und über den ψ-Wert nachgewiesen werden (vgl. Tabelle 10.42).

Das Detail ist somit gleichwertig nach DIN 4108 Beiblatt 2. Das Detail entspricht über den ψ-Wert-Vergleich der Kategorie B nach Bild 227.

10.2.4 Gleichwertigkeitsnachweis nach DIN 4108 Beiblatt 2, Anhang A (Formblatt)

In Tabelle 10.43 sind alle Details mit dem Ergebnis des Gleichwertigkeitsnachweises in Anlehnung an das Formblatt aus DIN 4108 Beiblatt 2, Anhang A, zusammengestellt.

Tabelle 10.43: Zusammenstellung der Details für den Gleichwertigkeitsnachweis in Anlehnung an das Formblatt aus DIN 4108 Beiblatt 2, Anhang A

relevante Wärmebrücken für den Gleichwertigkeitsnachweis		Numer des Vergleichsbeispiels aus DIN 4108 Beiblatt 2	Nachweis der Gleichwertigkeit nach Verfahren					zusätzlich zu berücksichtigender Wärmestrom $H_{T,WB}$ in W/K
			1 konstruktives Grundprinzip DIN 4108 Beiblatt 2	2 Wärmedurchlasswiderstand	3 ψ-Wert nach eigener Berechnung in W/(m · K)	4 ψ-Wert aus Veröffentlichung	5 Kategorie A oder Kategorie B	
1.0	Kellerbodenplatte							
1.01	Anschluss Kelleraußenwand auf Bodenplatte	6 und 7	nein	nein	ja		B	
1.02	Anschluss Innenwand (24 cm) auf Bodenplatte	93 und 94	nein	nein	ja		B	
2.0	Kellerwände							
2.01	Anschluss Innenwand (24 cm) an Außenwand	42	nein	ja	ja		B	
2.02	Innere Außendecke Kellertreppenhaus	nicht enthalten						−0,17
2.03	Kellerinnenwand an Kellerinnenwand	nicht enthalten						0,19
3.0	Kellerdecke							
3.01	Sockel	49 und 50	nein	nein	ja		B	
3.02	Sockel, Bereich Treppenhaus	nicht enthalten						−0,01
3.03	Kellerdecke, Treppenhaus gegen unbeheizten Keller	nicht enthalten						0,29
3.04	Kellerdecke, Anschluss Kellerinnenwand (unten)	106 und 107	nein	nein	ja		B	
3.05	Kellerdecke, Anschluss Innenwand (oben)	106 und 107	nein	nein	ja		B	
3.06	Kellerdecke, Anschluss Innenwand (oben/unten)	106 und 107	nein	nein	ja		B	
6.0	Oberste Geschossdecke							
6.01	Anschluss Außenwand/Traufe	355	nein	ja	ja		B	
6.02	Anschluss Außenwand/Giebel	301 und 302	nein	ja	ja		B	

Fortsetzung von Tabelle 10.43: Zusammenstellung der Details für den Gleichwertigkeitsnachweis in Anlehnung an das Formblatt aus DIN 4108 Beiblatt 2, Anhang A

relevante Wärmebrücken für den Gleichwertigkeitsnachweis		Numer des Vergleichsbeispiels aus DIN 4108 Beiblatt 2	Nachweis der Gleichwertigkeit nach Verfahren					zusätzlich zu berücksichtigender Wärmestrom $H_{T,WB}$ in W/K
			1 konstruktives Grundprinzip DIN 4108 Beiblatt 2	2 Wärmedurchlasswiderstand	3 ψ-Wert nach eigener Berechnung in W/(m · K)	4 ψ-Wert aus Veröffentlichung	5 Kategorie A oder Kategorie B	
7.0	Fensteranschluss unten							
7.01	Anschluss auf Kellerdecke	178	nein	nein	ja		B	
7.02	Anschluss Geschossdecke, oben und unten, mit Rollladenkasten	nicht enthalten						1,09
7.03	Anschluss Fenster/Brüstung	220 und 221	nein	ja	ja		B	
8.0	Fensteranschluss oben							
8.01	Fenstersturz mit Rollladenkasten	253	nein	ja	ja		B	
8.02	Fenstersturz mit Rollladenkasten/ Giebelbereich	nicht enthalten						0,95
8.03	Fenstersturz mit Rollladenkasten/ Traufbereich	273	nein	ja	ja		B	
8.04	Fenstersturz ohne Rollladenkasten	235 und 236	nein	ja	ja		B	
9.0	Fensteranschluss Seite							
9.01	Anschluss Fensterlaibung	226 und 227	nein	ja	ja		B	

10.2.5 Berücksichtigung zusätzlicher Wärmeströme $H_{T,WB}$

Für die Details 2.02, 2.03, 3.02, 3.03, 7.02 und 8.02 müssen zusätzliche Wärmeströme berücksichtigt werden, da diese Details in DIN 4108 Beiblatt 2 nicht enthalten sind (vgl. Tabelle 10.43).

Zusätzlich zu berücksichtigender Wärmestrom für den Wärmebrückenfaktor ΔU_{WB}:

$$H_{T,WB} = -0{,}17 + 0{,}19 + (-0{,}01) + 0{,}29 + 1{,}09 + 0{,}95 = 2{,}34 \text{ W/K}$$

10.2.6 Anzusetzender Wärmebrückenfaktor ΔU_{WB}

Der in Kapitel 10.2.5 errechnete zusätzlich zu berücksichtigende Wärmestrom ist durch die Hüllfläche zu teilen und auf den ΔU_{WB} aufzuaddieren (vgl. Kapitel 6.2.2):

$$\Delta U_{WB} = \Sigma(\psi_i \cdot l_i) : A + 0{,}03 \qquad \text{in W/(m}^2 \cdot \text{K)}$$

Da alle Details der Kategorie B nach DIN 4108 Beiblatt 2 entsprechen, wird der zusätzlich zu berücksichtigende Wärmestrom $H_{T,WB}$ (durch die wärmeübertragende Hüllfläche des Gebäudes geteilt) auf 0,03 W/(m² · K) aufaddiert:

- $\Delta U_{WB} = 2{,}34 \text{ W/K} : 400 \text{ m}^2 + 0{,}03 \text{ W/(m}^2 \cdot \text{K)}$
- $\Delta U_{WB} = 0{,}036 \text{ W/(m}^2 \cdot \text{K)}$

Für das Gebäude darf somit ein Wärmebrückenfaktor ΔU_{WB} von 0,036 W/(m² · K) angesetzt werden. Bei der detaillierten Berechnung der Wärmebrückenverluste nach Kapitel 10.1.4 ergab sich in Abhängigkeit von der Systemlinie ein Wärmebrückenfaktor ΔU_{WB} von 0,030 W/(m² · K) bzw. von 0,020 W/(m² · K).

11 Anhang

11.1 Software zur Wärmebrückenberechnung

Tabelle 11.1 listet einige häufig verwendete Isothermen-Programme auf; diese Auflistung hat keinen Anspruch auf Vollständigkeit.

Tabelle 11.1: Programme zur Berechnung von Wärmebrücken (Auswahl)

Bezeichnung	Hersteller	Internetadresse
ZUB Argos 8 Pro	ZUB Systems GmbH	www.zub-systems.de/de/produkte/argos
HEAT 3	HEAT	https://buildingphysics.com
WINISO	SoftGuide GmbH & Co. KG	www.softguide.de
HS PSI-Therm	Hottgenroth Software AG	www.hottgenroth.de/index.html
Wärmebrückenplaner 4	BKI	https://bki.de/waermebrueckenplaner.html
ThermCAD	ENVISYS	www.envisys.de/waermebrueckenberechnung/
Psi-Therm 9	Psi Therm GmbH	www.psi-therm.de
Dämmwerk	KERN Ingenieurkonzepte	www.bauphysik-software.de
AnTherm 2D/3D	AnTherm	www.antherm.eu/
EVA V8	Ingenieurbüro Leuchter	www.enev-shop.de
Therm	LBNL	www.enev24.de/therm/

11.2 Kenngrößen und Indizes

In Tabelle 11.2 werden wichtige Kenngrößen im Überblick zusammen mit ihren Einheiten dargestellt.

Tabelle 11.2: Kenngrößen und Indizes

Symbol	Größe	Einheit
A	Fläche	m^2
b	Breite	m
d	Dicke	m
f, f_{Rsi}	Temperaturfaktoren	–
F_x	Temperaturkorrekturfaktor	–
g	Temperaturgewichtungsfaktor	–
h	Höhe	m
h_i	innerer Wärmeübergangskoeffizient	$W/(m^2 \cdot K)$
H_T	Transmissionswärmeverluste	W/K
H_{WB}	Wärmebrückenverluste	W/K
L_0	ungestörter Wärmestrom	$W/(m \cdot K)$
L_{2D}	thermischer Leitwert für zweidimensionale Berechnungen	$W/(m \cdot K)$
L_{3D}	thermischer Leitwert für dreidimensionale Berechnungen	W/K
l	Länge	m
p	Dampfdruck	Pa
p_S	Wasserdampfsättigungsdruck (Sattdampfdruck)	Pa
q	Wärmestromdichte	W/m^2
R	Wärmedurchlasswiderstand	$m^2 \cdot K/W$
R_{se}	äußerer Wärmeübergangswiderstand	$m^2 \cdot K/W$
R_{si}	innerer Wärmeübergangswiderstand	$m^2 \cdot K/W$
U	Wärmedurchgangskoeffizient	$W/(m^2 \cdot K)$
ΔU_{WB}	Wärmebrückenzuschlag	$W/(m^2 \cdot K)$
Φ	Wärmestrom	W
λ	Wärmeleitfähigkeit	$W/(m \cdot K)$
θ	Celsiustemperatur	°C
$\Delta\theta$	Temperaturdifferenz	K
χ	punktbezogener Wärmedurchgangskoeffizient	W/K
ψ	längenbezogener Wärmedurchgangskoeffizient	$W/(m \cdot K)$

11.3 Normenverzeichnis

DIN 4108 Beiblatt 2:2006-03 Wärmeschutz und Energie-Einsparung in Gebäuden – Wärmebrücken – Planungs- und Ausführungsbeispiele [zurückgezogen]

DIN 4108 Beiblatt 2:2019-06 Wärmeschutz und Energie-Einsparung in Gebäuden; Beiblatt 2: Wärmebrücken – Planungs- und Ausführungsbeispiele, mit CD-ROM

DIN 4108-2:2013-02 Wärmeschutz und Energie-Einsparung in Gebäuden – Teil 2: Mindestanforderungen an den Wärmeschutz

DIN 4108-3:2018-10 Wärmeschutz und Energie-Einsparung in Gebäuden – Teil 3: Klimabedingter Feuchteschutz – Anforderungen, Berechnungsverfahren und Hinweise für Planung und Ausführung VA

DIN 4108-7:2011-01 Wärmeschutz und Energie-Einsparung in Gebäuden – Teil 7: Luftdichtheit von Gebäuden – Anforderungen, Planungs- und Ausführungsempfehlungen sowie -beispiele

DIN 4108-10:2021-11 Wärmeschutz und Energie-Einsparung in Gebäuden – Teil 10: Anwendungsbezogene Anforderungen an Wärmedämmstoffe

DIN V 18599-1:2018-09 Energetische Bewertung von Gebäuden – Berechnung des Nutz-, End- und Primärenergiebedarfs für Heizung, Kühlung, Lüftung, Trinkwarmwasser und Beleuchtung – Teil 1: Allgemeine Bilanzierungsverfahren, Begriffe, Zonierung und Bewertung der Energieträger

DIN V 18599-2:2018-09 Energetische Bewertung von Gebäuden – Berechnung des Nutz-, End- und Primärenergiebedarfs für Heizung, Kühlung, Lüftung, Trinkwarmwasser und Beleuchtung – Teil 2: Nutzenergiebedarf für Heizen und Kühlen von Gebäudezonen

DIN EN 673:2011-04 Glas im Bauwesen – Bestimmung des Wärmedurchgangskoeffizienten (U-Wert) – Berechnungsverfahren; Deutsche Fassung EN 673:2011

DIN EN 13164:2015-04 Wärmedämmstoffe für Gebäude – Werkmäßig hergestellte Produkte aus extrudiertem Polystyrolschaum (XPS) – Spezifikation; Deutsche Fassung EN 13164:2012+A1:2015

DIN EN 13167:2015-04 Wärmedämmstoffe für Gebäude – Werkmäßig hergestellte Produkte aus Schaumglas (CG) – Spezifikation; Deutsche Fassung EN 13167:2012+A1:2015

DIN EN 13187.1999-05 Wärmetechnisches Verhalten von Gebäuden – Nachweis von Wärmebrücken in Gebäudehüllen – Infrarot-Verfahren (ISO 6781: 1983, modifiziert); Deutsche Fassung EN 13187:1998

DIN EN ISO 6946:2018-03 Bauteile – Wärmedurchlasswiderstand und Wärmedurchgangskoeffizient – Berechnungsverfahren (ISO 6946:2017); Deutsche Fassung EN ISO 6946:2017

DIN EN ISO 9972:2018-12 Wärmetechnisches Verhalten von Gebäuden – Bestimmung der Luftdurchlässigkeit von Gebäuden – Differenzdruckverfahren (ISO 9972:2015); Deutsche Fassung EN ISO 9972:2015

DIN EN ISO 10077-1:2020-10 Wärmetechnisches Verhalten von Fenstern, Türen und Abschlüssen – Berechnung des Wärmedurchgangskoeffizienten – Teil 1: Allgemeines (ISO 10077-1:2017, korrigierte Fassung 2020-02); Deutsche Fassung EN ISO 10077-1:2017

DIN EN ISO 10211:2018-03 Wärmebrücken im Hochbau – Wärmeströme und Oberflächentemperaturen – Detaillierte Berechnungen (ISO 10211:2017); Deutsche Fassung EN ISO 10211:2017

DIN EN ISO 13370:2018-03 Wärmetechnisches Verhalten von Gebäuden – Wärmetransfer über das Erdreich – Berechnungsverfahren (ISO 13370:2017); Deutsche Fassung EN ISO 13370:2017

DIN EN ISO 13788:2013-05 Wärme- und feuchtetechnisches Verhalten von Bauteilen und Bauelementen – Raumseitige Oberflächentemperatur zur Vermeidung kritischer Oberflächenfeuchte und Tauwasserbildung im Bauteilinneren – Berechnungsverfahren (ISO 13788:2012); Deutsche Fassung EN ISO 13788:2012

11.4 Literaturverzeichnis

Bekanntmachung der Regeln zur Datenaufnahme und Datenverwendung im Wohngebäudebestand. Bekanntmachung vom 8. Oktober 2020. Berlin: Bundesministerium für Wirtschaft und Energie und Bundesministerium des Innern, für Bau und Heimat, 2020

Die Wärmebrückenbewertung bei der energetischen Bilanzierung von Gebäuden. Anwendung und Nachweismethoden des Beiblatts 2 der DIN 4108:2019-6. Stand/Ausgabe: Dezember 2020. Eschborn: Bundesamt für Wirtschaft und Ausfuhrkontrolle (BAFA), 2020

FLiB – Luftdichtheitskonzept. Berlin: Fachverband Luftdichtheit im Bauwesen e. V. (FLiB), 2019 (FLiB informiert [Mai 2019])

Liste der technischen FAQ – Effizienzhäuser/Effizienzgebäude/klimafreundliche Gebäude. Bundesförderung für effiziente Gebäude. Stand: Mai 2023. Frankfurt am Main: KfW, 2023

VATH-Richtlinie Bauthermografie – zur Planung, Durchführung und Dokumentation infrarotthermografischer Messungen an Bauwerken oder Bauteilen von Gebäuden. Fassung vom 20.04.2023. Nürnberg: Bundesverband für Angewandte Thermografie e. V. (VATH), 2023

Volland, Karlheinz; Volland, Johannes: Wärmeschutz und Energiebedarf nach EnEV 2014. 4. Aufl. Köln: Verlagsgesellschaft Rudolf Müller, 2014

11.5 Stichwortverzeichnis

A

Absorption 101
Anschluss
- Kellerdecke 285, 317
- Außenwand/Ortgang 237
- Außenwand/Traufe 234, 280, 314
- Bodenplatte/Kellerwand 85
- Dachbodenluke 115
- Erker an Fenster 222
- Fenster/Brüstung 241, 288, 319
- Fensterlaibung 247, 296, 324
- Flachdach/Außenwand 231
- Flachdach/unbeheizter Abstellraum 232
- Geschossdecke 287, 318
- Innenwand an Geschossdecke 235
- Innenwand oben 311
- Kellerinnenwand 271
- Kellerinnenwand unten 309
- oberste Geschossdecke/Giebel 282

äquivalente Wärmeleitfähigkeit 75
Attika 92
Auflager
- Geschossdecke 226
- Geschossdecke/Außenwand 278, 313

Außenecke 110
- Abstellraum 221
- Außenwand 275, 312
- Außenluft 214

außenmaßbezogener ψ-Wert 35
Außenmaßbezug 38, 41
Außenwand auf Bodenplatte 155, 209

B

Bauelemente 61
Balkonplatte, auskragende 90
Bauteile
- mit Abdichtungen 45
-, hinterlüftet 104
-, inhomogen 20
-, leicht 43
-, nicht transparent 43
-, thermisch homogen 17
-, transparent und teiltransparent 43

Bauthermografie 103
Berechnung der ψ-Werte 138, 141, 154
Berechnung des Wärmebrückenfaktors ΔU_{WB} 137, 199, 201
Berechnungstabelle ψ-Wert 156
Betrachtungswinkel 103
Breite des Wärmebrückenbereichs 32

D

Dachflächenfenster 127
Dachthermografie 109
detaillierte Berechnung 253
detaillierter Wärmebrückenzuschlag ΔU_{WB} 49
DIN 4108 Beiblatt 2 119
DIN EN ISO 10211 14
DIN EN ISO 13370 53
Doppelhaushälfte 82
Durchdringungen 122

E

eindimensionale Berechnung 21
Einfamilienhaus 81, 149
-, Massivbau 203

elektromagnetische Strahlung 100
Emissionsfaktor ε 103
Energiebilanz 79
Energieeffizienzhaus 40, 55, 81, 131, 137
Erdreichanschüttung 56, 58, 67, 69

F

Fachwerkbauteile 77
Fachwerke 153
Fensteranschlüsse 94
Fensterecke 249
Fensterrahmen 140
Fenstersturz
-, Jalousien 243
-, Rollladenkasten 290, 291, 320
-, ohne Jalousien 244
-, ohne Rollladenkasten 294, 323

G

Gebäudeecke 22
Gebäudeenergiegesetz (GEG) 48
Gebäudetypologie 46
Geschossdecke
-, auf Außenwand 225
-, oberste Geschossdecke/Giebel 315

Geschosswohnungsbau 83
Glasthermografie 108
Gleichwertigkeitsnachweis 119, 122, 299

H

Hohlräume 75
Holztafelbau 149

I

Indizes 330
Innenecke gegen Außenluft 218
innenmaßbezogener ψ-Wert 36
Innenthermografie 103
Innenwand (11,5 cm) an Außenwand 217
Innenwand (24 cm)
- an Außenwand 223, 303
- auf Bodenplatte 302

Innenwand
- an Geschossdecke 283, 316
- auf Bodenplatte 158

Innenwandanschluss an Außenwand 277, 313
innere Außenecke 263, 304
innere Oberflächentemperatur 18
Isothermen-Programm 137, 141

K

Kameraauflösung 104
Keller 149
Kelleraußenwand auf Bodenplatte 259, 301
Kellerdecke 308
–, Anschluss Innenwand 272
–, Treppenhaus 269
Kellerinnenwand an Kellerinnenwand 265, 305
Kenngrößen 330
Kennwerte von Wärmebrücken 16
Kennzeichnung 149, 203, 253
KfW 49
KfW-Effizienzhaus 40, 80, 81
Kirchhoffsches Strahlungsgesetz 101
konstruktives Grundprinzip 122, 133
Korrekturwert 63

L

Lichtkuppel 129

M

Materialeigenschaften 75
Metallthermografie 108
Mindestwärmeschutz 42, 44

N

Nachweisverfahren 121
Nichtwohngebäude 84

O

Oberflächentemperaturen 17, 28, 53, 54
Optimierungsmöglichkeiten 85

P

Passivhäuser 50
Perimeterdämmung 45

R

Randbedingungen 53, 54, 60, 66, 72
Raumluftfeuchte, relativ 22
Raumlufttemperatur 22
rechnerischer Gleichwertigkeitsnachweis 125
Referenzbild 121, 122
reflektierte Strahlungsanteile 102
Reflexion 100
Rollladenkasten 45, 131
R-Wert 132, 133

S

Sattdampfdruck 25
schadensfreie Bauwerksausführung 85
Schichtdicke 125
Schimmelpilzbildung 24, 25
schimmelpilzfreie Konstruktion 28
Schimmelpilzfreiheit 22, 46
Schimmelpilzgefahr 17
Schnittebene 72, 73
Sockel 306
- Treppenhaus 268
- Kellerdecke/Außenwand 87
Sockeldetail 266
–, Fenstertür 238
–, Schiebetür 240
Sockelleisten-Phänomen 115
Software 329
Sonderregelung nach KfW 131
Stahlbetonstütze 21
Steckdosen, undicht 116
Strahlungsphysik 100
Systemlinie 33

T

Taupunkttemperatur θ_s 25
Tauwasser an Bauteiloberflächen 22
Tauwasserausfall 24
Temperaturfaktor f_{Rsi} 16, 26, 64
Temperaturkorrekturfaktor F_x 64, 138
temperaturunabhängig 63
Thermografie
–, qualitativ 99
–, quantitativ 99
Transmission 100
Transmissionswärmeverlust H_T 138, 199

U

Umkehrdach 45

V

verglaste Fassade 129

W

Wärmebrücken 13, 30
–, Definition 13
–, dreidimensional 16
–, dynamisch 105, 106, 112
–, eindimensional 15, 34
–, geometrisch 22
–, Kennwerte 16
–, linear 31
–, punktförmig 31
–, statisch 105,107
–, Überlagerung 16
–, zweidimensional 15,34
Wärmebrückendetail
–, Außenwand 160
–, Bodenplatte 155
–, Fenster 185
–, Geschossdecke 171
–, oberste Geschossdecke 180
Wärmebrückenfaktor ΔU_{WB} 79, 80, 250, 297, 327
Wärmebrückenfreiheit 52
Wärmebrückenkoeffizient ψ, linear 32
Warmebrückenkoeffizient χ, punktförmig 32
Wärmebrückenverlust, längenbezogen 63
Wärmebrückenverlustkoeffizient ψ 16
Wärmebrückenzuschlag ΔU_{WB} 49, 201
Wärmedämm-Verbundsystem 253
Wärmedurchgangswiderstand R 43, 44, 125
Wärmeleitfähigkeit 75, 122
Wärmeschutzverordnung 1984 80
Wärmestrom 19, 157, 158, 159, 160
–, ungestört 32, 33
–, zusätzlich 32
–, $H_{T,WB}$ 327
–, zweidimensional 31, 32
Wärmeübergangswiderstände 55, 75
–, außen 53
–, innen 53
Wärmeverluste 63
Wasserdampfsättigungsdruck p_S 23, 24
WDVS-Dübelbild 109

Z

zweidimensionale Berechnung 21

ψ-Wert 32, 34, 161, 209, 259
–, außenwandbezogen 35
–, Berechnung 138, 141, 154
–, innenwandbezogen 36
d_{min} 73
f_{Rsi} 26
R-Wert 132, 133